국내 화장품 전문가 최다 회원 10,000여 명
올바른 화장품 문화를 선도하는 우리는

한국화장품
전문가협회
입니다.

- **글로벌 코스메티션 양성**

  화장품전문가 자격과정 운영(2급, 1급, 마스터)

- **맞춤형화장품 국가자격증 과정**

  2020 국내 최초 화장품 신규 국가자격증!
  맞춤형화장품 조제관리사 자격 취득 준비

- **문제성 피부, 화장품 임상 공유**

  문제성 피부와 다양한 화장품 성분에 대한
  해박한 지식을 습득하고 임상 정보를 공유

- **화장품 처방 전문가로서의 자신감 UP!**

  올바른 화장품 처방 상담 전문가의 이미지 메이킹

- **상담 스킬 향상**

  고객의 라이프 스타일에 다른 체계적이고 지속적인
  고객 관리로 고객을 리드하는 상담 스킬 배양

한국화장품전문가협회
수석 마스터

2025 시대에듀 맞춤형화장품 조제관리사 단기합격

Always with you

사람의 인연은 길에서 우연하게 만나거나 함께 살아가는 것만을 의미하지는 않습니다.
책을 펴내는 출판사와 그 책을 읽는 독자의 만남도 소중한 인연입니다.
시대에듀는 항상 독자의 마음을 헤아리기 위해 노력하고 있습니다. 늘 독자와 함께하겠습니다.

저자 김은주

▶ 건국대학교 일반대학원 생물공학과 향장생물학 이학박사
▶ 한국열린사이버대학교 대외협력부총장
▶ 국가기술자격검정 미용사 출제위원 및 감독위원
▶ 식품의약품안전처 화장품분과 위원
▶ 세계건강뷰티협회 기관생명윤리위원회 전문위원
▶ 대한미용학회 부회장, 대한피부미용학회 이사

저자 김현주

▶ 동양대학교 경영대학원 경영학박사
▶ 전) 용인대학교 뷰티헬스과 초빙교수
▶ 전) 삼육보건대학교 겸임교수
▶ 서경대학교 뷰티&메이크업학과 겸임교수
▶ 숭실사이버대학교 뷰티미용예술학과 겸임교수
▶ 장원사이버 평생교육원 외래교수

저자 안미령

▶ 중소기업융합학회 이사
▶ 한국화장품전문가협회 고문
▶ 한국과학마사지협회 자문위원
▶ 한국산업인력공단 국가자격기출문제 검토위원
▶ 현) 삼육보건대학교 뷰티융합과 학과장

저자 양일훈

▶ 한국화장품전문가협회 협회장
▶ (주) 양스코스메틱 대표이사
▶ 양스코스메틱스아카데미 학원장
▶ 건국대학교 자연대학원 응용생물학과 이학박사
▶ 차의과대학교 보건산업대학원 겸임교수
▶ 명지대학교 산업대학원 초빙교수

저자 권미선

▶ 동양대학교 경영학 박사
▶ 건국대학교 향장학 석사
▶ 현) 삼육보건대학교 뷰티융합과 겸임교수
▶ 현) 권미선스킨케어 원장
▶ 현) 한국화장품전문가협회 수석부회장

저자 차명희

▶ 동국대학교 예술공학 박사
▶ 캘리포니아주립대 샌버나디노 교환교수
▶ PCA협회 퍼스널 뷰티컬러 1급
▶ 현) 서울사이버대학교 뷰티디자인과 학장

저자 최선화

▶ 성신여자대학교 피부비만학 석사
▶ 동양대학교 경영학 박사
▶ 전) 한국화장품전문가협회 수석부회장
▶ 현) 삼육보건대 서경대 외래교수
▶ 현) 최선화 연구소 원장

저자 최윤정

▶ 동양대학교 경영대학원 박사
▶ 서경대학교 경영대학원 석사
▶ 전) 양일훈에스테틱 아카데미 원장
▶ 현) 경민대학교 교수
▶ 현) 한국화장품전문가협회 사무총장

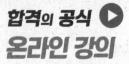

머리말 PREFACE

현대인들은 사회 전반적으로 맞춤형 솔루션과 관련한 사회 · 문화 · 산업이 대세인 시대를 살고 있습니다. 맞춤형 고객관리, 맞춤형 교육 · 레슨, 맞춤형 보험, 맞춤형 식단, 맞춤형 건강관리 · 재활관리, 맞춤형 복지, 맞춤형 프로그램, 맞춤형화장품 등 생활 속 모든 분야에 Customizing Solution이 소비자를 향해 있고, 그와 관련한 다양한 산업 분야의 변화는 우리들의 현재이고 미래입니다.

2020년 3월 14일 화장품산업계에 새로운 전문가가 등장하였습니다. 기존의 화장품산업분야에 화장품제조업(OEM, ODM)과 책임판매업(브랜드 회사)에 더해 맞춤형화장품을 판매하는 맞춤형 화장품판매업이 추가된 것입니다. 맞춤형화장품 제도는 현장 조제와 판매가 결합된 새로운 형식으로 기존의 화장품 시장의 패러다임에 혁신적인 시스템이 될 것이며, 이에 따른 전문가인 맞춤형화장품 조제관리사의 수요와 활동 영역이 급증할 것입니다.

맞춤형화장품이란 다양해진 고객의 개별적 니즈에 맞춰 화장품의 내용물에 다른 화장품의 내용물이나 식품의약품안전처장이 정하여 고시하는 원료를 추가하여 혼합한 화장품 또는 화장품의 내용물을 소분한 화장품을 뜻합니다. 그리고 맞춤형화장품판매소에서는 이러한 혼합 · 소분 업무를 담당하는 국가전문자격을 갖춘 사람이 필요한데, 그 자격을 갖춘 사람이 바로 "맞춤형 화장품 조제관리사"입니다. 그리고 성공적인 맞춤형화장품판매사업을 하기 위해서 필수적으로 고용해야 하는 전문가 역시 "맞춤형화장품 조제관리사"입니다.

맞춤형화장품 조제관리사가 되기 위해서는 1년에 2번 시행하는 국가자격시험을 합격해야 합니다. 본 교재는 적중률을 높이기 위해 출제기준을 바탕으로 이론을 정리했습니다. 또한, 최근 발표한 맞춤형화장품 조제관리사 교수 · 학습 가이드와 지금까지 시행된 시험을 분석해 출제위원이 중요하게 보는 부분들은 특히 더 세심하게 수록하였습니다. 올해에도 시험의 난이도는 높을 것으로 예상되나, 본 교재는 중요 핵심을 총 정리하였기에 맞춤형화장품 조제관리사를 준비하는 모든 이들을 위한 최고의 수험서가 될 것입니다.

본 교재 출간을 위해 성심을 다해주신 한국화장품전문가협회와 협회 소속 수석 강사진들의 노고에 진심으로 감사드립니다.

2025년 1월 24일

한국화장품전문가협회 협회장 양일훈

이 책의 구성과 특징

핵심이론을 꼭꼭 담았다!

국내 최대의 화장품협회 중 하나인 '한국화장품전문가협회'의 수석 강사진의 강의를 꼭꼭 담았습니다. 다른 도서에서는 볼 수 없는 전문가의 지식과 학습노하우를 바탕으로 중요내용만 선정해 만든 핵심이론으로 꼭 공부하세요.

어느 하나 어려운 것이 없다!

어려운 부분, 헷갈리는 내용 등 학습에 방해가 되는 모든 것을 도해식 설명, 사진, 현장의 목소리 등으로 쉽게 이해할 수 있도록 했습니다. 차이가 다른 깊이 있는 설명으로 꼭 공부하세요.

전문가의 한마디

콜로이드(Colloid)
크기가 1nm~1μm(1~1000nm)인 불용성 물질이 기체 또는 액체에 분산된 상태로 다른 물질과 흔합되어 있는 물질(1nm 이하는 용액, 1000nm 이상은 현탁액)

- 유화(에멀전) : 액체가 액체 속에 미세한 입자로 퍼져 있는 것
- 분산 : 액체 속에 고체가 퍼져 있음
- 거품 : 액체 속에 기체가 퍼져 있음
- 에어로졸 : 기체 속에 액체가 퍼져 있음
- 졸(Sol) : 액체 속에 고체가 퍼져 있음(유동성 있음)
- 젤(Gel) : 액체 속에 고체가 서로 연결되어 퍼져 있음(유동성 없음, 도토리묵)

4 계면활성제

(1) 정 의

동일 분자 내에 친수성기와 친유성기를 동시에 가지고 있는 물질과 기름의 경계면에 작용하여 계면장력의 힘을 낮추어 한 상(기체를 만들어주는 물질

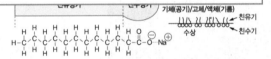

(2) 에멀전의 종류

서로 섞이지 않는 유·수상 물질이 한 상에 서로 섞여 있는 상태를 에멀전이라 하고, 분산매가 물이고 분산상이 기름일 때 O/W형(Oil in Water), 분산매가 기름이고 분산상이 물일 때 W/O형(Water in Oil)이라고 함

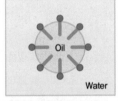
Emulsion O / W (Oil / Water)
■ Hydrophilic part
■ Lipophilic part

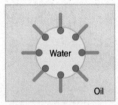
Emulsion W / O (Water / Oil)
■ Hydrophilic part
■ Lipophilic part

에 흡착 배열됨
ⓛ 계면활성제의 농도가 증가하면 표면에서의 계면활성제는 포화 상태가 되고 계면활성제의 분자가 모여 회합체를 형성하게 되는데 이 회합체를 미셀이라 함
ⓒ 일정 농도(임계미셀농도) 이상 존재하면 미셀이라는 구형 집합체를 분산매 속에 형성시킴

⑥ 합성색소 : 타르색소, 합성펄, 티타늄디옥사이드, 징크옥사이드, 징크스테아레이트

(2) 무기안료와 유기안료

① 무기안료(발색성분이 무기질로 되어 있음)
㉠ 광물 : 카올린, 마이카, 탤크, 실리카, 세리사이트(견운모)
㉡ 합성 : 징크옥사이드, 티타늄다이옥사이드(커버력), 징크스테아레이트(진정), 비스머
스옥시 클로라이드(진주광택)

② 유기안료
㉠ 천연 : 전분(스타치, 뭉침방지)
㉡ 합성 고분자(부드러운 사용감) : 나일론6, 폴리메틸메타크릴레이트

(3) 체질안료, 착색안료

① 체질안료(사용감, 제형) : 탤크, 카올린, 탄산칼슘, 마이카, 실리카, 나일론6, 마그네슘스
테아레이트

② 착색안료(색깔부여)
㉠ 백색안료(피부 커버력 조절) : 티타늄디옥사이드, 징크옥사이드
㉡ 펄안료 : 비스머스옥시클로라이드, 티타네이티드마이카, 구아닌, 하이포산틴,
파우더

(4) 색소표기방법

적색 3호 / Erythrosin / FD&C Red No.3 / CI 16185

(5) 화장품 색소 종류와 사용 제한(화장품 색소 종류와 기준 및 시험방법)

색소	사용 제한	비
적색 103호(1)/104호(1,2)/218호/223호	눈 주위에 사용할 수 없음	타르
등색 201호/204호/205호		
적색 205호/206호/207호/208호/219호/225 호/405호/504호	눈 주위 및 입술에 사용할 수 없음	타르
등색 206호/207호		타르
황색 202호/204호/401호/403호		타르

전문가의 한마디

• 장점 : 내열, 내광, 안전성
• 단점 : 색상 선명도

전문가의 한마디

마그네슘스테아레이트는 비수성 점도증가제로 색소에서 부형제, 벌킹제로 사용

전문가의 한마디

착색안료는 색이 선명하지는 않으나 빛과 열에 강해 변색이 잘 안되는 특성을 가지고 있음

전문가의 한마디

화장품에 사용하는 타르색소는 84종(사용부위에 따라 사용제한)

빈틈없는 학습을 위한 전문가의 한마디!

학습의 키포인트, 시험출제의 핵심부분, 다시 한번 짚어주는 중요내용, 자격증 취득 후 현장에서의 노하우 등을 모아모아 '전문가의 한마디'로 구성했습니다. 수험서라면 수험서답게, 어느 하나 버릴 것 없는 내용을 꼭 공부하세요.

정확한 이해의 중요성, 핵심이론!

학습의 시작은 정확한 이해입니다. 한 국화장품전문가협회의 1타 강사들의 학습 노하우와 합격 비법이 고스란히 담겨있습니다.

수험에서 가장 중요한 것은 기출문제!

제3~8회 기출문제를 복원해 수록했습니다. 기출문제는 어느 시험에서나 가장 중요하고 시험의 출제유형과 다음 시험의 출제방향성을 파악할 수 있는 고귀한 자료입니다.

시험안내

◇ 시험장소

시험지역	전국 8개 지역(서울, 부산, 대구, 광주, 인천, 울산, 대전, 제주)
시험장소	접수 시 응시자가 직접 선택

※ 시험지역 및 장소는 접수인원, 고사장 상황에 따라 변경될 수 있습니다(변경 시 개별 연락 예정).
※ 응시자가 선호하는 시험지역 및 장소는 조기 마감될 수 있습니다.

◇ 시험일정(2025년 기준)

회 차	접수기간	시험일	합격자 발표일
제9회	5.1~5.7	5.24	6.24
제10회	8.28~9.3	9.20	10.21

◇ 시험과목 및 문항유형

과목명	문항유형	과목별 총점	시험방법
화장품법의 이해 (화장품 관련 법령 및 제도 등에 관한 사항)	• 선다형 7문항 • 단답형 3문항	100점	필기시험
화장품 제조 및 품질관리 (화장품의 제조 및 품질관리와 원료의 사용기준 등에 관한 사항)	• 선다형 20문항 • 단답형 5문항	250점	
유통화장품 안전관리 (화장품의 유통 및 안전관리 등에 관한 사항)	선다형 25문항	250점	
맞춤형화장품의 이해 (맞춤형화장품의 특성 · 내용 및 관리 등에 관한 사항)	• 선다형 28문항 • 단답형 12문항	400점	

※ 문항별 배점은 난이도별로 상이하며, 구체적인 문항배점은 비공개입니다.

◇ 응시자격: 남녀노소 누구나 제한 없음

◇ 합격기준: 전 과목 총점(1,000점)의 60%(600점) 이상을 득점하고, 각 과목 만점의 40% 이상을 득점한 자

이 책의 차례

1 과목

화장품법의 이해

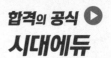
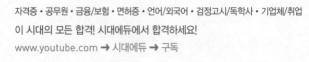

화장품법의 이해

1 과목

1 화장품법의 목적(1999년 9월 제정)

화장품의 제조·수입·판매 및 수출 등에 관한 사항을 규정함으로써 국민보건향상과 화장품 산업의 발전에 기여함을 목적. 화장품법(법률), 화장품법 시행령(대통령령), 화장품법 시행규칙(총리령), 식품의약품안전처 고시

2 화장품의 정의 및 유형

(1) 화장품 정의(화장품법 제2조 제1호)

인체를 청결·미화하여 매력을 더하고 용모를 밝게 변화시키거나 피부·모발의 건강을 유지 또는 증진하기 위하여 인체에 바르고 문지르거나 뿌리는 등 이와 유사한 방법으로 사용되는 물품으로서 인체에 대한 작용이 경미한 것

(2) 기능성화장품(화장품법 제2조 제2호)

기능성화장품이란 화장품 중에 다음의 어느 하나에 해당하는 것으로서 총리령으로 정하는 화장품

화장품법(5가지)	화장품법 시행규칙(11가지)
피부 미백에 도움	• 피부에 멜라닌색소 침착 방지 기미·주근깨 생성의 억제로 미백에 도움 • 피부에 침착된 멜라닌색소의 색을 엷게 하여 미백에 도움
피부 주름개선에 도움	피부에 탄력을 주어 주름 완화 또는 개선하는 기능
피부를 곱게 태우거나 자외선으로부터 보호하는 데 도움	• 강한 햇볕을 방지하여 피부를 곱게 태워주는 기능 • 자외선을 차단 또는 산란시켜 자외선으로부터 피부 보호
모발의 색상 변화·제거 또는 영양공급에 도움	• 염색, 탈염, 탈색(일시적 모발색상 변화 제품 제외, 헤어틴트) • 체모 제거(물리적으로 체모를 제거하는 제품은 제외)
피부나 모발의 기능 약화로 인한 건조함, 갈라짐, 빠짐, 각질화 등을 방지하거나 개선하는 데 도움	• 탈모 증상의 완화 도움(코팅 등 물리적으로 모발을 굵게 보이게 하는 제품은 제외 **예** 흑채) • 여드름성 피부 완화 도움(인체 세정용 제품에 한함) • 피부장벽 기능 회복하여 가려움 등의 개선에 도움 • 튼살로 인한 붉은 선을 엷게 하는 데 도움

전문가의 한마디

멜라닌 생성억제

피부가 타는 것을 막아 주는 의미는 아님

전문가의 한마디

피부장벽

피부의 가장 바깥쪽에 존재하는 각질층의 표피

(3) 천연화장품과 유기농화장품

① 정 의

ㄱ 천연화장품 : 동식물 및 그 유래 원료 등을 함유한 화장품으로 식품의약품안전처장
이 정하는 기준에 맞는 화장품

ㄴ 유기농화장품 : 유기농 원료, 동식물 및 그 유래 원료 등을 함유한 화장품으로써 식
품의약품안전처장이 정하는 기준에 맞는 화장품

② 용어 정의

ㄱ 동물성 원료 : 동물 그 자체(세포, 조직, 장기)는 제외하고, 동물로부터 자연적으로
생산되는 것으로서 가공하지 않거나, 동물로부터 자연적으로 생산되는 것을 가지고
허용하는 물리적 공정에 따라 가공한 계란, 우유, 우유단백질 등의 화장품 원료

ㄴ 식물 원료 : 식물(해조류와 같은 해양식물, 버섯과 같은 균사체를 포함) 그 자체로서
가공하지 않거나, 허용하는 물리적 공정에 따라 가공한 화장품 원료

ㄷ 미네랄 원료 : 지질학적 작용으로 자연적으로 생성된 물질(규조토, 마이카, 카올린)
로서 허용하는 물리적 공정에 따라 가공한 화장품 원료(다만, 화석연료로부터 기원
한 물질은 제외)

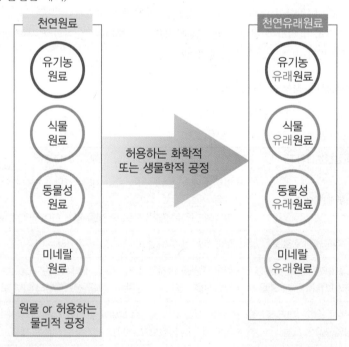

③ 원료 조성

석유화학부분 2% 초과 불가

허용 합성원료
5% 이내

천연함량
95%

천연화장품
식품의약품안전처

천연화장품
비율 기준

석유화학부분 2% 초과 불가

허용 합성원료
5% 이내

유기농 10%

천연함량
95%

유기농화장품
식품의약품안전처

유기농화장품
비율 기준

전문가의 한마디

천연함량 비율(95%)
= 물 + 천연(유래)원료 비율

물은 천연원료가 아니지만 함량 비율에는 포함됨. 단, 유기농 함량 비율에는 물, 미네랄(유래)원료는 포함 안 됨

④ 사용되는 원료(천연 · 유기농원료, 물)

㉠ 다음의 오염물질이 자연적으로 존재하는 것보다 많은 양이 제품에 존재해서는 안 됨

> 중금속, 방향족 탄화수소, 농약, 디옥산 및 폴리염화비페닐, 방사능, 유전자 변형 생물체, 곰팡이 독소, 의약잔류물, 질산염, 니트로사민

㉡ 석유화학용제로 추출할 수 있는 원료

> 베타인, 알킬 베타인, 카라기난, 잔탄검, 토코페롤 및 토코트리에놀, 레시틴과 그 유도체, 피토스테롤, 카로티노이드/잔토필, 오리자놀, 안나토, 라놀린, 글라이코스핑고리피드 및 글라이코리피드, 앱솔루트/콘크리트/레지노이드(천연화장품에만 허용)

⑤ 허용 합성원료(5% 이내)

㉠ 합성 보존제 및 변성제

> 벤조익애씨드 및 그 염류, 살리실릭애씨드 및 그 염류, 소르빅애씨드 및 그 염류, 벤질알코올, 이소프로필알코올, 데나토늄벤조에이트, 3급부틸알코올, 테트라소듐글루타메이트다이아세테이트

㉡ 천연유래와 석유화학 부분 포함 원료

> 디알킬카보네이트, 알킬아미도프로필베타인, 알킬메칠글루카미드/알킬암포아세테이트, 카르복시메칠-식물 폴리머

전문가의 한마디

석유화학용제(파라핀, 벤젠) 사용 시 반드시 최종적으로 모두 회수되거나 제거되어야 하며 방향족, 알콕실레이티화, 할로겐화, 니트로젠 또는 황(DMSO 예외) 유래용제는 사용이 불가

⑥ 작업장과 제조설비의 세척제
  ㉠ 사용 가능한 원료
    열수와 증기, 식물성 비누, 정유, 포타슘 하이드록사이드, 과산화수소, 락틱애씨드,
    과초산, 알코올(이소프로필 및 에탄올), 계면활성제
⑦ 허용되는 공정
  ㉠ 물리적 공정 : 흡수·흡착, 분쇄, 여과, 탈색·탈취(불활성 지지체), 탈테르펜, 탈고
    무, 탈색, 멸균
  ㉡ 화학적 생물학적 공정 : 알킬화, 탄화, 수화, 수소화, 회화(유기물질을 완전연소 시
    키는 것), 비누화, 황화, 가수분해, 이온교환, 오존분해
⑧ 금지 공정
  ㉠ 탈색·탈취(동물유래), 방사선 조사, 설폰화, 에칠렌옥사이드, 프로필렌옥사이드, 수
    은화합물을 사용한 처리, 포름알데히드를 사용한 공정
  ㉡ 유전자 변형 원료 배합
  ㉢ 니트로스아민류 배합 및 생성
  ㉣ 의도적으로 만들어진 불용성이거나 생체지속성인 1~100나노미터 크기의 물질 배합
  ㉤ 공기, 산소, 질소, 이산화탄소, 아르곤 가스 외의 분사제 사용
⑨ 포장과 보관 : 용기와 포장에 폴리염화비닐(PVC), 폴리스티렌폼(PS)을 사용할 수 없음
⑩ 천연·유기농화장품 인증제도
  ㉠ 화장품제조업자, 화장품책임판매업자 및 대학, 연구소 등은 천연·유기농화장품에
    대해 인증을 신청할 수 있음
  ㉡ 인증기관은 국제표준화기구(ISO)와 국제전기표준회의(IEC)가 정한 제품인증시스템
    을 운영하는 국제유기농운동연맹기관의 요구사항에 적합해야 하며 인증 담당자는
    2인 이상이어야 하며, 필요시 추가 확보 가능
  ㉢ 인증기관은 인증품의 계측 및 분석의 업무를 다른 시험 검사기관에 위탁수행 가능
  ㉣ 변경신고는 변경사유 발생일로부터 30일 이내 식품의약품안전처장이 고시한 서류를
    갖추어 변경신청
  ㉤ 화장품책임판매업자는 천연·유기농화장품 인증자료를 구비하고 제조일(수입은 통
    관일)로부터 3년 또는 사용기한 경과 후 1년 중 긴 기간 동안 보존해야 함. 인증 유효
    기간 3년 연장 시 유효기간 만료 90일 전까지 연장 신청
  ㉥ 맞춤형화장품판매업자는 천연·유기농화장품을 인증받을 수는 없지만 실증자료 제
    출 시 표시·광고는 가능

3 화장품 유형별 특성

화장품의 유형	종 류
영유아용 제품류 (만 3세 이하)	영유아용 샴푸, 린스/영유아용 로션, 크림/영유아용 오일/영유아 인체 세정용 제품/영유아 목욕용 제품 ※ 어린이용 제품류는 없음
목욕용 제품류	목욕용 오일 · 정제 · 캡슐, 목욕용 소금류, 버블 배스
인체 세정용 제품류	폼클렌저, 바디클렌저, 액체 비누, 화장 비누(고체비누), 스크럽제, 외음부 세정제, 물휴지(식당 손 닦는 용도와 병원 시체 닦는 용도 제외) ※ 거품 형성 클렌저
눈 화장용 제품류	아이브로 펜슬, 아이 라이너, 아이섀도, 마스카라, 아이 메이크업 리무버
색조화장용 제품류	페이스 파우더, 메이크업 베이스, 립글로스, 립밤, 볼연지, 립스틱, 립라이너, 파운데이션, 비비크림, 페이스 · 바디페인팅, 메이크업 픽서티브 ※ 입술 화장용 제품류는 없음
손발톱용 제품류	탑 · 베이스 · 언더코트, 네일폴리시 · 네일에나멜 리무버
두발 염색용 제품류	헤어 틴트, 헤어 컬러스프레이, 염모제, 탈염 · 탈색용 제품
두발용 제품류	샴푸, 린스, 헤어 컨디셔너, 헤어 토닉, 포마드, 흑채, 헤어 오일, 퍼머넌트 웨이브, 헤어 스트레이트너
기초화장용 제품류	파우더, 바디 제품, 팩, 마스크, 눈 주위 제품, 로션, 크림, 손 · 발의 피부연화 제품, 클렌징 워터, 클렌징 오일, 클렌징 로션, 클렌징 크림 등 메이크업 리무버
방향용 제품류	향수, 분말향, 향낭, 콜롱
면도용 제품류	애프터 · 프리셰이브 로션, 셰이빙 크림 · 폼, 남성용 탈컴 ※ 남성용 화장품은 없음
체모 제거용 제품류	제모제, 제모왁스
체취 방지용 제품류	데오도런트

전문가의 한마디

다른 유형의 제품류는 마지막에 그 밖의 ○○ 제품류라는 말이 있는데 영유아용 제품에는 그런 표현이 없음

전문가의 한마디

베이비 파우더, 손소독제, 구강 청결제, 체취제거제, 발한억제제는 의약외품

전문가의 한마디

데오도런트의 기능
• 향으로 악취 가림
• 악취를 유도하는 땀 흡수
• 땀에서 생기는 박테리아 붕괴로 악취 최소화

전문가의 한마디

어린이용, 입술화장용, 남성화장용 제품 없음

4 화장품법에 따른 영업의 종류

(1) 영업의 종류 및 세부 종류와 범위(화장품법 시행령 제2조)

① 화장품제조업 : 직접 제조(ODM)영업, 위탁 제조(OEM)영업, 화장품의 포장(1차 포장만)영업

② 화장품책임판매업

  ㉠ 화장품제조업자가 직접 제조하여 유통·판매하는 영업

  ㉡ 화장품제조업자에게 위탁하여 제조된 화장품을 유통·판매하는 영업

  ㉢ 수입된 화장품을 유통·판매하는 영업

  ㉣ 수입대행형 거래를 목적으로 화장품을 알선·수여(授與)하는 영업

③ 맞춤형화장품판매업 : 혼합, 소분 화장품을 판매

(2) 영업자의 등록과 신고 절차(화장품법 시행규칙 제3조 및 제4조 참고)

① 소재지를 관할하는 지방식품의약품안전청장에게 등록 또는 신고

항 목	화장품제조업 등록	화장품책임판매업 등록
결격 사유	• 피성년후견인 또는 파산선고 받고 복권되지 아니한 자 • 화장품법 또는 보건범죄 단속에 관한 특별조치법을 위반하여 금고 이상의 형을 선고받고 그 집행이 끝나지 아니하거나 그 집행을 받지 아니하기로 확정되지 아니한 자 • 등록 취소 또는 영업소 폐쇄 1년이 지나지 아니한 자 • 정신질환자 • 마약류의 중독자	• 피성년후견인 또는 파산선고 받고 복권되지 아니한 자 • 화장품법 또는 보건범죄 단속에 관한 특별조치법을 위반하여 금고 이상의 형을 선고받고 집행이 끝나지 아니하거나 그 집행을 받지 아니하기로 확정되지 아니한 자 • 등록 취소 또는 영업소 폐쇄 1년이 지나지 아니한 자
등록 기준	• 시설 및 기구를 갖춘 작업소 • 원자재 및 제품을 보관하는 보관소 • 품질검사를 위하여 필요한 시험실 • 품질검사에 필요한 시설 및 기구	• 화장품의 품질관리기준 • 책임판매 후 안전관리 기준 • 책임판매관리자
제출 서류	• 화장품제조업 등록신청서 • 대표자의 의사 진단서(마약중독, 정신질환 ×) • 시설의 명세서 • 사업자등록증 사본	• 화장품책임판매업 등록신청서 • 화장품의 품질관리매뉴얼 • 책임판매 후 안전관리매뉴얼 • 책임판매관리자 자격 확인 서류 • 사업자등록증 사본

전문가의 한마디

• 1차 포장 : 내용물과 직접 접촉하는 포장용기
• 2차 포장 : 1차 포장을 수용하는 1개 이상의 포장과 보호재 및 표시의 목적으로 한 포장(첨부문서 등을 포함)
• 표시만을 위한 2차 포장 공정은 화장품제조업 등록 불필요

등록 변경	• 화장품제조업자의 변경 • 제조업자 상호 변경 • 소재지 변경 • 제조 유형 변경 ※ 화장품 외의 물품 제조가능(교차위험 X)	• 화장품책임판매업자의 변경 • 책임판매업자 상호 변경 • 소재지 변경 • 책임판매관리자의 변경 • 책임판매 유형 변경

변경 사유가 발생한 날부터 30일(행정구역 개편에 따른 소재지 변경의 경우 90일) 이내

 전문가의 한마디

- 화장품제조업자와 화장품책임판매업자가 같은 경우나 제조번호별 품질검사 결과가 있는 경우에는 품질검사를 하지 않을 수 있음
- 이전 제조번호의 품질검사 결과는 현재 제조번호의 품질검사와는 무관하며, 품질검사는 무조건 제조번호별로 검사해야 함
- 화장품품질관리기준의 용어(화장품법 시행규칙 별표 1)
  - 품질관리 : 제품품질 확보를 위해 실시, 화장품제조업자에 대한 관리 감독, 시장 출하 관리, 그 밖에 제품의 품질관리에 필요한 업무
  - 시장출하 : 화장품책임판매업자가 제조(위탁제조 검사포함, 수탁 제조 또는 검사는 불포함), 수입한 화장품의 판매를 위해 출하하는 것
- 책임판매 후 안전관리기준의 용어(화장품법 시행규칙 별표 2)
  - 안전관리 정보 : 화장품의 품질, 안전성, 유효성 그 밖의 적정 사용을 위한 정보
  - 안전확보 업무 : 화장품책임판매 후 안전관리 업무 중 정보 수집 검토 및 그 결과에 따른 안전확보 조치에 관한 업무
- 책임판매관리자 업무(화장품법 시행규칙 제8조 제2항)
  - 품질관리기준에 따른 품질관리업무절차서 작성 보관, 교육훈련 실시
  - 책임판매 후 안전관리기준에 따른 안전확보업무, 안전관리 정보의 검토 기록
  - 원자재 입고~완제품 출고의 시험 · 검사 또는 검정 제조업자의 관리 · 감독
  - 회수대상 화장품 회수 및 처리업무(일정기간 보관 후 폐기 등 적정방법으로 처리할 것) 진행 후 기록을 책임판매업자에게 문서로 보고
- 책임판매관리자 자격기준(화장품법 시행규칙 제8조)
  - 의사, 약사
  - 이공계 학과 또는 향장학 · 화장품과학 · 한의학 · 한약학 · 간호학 · 간호과학 · 건강간호학 등을 전공하여 학사 이상의 학위를 취득한 사람
  - 화학 · 생물학화학공학 · 생물공학 · 미생물학 등 화장품 관련 분야를 전공하여 전문학사 학위를 취득한 후 화장품 제조 또는 품질관리 업무에 1년 이상 종사한 경력이 있는 사람
  - 식품의약품안전처장이 정하여 고시하는 전문 교육과정을 이수한 사람
  - 맞춤형화장품조제관리사 자격시험에 합격한 사람
  - 그 밖에 화장품 제조 또는 품질관리 업무에 2년 이상 종사한 경력이 있는 사람
- ※ 예 외
  - 상시근로자수가 10명 이하인 경우 책임판매관리자의 자격을 갖춘 화장품책임판매업자가 책임판매관리자 직무를 수행할 수 있음
  - 수입대행형 거래를 목적으로 화장품 알선 · 수여(전자상거래에만 해당)하는 영업 시에는 책임판매관리자가 있어야 하나 자격기준 충족하지 않아도 됨

 전문가의 한마디

이공계

- 이과대학(이학사) : 수학, 물리, 화학 등 순수학문을 배우는 학과
- 공과대학(공학사) : 화공생명공학부, 전기전자공학부, 건축공학부, 기계공학부 등
- 생명시스템대학 : 생물, 생화학, 생명공학과 등

전문가의 한마디

- 판매업자 : 제조업자, 책임판매업자, 맞춤형화장품판매업자
- 판매업소 : 맞춤형화장품판매소

전문가의 한마디

- 신고필증에 맞춤형화장품판매업자 소재지는 기재할 필요 없음
- 맞춤형화장품판매업자 상호 및 소재지 변경은 변경 신고 대상이 아님

② 맞춤형화장품판매업 신고

결격사유	신고 절차
• 피성년후견인 또는 파산선고 받고 복권되지 아니한 자 • 화장품법 또는 보건범죄 단속에 관한 특별조치법을 위반하여 금고 이상의 형을 선고받고 집행이 끝나지 않거나 집행을 받지 않기로 확정되지 않은 자 • 등록 취소 또는 영업소 폐쇄된 날부터 1년이 지나지 아니한 자	• 맞춤형화장품판매업 신고서 • 맞춤형화장품조제관리사 자격증 사본 • 시설의 명세서
신고대장 기재사항	**변경신고**
• 신고 번호 및 신고 연월일 • 맞춤형화장품판매업을 신고한 자의 성명 및 주민등록번호 • 맞춤형화장품판매업자 상호 및 소재지 • 맞춤형화장품판매업소 상호 및 소재지 • 맞춤형화장품조제관리사의 성명, 생년월일 및 자격증 번호	• 맞춤형화장품판매업자 변경 • 맞춤형화장품판매업소의 상호 및 소재지 변경 • 맞춤형화장품조제관리사 변경
세부사항	
• 맞춤형화장품판매업자가 2개 이상의 판매업소 운영 시 판매업소별로 상호에 지역 추가하여 서로 다른 상호 부여 • 맞춤형화장품판매업자가 1개의 판매업소 운영하고 제조업, 책임판매업을 할 경우 맞춤형화장품판매업소 상호를 사용할 수 있음 • 책임판매업자가 맞춤형화장품판매업자가 동일하면 동일한 소재지 신고 가능함(단, 맞춤형화장품 혼합, 소분 장소 및 시설 구획 등을 증빙하는 서류 제출할 것) • 맞춤형화장품판매업자가 맞춤형화장품조제관리사 겸직 가능	

(3) 화장품 영업의 폐업과 휴업

① 지방식품의약품안전청장 또는 관할 세무서장에게 폐업 · 휴업신고서 제출
② 휴업기간이 1개월 미만인 경우 신고할 필요 없음

전문가의 한마디

- 화장품제조업, 화장품책임판매업 : 등록 및 변경등록(등록필증)
- 맞춤형화장품판매업 : 신고 및 변경신고(신고필증)
- 모든 화장품영업자 : 폐업신고

5 화장품 품질 요소

(1) 안전성

① 지정 · 고시된 또는 지정 · 고시되지 않은 원료의 사용기준 지정 및 변경 신청(화장품법 시행규칙 제17조의3)

ㄱ 제출자료 전체의 요약본

ㄴ 원료의 기원, 개발 경위, 국내 · 외 사용기준 및 사용현황 등에 관한 자료

ㄷ 원료의 특성에 관한 자료

ㄹ 안전성 및 유효성에 관한 자료(유효성에 관한 자료는 해당하는 경우에만)

- 안전성에 관한 평가자료(타당한 사유가 인정되는 경우 생략 가능) : 단회투여독성 시험자료, 반복투여독성시험자료, 피부흡수시험자료, (인체)피부자극시험자료, 피부감작성시험자료, 점막자극시험자료, 광독성시험자료, 광감작성시험자료, 흡입독성시험자료, 생식 · 발생독성시험자료, 유전독성시험자료 및 발암성 시험자료
- 유효성에 관한 자료 : 사용목적 · 작용에 관한 자료, 사용량 등에 관한 자료

ㅁ 원료의 기준 및 시험방법에 관한 시험성적서

② 안전성 정보 관리 규정

ㄱ 목적 : 화장품 취급 · 사용 시 인지되는 안전성 관련 정보를 체계적이고 효율적으로 수집 · 검토 · 평가하여 적절한 안전 대책을 강구하여 국민보건상의 위해를 방지하기 위함

ㄴ 관련 용어

- 유해사례 : 화장품의 사용 중 발생한 바람직하지 않고 의도되지 아니한 징후나 증상 또는 질병. 당해 화장품과 반드시 인과관계를 가져야 하는 것은 아님
- 중대한 유해사례
  - 사망을 초래하거나 생명을 위협하는 경우
  - 입원 또는 입원 기간의 연장이 필요한 경우
  - 지속적 또는 중대한 불구나 기능 저하를 초래하는 경우
  - 선천적 기형 또는 이상을 초래하는 경우
  - 기타 의학적으로 중요한 상황
- 실마리 정보(Signal) : 유해사례와 화장품 간의 인과관계 가능성이 있다고 보고된 정보로서 그 인과관계가 알려지지 아니하거나 입증자료가 불충분한 것
- 안전성 정보 : 화장품과 관련하여 국민 보건에 직접 영향을 미칠 수 있는 안전성 · 유효성에 관한 새로운 자료, 유해사례 정보 등

전문가의 한마디

화장품 품질 4대 요소
안전성, 안정성, 사용성, 유효성

전문가의 한마디

- 식품의약품안전처장은 서류 보완이 필요하면 60일 이내 추가 보완자료를 제출 요청할 수 있음.
- 식품의약품안전처장은 180일 이내에 신청인에게 원료사용 기준 변경(지정)심사결과서를 통지해야 함

전문가의 한마디

안전관리 정보를 검토하지 않거나 안전확보 조치를 하지 않은 경우 : 판매 또는 해당 품목 판매업무정지 1개월

ⓒ 안전성 정보 보고

구 분	보고대상 및 보고기한
신속보고	• 안전성 정보를 알게 된 날로부터 15일 이내 신속히 보고 • 화장품책임판매업자 　– 중대한 유해사례 또는 이와 관련 보고 지시 　– 판매중지나 회수에 준하는 외국정부의 조치 또는 이와 관련된 보고 지시 • 맞춤형화장품판매업자 : 맞춤형화장품 사용과 관련 부작용 발생사례
정기보고	• 화장품책임판매업자는 매 반기 종료 후 1개월 이내에 보고(1월말, 7월말)(안전성 정보 없음으로도 보고할 것). • 다만, 상시근로자수가 2인 이하, 직접 제조한 화장비누만을 판매 시 안전성 정보 보고 생략 가능

안전성 정보의 신속·정기보고는 식품의약품안전처 홈페이지를 통해 보고하거나 전자파일과 함께 우편·팩스·정보통신망 등의 방법으로 보고

③ 영유아용 · 어린이용 화장품 안전성 강화 규정(화장품법 제4조의 2)

　㉠ 제품별 안전성 자료의 작성 · 보관

　　• 제품 및 제조방법에 대한 설명 자료

　　• 화장품의 안전성 평가 자료

　　• 제품의 효능 · 효과에 대한 증명 자료

　㉡ 제품별 안전성 자료의 보관기간

　　• 사용기한 표시하는 경우 : 만료일로부터 1년간

　　• 개봉 후 사용기간 표시하는 경우 : 제조일(통관일)로부터 3년간

④ 안전성 자료 실태조사(5년 주기) 포함사항(동법 시행규칙 제10조의4)

　㉠ 제품별 안전성 자료의 작성 및 보관 현황

　㉡ 소비자의 사용실태

　㉢ 사용 후 이상사례의 현황 및 조치 결과

　㉣ 영유아 또는 어린이 사용화장품에 대한 표시 광고의 현황 및 추세

　㉤ 영유아 또는 어린이 사용화장품의 유통 현황 및 추세

(2) 안정성

② 시험 목적 : 화장품의 저장방법 및 사용기한을 설정하기 위해 경시변화에 따른 품질의 안정성을 평가하는 시험

③ 사용기한 : 제조된 날부터 적절한 보관 상태에서 제품이 고유의 특성을 간직한 채 소비자가 안정적으로 사용할 수 있는 최소한의 기한

③ 안정성시험 조건과 항목

시험 종류	로트 선정	시험 조건	시험 기간	측정 시기	시험 항목
장기보존 시험	3로트 이상	• 실온보관제품 : 온도 25±2℃/상 대습도 60±5% 또는 온도 30± 2℃/상대습도 66 ±5% • 냉장보관제품 : 온 도 5±3℃	6개월 이상	• 시험개시~1년 : 3개월마다 • 1년~2년 : 6개월 마다 • 2년 이후~ : 1년 마다	• 안정성 시험 – 물리적 시험 – 화학적 시험 – 미생물 한도시험 • 용기적합성 시험
가속시험		• 실온보관제품 : 온도40±2℃/상 대습도 75±5% • 냉장보관제품 : 온 도 25±2℃/상대 습도 60±5%		시험개시 때 포함 최소 3회	
가혹시험	검체특성 및 시험조건 에 맞춤	• 운반보관 진열 시 의도치 않은 조건 발생 • 광선, 온도(−15~ 40℃), 습도 조건 을 검체의 특성을 고려하여 결정 예 해동 · 고온 · 충격 · 진동시험, 광안정성시험	검체의 특성 및 시험 조건에 따라 적절히 정함		• 현탁 발생여부 • **분해산물의 생성 유무 확인** • 유제 크림의 안정 성 결여 • 표시 · 기재 사항 분실 • 용기 파손
개봉 후 안정성 시험	3로트 이상	• 계절별 연평균 온 도, 습도 등 조건 설정 • 화장품 사용 시 일 어날 수 있는 오염 등을 고려한 사용 기한 설정	6개월 이상	• 시험개시~1년 : 3개월마다 • 1년~2년 : 6개월 마다 • 2년 이후~ : 1년 마다	• 안정성 시험 – 물리적 시험 – 화학적 시험 – 미생물 한도시험 • **살균보존제 시험** • 유효성성분 시험

 전문가의 한마디

안정성 평가항목
• 일반시험 : 균등성, 향취 및 색상, 사용감 및 성상, 내온성 시험
• 물리시험 : 비중, 융점, 경도, pH, 유화상태, 점도 등
• 화학시험 : 시험물 가용성 성분, 에테르 불용 및 에탄올 가용성 성분, 에테르 및 에탄올 가용성 불검화물, 에테르 및 에탄올 가용성 검화물, 증발잔류물, 에탄올 등
• 미생물 한도시험 : 정상적으로 제품 사용 시 미생물 증식을 억제하는 능력이 있음을 증명하는 시험 및 필요할 때 기타 특이적 시험을 통해 미생물에 대한 안정성을 평가
• 용기적합성 시험 : 제품과 용기 사이의 상호작용(용기의 제품 흡수, 부식, 화학적 반응 등)에 대한 적합성을 평가

 전문가의 한마디

제조단위(뱃치, 로트)

 전문가의 한마디

개봉할 수 없는 용기로 되어 있는 제품(스프레이 등), 일회용제품 등은 개봉 후 안정성시험을 수행할 필요가 없음

(3) 유효성

- **식품의약품안전처 조직 및 업무**
  - 화장품정책과 : 화장품법령 및 화장품 정책수립, 감시계획
  - 화장품심사과 : 기능성화장품 심사, 실증자료
  - 화장품연구과 : 위해평가 · 시험법 개발 등
- **식품의약품안전처장의 보고와 검사**
  - 필요하면 영업자 · 판매자 또는 화장품을 업무상 취급하는 자에 대해 필요한 보고를 명할 수 있음
  - 화장품을 취급하는 장소에 출입해 그 시설 또는 관계 장부나 서류, 물건의 검사 또는 관계인에 대한 질문을 할 수 있음
  - 화장품의 품질 또는 안전 기준, 포장 등의 기재 · 표시사항 등이 적합한지 여부를 검사하기 위해 필요한 최소 분량을 수거하여 검사할 수 있음
  - 총리령으로 정하는 바에 따라 제품의 판매에 대한 모니터링 제도를 운영
- **지방식품의약품안전청 업무**
  - 영업 등록, 신고, 변경, 변경 신고, 폐업 신고, 신고 수리
  - 사후관리(감시, 수거검사, 회수, 폐기, 표시 광고 단속, 행정처분)
  - 교육 명령, 소비자화장품안전관리감시원 위촉 · 해촉 및 교육
  - 청 문
  - 과징금 및 과태료 부과 · 징수
  - 시정명령
  - 검사명령
  - 개수명령 및 시설의 전부 또는 일부의 사용금지명령
  - 등록필증 · 신고필증의 재교부

① **기능성화장품** : 품목별로 안전성 및 유효성에 관하여 식품의약품안전처장에게 심사 또는 보고서를 제출한 화장품(식품의약품안전평가원장의 심사). 기능성화장품을 심사받을 수 있는 영업자는 제조업자, 책임판매업자, 대학, 연구기관이며 맞춤형화장품판매업자는 불가

② **기능성화장품 심사자료**

  ㉠ 기원 및 개발 경위에 관한 자료

  ㉡ 안전성에 관한 자료

- 단회투여독성시험자료
- 1차피부자극시험자료
- 피부감작성시험자료
- 안점막자극 또는 기타 점막자극시험자료
- 광독성 및 광감작성 시험자료(자외선에서 흡수가 없음을 입증하는 흡광도시험자료를 제출하는 경우에는 면제)
- 인체첩포시험자료

• 인체누적첩포시험자료(인체적용시험자료에서 피부이상반응 발생 등 안전성 문제
가 우려된다고 판단되는 경우에 한함)

전문가의 한마디

화장품 안전성 시험자료 모음

	기존, 신성분사용 기준고시	기능성화장품	인체세포, 조직배양액
공통사항	단회투여독성, 1차피부자극, 피부감작성, 안점막자극 또는 그 밖의 점막자극, 광독성, 광감작성		
개별사항	• 반복투여독성 • 피부흡수/인체피부자극 • 흡입독성 • 생식발생독성, 유전독성, 발암성	인체첩포 (인체누적첩포)	• 반복투여독성 • 인체첩포 • 유전독성 • 인체 세포·조직 배양액 구성성분에 관한 자료

ⓒ 유효성 또는 기능에 관한 자료
  • 효력시험자료(비임상 시험자료 : 인조피부, 모발/세포실험)
  • 인체적용시험자료(관련분야 전문 의사, 병원 등 관련기관 5년 이상 해당 시험경력
    가진 자의 지도 및 감독하에 수행 평가된 자료)

전문가의 한마디

• In Vivo : 생체 내 시험(동물이나 인체적용시험)
• In Vitro : 생체 외 시험(실험실에서 세포배양, 인조피부)
• 검체 : 검사나 분석 또는 보관을 위해 시험계로부터 얻어진 것
• 대조물질 : 시험물질과 비교할 목적으로 시험에 사용되는 물질
• 부형제 : 시험계에 용이하게 적용되도록 시험물질 또는 대조물질을 혼합·분산·용해시키는데 이용하는 물질

  • 염모효력시험자료(인체 모발을 대상) : 용법·용량란에 기재된 비율로 섞은 염색
    액에 시험용 백포(양모)를 침적하여 25℃에서 20~30분간 방치한 후 씻어내고, 건
    조한 후 시험용 백포에는 효능·효과와 표시한 색상과 거의 같게 염색되는지 확인
ⓔ 자외선차단지수(SPF) 및 자외선A차단등급(PA) 설정의 근거자료(자외선을 차단 또
  는 산란시켜 자외선으로부터 피부를 보호하는 기능을 가진 화장품만)
  • 파장 : UVA(320~400nm), UVB(290~320nm), UVC(200~290nm)
  • SPF = 제품도포부위 최소홍반량(MED) ÷ 제품무도포 부위 최소홍반량(MED)
    ※ 최소홍반량(MED) : UVB를 조사한 후 16~24시간의 범위 내에서 홍반을 나타
      낼 수 있는 최소한의 자외선 조사량

전문가의 한마디

효력시험자료

실험실의 배양접시 등 인위적 환경에서 시험물질과 대조물질 처리 후 결과를 측정. 실제 화장품 사용에 따른 상관관계나 작용기전을 설명하는 자료로 이용할 수 있음

전문가의 한마디

• 보통 SPF=1은 10~15분
• 표시방법 : SPF는 −20% 이하 내 정수(예) SPF 23인 경우 19~23 범위)
• 자외선 차단지수의 95% 신뢰 구간은 SPF의 ±20% 이내이어야 함
• SPF 50 이상은 SPF 50+로 표기
• SPF 10 이하 제품의 경우 자료 제출 면제(PA, 내수성 자료 포함)
• PA+ 2~4 미만(낮음), PA++ 4~8(보통), PA+++ 8~16(높음), PA++++ 16 이상(매우 높음)

전문가의 한마디

Fitzpatrick의 6가지 유형 중 3형과 4형

구분	MED(mJ/cm²)
Ⅲ형	30~50
Ⅳ형	45~60

전문가의 한마디

자외선차단제 함량 시험 대체법

- 측정기기 : 제논아크램프(290∼400nm)
- 제품 도포량 : 2.0mg/cm²
- 차단지수 측정 : 상온에서 적량 도포, 15분간 방치한 후 측정기로 측정, 3회 측정치 평균값으로 정함

전문가의 한마디

- 용법 : 본품의 적당량을 취해 피부에 골고루 바른다. 본품을 피부에 붙이고 10∼20분 후 지지체를 제거한 후 제품을 두드려 바른다.
- 기준 및 시험방법에 고시된 품목이 없는 마그네슘아스코빌 포스페이트, 닥나무추출물, 아데노신, 폴리에톡시레이티드레틴아마이드는 1호 보고 불가함

전문가의 한마디

착향제와 보존제는 자극가능성분이므로 자료제출 면제가 불가한 제품

- 피부 장벽 기능을 회복시켜 가려움 등 개선
- 튼살로 인한 붉은 선 완화
- 내수성 자외선 차단제

전문가의 한마디

기능성화장품 심사결과 통지서(재)발급은 식품의약품안전처 안전평가원장이 진행

- PA = 제품도포부위 최소지속형즉시흑화량(MPPD) ÷ 제품무도포부위 최소지속형즉시흑화량(MPPD)

  ※ 최소지속형즉시흑화량 : UV A를 조사한 후 2∼24시간의 범위 내에 희미한 흑화가 시작되는 최소 자외선량

- ⑩ 기준 및 시험방법에 관한 자료(검체 포함)

  명칭, 구조식, 분자식, 기원, 함량 기준, 성상확인시험, 순도시험, 표준품 및 시약

전문가의 한마디

피부장벽 기능을 회복하여 피부 가려움 등을 개선하는 데 도움을 주는 제품 및 튼살제품은 특정고시 성분이 없다는 심사를 통과해야 한다.

- ⑪ 식품의약품안전처장이 제품의 효능 효과를 나타내는 성분·함량을 고시한 품목의 경우에는 ㉠∼㉣까지의 자료 제출을 생략할 수 있고, 기준 및 시험방법을 고시한 품목의 경우에는 ⑩의 자료 제출을 생략할 수 있음

③ 자료제출 면제

- ㉠ 인체적용시험자료 제출 시 효력 시험자료 제출 면제. 다만, 효력시험자료의 제출을 면제받은 성분에 대해서는 효능·효과를 기재·표시할 수 없음
- ㉡ 기심사 받은 기능성화장품이 동일한 제조업체에서 제조한 제품으로 유화제, 착색제, pH 조절제, 점도 조절제 등이 변하는 것은 자료제출이 면제되나 피부장벽 기능 회복을 돕는 제품과 튼살 붉은선을 엷게 하는 데 도움을 주는 제품의 착향제, 보존제가 달라지는 경우는 자료제출이 면제되지 않음
- ㉢ 자외선차단제품 중 동일한 제조업체에서 주성분, 종류, 규격, 분량, 용법·용량, 제형이 동일한 경우 안전성, 유효성 자료 면제하나, 내수성 제품은 착향제, 보존제가 다른 경우 자료제출이 면제되지 않음

④ 보고서 제출 대상(화장품법 시행규칙 제10조 제1항)

- ㉠ 1호 보고 : 효능·효과가 나타나게 하는 성분의 종류·함량, 효능·효과, 용법·용량, 기준 및 시험방법이 식품의약품안전처장이 고시한 품목과 같은 기능성화장품
- ㉡ 2호 보고 : 효능·효과가 나타나게 하는 원료의 종류·규격 및 함량, 효능·효과, 기준(pH 제외) 및 시험방법, 용법·용량이 모두 같은 품목으로 이미 심사를 받은 기능성화장품으로 심사받은 기관이 같은 경우에 제형만 약간 다른 제품(자외선차단제는 제형이 달라지면 다른 제품)
- ㉢ 3호 보고 : 자외선차단+미백 또는 주름 개선 2중 기능성, 자외선차단+미백+주름 개선 3중 기능성 등 서로 혼합된 품목으로 이미 심사를 받은 기능성화장품 및 고시한 기능성화장품과 모두 같은 2∼3중 기능성화장품

6 화장품 사후관리 기준

(1) 영업자 준수사항

① 제조업자 준수사항(화장품법 시행규칙 제11조)

  ㉠ 품질관리기준에 따른 화장품책임판매업자의 지도·감독 및 요청에 따를 것

  ㉡ 4가지 서류(제품표준서, 품질관리기록서, 제조관리기준서, 제조관리기록서)를 작성·보관해야 함

  ㉢ 보건위생상 위해(危害)가 없도록 제조소, 시설 및 기구를 위생적으로 관리하고 오염되지 아니하도록 할 것

  ㉣ 화장품의 제조에 필요한 시설 및 기구에 대하여 정기적으로 점검하여 작업에 지장이 없도록 관리·유지할 것

  ㉤ 작업소에는 위해가 발생할 염려가 있는 물건을 두어서는 아니 되며, 작업소에는 국민보건 및 환경에 유해한 물질이 유출되거나 방출되지 아니하도록 할 것

  ㉥ 품질관리를 위하여 필요한 사항을 화장품책임판매업자에게 제출할 것. 단, 화장품제조업자가 제품을 설계·개발·생산하는 방식으로 제조하는 경우로서 품질·안전관리에 영향이 없는 범위에서 화장품제조업자와 화장품책임판매업자가 상호 계약에 따라 영업 비밀에 해당하는 경우에는 제출하지 않아도 됨

  ㉦ 원자재 입고~완제품 출고까지 필요한 시험·검사 또는 검정을 할 것

  ㉧ 제조 또는 품질검사를 위탁하는 경우 적절하게 이루어지고 있는지 수탁자에 대한 관리·감독을 철저히 하고 제조 및 품질관리에 관한 기록을 받아 유지·관리할 것

② 책임판매업자 준수사항(동법 제12조 및 제13조)

  ㉠ 품질관리기준과 책임판매 후 안전관리기준 준수할 것

   • 책임판매한 제품의 품질이 불량하거나 품질이 불량할 우려가 있는 경우 회수 등 신속한 조치를 하고 기록할 것

   • 제품의 품질 등에 관한 정보를 얻었을 때 해당 정보가 인체에 영향을 미치는 경우에는 그 원인을 밝히고, 개선이 필요한 경우에는 적정한 조치를 하고 기록할 것

  ㉡ 제조업자로부터 받은 제품표준서 및 품질관리기록서 보관(화장품제조업자가 화장품을 적정하고 원활하게 제조한 것임을 확인하고 보관할 것)

  ㉢ 수입한 화장품 수입관리기록서를 작성·보관

  ㉣ 제조번호별로 품질검사(위탁 가능)를 철저히 한 후 유통시킬 것(다만, 화장품제조업자와 화장품책임판매업자가 같은 경우, 제조업자의 품질검사 위탁하여 제조번호별 품질검사 결과가 있는 경우에는 품질검사를 하지 않을 수 있음)

  ㉤ 시장출하에 관하여 기록할 것

  ㉥ 화장품의 생산실적 또는 수입실적을 매년 2월 말까지 보고

  ㉦ 화장품의 제조과정에 사용된 원료의 목록을 화장품의 유통·판매 전까지 보고

전문가의 한마디

전자무역촉진에 관한 법률에 따라 전자교환 방식으로 표준통관 예정보고를 하고 수입하였다면 수입실적 및 원료목록 보고가 면제됨

     ◎ 안전성 정보(안전성 · 유효성에 관한 새로운 자료, 정보사항) 정기보고는 매반기 종료
         후 1개월 이내(1월말, 7월말), 신속보고는 15일 이내

     ㉻ 안정성시험자료 보관 : 다음 중 어느 하나에 해당하는 성분(광산화되기 쉬운 성분)을
         0.5% 이상 함유 품목은 사용기한 만료되는 날부터 1년간 보존할 것

        • 레티놀(비타민 A) 및 그 유도체
        • 아스코빅애씨드(비타민 C) 및 그 유도체
        • 토코페롤(비타민 E)
        • 과산화화합물
        • 효 소

③ 영업자 등의 교육(동법 제14조, 식품의약품안전처장이 지정 고시)

     ㉠ 교육명령의 대상자

        영업의 금지, 시정명령을 받은 영업자, 영업자의 준수사항을 위반한 영업자

     ㉡ 정기 교육 대상자(매년)

        • 책임판매관리자 및 맞춤형화장품조제관리사
        • 품질관리기준에 따라 품질관리 업무에 종사하는 종업원

     ㉢ 교육 내용 : 화장품 관련 법령 및 제도에 관한 사항 품질관리 및 안전성 확보

     ㉣ 교육 시간 : 4시간 이상, 8시간 이하

     ㉤ 교육 실시기관 : 대한화장품협회, 한국의약품수출입협회, 대한화장품산업연구원

        • 전년도 11월 30일까지 교육계획 수립 제출
        • 매년 1월 31일까지 전년도 교육 실적을 식품의약품안전처장에게 보고
        • 교육 실시기간, 교육대상자 명부, 교육 내용을 기록작성하여 2년간 보관

(2) 화장품의 제조 · 수입 · 유통 · 판매 등의 금지

① 영업의 금지(화장품법 제15조)

     ㉠ 기능성화장품의 심사를 받지 아니하거나 보고서를 제출하지 아니한 기능성화장품

     ㉡ 전부 또는 일부가 변패된 화장품

     ㉢ 병원미생물에 오염된 화장품

     ㉣ 이물이 혼입되었거나 부착된 것

     ㉤ 화장품에 사용할 수 없는 원료를 사용하였거나 유통화장품 안전관리 기준에 적합하
        지 아니한 화장품

     ㉥ 코뿔소 뿔 또는 호랑이 뼈와 그 추출물을 사용한 화장품

     ㉦ 보건위생상 위해가 발생할 우려가 있는 비위생적인 조건에서 제조되었거나 시설기준
        에 적합하지 아니한 시설에서 제조된 것

     ㉧ 용기나 포장이 불량하여 해당 화장품이 보건위생상 위해를 발생할 우려가 있는 것

전문가의 한마디

**화장품의 제조 · 수입 · 유통 ·
판매 등의 금지제품**
화장품을 판매 또는 판매할 목적
으로 제조, 수입, 보관, 진열 불가

  ⓩ 사용기한 또는 개봉 후 사용기간(병행 표기된 제조연월을 포함)을 위조 · 변조한 화
   장품

  ⓩ 식품의 형태 · 냄새 · 색깔 · 크기 · 용기 및 포장 등을 모방하여 섭취 등 식품으로 오
   용될 우려가 있는 화장품

② 동물실험을 실시한 화장품 등의 유통판매 금지 예외사항(화장품법 제15조의2)

  ㉠ 보존제, 색소, 자외선차단제 등 특별히 사용상의 제한이 필요한 원료에 대하여 그 사
   용기준을 지정하거나 국민보건상 위해 우려가 제기되는 화장품 원료 등에 대한 위해
   평가를 하기 위하여 필요한 경우

  ㉡ 동물대체시험법이 존재하지 아니하여 동물실험이 필요한 경우

  ㉢ 화장품 수출을 위하여 수출 상대국의 법령에 따라 동물실험이 필요한 경우

  ㉣ 수입하려는 상대국의 법령에 따라 제품 개발에 동물실험이 필요한 경우

  ㉤ 다른 법령에 따라 동물실험을 실시하여 개발된 원료를 화장품의 제조 등에 사용하는
   경우

  ㉥ 그 밖에 동물실험을 대체할 수 있는 실험을 실시하기 곤란한 경우로서 식품의약품안
   전처장이 정하는 경우

③ 판매 등의 금지(화장품법 제16조)

  ㉠ 영업의 등록을 하지 아니한 자가 제조한 화장품 또는 제조 · 수입하여 유통 · 판매한
   화장품

  ㉡ 맞춤형화장품판매업의 신고를 하지 아니한 자가 판매한 맞춤형화장품

  ㉢ 맞춤형화장품조제관리사를 두지 아니하고 판매한 맞춤형화장품

  ㉣ 화장품의 기재 · 표시상의 주의에 위반되는 화장품 또는 의약품으로 잘못 인식할 우
   려가 있게 기재 · 표시된 화장품

  ㉤ 판매의 목적이 아닌 제품의 홍보 · 판매촉진 등을 위하여 미리 소비자가 시험 · 사용
   하도록 제조 또는 수입된 화장품

  ㉥ 화장품의 포장 및 기재 · 표시 사항을 훼손(맞춤형화장품 판매를 위하여 필요한 경우
   는 제외) 또는 위조 · 변조한 것

(3) 화장품에 대한 감시 감독

① 화장품감시공무원(화장품법 시행규칙 제24조)

  ㉠ 학교에서 약학 또는 화장품 관련 분야의 학사학위 이상을 취득한 사람(법령에서 이
   와 같은 수준 이상의 학력이 있다고 인정한 사람 포함), 화장품에 관한 지식 및 경력
   이 풍부하다고 지방식품의약품안전청장이 인정하거나 특별시장 · 광역시장 · 특별자
   치시장 · 도지사 · 특별자치도지사 또는 시장 · 군수 · 구청장(자치구의 구청장)이 추
   천한 사람 중에서 지방식품의약품안전청장이 임명하는 사람

  ㉡ 주요 업무 : 화장품 수거, 검사

전문가의 한마디

책임판매관리자를 두지 않고 화장품을 유통 · 판매할 경우는 판매 또는 해당 품목 판매업무정지 1개월, 회수 대상 화장품에 속하지 않음

전문가의 한마디

식품의약품안전처장이 화장품 감시공무원 임명을 하지 않음

② 소비자화장품안전관리감시원(화장품법 시행규칙 제26조의 2)

  ㉠ 다음의 어느 하나에 해당하는 사람으로 함(임기 2년, 연임 가능)

   • 법 제17조에 따라 설립된 단체의 임직원 중 해당 단체의 장이 추천한 사람
   • 소비자단체의 임직원 중 해당 단체의 장이 추천한 사람
   • 화장품법 시행규칙 제8조 제1항 각 호의 어느 하나에 해당하는 사람
   • 식품의약품안전처장이 정하여 고시하는 교육과정을 마친 사람

  ㉡ 직 무

전문가의 한마디

소비자화장품안전관리감시원이 되기 위해 최소 4시간 이상 교육을 받아야 함

   • 화장품 부당한 표시광고 또는 표시기준 위반한 경우 관할 행정관청에 신고하거나 자료제공
   • 화장품의 안전 사용과 관련된 홍보 등의 업무
   • 업무지원(관계 공무원의 출입·검사·질문·수거, 폐기, 행정처분의 이행여부 확인 업무지원)

(4) 화장품 분쟁유형과 해결기준(소비자분쟁해결기준)

분쟁유형	해결기준	비 고
이물혼입	제품교환 또는 구입가 환급	• 치료비 지급 : 피부과 전문의의 진단 및 처방에 의한 질환 치료 목적의 경우로 함. 단, 화장품과의 인과관계가 있어야 하며, 자의로 행한 성형·미용관리 목적으로 인한 경우에는 지급하지 아니함 • 일실소득 : 피해로 인하여 소득상실이 발생한 것이 입증된 때에 한하며, 금액을 입증할 수 없는 경우 시중 노임단가를 기준으로 함
함량부적합		
변질·부패		
유효기간 경과		
용량부족		
품질·성능·기능 불량		
용기 불량으로 인한 피해사고	치료비, 경비 및 일실소득 배상	
부작용		

7 화장품법령 위반자의 처벌규정

(1) 개 요

	화장품법, 시행규칙 위반 처벌(소비자, 경쟁업체 고발)	
벌칙	행정 형벌 (형법 적용, 직접적 행정 목적을 침해, 전과기록 남음)	징역형 또는 벌금형 • 3년 이하 징역 또는 3천만 원 이하 벌금 • 1년 이하 징역 또는 1천만 원 이하 벌금 • 200만 원 이하 벌금
	행정 질서벌 (과태료, 형법 적용 안 됨, 간접적 행정 목적 달성에 영향, 전과기록 안 남음)	• 100만 원 　– 기능성 변경심사 받지 않음 　– 동물실험 원료 사용 제조, 수입, 유통판매 　– 식품의약품안전처장 명령, 보고 불이행 　– 맞춤형화장품조제관리사가 아닌 자가 맞춤형화장품조제관리사 또는 유사명칭 사용 • 50만 원 　– 맞춤형화장품판매업자가 원료목록 미보고 　– 생산실적 · 수입실적 · 원료목록 미보고 　– 필참 교육 미이수 　– 휴 · 폐업 미신고 　– 판매가격 미표시
	행정처분	• 업무정지 • 제조 · 수입 · 판매 · 광고 업무정지는 과징금(시행령)으로 대체 가능 　– 크게 소비자 영향 미치지 않는 경우 　– 시설 또는 기구 일부가 없거나 작업소 기준 위반한 경우 　– 기재 · 표시사항 위반을 포함함

(2) 벌 칙

① 3년 이하 징역 또는 3천만 원 이하 벌금형
　㉠ 중요한 화장품(기능성, 천연, 유기농) : 심사보고서 미제출, 거짓인증, 인증표시 무단 사용
　㉡ 영업의 금지(변패, 병원미생물, 사용할 수 없는 원료사용, 사용기한 위변조)
　㉢ 판매 등의 금지(등록 · 신고 안 한 영업자, 포장기재 훼손 또는 위변조, 맞춤형화장품조제관리사를 두지 않고 영업)
② 1년 이하 징역 또는 1천만 원 이하 벌금형
　㉠ 안전성(영유아 어린이용 안전성자료 작성 보관, 안전용기 포장)
　㉡ 판매 등의 금지(부당한 표시 · 광고, 의약품오인 등의 표시기재사항 위반, 견본품 판매)

© 실증자료 제출하지 않고 표시광고

® 화장품용기에 담은 내용물을 소분하여 판매한 자

@ 타인에게 맞춤형화장품조제관리사의 자격증을 양도 또는 대여해준 자

③ 200만 원 이하 벌금형

　　㉠ 맞춤형화장품판매장 시설, 기구 관리방법, 혼합 소분의 안전관리기준 준수 의무 불이행 및 소비자에게 내용물, 원료에 대한 설명의무 준수하지 않은 맞춤형화장품판매업자

　　㉡ 위해화장품 회수, 회수계획 보고 하지 않은 영업자

　　㉢ 화장품의 1차 · 2차 포장에 총리령으로 정하는 사항을 기재 · 표시하지 않은 자

　　㉣ 인증의 유효기간이 경과한 화장품에 인증표시나 이와 유사한 표시를 한 자

(3) 행정처분(맞춤형화장품판매업 관련 1차 위반, 동법 시행규칙 별표 7참고)

① 영업소 폐쇄 : 결격 사유

② 판매업무정지 6개월 : 심사받지 않거나 거짓으로 보고하고 기능성화장품 판매

③ 판매업무정지 3개월

　　㉠ 보고하지 않은 기능성화장품 판매

　　㉡ 화장품의 안전용기 · 포장 위반(해당 품목, 1년 이하 징역), 병원미생물에 오염된 화장품(해당 품목)

　　㉢ 영업자 또는 판매자가 식품의약품안전처장의 실증자료 요청에 응하지 않으면서 표시 · 광고 중지명령 위반한 자(해당 품목, 1년 이하 징역)

　　㉣ 광고업무 정지기간 중에 광고업무를 한 경우 1차 위반은 시정명령, 2차 위반은 판매업무정지 3개월

전문가의 한마디

실제 내용량이 표시된 내용량의 97퍼센트 미만인 화장품(해당 품목 판매업무정지)

· 90~97% 미만 : 시정명령
· 80~90% 미만 : 1개월
· 80% 미만 : 2개월

④ 판매업무정지 1개월

　　㉠ 맞춤형화장품판매업소 소재지 변경신고 안 한 경우

　　㉡ 화장품책임판매업소 소재지 변경신고 안 한 경우

　　㉢ 영유아 · 어린이용 제품별 안전성 자료 작성 · 보관 위반(해당 품목, 1년 이하 징역)

⑤ 판매 또는 제조업무정지 1개월

　　㉠ 국민보건에 위해를 끼쳤거나 회수계획을 보고하지 않거나 거짓으로 보고 및 회수대상 화장품 회수 안 한 경우(200만 원 이하의 벌금)

　　㉡ 식품의약품안전처장이 요구하는 보고 · 질문 · 수거 시정명령, 검사명령, 개수명령, 회수명령, 폐기명령, 공표명령을 이행하지 않은 경우(과태료 100만 원)

⑥ 판매 또는 해당품목 판매업무정지 15일

　　㉠ 맞춤형화장품판매장 시설 · 기구 정기 점검과 혼합 · 소분 안전관리기준 위반(200만 원 이하)

　　㉡ 소비자판매용 화장품을 맞춤형화장품에 사용 시

전문가의 한마디

제조소, 소재지 변경신고 안 한 경우 제조업무정지 1개월

⑦ 시정명령

　　㉠ 맞춤형화장품 판매내역서 작성·보관, 내용물, 원료 소비자 설명의무(200만 원 이하), 부작용사례 신속보고 안 함

　　㉡ 맞춤형화장품판매업 변경신고 : 판매업자, 판매업소 상호

　　㉢ 맞춤형화장품조제관리사 변경 신고

⑧ 과징금(대통령령)

　　㉠ 행정처분(총리령)을 받은 경우 업무정지 대신 금전으로 대체. 작년 매출에 따라 과징금 산정기준이 다름(1개월을 30일 기준으로 계산)

　　㉡ 벌금과 과태료는 바로 부과할 수 있으나 과징금은 행정처분이 있어야 부과할 수 있음

　　㉢ 식품의약품안전처장은 과징금을 부과하기 위해 필요한 경우 관할 세무관서의 장에게 과징금 부과기준이 되는 매출금액을 적은 문서를 요청할 수 있음

　　㉣ 식품의약품안전처장은 과징금을 내야 할 자가 납부기한까지 내지 않으면 납부기한이 지난 후 15일 이내 독촉장을 발부. 이 경우 납부기한은 독촉장을 발부 하는 날로부터 10일 이내여야 함

　　㉤ 식품의약품안전처장은 체납된 과징금 징수를 위해 서울에서 발급되는 자동차등록원부, 건축물대장, 토지대장등본을 특별시장, 도지사 등 또는 국토교통부장관에게 자료를 요청할 수 있음

　　㉥ 독촉장을 받고도 과징금을 납부기한까지 미납할 시 대통령령에 따라 과징금처분을 취소하고 업무정지처분을 하여야 함. 이때 서면으로 내용을 통지하되 서면에는 처분이 변경된 사유와 업무정지처분의 기간 등 업무정지처분에 필요한 사항을 적어야 함. 업무정지처분을 할 수 없을 때는 국세체납처분의 예에 따라 이를 징수

　　㉦ 기재표시 위반, 기능성 주원료 함량이 심사 또는 보고한 기준치에 대해 5% 미만으로 부족한 경우는 과징금 부과 대상이나 화장품제조업자 소재지 변경 등록 안 한 경우는 과징금 부과 대상이 아님

제2장 개인정보 보호법

(1) 용어 정리

① 개인정보 : 성명, 주민등록번호 및 영상을 통하여 개인을 알아볼 수 있는 정보, 해당 정보만으로는 특정 개인을 알아볼 수 없더라도 다른 정보와 쉽게 결합하여 알아볼 수 있는 정보(이 경우 쉽게 결합할 수 있는지 여부는 다른 정보의 입수 가능성 등 개인을 알아보는 데 소요되는 시간, 비용, 기술 등을 합리적으로 고려해야 함)

② 민감정보 : 유전자검사 등의 결과로 얻어진 유전정보, 범죄경력자료에 해당하는 정보, 개인의 신체적 · 생리적 · 행동적 특징에 관한 정보로서 특정 개인을 알아볼 목적으로 일정한 기술적 수단을 통해 생성한 정보, 인종이나 민족에 관한 정보

③ 고유식별정보 : 주민등록번호, 여권번호, 운전면허의 면허번호, 외국인등록번호

(2) 개인정보처리자의 개인정보 보호 원칙(개인정보 보호법 제3조)

① 개인정보의 처리 목적을 명확하게 하여야 하고 그 목적에 필요한 범위에서 최소한의 개인정보만을 적법하고 정당하게 수집하여야 함

② 개인정보의 처리 목적에 필요한 범위에서 적합하게 개인정보를 처리하여야 하며, 그 목적 외의 용도로 활용하여서는 안 됨

③ 개인정보의 처리 목적에 필요한 범위에서 개인정보의 정확성, 완전성, 최신성이 보장되도록 하여야 함

④ 개인정보의 처리 방법 및 종류 등에 따라 정보주체의 권리가 침해받을 가능성과 그 위험 정도를 고려하여 개인정보를 안전하게 관리하여야 함

⑤ 개인정보 처리방침 등 개인정보의 처리에 관한 사항을 공개하여야 하며, 열람청구권 등 정보주체의 권리를 보장하여야 함

⑥ 정보주체의 사생활 침해를 최소화하는 방법으로 개인정보를 처리하여야 함

⑦ 개인정보를 익명 또는 가명으로 처리하여도 개인정보 수집목적을 달성할 수 있는 경우 익명처리가 가능한 경우에는 익명에 의하여, 익명처리로 목적을 달성할 수 없는 경우에는 가명에 의하여 처리될 수 있도록 하여야 함

⑧ 개인정보 보호법 및 관계 법령에서 규정하고 있는 책임과 의무를 준수하고 실천함으로써 정보주체의 신뢰를 얻기 위하여 노력하여야 함

(3) 개인정보의 수집 · 이용 가능한 경우(동법 제15조 제1항)

① 정보주체의 동의를 받은 경우

② 법률에 특별한 규정이 있거나 법령상 의무를 준수하기 위하여 불가피한 경우

③ 공공기관이 법령 등에서 정하는 소관 업무의 수행을 위하여 불가피한 경우

④ 정보주체와 체결한 계약을 이행하거나 계약을 체결하는 과정에서 정보주체의 요청에 따른 조치를 이행하기 위하여 필요한 경우

⑤ 명백히 정보주체 또는 제3자의 급박한 생명, 신체, 재산의 이익을 위하여 필요하다고 인정되는 경우

⑥ 개인정보처리자의 정당한 이익을 달성하기 위하여 필요한 경우로서 명백하게 정보주체의 권리보다 우선하는 경우(이 경우 개인정보처리자의 정당한 이익과 상당한 관련이 있고 합리적인 범위를 초과하지 아니하는 경우에 한함)

⑦ 공중위생 등 공공의 안전과 안녕을 위하여 긴급히 필요한 경우

(4) 개인정보처리 시 정보주체에게 알려 동의받아야 하는 내용(동법 제15조 제2항)

① 개인정보의 이용 목적(제공 시에는 제공받는 자의 이용 목적을 말함)

② 이용 또는 제공하는 개인정보의 항목

③ 개인정보의 보유 및 이용 기간(제공 시에는 제공받는 자의 보유 및 이용 기간을 말함)

④ 동의를 거부할 권리가 있다는 사실 및 동의 거부에 따른 불이익이 있는 경우에는 그 불이익의 내용

전문가의 한마디

개인정보처리에 동의하지 않아도 재화, 서비스는 제공해야 함

(5) 서면(전자문서 포함)동의받을 때 중요내용 명확히 표시할 것(동법 제22조 제2항)

① 서면 동의 시 중요내용 표시 방법

㉠ 글씨의 크기, 색깔, 굵기 또는 밑줄 등을 통하여 그 내용이 명확히 표시되도록 할 것

㉡ 동의 사항이 많아 중요한 내용이 명확히 구분되기 어려운 경우에는 중요한 내용이 쉽게 확인될 수 있도록 그 밖의 내용과 별도로 구분하여 표시할 것

② 개인정보 수집, 이용 목적 중 재화나 서비스의 홍보 또는 판매 권유 등을 위하여 해당 개인정보를 이용하여 정보주체에게 연락할 수 있다는 사실

③ 처리하려는 개인정보의 항목 중 민감정보, 여권번호, 운전면허번호, 외국인등록번호

④ 개인정보 보유 및 이용 기간

⑤ 개인정보를 제공받는 자 및 개인정보 이용 목적

전문가의 한마디

주민등록번호는 해당하지 않음

(6) 개인정보를 목적 외의 용도로 이용하거나 제3자에게 제공할 수 있는 경우(동법 제18조 제2항)

① 정보주체로부터 별도의 동의를 받은 경우

② 다른 법률에 특별한 규정이 있는 경우

③ 명백히 정보주체 또는 제3자의 급박한 생명, 신체, 재산의 이익을 위하여 필요하다고 인정되는 경우

④ 개인정보를 목적 외의 용도로 이용하거나 이를 제3자에게 제공하지 아니하면 다른 법률에서 정하는 소관 업무를 수행할 수 없는 경우로서 보호위원회의 심의·의결을 거친 경우

⑤ 조약, 그 밖의 국제협정의 이행을 위하여 외국정부 또는 국제기구에 제공하기 위하여 필요한 경우

⑥ 범죄의 수사와 공소의 제기 및 유지를 위하여 필요한 경우

⑦ 법원의 재판업무 수행을 위하여 필요한 경우

⑧ 형 및 감호, 보호처분의 집행을 위하여 필요한 경우

⑨ 공중위생 등 공공의 안전과 안녕을 위하여 긴급히 필요한 경우

※ ④부터 ⑧까지에 따른 경우는 공공기관의 경우로 한정함

(7) 개인정보 유출 통지(표준 개인정보 보호지침 제26조 및 제28조 참고)

① 1명 이상의 정보 유출 시 정보주체에게 서면 등의 방법을 통하여 다음 사항을 72시간 이내에 통지하여야 함

    ㉠ 유출 등이 된 개인정보의 항목

    ㉡ 유출 등이 된 시점과 그 경위

    ㉢ 유출 등으로 인하여 발생할 수 있는 피해를 최소화하기 위하여 정보주체가 할 수 있는 방법 등에 관한 정보

    ㉣ 개인정보처리자의 대응조치 및 피해구제절차

    ㉤ 정보주체에게 피해가 발생한 경우 신고 등을 접수할 수 있는 담당부서 및 연락처

② 1천 명 이상의 개인정보가 유출된 경우 72시간 이내에 보호위원회 또는 한국인터넷진흥원에 신고해야 한다.

(8) 개인정보 파기(동법 제21조)

① 보유기간 경과, 처리목적 달성, 가명정보의 처리 기간 경과 등 개인정보가 불필요하게 되었을 때에는 지체없이 개인정보를 파기해야 함(다른 법령에 의해 보존해야 하는 경우 제외)

② **파기 방법** : 전자파일(복원 불가능하도록 영구 삭제), 기록물, 서면, 그 밖에 기록매체(파쇄 또는 소각)

③ 보존해야 하는 경우는 다른 개인정보와 분리 저장 관리해야 하며, 해당 부분만 따로 보관하고 나머지는 파기한다.

(9) 만 14세 미만 아동

만 14세 미만 아동은 개인정보를 처리하기 위해 **법정대리인**이 필요(단, 법정대리인의 동의를 받기 위해서 법정대리인 동의 없이 최소한의 정보를 해당 아동으로부터 직접 수집할 수 있음)

(10) 개인정보 보호법과 관련한 과태료(동법 제75조)

① 3천만 원 이하

ㄱ 1천 명 이상의 개인정보 유출 시 조치 결과를 신고하지 않은 자

ㄴ 개인정보가 침해되었다고 판단할 상당한 근거가 있고 방치 시 회복하기 어려운 피해가 발생할 경우 필요한 시정명령을 따르지 않은 자

ㄷ 개인정보의 분실·도난·유출 사실을 알고도 이용자·보호위원회 및 전문기관에 통지·신고하지 않은 자

ㄹ 정보주체가 자신의 개인정보에 대한 열람을 요구하였을 때 열람을 제한하거나 거절한 자

② 1천만 원 이하

개인정보의 열람, 개인정보의 정정 또는 삭제에 대한 결과, 처리정지의 사유 등 정보주체에게 알려야 할 사항을 알리지 않은 자

(11) 맞춤형화장품 관련 고객 개인정보 보호

소비자 피부 진단 데이터 등을 활용하여 연구 개발 등 목적으로 사용하고자 할 때 소비자에게 별도의 사전 안내 및 동의받아야 함

(12) 고정형영상정보처리기기의 설치·운영 제한(동법 제25조)

① 고정형영상정보처리기기를 설치·운영할 수 있는 경우

ㄱ 법령에서 구체적으로 허용하고 있는 경우

ㄴ 범죄의 예방 및 수사를 위하여 필요한 경우

ㄷ 시설의 안전 및 관리, 화재 예방을 위하여 정당한 권한을 가진 자가 설치·운영하는 경우

ㄹ 교통단속을 위하여 정당한 권한을 가진 자가 설치·운영하는 경우

ㅁ 교통정보의 수집·분석 및 제공을 위하여 정당한 권한을 가진 자가 설치·운영하는 경우

② 누구든지 불특정 다수가 이용하는 목욕실, 화장실, 발한실, 탈의실 등 개인의 사생활을 현저히 침해할 우려가 있는 장소의 내부를 볼 수 있도록 영상정보처리기기를 설치·운영하여서는 안 됨(교도소, 정신보건 시설 등 예외)

③ 고정형영상정보처리기기운영자가 안내판 설치 시 포함 내용

ㄱ 설치 목적 및 장소

ㄴ 촬영 범위 및 시간

ㄷ 관리책임자 연락처

ㄹ 그 밖에 대통령령으로 정하는 사항

전문가의 한마디

개인정보 이전 통지

통지할 수 없는 고객들을 위해 30일 동안 인터넷 홈페이지 또는 일반 일간·주간신문, 인터넷신문에 게재하거나 매장 출입구에 게시

④ 고정형영상정보처리기기운영자는 고정형영상정보처리기기의 설치 목적과 다른 목적으로 고정형영상정보처리기기를 임의로 조작하거나 다른 곳을 비춰서는 안 되며, 녹음기능은 사용할 수 없음

⑤ 고정형영상정보처리기기운영자는 개인정보가 분실·도난·유출·위조·변조 또는 훼손되지 않도록 안전성 확보에 필요한 조치를 하여야 함

⑥ 고정형영상정보처리기기운영자는 대통령령으로 정하는 바에 따라 고정형영상정보처리기기 운영·관리 방침을 마련해야 함

⑦ 고정형영상정보처리기기 운영자는 고정형영상정보처리기기의 설치·운영에 관한 사무를 위탁할 수 있음

전문가의 한마디

대통령령으로 정하는 내용 5가지

- 화장품 영업의 세부 종류와 그 범위
- 과징금처분(징수절차, 영업정지, 처분기준은 총리령)
- 위반사실의 공표(행정처분 확정된 자의 대한 처분사유, 내용, 대상자, 해당 품목 등)
- 권한 등의 위임(식품의약품안전처장 업무를 지방식품의약품안전청장에게 위임 또는 화장품 관련기관, 법인, 단체 등에 위임)
- 개인정보 보호법

2 과목

화장품 제조 및 품질관리

합격의 공식
Formula of pass

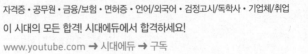

맞춤형화장품
조제관리사
단 기 합 격

화장품 제조 및 품질관리

제1장　화장품 원료의 종류와 특성

1 화장품 원료의 종류

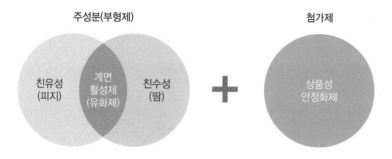

주성분(부형제)

친유성(피지)　계면활성제(유화제)　친수성(땀)

＋

첨가제

상품성 안정화제

(1) 주성분(부형제)

① 수성원료 : 물, 저급알코올, 다가알코올

② 유성원료 : 오일, 지방, 왁스

③ 계면활성제(유화제)

(2) 첨가제

① 상품성 : 활성성분, 향, 색소, 점증제

② 안정화제 : 보존제, 금속이온봉쇄제, 산화방지제, 완충제(pH조절제)

2 수성원료

정제수

폴리올

수성원료

에탄올

 전문가의 한마디

부형제

유탁액을 만드는 데 사용, 제품에서 가장 많은 부피 차지

(1) 기능

보습제(흡습제), 수용성 용매, 수렴 작용

(2) 정제수

순수한 물(금속이온이 없는 고순도의 물, 금속이온 봉쇄제 첨가)

(3) 저급알코올

① 에탄올 : 식물추출물 추출 시 수용성 용매, 가용화제, 수렴(10%), 변성알코올(SD알코올, 알코올 중 메탄올 5%까지 혼합가능)
② 이소프로필알코올

(4) 보습제(습윤제)

① 다가알코올 : 보존능 가짐, 글리세린, 프로필렌글리콜, 1.3부틸렌글리콜, 폴리에틸렌글리콜, 소비톨
② 무코다당류(히알루론산), 히알루론산나트륨
③ 천연보습인자 : 아미노산, 소듐PCA, 소듐락테이트, 우레아
④ 그 외 보습제 : 베타인(사탕무), 트레할로스(이당류)

3 유성원료

(1) 기능

유연제, 수분증발 억제, 밀폐제, 계면활성제(유화제, 유화안정제), 사용감 향상

(2) 추출원에 따른 분류

분류		원료	특징
천연유	식물성 오일	• 식물의 잎이나 열매에서 주로 추출 • 코코넛오일(야자유), 아몬드오일, 아르간오일, 마카다미아넛오일, 올리브오일, 맥아오일, 캐스터오일(피마자유), 아보카도오일, 월견초오일(달맞이꽃 종자유), 로즈힙오일 등	• 피부에 대한 친화성이 우수함 • 피부흡수가 느림 • 산패되기 쉬움 • 특이취가 있음 • 무거운 사용감
	동물성 오일	• 동물의 피하조직이나 장기에서 추출 • 상어간유(Squalene), 밍크오일(Mink Oil), 터틀오일(Turtle Oil), 난황오일(Egg Oil), 에뮤오일(Emu Oil), 마유(Horse Fat) 등	• 피부에 대한 친화성이 우수함 • 피부흡수가 빠름 • 산패되기 쉬움 • 특이취가 있음 • 무거운 사용감
	광물성 오일	• 석유 등의 광물질에서 추출 • 미네랄오일(유동파라핀), 페트롤라툼(바셀린)	• 무색, 투명하며 특이취가 없음 • 산패되지 않음 • 유성감이 강하고 폐색막을 형성하여 피부 호흡을 방해함
합성유		• 에스테르오일(예 아이소프로필미리스테이트, 아이소프로필팔미테이트) • 실리콘오일(예 다이메티콘)	• 합성한 오일 • 산패되지 않음 • 가벼운 사용감

(3) 화학구조에 따른 분류

① 탄화수소
  ㉠ 석유화학유래 : 미네랄오일, 바셀린(페트로라툼), 파라핀 왁스
  ㉡ 동물성 : 스쿠알렌
② 고급알코올(탄소수 6개 이상)
  ㉠ 기능 : 크림 및 로션류의 경도 · 점도 조절, 유화안정화, 연화제, 부드럽고 윤기 나는 피부로 개선하기 위해 사용
  ㉡ 종류 : 라우릴알코올, 미리스틸알코올, 세틸알코올, 스테아릴알코올, 세테아릴알코올

③ 고급지방산(탄소 6개 이상)

   ㉠ 기능 : 제품의 사용감 및 경도 · 점도 조절용 연화제로 사용

   ㉡ 종 류

- 포화지방산 : 라우릭애씨드, 미리스틱애씨드, 팔미틱애씨드, 스테아릭애씨드
- 불포화지방산 : 올레익애씨드, 리놀릭애씨드, 리놀레닉애씨드, EPA, DHA

④ 왁스(고급알코올과 고급지방산이 결합하여 물이 빠져나온 구조)

   ㉠ 제형 : 대부분 고체, 반고체이나 액상도 있음

   ㉡ 기 능

기초화장품	• 사용감을 개선하고 점도를 조절하는 점증제와 유화안정화제로 사용 • 밀납, 라놀린, 경납
메이크업 화장품	W/O 제형과 W/Si 제형에서 비수계(유상)점증제로 사용
스틱 제형	• 립스틱, 립밤, 컨실러 등의 스틱 제형 • 스틱 강도 유지를 위해 사용 • 카르나우바 왁스, 칸데릴라 왁스

   ㉢ 종 류

분 류	원 료	출발물질	특징 (상온에서 고체상)
동물 유래	밀납 (Bees Wax)	벌집 (Honey Comb)	–
	라놀린 (Lanolin)	양 털	–
	경납 (Spermaceti)	향유고래 (Sperm Whale)	–
	오렌지라피오일	심해어	액체왁스, 호호바오일과 탄소수가 비슷함
식물 유래	카르나우바 왁스 (Carnauba Wax)	야자유	립스틱의 광택 부여, 식물성 왁스 중 가장 높은 녹는점
	칸데리라 왁스 (Candelilla Wax)	칸데리라나무	탄소수 31개 탄화수소 화합물과 에스테르
	시어버터 (Shea Butter)	시어나무 열매	• 피부유연제, 상처치유, 소독작용, 자외선 차단 • 견과류 알레르기 있는 경우 주의할 것
	호호바오일 (Jojoba Oil)	호호바 종자	• 액체왁스, 끈적임 적고 쉽게 산화되지 않음 • 피지와 유사한 구조

	파라핀 왁스 (Paraffin Wax)		탄화수소 화합물
석유 화학 유래	마이크로 크리스탈린 왁스 (Microcrystalline Wax)	석 유	• 탄화수소 화합물 • 다른 물질과 잘 섞이고 점착성이 있음 • 립스틱에서 발한(Sweating)을 억제함
광물 유래	오조케라이트 (Ozokerite)	지납 (Soft Shale, 광석)	탄화수소 화합물
	세레신 (Ceresin)	오조케라이트	오조케라이트를 정제하여 얻은 탄화수소 화합물
	몬탄 왁스	갈 탄	–

⑤ 합성 에스테르오일
　㉠ 특징 : 불안정한 천연 유지보다 산화 안정성이나 가수 분해 안정성이 높고, 녹는점이 낮아서 넓은 온도 범위에서 액상이며 사용감이 산뜻함
　㉡ 종류 : 이소프로필 미리스테이트, 이소프로필 팔미테이트, 세틸에틸 헥사노에이트
⑥ 실리콘(Silicone)오일
　㉠ 규소(Silicon) : 모래[이산화규소, 실리카(SiO_2)], 점토(규소에 금속결합)
　㉡ 실리콘오일(Silicone, 유기물질 결합한 유기 규소) : 디메티콘, 사이클로메티콘, 페닐트리메티콘
　㉢ 화장품 용도 : 펴발림성, 부드러운 사용감, 광택, 무독성, 무자극성, 컨디셔닝효과, 발수성으로 기초, 색조, 두발용 화장품에 널리 이용

4 계면활성제

(1) 정 의

동일 분자 내에 친수성기와 친유성기를 동시에 가지고 있는 물질로서 서로 섞이지 않는 물과 기름의 경계면에 작용하여 계면장력의 힘을 낮추어 한 상(狀)에서 서로 섞이도록 만들어주는 물질

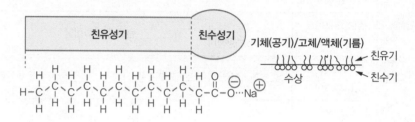

(2) 에멀젼의 종류

서로 섞이지 않는 유·수상 물질이 한 상에 서로 섞여 있는 상태를 에멀젼이라 하고, 분산매가 물이고 분산상이 기름일 때 O/W형(Oil in Water), 분산매가 기름이고 분산상이 물일 때 W/O형(Water in Oil)이라고 함

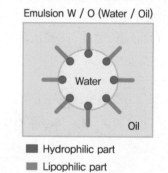

(3) 미셀과 임계미셀농도

① 미셀(Micelle)

ⓐ 계면활성제가 농도가 낮을 때는 단분자 형태로 물속에 분산되거나 공기와 물의 계면에 흡착 배열됨

ⓑ 계면활성제의 농도가 증가하면 표면에서의 계면활성제는 포화 상태가 되고 계면활성제의 분자가 모여 회합체를 형성하게 되는데 이 화합체를 미셀이라 함

ⓒ 일정 농도(임계미셀농도) 이상 존재하면 미셀이라는 구형 집합체를 분산매 속에 형성시킴

② 임계미셀농도 : 미셀이 형성될 때의 계면활성제 최소 농도

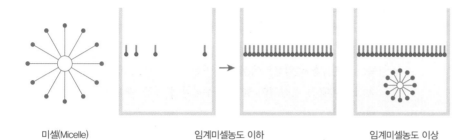

| 미셀(Micelle) | 임계미셀농도 이하 | 임계미셀농도 이상 |

③ 미셀의 크기에 따른 분류

　㉠ 마이크로 에멀젼(가용화제) : 1~10nm

　㉡ 매크로 에멀젼(유화제, 분산제) : 1,000~10,000nm

(4) 계면활성제의 종류

① 용도에 따른 분류

종류	특징	용도
유화제 (Emulsifier)	• 물과 기름이 적절하게 혼용되어 있음 • 기름의 입자가 커 육안으로 확인 가능	로션, 크림
가용화제 (Solubilizer)	• 소량의 기름이 물속에 녹아있음 • 기름의 입자가 작아 육안으로 보이지 않음	스킨로션, 토너, 향수
세정제 (Detergent)	• 유화제, 가용화제 둘 다 사용 • 친유성, 친수성 정도에 따라 분류	클렌저 (클렌징 워터, 로션, 크림)
분산제 (Dispersant)	고체 원료가 유상에 녹아있음	마스카라, 비비크림, 파운데이션

② 대전성에 따른 분류 : 계면활성제 친수부위의 대전성 여부와 대전 시 나타나는 전기종류에 따른 분류

　㉠ 이온성 계면활성제

　　• 음이온성 계면활성제

　　　– 특징 : 기포형성 작용 우수, 세정력이 높아 세정제품에 사용(샴푸, 바디워시, 지성용 클렌저)

　　　– 종류 : 소듐라우릴 설페이트(SLS), 소듐라우레스 설페이트(SLES), 암모늄라우릴 설페이트(ALS), 소듐스테아린산염

- 양이온성 계면활성제
  - 특징 : 살균·소독효과, 대전방지, 모발 유연효과(린스, 헤어 컨디셔너)
  - 종류 : 클로라이드류(벤잘코늄클로라이드, 세테아디모늄클로라이드), 폴리쿼터늄-10
- 양쪽성 계면활성제(알칼리에서는 음이온, 산성에서는 양이온)
  - 특징 : 비교적 안전성이 높고 피부자극이 적은 세정제(베이비 샴푸, 저자극 샴푸클렌저)
  - 종류 : 코카미도프로필베타인, 코코암포글리시네이트, 다이소듐코코암포다이아세테이트, 하이드로제네이티드레시틴
- ⓛ 비이온성 계면활성제
  - 특징 : 피부자극이 적어 기초 및 색조 화장품에 많이 사용(유화제, 가용화제, 분산제 등)
  - 종류 : 글리세릴모노스테아레이트, POE·PEG·PPG 계열, 폴리소르베이트 계열, 소르비탄 계열(소르비탄팔미테이트), 코카미드(Cocamide) MEA/DEA, 스테아릴알코올
- ③ HLB(친수친유균형비)에 따른 계면활성제 분류 : 비이온 계면활성제의 친수·친유성향을 알기 위해 개발, HLB값은 0~20으로 수치가 낮을수록 친유성, 수치가 높을수록 친수성을 띔

HLB	용도	사용 예
4~6	W/O유화제	선크림
7~9	유화분산제	파운데이션
8~18	O/W유화제	로션, 크림, 세정제
15~18	가용화제	토너

- ④ 천연유래 계면활성제
  - ㉠ 레시틴, 사포닌, 콜레스테롤
  - ㉡ 라우릴글루코사이드, 세테아릴올리베이트, 소르비탄올리베이트, 코코베타인(코코넛 추출물)

전문가의 한마디

- 피부 자극 정도
  - 양이온성 > 음이온성 > 양쪽성 > 비이온성 계면활성제
  - 분자량이 200~800일 때, HLB가 10부근일 때 자극이 크고, 에테르 타입이 에스터, 아마이드 타입보다 자극이 더 큼
- 세정력이 강한 순서
  음이온성 > 양쪽성 > 양이온성 > 비이온성 계면활성제

5 활성 성분

(1) 주요 활성 성분 종류와 효능

활성 성분	효능
비타민 C(Ascorbic Acid)	항산화, 콜라겐 합성 촉진, 수용성비타민, 미백효과
비타민 E(Tocopherol)	항산화, 지용성비타민, 노화용 크림에 사용
비타민 B_5(Panthenol)	새로운 세포 형성 촉진, 화농을 진정시키는 효능
비타민 B_6(Pyridoxine)	피지 분비 억제
프로비타민 A(β-carotene)	지용성 상피보호 비타민
비타민 A	각질화 정상화를 통해 피부재생
비타민 F	피부장벽 유지와 수분손실을 예방하여 피부보습
알로에 추출물	항염증 효과, 진정작용, 상처치유, 보습제
글리시리진산	• 감초에서 추출 • 항염효과, 항알레르기 작용, 상처 치유 효과, 자극완화 효과
세라마이드	• 각질 세포 간 지질 성분 • 다른 계면활성제와 복합물을 이루면서 피부 표면에 라멜라 구조로 존재하여 피부 표면의 수분을 유지시키는 역할을 함
소듐히알루로네이트	히알루론산의 유도체, 천연 보습 성분
알란토인	자극완화, 각질 분해 능력, 각질 유연 작용
펩타이드	섬유아세포 자극을 통한 콜라겐 생성 촉진
아줄렌	예민 피부 진정, 항염효과, 부종 방지
비사볼롤	카모마일에서 추출, 진정, 항염효과
레몬 추출물	탈지, 수렴, 정화 작용
버지니아풍년화추출물 (구 명칭 : 위치하젤)	살균, 소독, 방부, 수렴
녹차 추출물	항산화, 수렴, 탈취 효과

전문가의 한마디

화장품 유효성 종류
• 물리적 : 무기자외선 차단성분
• 화학적 : 유기자외선 차단성분, 염색
• 생물학적 : 미백 도움, 주름개선 도움
• 미적 : 메이크업
• 심리적 : 향료

전문가의 한마디

비타민 A
레티노이드로 알려진 지용성 물질로 레티놀, 레티날 및 레티노익애씨드의 3가지 형태가 있으며, 이들은 상호전환될 수 있으나 레티노익애씨드로 전환되는 과정은 비가역적임

(2) 기능성화장품 활성성분(자료제출이 생략되는 기능성화장품의 종류)

① 자외선 차단 기능을 가진 성분 및 함량(27종)

분류	성분명	최대함량
자외선흡수제 (유기차단제)	드로메트리졸	1%
	벤조페논-8	3%
	4-메칠벤질리덴캠퍼	4%
	페닐벤즈이미다졸설포닉애씨드	
	벤조페논-3	5%
	벤조페논-4	
	디갈로일트리올리에이트	
	멘틸안트라닐레이트	
	부틸메톡시디벤조일메탄	
	시녹세이트	
	에칠헥실살리실레이트	
	에칠헥실트리아존	
	에칠헥실메톡시신나메이트	7.5%
	에칠헥실디메칠파바	8%
	옥토크릴렌	10%
	호모살레이트	
	이소아밀p-메톡시신나메이트	
	디에칠헥실부타미도트리아존	
	비스-에칠헥실옥시페놀메톡시페닐트리아진	
	디소듐페닐디벤즈이미다졸테트라설포네이트	
	폴리실리콘-15(디메치코디에칠벤잘말로네이트)	
	메칠렌비스-벤조트리아졸릴테트라메칠부틸페놀	
	테레프탈릴리덴디캠퍼설포닉애씨드 및 그 염류	
	디에칠아미노하이드록시벤조일헥실벤조에이트	
	드로메트리졸트리실록산	15%

자외선산란제 (무기차단제)	징크옥사이드(자외선성분으로서)	25%
	티타늄디옥사이드(자외선성분으로서)	

② 피부의 미백에 도움을 주는 기능을 가진 성분 및 함량(9종)

성분명	함량
알부틴	2~5%
나이아신아마이드	2~5%
닥나무추출물	2%
마그네슘아스코빌포스페이트	3%
아스코빌글루코사이드	2%
아스코빌테트라이소팔미테이트(지용성)	2%
에칠아스코빌에텔	1~2%
알파-비사보롤(지용성)	0.5%
유용성 감초추출물(지용성)	0.05%

전문가의 한마디

알부틴으로 기능성화장품 제조 후 하이드로퀴논이 1ppm 이하 검출되어야 함

③ 피부의 주름 개선에 도움을 주는 기능을 가진 성분 및 함량(4종)

성분명	함량
레티놀	2,500IU/g(0.075%)
레티닐팔미테이트	10,000IU/g(0.344%)
폴리에톡실레이티드레틴아마이드	0.05~0.2%
아데노신(수용성)	0.04%

전문가의 한마디

- 레티놀 1IU = 0.3μg
- 레티닐팔미테이트 1IU = 0.344μg

④ 모발의 색상을 변화(탈염 · 탈색 포함, 영구적 색상변화)시키는 기능을 가진 성분 및 함량

성분명	사용할 때 농도 상한(%)
2-아미노-4-니트로페놀	2.5
p-니트로-o-페닐렌디아민	1.5
2-메칠-5-히드록시에칠아미노페놀	0.5
과붕산나트륨, 과붕산나트륨일수화물, 과산화수소수, 과탄산나트륨	과산화수소는 과산화수소로서 제품 중 농도가 12.0% 이하이어야 함

전문가의 한마디

폴리에톡실레이티드레틴아마이드는 레티놀에 PEG가 결합한 형태로서 레티놀보다 안정성이 높음

⑤ 체모를 제거하는 기능을 가진 성분 및 함량

성분명	함량
치오글리콜산 80%	치오글리콜산으로서 3.0~4.5%

※ pH 범위는 7.0 이상, 12.7 미만이어야 한다.

⑥ 여드름성 피부를 완화하는 데 도움을 주는 기능성 성분 및 함량(기준 및 시험방법 고시 없음)

성분명	함량
살리실릭애씨드	0.5%

⑦ 탈모 증상의 완화에 도움을 주는 성분(기능성화장품 기준 및 시험방법, KFCC)

성분명	함량
덱스판테놀, 비오틴(Vit B7), 엘–멘톨, 징크피리치온, 징크피리치온액(50%)	고시되어 있지 않음 (심사받아야 함)

6 색소

(1) 색소의 분류

① **염료(Dye, 유기색소)** : UV흡수
  ㉠ 물, 기름, 알코올 등에 용해되는 유기화합물 색소
  ㉡ 기초화장품, 방향용 화장품

② **안료(Pigment, 무기색소)** : UV반사
  ㉠ 물과 오일 등에 녹지 않는 **불용성 색소**(무기 · 유기안료)
  ㉡ 비비크림, 파운데이션 등 색조 화장품
  ㉢ 일반적으로 안료는 레이크보다 착색력, 내광성이 높아 립스틱, 브러셔 등 메이크업 제품에 널리 사용

③ **타르색소** : 모발, 눈썹 착색력 우수
  ㉠ **석탄의 콜타르**, 그 중간 생성물에서 유래 되었거나 유기합성하여 얻은 색소 및 그레이크, 염, 희석제와의 혼합
  ㉡ 염료와 안료로 구분
  ㉢ 색상이 예뻐서 색조제품에 널리 사용하지만 안전성에 문제

④ 레이크 : 유기색소 + 무기색소, 명도↑, 채도↑(반영구에 많이 사용)
  타르색소를 기질에 흡착, 공침 또는 단순한 혼합이 아닌 화학적 결합에 의해 확산시킨 색소. 수용성 타르색소를 금속을 결합시켜 불용성화 시킨 유기안료

⑤ **천연색소**
  ㉠ 베타카로틴, 리보플라빈, 치자, 카민, 진주가루, 홍화, 안토시아닌 등
  ㉡ 합성보다 불안정, 고가 단점

전문가의 한마디

전문가의 한마디

식품의약품안전처장이 고시한 **치오글라이콜릭애씨드의 용도별 사용한도**

• 제모용 5%
• 염모제 1%
• 사용 후 씻어내는 두발용 제품 2%
• 퍼머넌트웨이브용 및 헤어스트레이트너 제품 11%
• 가온2욕식 헤어스트레이트너 제품 5%

전문가의 한마디

• 기질 : 레이크 제조 시 순색소를 확산시키는 목적으로 사용되는 물질
• 희석제 : 색소를 용이하게 사용하기 위해 혼합되는 성분

⑥ 합성색소 : 타르색소, 합성펄, 티타늄디옥사이드, 징크옥사이드, 징크스테아레이트

(2) 무기안료와 유기안료

① 무기안료(발색성분이 무기질로 되어 있음)
ㄱ 광물 : 카올린, 마이카, 탤크, 실리카, 세리사이트(견운모)
ㄴ 합성 : 징크옥사이드, 티타늄다이옥사이드(커버력), 징크스테아레이트(진정), 비스머스옥시 클로라이드(진주광택)

② 유기안료
ㄱ 천연 : 전분(스타치, 뭉침방지)
ㄴ 합성 고분자(부드러운 사용감) : 나일론6, 폴리메틸메타크릴레이트

(3) 체질안료, 착색안료

① 체질안료(사용감, 제형) : 탤크, 카올린, 탄산칼슘, 마이카, 실리카, 나일론6, 마그네슘스테아레이트

② 착색안료(색깔부여)
ㄱ 백색안료(피부 커버력 조절) : 티타늄디옥사이드, 징크옥사이드
ㄴ 펄안료 : 비스머스옥시클로라이드, 티타네이티드마이카, 구아닌, 하이포산틴, 진주파우더

(4) 색소표기방법

적색 3호 / Erythrosin / FD&C Red No.3 / CI 16185

(5) 화장품 색소 종류와 사용 제한(화장품 색소 종류와 기준 및 시험방법)

색 소	사용 제한	비 고
적 색 103호(1)/104호(1,2)/218호/223호	눈 주위에 사용할 수 없음	타르색소
등 색 201호/204호/205호		타르색소
적 색 205호/206호/207호/208호/219호/225호/405호/504호	눈 주위 및 입술에 사용할 수 없음	타르색소
등 색 206호/207호		타르색소
황 색 202호/204호/401호/403호		타르색소

전문가의 한마디

• 장점 : 내열, 내광, 안전성
• 단점 : 색상 선명도

전문가의 한마디

마그네슘스테아레이트는 비수성 점도증가제로 색소에서 부형제, 벌킹제로 사용

전문가의 한마디

착색안료는 색이 선명하지는 않으나 빛과 열에 강해 변색이 잘 안되는 특성을 가지고 있음

전문가의 한마디

화장품에 사용하는 타르색소는 84종(사용부위에 따라 사용제한)

녹 색 204호/401호		타르색소
자 색 401호		타르색소
청 색 404호		타르색소
등 색 401호	점막에 사용할 수 없음	타르색소
적 색 2호/102호	영유아용, 어린이용 제품에 사용할 수 없음	타르색소
피그먼트 자색 23호		타르색소
피그먼트 녹색 7호	화장 비누에만 사용	타르색소
피그먼트 적색 5호		

7 향 료

(1) 사용 목적

제품이미지, 상품성, 원료 특이취 억제(0.1~1.0% 정도 사용)

(2) 향료종류

천연향료, 합성향료, 조합향료

(3) 향 추출방법

① 수증기 증류법 : 페퍼민트, 로즈마리, 라벤더오일 등 대부분 오일 추출방법
② 냉각 압착법 : 시트러스 계열, 열에 약한 오일 추출방법
③ 용매 추출법 / 흡착법 : 열에 약한 오일 추출, 앱솔루트(콘크리트, 포마드)

8 점증제

(1) 사용 목적

점도조절, 밀폐제, 유화안정화제, 상품성, 사용감, 젤 타입의 화장품

(2) 종 류

① 비수계 점증제(대다수) : W/O 제형, W/Si 제형
② 수계 점증제 (광물성 클레이, 실리카) : O/W 제형

③ 천 연
  ㉠ 식물성
    • 해초추출물(알긴, 카라기난, 아가검)
    • 나무추출물(카라야검, 아라빅검)
    • 종자추출물(구아검, 로커스트검, 퀸스시드검)
    • 과일추출물(펙틴)
    • 곡물, 뿌리(스타치)
    • 펄프와 면(셀룰로스 유도체)
  ㉡ 동물성 : 젤라틴, 카제인, 쉘락(천연수지)
  ㉢ 미생물 유래(박테리아에 의해 천연 발효) : 잔탄검(덜 끈적이고 보습력은 우수, 투명
    한 색이라서 많이 사용)
  ㉣ 광물성 : 클레이(벤토나이트), 실리카, 마그네슘알루미늄실리케이트
④ 반합성 : 카복시메칠 셀룰로스
⑤ 합 성
  ㉠ 카보머(카복시폴리머, 폴리아크릴릭애씨드)
  ㉡ 크로스폴리머
  ㉢ 폴리아크릴아마이드

전문가의 한마디

필름형성제(피막제 고분자)
• PVA : 필오프 팩
• PVP(폴리비닐피롤리돈) :
  모발광택
• 나이트로셀룰로스 :
  네일에나멜 피막제(비수용성)

9 안정화제

(1) 보존제(사용상의 제한이 필요한 원료)

① 이상적인 보존제 조건
  ㉠ 사용하기에 안전하고 낮은 농도에서 다양한 균에 대한 효과를 나타낼 것
  ㉡ 넓은 온도 및 pH 범위에서 안정하고 장기적으로 효과가 지속될 것
  ㉢ 제품의 물리적 성질에 영향을 미치지 않을 것
  ㉣ 제품 내 다른 원료 및 포장 재료와 반응하지 않을 것
  ㉤ 제품의 안정성, 색상, 향, 질감, 점도 등 외관적 특성에 영향을 미치지 않을 것
  ㉥ 미생물이 존재하는 물파트에서 충분한 농도를 유지할 수 있는 적절한 오일/물 분배
    계수를 가질 것

② 종 류
  ㉠ 파라벤계 : 메틸파라벤, 프로필파라벤(2:1 비율 시 가장 효과 높음)
  ㉡ 포름알데하이드계 : DMDM하이단토인, 디아졸리디닐우레아, 이미다졸리디닐우레
    아, 쿼터늄-15

      © 페녹시에탄올, 벤질알코올, 소듐벤조에이트, 소르빈산, 포타슘소르비에이트, 데하드로
        아세틱애씨드, 클로페네신

      ② 다가알코올 : 1, 2-헥산디올, 1, 2-옥탄디올, 에틸헥실글리세린, 글리세릴카프릴레이트

(2) 금속이온봉쇄제

    ① **기능** : 유지류 산화 억제, 보존능 도움, 변색 · 변취 억제, 기포형성 도움

    ② **종류** : (Di/Tri/Tetra)sodium EDTA, 소듐시트레이트

(3) 산화방지제

    토코페릴 아세테이트, 비타민 E, BHT(부틸레이티드 하이드록시톨루엔), BHA(부틸레이티드 하이드록시아니솔)

(4) 완충제 (pH조절제)

    ① **사용 목적** : 최종 제품의 pH조절

    ② **산도** : 구연산, 인산염

    ③ **알칼리도** : 인산 삼나트륨, 트라이에탄올아민, 포타슘하이드록사이드, 소듐하이드록사이드

제2장　화장품의 기능과 품질

1 화장품의 기능

(1) 기초화장품

화장수, 유액, 영양액, 영양크림 등 피부의 청결과 유·수분 공급

(2) 색조화장품

메이크업 제품으로 포인트메이크업과 베이스메이크업 제품

(3) 세정용 화장품

클렌징 제품, 샴푸, 바디클렌저 등 피부·모발의 화장과 노폐물 제거

2 화장품의 품질관리(CGMP : 우수화장품 제조 및 품질관리기준)

(1) CGMP(2023년 12월 기준 : 제조업체 4,417개, CGMP업체 185개)

① 의미 : 우수화장품 제조 & 품질관리기준
② 목적 : 우수한 화장품을 제조 공급하여 소비자보호 및 국민보건향상에 기여

(2) 시험관리(CGMP 제20조)

① 문서화된 절차 수립·유지
② 원자재·반제품·벌크 제품·완제품에 대한 적합 기준을 마련하고 제조번호별로 시험기록을 작성·유지
③ 시험결과 적합, 부적합, 보류 기록
④ 원자재·반제품·벌크 제품·완제품은 적합판정 제품만 출고
⑤ 보관기간 경과 시 재평가 후 사용
　㉠ 재평가방법을 확립해 두면 사용기한이 지난 원료 및 포장재를 재평가해서 사용
　㉡ 재평가방법에는 원료 및 화장품제조의 장기 안정성 데이터의 뒷받침이 필요
⑥ 기준일탈 조사 : 일탈, 부적합, 보류를 판정
⑦ 표준품과 주요 시약 용기 기재사항
　㉠ 명　칭
　㉡ 개봉일
　㉢ 보관조건
　㉣ 사용기한
　㉤ 역가, 제조자 성명 또는 서명(직접 제조한 경우에 한함)

전문가의 한마디

화장품의 품질관리를 위해 화장품영업자가 갖춰야 하는 서류
• 화장품제조업자 : 제품표준서, 품질관리기록서, 제조관리기준서, 제조관리기록서
• 화장품책임판매업자 : 제품표준서, 품질관리기록서, 수입관리기록서
• 맞춤형화장품판매업자 : 품질성적서, 맞춤형화장품판매내역서

전문가의 한마디

시험용 검체 용기 기재사항

명칭 또는 확인코드, 제조번호, 검체 채취 일자

전문가의 한마디

검체 채취와 시험 및 결과 판정은 품질관리부서에서 진행

(3) 검체 채취(CGMP 제21조)

시험용 검체와 보관용 검체의 비교		
구 분	시험용 검체	보관용 검체
채취 대상	원료, 포장재, 반제품, 벌크제품, 완제품	완제품
채취 목적	품질관리를 위한 시험 수행	제품의 사용기한 중 재검토에 대비
채취량	전 제품 시험 필요량	2번 시험할 수 있는 양
보관 기간	시험이 종료되고 시험 결과가 승인되면 폐기	• 사용기한 경과 후 1년 • 개봉 후 사용기간 기재 시 제조일로부터 3년
기타 조건	• 제조단위(뱃치)를 대표할 것(균일성) • 특히 분체, 고체, 점성 액체 등 채취 위치에 따라 차이가 있는 경우에는 균일하게 한 후에 검체채취를 실시할 것	• 제조단위를 대표할 것 • 유통 시 환경조건에 준하는 조건(실온)으로 보관 • 시판용 제품의 포장형태와 동일하게 보관할 것

(4) 위탁 계약(CGMP 제23조)

① 화장품 제조 및 품질관리에 있어 공정 또는 시험의 일부를 위탁하고자 할 때에는 문서화된 절차를 수립 · 유지해야 한다.

② 제조업무를 위탁하고자 하는 자는 식품의약품안전처장으로부터 우수화장품 제조 및 품질관리기준 적합판정을 받은 업소에 위탁제조하는 것을 권장한다.

③ 위탁업체는 수탁업체의 계약능력을 평가하고 그 업체가 계약을 수행하는 데 필요한 시설 등을 갖추고 있는지 확인해야 한다.

④ 위탁업체는 수탁업체와 문서로 계약을 체결해야 하며 정확한 작업이 이루어질 수 있도록 수탁업체에 관련 정보를 전달해야 한다.

⑤ 위탁업체는 수탁업체에 대해 계약에서 규정한 감사를 실시해야 하며 수탁업체는 이를 수용하여야 한다.

⑥ 수탁업체에서 생성한 위 · 수탁 관련 자료는 유지되어 위탁업체에서 이용 가능해야 한다.

위탁업체와 수탁업체의 파트너십(Partnership)	
위탁업체의 역할	수탁업체의 역할
• 제품의 품질 보증 • 제조공정 확립 • 수탁업체 평가 및 감사 • 기술 이전 및 정보 제공	• 제조공정 또는 시험 보증 • 필요한 인적자원 확보 • CGMP 준수 • 제조공정 또는 시험결과 제공 • 위탁업체의 평가 및 감사 수용

(5) 일탈관리(CGMP 제24조)

① 용어정의

    ㉠ 일탈 : 제조 또는 품질관리 활동 등의 미리 정하여진 기준을 벗어나 이루어진 행위

    ㉡ 기준일탈 : 규정된 합격판정 기준에 일치하지 않는 검사측정 또는 시험결과(적합, 부적합)

구 분	중대한 일탈의 예	중대하지 않은 일탈의 예

생산공정	• 제품표준서, 제조작업절차서 및 포장 작업절차서의 기재내용과 다른 방법으로 작업이 실시되었을 경우
	• 공정관리기준에서 두드러지게 벗어나 품질 결함이 예상될 경우
	• 관리 대상 파라미터의 설정치를 두드러지게 벗어났을 경우
	• 제조 작업 중에 설비·기기의 고장, 정전 등의 이상이 발생하였을 경우
	• 벌크제품, 제품의 이동·보관상 보관 상태에 이상이 발생하고 품질에 영향
		• 설정된 기준치로부터 벗어난 정도가 10% 이하, 품질에 영향을 미치지 않는 것이 확인되어 있을 경우
		• 동일 온도 설정하에서 원료투입 순서에서 벗어났을 경우
		• 제조에 관한 시간제한에서의 일탈에 대하여 정당한 이유에 의거한 설명이 가능할 경우
		• 선입선출방식 일탈(일시적, 타당)
		  – 합격 판정된 원료, 포장재의 사용
		  – 출하배송 절차

품질검사	절차서 등의 기재된 방법과 다른 시험 방법을 사용했을 경우	검정기한을 초과한 설비의 사용에 있어서 설비보증이 표준품 등에서 확인할 수 있는 경우
유틸리티 (실용성)	작업 환경이 생산 환경 관리에 관련된 문서에 제시하는 기준치를 벗어났을 경우	–

② 일탈 처리 과정

    ㉠ 일탈발견 및 초기평가

    ㉡ 즉각적 수정 조치

    ㉢ SOP(표준작업지침)에 따른 조사, 원인분석 및 예방조치

    ㉣ 후속조치, 종결

    ㉤ 문서작성, 문서추적 및 경향 분석

(6) 불만처리(CGMP 제25조)

① 불만은 제품 결함의 경향을 파악하기 위해 주기적으로 검토

② 불만처리 담당자가 기록·유지해야 하는 사항

    ㉠ 불만접수연월일

    ㉡ 불만 제기자 이름과 연락처(가능한 경우)

    ㉢ 제품명, 제조번호 등을 포함한 불만내용

    ㉣ 불만조사 및 추적조사 내용, 처리결과 및 향후 대책

    ㉤ 다른 제조번호의 제품에도 영향이 없는지 점검

 전문가의 한마디

표준작업지침(SOP)

• 시험계획서나 시험지침에 상세하게 기록되지 않은 특정업무를 표준화된 방법에 따라 일관되게 실시할 목적으로 해당 절차 및 수행방법 등을 상세하게 기술한 문서

• 최신 SOP 원본은 품질보증부서에 보관하고, 사본은 작업현장에 보관

(7) 제품회수(CGMP 제26조)

① 전체 회수과정에 대한 화장품책임판매업자와의 조정역할
② 결함 제품의 회수 및 관련 기록 보존
③ 소비자 안전에 영향을 주는 회수의 경우 원활한 회수에 필요한 조치 수행
④ 회수된 제품은 확인 후 제조소 내 격리보관 조치(필요시)
⑤ 회수과정의 주기적인 평가(필요시)

(8) 변경관리(CGMP 제27조)

① 제품의 품질에 영향 미치는 원자재, 제조공정 등을 변경할 경우 문서화하고 품질책임자의 승인 후 수행
② 화장품 제조의 항상성을 유지하고 같은 품질의 제품을 계속 제조하기 위한 필수 작업으로 조직적이고 예측적 방식으로 생산 공정 활동을 변경하는 것

(9) 내부 감사(CGMP 제28조)

① 감사란 제조 및 품질과 관련한 결과가 계획된 사항과 일치하는지의 여부와 제조 및 품질관리가 효과적으로 실행되고 목적 달성에 적합한지 여부를 결정하기 위한 체계적이고 독립적인 조사
② 감사자는 감사대상과는 독립적이고, 자신의 업무에 대하여 감사를 실시할 수 없음
③ 감사 결과는 기록되어 경영책임자 및 피감사 부서의 책임자에게 공유
④ 감사 후 감사자는 시정조치에 대한 후속 감사활동을 실행·기록

(10) 문서관리(CGMP 제29조)

① 화장품제조업자는 우수화장품 제조 및 품질보증에 대한 목표와 의지를 포함한 관리방침을 문서화하며 전 작업원들이 실행하여야 한다.
② 모든 문서의 작성 및 개정·승인·배포·회수 또는 폐기 등 관리에 관한 사항이 포함된 문서관리규정을 작성하고 유지하여야 한다.
③ 문서는 작업자가 알아보기 쉽도록 작성하여야 하며 작성된 문서에는 권한을 가진 사람의 서명과 승인연월일이 있어야 한다.
④ 문서의 작성자·검토자 및 승인자는 서명을 등록한 후 사용하여야 한다.
⑤ 문서를 개정할 때는 개정사유, 개정연월일 등을 기재하고 권한을 가진 사람의 승인을 받아야 하며 개정 번호를 지정해야 한다.
⑥ 원본 문서는 품질부서에서 보관하여야 하며, 사본은 작업자가 접근하기 쉬운 장소에 비치·사용하여야 한다.
⑦ 문서의 인쇄본 또는 전자매체를 이용하여 안전하게 보관해야 한다.
⑧ 작업자는 작업과 동시에 문서에 기록하여야 하며 지울 수 없는 잉크로 작성하여야 한다.

⑨ 기록문서를 수정하는 경우에는 수정하려는 글자, 문장 위에 선을 그어 수정 전 내용을 알아볼 수 있도록 하고 수정된 문서에는 수정사유, 수정연월일 및 수정자의 서명이 있어야 한다.

⑩ 모든 기록문서는 적절한 보존기간이 규정되어야 한다.

⑪ 기록의 훼손 또는 소실에 대비하기 위해 백업파일 등 자료를 유지하여야 한다.

제3장 화장품사용제한원료(네거티브제도)

1 사용할 수 없는 원료(1,033종)

(1) 비타민 L_1, L_2, 비타민 D_2, D_3(에르고칼시페롤과 콜레칼시페롤), 비타민 K_1(피토나디온)

(2) 히드로퀴논, 벤조일 퍼옥사이드, 트레티노인, 리도카인

(3) 항히스타민제, 플루실라졸, 케토코나졸, 플루아니손, 파라메타손, 돼지폐추출물(아토피치료제), 부펙사막(아토피치료제), 에스트로겐, 안드로겐, 스테로이드 구조를 갖는 안티안드로겐

(4) 천수국꽃추출물(아프리카 금잔화), 무화과나무잎 앱솔루트, 토목향오일/목향뿌리오일/베이직바이올렛/베르베나오일, 아트라센오일, 아트라놀(참나무이끼추출물), **페루발삼수지**, **자일렌**(용매로 사용 시 사용제거할 수 없는 잔류용매로서 손발톱용제품류 중 0.01% 이하, 기타제품 중 0.002% 이하인 경우 제외), **아젤라산**(1.7-헵탄디카르복실산) 그 염류 및 유도체, **헨나엽가루**(염모제 염모성분으로 사용하는 경우 제외), **붕산**(붕사는 비누제조 시 사용한도 내 사용가능), 우로카닌산, 스피로노락톤, 로베리아속 및 그 생약제재, 디하이드로쿠마린

(5) 디옥산, 프탈레이트(플라스틱 가소제, 디부틸프탈레이트, 부틸벤질프탈레이트, 디에칠헥실프탈레이트에 한함), 포름알데히드, 나프탈렌, 벤젠, **헥산**(신경독소,유기용제, 접착제), 메탄올(에탄올 및 이소프로필알코올의 변성제로서만 알코올 중 5%만 사용가능), 메칠렌글라이콜(발암물질, 포름알데히드 발생), 니트로메탄, 부톡시에탄올(점도감소제), 부톡시딜글리세린, 1,3부타디엔, 에칠렌옥사이드(의료기기 가스멸균제), 디에칠렌글라이콜

전문가의 한마디

식품의약품안전처장이 사용기준을 지정 고시한 원료 외의 보존제, 자외선차단제, 색소 등은 사용할 수 없음

(비의도적 잔류물 0.1% 이하는 제외), 페놀, 페놀프탈레인, 페닐파라벤, 톨루엔-3,4디아민, 클로로아세타마이드, HICC(하이드록시아이소헥실 3-사이클로헥센 카보스알데히드)

(6) 수은, 안티몬, 비소, 니켈, 납, 브롬, 크롬, 베릴륨, 요오드

(7) 구아이 페네신(가래제거약), 니트로 벤젠, 니트로펜, 디메칠설폭사이드, 디메칠아민, 2,3-디아미노페닐아민/디페닐아민, 3,4-디아미노 벤조익애씨드, 로벨린 및 그 염류, 리누론(제초제), 미네랄울(단열제), 사이클라멘 알코올, 1,2에폭시 부탄, 카탈라아제, 트리클로로 아세틱애씨드, 미세플라스틱(5mm 이하 크기), 에치시녹색 1번, 등색 3번, 적색 8번, 청색 11번, 황색 11번

2 사용상의 제한이 있는 원료(사용한도 원료)

(1) 보존제(59종)

전문가의 한마디

Q : ×× 원료는 사용할 수 있나요?
A : 사용할 수 없는 원료 또는 사용상 제한원료 이외는 업자의 책임하에 사용이 가능합니다(네거티브제도). 단, 사용상 제한원료인 보존제, 자외선차단제, 염모성분 등 색소, 기타 성분 이외의 원료를 같은 용도로 사용하거나 배합 한도 이상을 사용하고자 하는 경우는 식품의약품안전처장에게 "화장품 성분 사용기준지정 및 변경신청"을 할 수 있습니다.

보존제	함량
아이오도프로피닐부틸카바메이트(IPBC)	• 사용 후 씻어내는 제품에 0.02% • 사용 후 씻어내지 않는 제품에 0.01% • 데오드란트에 배합할 시 0.0075% *입술에 사용되는 제품, 에어로졸(스프레이에 한함)제품, 바디로션 및 바디크림에는 사용 금지 *영유아용 제품류 또는 만3세 이하 어린이가 사용할 수 있음을 특정하여 표시하는 제품에는 사용금지(목욕용제품, 샤워젤류 및 샴푸류는 제외)
P-클로로-m-크레졸(페놀류, 소독약)	0.04%
클로로펜 폴리에이치시엘	0.05%
세틸피리디늄클로라이드	0.08%
벤잘코늄클로라이드(씻어 × 0.05%) 벤제토늄클로라이드(점막 사용금지) 글루타랄 브로노플 *헥시티딘 *5-브로모-5-나이트로-1,3-디옥산 *소듐아이오데이트(씻어) 이소프로필메칠페놀	0.01%
메텐아민(헥사메칠렌테트라아민) 2,4-디클로로벤질알코올 *벤질헤미포름알(씻어)	0.15%

쿼터늄-15 엠디엠하이단토인 트리클로카반 *운데셀레닉애씨드 및 그 염류 및 모노에타놀라마이드 무기설파이트 및 하이드로겐 설파이트류	0.2%
트리클로산 테트라브로모-o-크레졸	0.3%
에칠라우로일알지네이트 하이드로클로라이드	0.4%
벤조익애씨드 및 그 염류 살리실릭애씨드 및 그 염류 *징크피리치온(씻어)(탈모 증상 완화 및 비듬, 가 려움 완화 시는 1.0% 이하) 클로로부탄올 클로로자이레놀 디아졸리디닐우레아 피리딘-2-올 1-옥사이드	0.5%
이미다졸리디닐우레아 소르빅애씨드 및 그 염류 디엠디엠하이단토인	0.6%
페녹시에탄올 *페녹시이소프로판올 벤질알콜	1.0%
*소듐라우로일사코시네이트	제한 없음

※ * 표시는 사용 후 씻어내는 제품에만 사용가능
※ 메칠클로로이소치아졸리논 + 메칠이소치아졸리논(3:1) 0.0015% 이하
※ 스프레이형 에어로졸 제품에 사용이 금지된 사용상 제한원료 보존제
 IPBC, 폴리에이치씨엘, 데하이드로아세틱애씨드 및 그 염류, 글루타랄, 벤잘코늄클로
 라이드, 에칠라우로일알지네이트하이드로클로라이드, 클로로부탄올

 전문가의 한마디

사용 후 씻어내는 제품에만 사용할 수 있는 보존제
- 메칠클로로이소치아졸리논 + 메칠이소치아졸리논 : 3:1 비율
- 헥세티딘, 5-브로모-5-나이트로-1,3-디옥산, 소듐아이오데이트 : 0.1%
- 벤질헤미포름알 : 0.15%
- 운데실레닉애씨드 및 그 염류 및 모노에탄올아마이드 : 0.2%
- 징크피리치온 : 0.5%
- 페녹시이소프로판올 : 1.0%
- 소듐라우로일사코시네이트 : 제한 없음

(2) 자외선 차단 성분(기능성 27종+3종)

제품변색 방지용으로 함유된 농도가 0.5% 미만인 것은 자외선 차단제품으로 인정하지 아니함

(3) 염모제 성분(48종)

성분명	사용할 때 농도상한(%)	비고
몰식자산	산화염모제에 4.0 %	
2-아미노-4-니트로페놀	산화염모제에 2.5%	기타 제품에는 사용금지
1-나프톨(α-나프톨)	산화염모제에 2.0 %	
레조시놀	산화염모제에 2.0 %	
m-아미노페놀	산화염모제에 2.0%	
카테콜(피로카테콜)	산화염모제에 1.5 %	
p-니트로-o-페닐렌디아민	산화염모제에 1.5%	
히드록시벤조모르포린	산화염모제에 1.0 %	
피크라민산 나트륨	산화염모제에 0.6 %	기타 제품에는 사용금지
2-메칠-5-히드록시에칠아미노페놀	산화염모제에 0.5%	
6-히드록시인돌	산화염모제에 0.5 %	
2-메칠레조시놀	산화염모제에 0.5 %	
피로갈롤	염모제에 2.0 %	
과붕산나트륨 과붕산나트륨일수화물 과산화수소수 과탄산나트륨	염모제(탈염·탈색 포함)에서 과산화수소로서 12.0%(과산화수소수에만 농도상한이 있고 과붕산나트륨, 과붕산나트륨일수화물, 과탄산나트륨은 농도상한이 없음)	

(4) 기타성분(78종)

기타 제품	사용한도
톨루엔	25%(손발톱 네일폴리시용, 기타 사용금지)
비타민 E	20%
치오글라이콜릭애씨드	11%(퍼머넌트웨이브, 헤어스트레이트너)
우레아	10%
암모니아	6%

포타슘(소듐)하이드록사이드	5%(손톱표피용해제)
살리실릭애씨드	• 3%(사용 후 씻어내는 두발용 제품, 비듬, 탈모방지, 심사필수) • 2%(인체 세정용, 여드름 심사필수)
과산화수소	3%(두발용제품) 2%(손톱경화용제품)
베헨트리모늄클로라이드	• 5%(사용 후 씻어내는 두발용 및 두발염색용제품) • 3%(사용 후 씻어내지 않는 두발용 및 두발염색용제품)
세트리모늄클로라이드 스테아트리모늄클로라이드	• 2.5%(사용 후 씻어내는 두발용 및 두발염색용제품) • 1.0%(사용 후 씻어내지 않는 두발용 및 두발염색용제품)
라우레스-8,9,10	2%
레조시놀	2%(산화염모제), 0.1%(기타제품)
건강팅크 / 품나무 추출물	1%
소합향나무 발삼오일 및 추출물 / 품나무 추출물	0.6%
퀴닌 및 그 염류	• 샴푸(0.5%) • 헤어로션(0.2%)
만수국(아재비)꽃 추출물 또는 오일	• 원료 중 테르티에닐은 0.35% 이하 • 0.1%(사용 후 씻어) • 0.01%(사용 후 씻어내지 않는 제품)
로스케톤-3	0.02%
감광소	0.002%
RH(SH)올리고 펩타이트-1 (상피세포성장인자)	0.001%
땅콩오일	0.5ppm 이하
하이드롤라이즈드밀단백질	최대 평균 분자량 3.5KDa 이하

※ 염류 : 양이온염으로 소듐, 포타슘, 칼슘, 마그네슘, 암모늄 및 에탄올아민, 음이온염으로 클로라이드, 브로마이드, 설페이트, 아세테이트

※ 에스텔류 : 메칠, 에칠, 프로필, 이소프로필, 부틸, 이소부틸, 페닐

전문가의 한마디

• 포타슘(소듐)하이드록사이드가 pH조절 목적으로 사용 시 최종제품의 pH 11 이하, 제모제에서는 pH 12.7 이하
• 고형비누에 사용하는 소듐하이드록사이드는 최종제품에 남지 않으므로 배합한도 성분이 아니지만 만일에 남는 경우(유리알칼리)는 0.1% 이하 함유되어야 함

전문가의 한마디

페루발삼은 사용할 수 없는 원료. 단, 가루발삼추출물 0.4% 사용한도, 쿠민열매 추출물 0.4% 사용한도

3 착향제 중 알레르기 유발성분(25가지)

착향제는 향료로 표시할 수 있으나 아래 성분은 해당 명칭을 기재해야 함(착향제에 포함된 알레르기 유발성분의 표시 의무화)

(1) 신남알 / 아밀신남알 / 헥실신남알 / 신나밀알코올 / 아밀신나밀알코올

(2) 유제놀 / 아이소유제놀

(3) 벤질알코올 / 벤질벤조에이트 / 벤질살리실레이트 / 벤질신나메이트

(4) 시트랄 / 시트로넬올 / 하이드록시 시트로넬알

(5) 리나룰 / 리모넨

(6) 쿠마린 / 제라니올 / 아니스 알코올 / 파네솔

(7) 부틸페닐메틸프로피오날 / 알파 – 이소메틸아이오논 / 메틸 2–옥티노에이트

(8) 참나무이끼추출물 / 나무이끼추출물

※ 사용 후 씻어내는 제품 0.01% 초과
※ 사용 후 씻어내지 않는 제품 0.001% 초과 경우에 한함

알레르기 유발 착향제 함유량 계산법

1. 착향제 단독 첨가 시
   예 1,000g 바디로션에 신남알 0.04g 함유 시 신남알을 별도로 표기해야 하는가?

   향 함유 % 계산법 = $\dfrac{0.04}{1000}$ × 100 = 0.004%

   ∴ 바디로션은 사용 후 씻어내는 제품이 아니므로 0.004%는 표시해야 한다.

2. 조합 착향제 첨가 I
   예 400g 바디로션에 향료를 0.8g 첨가했다. 향료 중 시트랄이 2%이다. 최종 제품에 향료를 표기해야 하는가?
   ① 첨가 향료 중 시트랄이 몇 g 함유되어 있는가?
   0.8g × 0.02 = 0.016g
   ② $\dfrac{0.016}{400}$ × 100 = 0.004%

   ∴ 바디로션은 사용 후 씻어내는 제품이 아니므로 0.004%는 표시해야 한다.

3. 조합 착향제 첨가 II (%의 % 구하는 방법)
   예 500g 바디클렌저에 향료를 0.8% 넣었다. 이 향료 중 유제놀이 5% 함유되어 있다면 알레르기 성분을 표기해야 하는가?

   0.8 × $\dfrac{5}{100}$ = 0.04%

   ∴ 바디클렌저는 사용 후 씻어내는 제품이므로 0.04%는 표시해야 한다.

제4장 화장품 사용법(화장품 사용 시 주의사항)

1 공통사항

(1) 화장품 사용 시 또는 사용 후 직사광선에 의하여 사용부위가 붉은 반점, 부어오름 또는 가려움증 등의 이상 증상이나 부작용이 있는 경우 전문의 등과 상담할 것

(2) 상처가 있는 부위 등에는 사용을 자제할 것

(3) **보관 및 취급 시의 주의사항**
　① 어린이의 손이 닿지 않는 곳에 보관할 것
　② 직사광선을 피해서 보관할 것

2 개별사항(종류별 13가지+성분별)

(1) **미세한 알갱이가 함유되어 있는 스크럽 세안제**
　알갱이가 눈에 들어갔을 때에는 물로 씻어내고, 이상이 있는 경우에는 전문의와 상담할 것

(2) **팩**
　눈 주위를 피하여 사용할 것

(3) **두발용, 두발염색용 및 눈 화장용 제품류**
　눈에 들어갔을 때에는 즉시 씻어낼 것

(4) **모발용 샴푸**
　① 눈에 들어갔을 때에는 즉시 씻어낼 것
　② 사용 후 물로 씻어내지 않으면 탈모 또는 탈색의 원인이 될 수 있으므로 주의할 것

(5) **퍼머넌트 웨이브 제품 및 헤어스트레이트너 제품**
　① 두피, 얼굴, 눈, 목, 손등에 약액이 묻지 않도록 유의하고, 얼굴 등에 약액이 묻었을 때에는 즉시 물로 씻어낼 것
　② 특이체질, 생리 또는 출산 전후 이거나 질환이 있는 사람 등은 사용을 피할 것
　③ 섭씨 15℃ 이하 어두운 장소 보관, 색이 변하거나 침전 시 사용하지 말 것
　④ 개봉한 제품은 7일 이내에 사용할 것(에어로졸, 공기차단 제품은 제외)
　⑤ 2단계 파마액 중 과산화수소는 검은 머리카락이 갈색으로 변할 수 있으므로 주의

(6) 외음부 세정제

① 정해진 용법과 용량을 잘 지켜 사용할 것

② 만 3세 이하 어린이에게는 사용하지 말 것

③ 임신 중에는 사용하지 않는 것이 바람직하며, 분만 직전의 외음부 주위에는 사용하지 말 것

④ 프로필렌글리콜을 함유하고 있으므로 이 성분에 과민하거나 알레르기 병력이 있는 사람은 신중히 사용할 것(프로필렌글리콜 함유 제품만 표시)

(7) 손·발의 피부연화 제품(요소제제의 핸드크림 및 풋크림)

① 눈, 코 또는 입 등에 닿지 않도록 주의하여 사용할 것

② 프로필렌글리콜을 함유하고 있으므로 이 성분에 과민하거나 알레르기 병력이 있는 사람은 신중히 사용할 것(프로필렌글리콜 함유 제품만 표시)

(8) 고압가스를 사용하는 에어로졸 제품

① 3초 이상 같은 부위에 분사하지 말 것

② 20센티미터 이상 떨어져서 사용할 것

③ 섭씨 40℃ 이상 장소 보관 금지 / 불 속에 버리지 말 것

④ 분무형 자외선차단제는 얼굴에 직접 분사하지 말고 손에 덜어 얼굴에 바를 것(고압가스를 사용하지 않는 분무형 자외선차단제도 동일)

(9) 알파-하이드록시애씨드 함유(AHA) 제품(0.5% 이하 제품 제외)

① 감광성을 증가시키므로 자외선차단제 병용(씻어내는 제품 및 두발용은 제외)

② 일부에 시험 사용하여 피부 이상을 확인할 것

③ 고농도 AHA 성분이 들어 있어 부작용이 발생할 우려가 있으므로 전문의 등에게 상담할 것(10% 초과, pH 3.5 미만 제품에만 표시)

(10) 염모제(산화·비산화 염모제)

① **사용금지** : "과황산염" 함유 탈색제 사용 후 부종, 염증, 가려움, 구토 경험자는 사용하지 말 것. 특이체질, 신장질환, 혈액질환 있는 경우

② **사용 전 주의사항** : 반드시 2일 전 패취테스트, (속)눈썹 사용금지, 면도 직후 사용금지, 염모 전후 1주간은 퍼머넌트웨이브 하지 말 것

전문가의 한마디

염모제 패취테스트의 순서

1. 팔 안쪽 또는 귀 뒤쪽 피부를 비눗물로 잘 씻어낸다.

2. 실험액을 동전 크기 정도 도포, 30분 후, 48시간 후 2회 관찰

3. 발진, 발적, 가려움, 수포, 자극 등의 피부 이상 발생 시 손으로 만지지 말고 즉시 씻어내고 염모 중단할 것. 48시간 이전에라도` 피부 이상 생기면 씻어낼 것

4. 48시간 이내 이상 없으면 염모할 것

③ 염모 시 주의사항

    ⊙ 눈에 들어가지 않도록(15분 이상 물로 씻어준 후 안과 전문의의 진찰. 임의로 안약 등을 사용하지 말 것)

    ⓒ 염모 중 피부발적, 가려움, 구토증상 시 씻어내고 즉시 염색중단

    ⓒ 염색 전에 머리를 적시거나 감지 말고 염색 중에는 목욕하지 말 것

    ② 장갑을 끼고 염색할 것, 환기가 잘되는 곳에서 염모

④ 염모 후 주의사항 : 피부발적, 가려움 등 자극 있을 시 긁지 말고 피부과 전문의 상담

⑤ 보관 및 취급상 주의사항

    ⊙ 혼합된 염모액을 밀폐된 용기에 보관하지 말 것(가스발생)

    ⓒ 혼합한 액의 잔액은 효과 없으므로 버림, 용기뚜껑 열어 버릴 것

    ⓒ 사용 후 혼합하지 않은 용액은 직사광선, 공기 접촉 피하고 서늘한 곳에 보관

(11) 탈염 · 탈색제

① 사용금지 : 피부 신체 과민 피부이상반응, 생리 중, 임신 중, 출산 후

② 사용주의 : 특이체질, 신장질환, 혈액질환, 프로필렌글리콜 알레르기

③ 그 외 사항은 염모제와 동일

(12) 제모제(치오글라이콜릭애씨드 함유 제품에만 표시)

① 땀발생억제제, 향수, 수렴로션은 이 제품 사용 후 24시간 후에 사용

② 눈 또는 점막에 닿았을 때 붕산수(2%)로 헹구어 낼 것

③ 10분 이상 방치하거나 피부에서 건조시키지 말 것

④ 정해진 시간 내 모가 깨끗이 제거되지 않으면 2~3일 간격으로 사용할 것

⑤ 자극감이 나타날 수 있으므로 매일 사용하지 말 것

(13) 체취 방지용 제품

털을 제거한 직후에는 사용하지 말 것

전문가의 한마디

제품에 함유된 프로필렌글리콜에 의하여 문제가 있었던 사람은 의사 · 약사와 상의 : 외음부 세정제, 손발연화제, 염모제, 탈염제

전문가의 한마디

탈염, 탈색제는 패취테스트 하지 않음

(14) 화장품 함유 성분별 사용 시 주의사항 표시 문구

대상 제품	표시 문구
과산화수소 및 과산화수소 생성물질 함유 제품	눈에 접촉을 피하고 눈에 들어갔을 대는 즉시 씻어낼 것
벤잘코늄클로라이드, 벤잘코늄브로마이드 및 벤잘코늄사카리네이트 함유 제품	눈에 접촉을 피하고 눈에 들어갔을 때는 즉시 씻어낼 것
스테아린산아연 함유 제품 (기초화장용 제품류 중 파우더 제품에 한함)	사용 시 흡입되지 않도록 주의할 것
살리실릭애씨드 및 그 염류 함유제품 (샴푸 등 사용 후 바로 씻어내는 제품 제외)	만 3세 이하 어린이에게는 사용하지 말 것
실버나이트레이트 함유 제품	눈에 접촉을 피하고 눈에 들어갔을 때는 즉시 씻어낼 것
아이오도프로피닐부틸카바메이트(IPBC) 함유 제품(목욕용 제품, 샴푸류 및 바디 클렌저 제외)	만 3세 이하 어린이에게는 사용하지 말 것
알루미늄 및 그 염류 함유 제품	신장질환이 있는 사람은 사용 전에 의사와 상의할 것
알부틴 2% 이상 함유 제품	알부틴은 「인체적용시험자료」에서 구진과 경미한 가려움이 보고된 예가 있음
카민 또는 코치닐추출물 함유 제품	카민 성분에 과민하거나 알레르기나 있는 사람은 신중히 사용할 것
포름알데하이드 0.05% 이상 검출된 제품	포름알데하이드 성분에 과민한 사람은 신중히 사용할 것
폴리에톡실레이티드레틴아마이드 0.2% 이상 함유 제품	폴릭에톡실레이티드레틴아마이드는 「인체적용시험자료」에서 경미한 발적, 피부건조, 화끈감, 가려움, 구진이 보고된 예가 있음

제**5**장 위해 여부 판단 및 유해사례보고

1 화장품 위해평가

(1) 위해평가 정의

인체가 화장품에 존재하는 위해 요소에 노출되었을 때 발생할 수 있는 유해영향과 발생확률을 과학적으로 예측하는 일련의 과정

(2) 위해평가 4단계

① 위험성 확인 : 위해요소에 노출됨에 따른 **독성 정도 확인**

② 위험성 결정 : 동물실험 결과 등으로부터 독성기준값 결정하여 인체 노출 안전기준을 산출

③ 노출평가 : 위해요소가 **인체에 노출된 양** 또는 노출수준을 산출

④ 위해도 결정 : 위해요소가 인체에 미치는 위해 정도와 발생빈도 등을 **정량적으로 예측**하고 종합적으로 판단

(3) 위해평가 대상

① 새로운 원료 사용하거나 새로운 기술을 적용한 것으로 안전성에 대한 기준 및 규격이 정해지지 않은 인체 적용 제품

② 국제기구, 외국정부가 인체 건강을 해칠 우려가 있다고 인정하며 생산, 판매 등을 금지한 인체 적용 제품

③ 그 밖의 인체 건강을 해칠 우려가 있다고 인정되는 인체 적용 제품

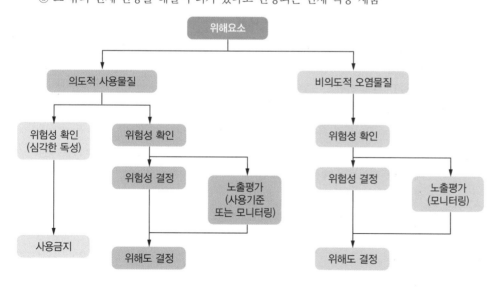

전문가의 한마디

- 독성 : 인체 적용제품에 존재하는 위해요소가 인체에 유해한 영향을 미치는 고유의 성질
- 유해성 : 독성물질의 영향 정도
- 위해요소 : 인체의 건강을 해치거나 해칠 우려가 있는 물리적·화학적·생물학적 요인
- 위해성 : 인체가 위해요소에 노출 시 인체 건강을 해칠 수 있는 정도
- 통합 위해성 평가 : 인체 적용제품에 존재하는 위해요소가 다양한 매체와 경로를 통하여 인체에 미치는 영향을 종합적으로 평가하는 것

전문가의 한마디

위해평가가 불필요한 경우
- 불법으로 유해물질 혼입한 경우
- 안전성, 유효성이 입증된 기허가 기능성화장품
- 위험성에 대한 충분한 정보가 없는 경우

(4) 위해성 평가의 수행

① 특정 집단에 노출 가능성이 클 경우 어린이 및 임산부 등 민감 집단과 고위험 집단을 대상으로 위해성 평가를 실시할 수 있음

② 화학적 위해요소에 대한 위해성은 물질의 특성에 따라 위해지수, 안전역 등으로 표현하고 국내외 위해성 평가 결과 등을 종합적으로 비교분석하여 최종 판단

(5) 독성시험 실시

① 식품의약품안전처장은 위해성 평가에 필요한 자료를 확보하기 위하여 독성의 정도를 동물실험 등을 통하여 과학적으로 평가하는 독성시험을 실시할 수 있음

② 독성시험은 "의약품 독성시험기준" 또는 경제협력기구(OECD)에서 정하고 있는 독성시험방법에 따라 실시한다. 다만, 필요한 경우 위원회의 자문을 거쳐 독성시험의 절차방법을 다르게 정할 수 있음

③ 독성시험 대상물질의 특성, 노출경로 등을 고려하여 독성시험 항목 및 방법 등을 선정
　㉠ 독성시험절차는 "비임상시험관리기준"에 따라 수행
　㉡ 독성시험결과에 대한 독성병리 전문가 등의 검증 수행

2 영업자의 위해화장품 회수 조치

화장품영업자(책임판매업자)는 사용할 수 없는 화장품 성분 함유, 안전용기 · 포장 및 유통화장품 안전관리 기준에서 벗어 나는 경우, 영업의 금지, 판매 등의 금지 규정을 위반한 화장품이 시중에 유통 · 판매되는 경우 지체 없이 회수하거나 회수하는데 필요한 조치(식품의약품안전처장의 명령)를 해야 함

(1) 회수대상 화장품의 위해성 등급과 세부 내용

① 가등급 : 사용할 수 없는 원료 사용

② 나등급
　㉠ 안전용기 · 포장 위반
　㉡ 유통화장품 안전관리기준 중 다음 하나를 위반한 화장품
　　• 공통항목(비의도적 사용된 금지 원료의 한도)
　　• 개별 추가시험 항목(pH 조건, 화장비누 유리알칼리 0.1% 이하, 퍼머넌트웨이브/헤어스트레이트너 제품 요구 조건)
　　• 식품 모방 화장품(냄새, 형태, 용기)

③ 다등급 : 영업의 금지(법 제15조 제2~5호, 제9호), 판매 등의 금지(법 제16조 제1호)

(2) 회수 절차

① **회수계획서** : 5일 이내(제조번호, 제조일자, 사용기한 또는 개봉 후 사용기간)
- 제조·수입 기록서
- 판매처별 판매일, 판매량
- 회수 사유(등급별 회수 기간)

② **회수계획서** : 회수계획을 통보받은 자는 회수의무자에게 회수대상 화장품을 회수하여 반품하고, 회수계획서를 작성하여 회수의무자에게 송부하여야 한다(회수계획 통보사실 2년간 보관).

③ **공표문** : 영업자 주소, 연락처, 회수제품명, 제조번호, 사용기한 또는 개봉 후 사용기간, 회수 사유, 회수 방법

④ **공표결과** : 공표매체, 공표일, 공표횟수, 공표문 사본

⑤ 폐기신청서(회수계획서 사본, 회수확인서 사본)를 지방식품의약품안전청장에게 제출하고 관계공무원 참관하에 폐기하고, 폐기확인서 2년간 보관하여야 한다.

⑥ 회수종료신고서(회수확인서 사본, 폐기한 경우는 폐기확인서 사본, 평가보고서 사본). 회수계획서에 따라 회수가 적절히 이뤄졌다고 판단 시 지방식품의약품안전청장은 회수의무자에게 회수 종료를 서면으로 통보, 미흡 시 추가조치 통보

(3) 회수 관련 벌칙 및 행정처분의 감면

① 200만 원 이하의 벌금

② **행정처분** : 회수계획 미보고, 거짓보고 또는 회수하지 않은 경우 판매 또는 제조업무정지 1개월

③ 회수조치 성실 이행자 행정처분 감면

구 분	업무정지	등록취소
4/5 이상	행정처분면제	
1/3 이상	2/3 이하 범위	업무정지 2~6개월
1/4 이상	1/2 이하 범위	업무정지 3~6개월

전문가의 한마디

- 영업자의 **회수계획 보고** : 회수대상 화장품임을 안 날로부터 5일 이내
- 가등급 : 회수 시작일로부터 15일 이내 회수
- 나, 다등급 : 회수 시작일로부터 30일 이내 회수

※ 가, 나 등급은 일간신문에 게재할 것

회수 계획서

※ 여백이 부족한 경우 별지에 추가 작성할 수 있습니다. (앞쪽)

<table>
<tr><td rowspan="3">제출인</td><td colspan="2">상호(법인 및 법인의 명칭)</td><td colspan="2">등록번호 또는 신고번호</td></tr>
<tr><td colspan="2">소재지(우편번호 :   )</td><td colspan="2">전화번호(팩스번호)</td></tr>
<tr><td colspan="2">대표자</td><td colspan="2">생년월일</td></tr>
<tr><td rowspan="7">회수대상
제품정보</td><td colspan="2">제품명</td><td colspan="2">유형(「화장품법 시행규칙」 별표3에 따른 유형을 적습니다)</td></tr>
<tr><td>화장품제조업자</td><td>화장품책임판매업자</td><td colspan="2">맞춤형화장품판매업자</td></tr>
<tr><td colspan="2">제품성상('색상' 및 로션, 크림 등의 '제형'을 표기합니다)</td><td colspan="2">**사용기한 또는 개봉 후 사용기간**</td></tr>
<tr><td colspan="4">수입화장품의 경우 제조국의 명칭, 제조회사명 및 그 소재지</td></tr>
<tr><td colspan="4">포장단위, 포장형태('개', '박스' 등으로 표기합니다)</td></tr>
<tr><td colspan="4">제품사진(첨부하여 제출합니다)

</td></tr>
<tr><td colspan="2">제조번호</td><td colspan="2">제조일자</td></tr>
<tr><td rowspan="3">회수이유</td><td colspan="4">**회수결정경위**(제품결함 발생경위 및 발생일 등을 적습니다)</td></tr>
<tr><td colspan="4">**위해성등급**(가등급, 나등급 또는 다등급의 위해성 등급 분류를 적습니다)</td></tr>
<tr><td colspan="4">**제품결함내용**(결함종류, 결함원인, 결함이 안전성 등에 미치는 영향 등을 적습니다)</td></tr>
</table>

3 과목

유통화장품 안전관리

 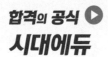
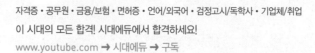

3 과목

유통화장품 안전관리

제1장 유통화장품 안전관리의 개요

1 개 요

화장품 제조 후 시장에 유통시키려면 식품의약품안전처에서 정한 "유통화장품 안전관리" 기준에 적합해야 함. 작업장, 작업자, 설비, 기구의 3대 위생관리 및 내용물 원료 포장재 안전관리가 필요하며 유통화장품 안전관리 기준 및 시험방법에 대해 알고 있어야 함

(1) CGMP 3대 요소

① 인위적인 과오의 최소화
② 미생물 오염 및 교차오염으로 인한 품질저하 방지
③ 고도의 품질관리 체계 확립

(2) CGMP에서 제조 및 품질관리 적합성을 보증하기 위한 4대 기준서(작성, 보관 요구)

종류 내용	제품표준서	품질관리기준서	제조관리기준서
개요	제품제조 및 관리기준 → 사람 이력서 역할	제조공정 중에 불량품 원인을 미연에 방지하여 품질의 유지와 향상을 위한 기준서	제품을 적절하게 제조관리하기 위한 기준서
주요 내용	• 제품명, 작성연월일, 효능·효과 및 사용기한 및 개봉 후 사용기간, 사용 시 주의사항 • 원자재, 반제품, 완제품의 기준 및 시험방법 • 원료명, 분량 및 제조단위당 분량	• 시험시설 및 기구의 점검 • 표준품 및 시약관리 • 시험항목, 시험기준 • 시험검체 채취방법 및 주의사항 • 완제품 등 보관용 검체관리 • 안정성시험 • 위탁시험 또는 위탁제조 시 검체의 송부방법 및 시험결과 판정방법	• 원자재 관리 – 시험결과 부적합품 처리방법 – 취급 시 혼동 및 오염방지 • 시설 및 기구 – 점검, 표시방법 – 장비 교정 및 성능 점검방법

전문가의 한마디

CGMP(Cosmetic Good Manufacturing Practice, 우수 화장품 제조 및 품질관리기준)

품질이 보장된 우수한 화장품을 제조·공급하기 위한 제조 및 품질관리에 관한 기준으로 직원, 시설, 장비 및 원자재, 반제품, 완제품 등의 취급과 실시방법을 정한 것

전문가의 한마디

제조지시서 내용

• 제품표준서의 번호
• 제품명, 제조번호, 제조단위
• 사용된 원료명, 분량, 제조단위당 실 사용량
• 제조설비명
• 공정별 상세 작업내용 및 주의사항
• 사용기한 또는 개봉 후 사용기간
• 제조지시자 및 지시연월일

전문가의 한마디

제조관리기준서에 제조지시서에 관한 사항 없음

	• 제조지시서
	• 공정별 상세작업 내용 및 제조공정흐름도, 공정별 이론 생산량 및 수율관리 기준, 작업 중 주의사항
	• 제조 및 품질관리시설 및 기기
	• 보관조건, 변경이력
		• 제조공정관리
		  – 작업은 출입제한
		  – 원자재 적합판정 여부 확인방법
		  – 공정검사 방법
		  – 재작업 방법
		• 완제품 관리
		  – 입출하 시 승인판정 및 확인방법
		  – 보관장소 및 보관방법
		  – 선입선출방법

※ 제조위생관리기준서 : 작업원, 작업실 위생기준, 제조 시설의 세척 및 평가

1 작업장 위생관리

(1) 건물(CGMP 제7조)

① 제품이 보호되도록 할 것
② 청소용이(위생관리 및 유지관리)
③ 제품, 원료 및 포장재 등의 혼동으로 발생 가능한 위험을 최소화 할 것
④ 제품의 제형, 현재 상황 및 청소 등 고려하여 설계할 것

(2) 시설(CGMP 제8조)

동선 흐름을 고려한 건물 설계(교차오염 혼동방지 목적)
① 원료 취급구역 : 원료 보관소와 칭량실은 구획시킬 것
② 제조 구역 : 폐기물(여과지, 개스킷, 플라스틱, 봉지 등)은 장기간 모아 두지 말고 주기적으로 버릴 것
③ 포장 구역 : 제품의 교차오염 방지 설계
④ 보관 구역 : 교차오염 주의, 손상된 팔레트는 수거하여 수선 또는 폐기, 매일 바닥의 폐기물 치워야 함
※ 동선 흐름을 고려한 건물설계 : 교차오염과 혼동 방지 목적

(3) 작업장의 구성요소별 상태

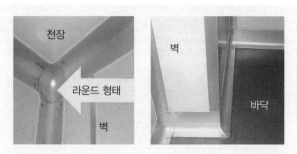

천장, 벽, 바닥이 접하는 부분은 틈이 없어야 하고, 먼지 등 이물질이 쌓이지 않도록 둥글게 처리

① 제조하는 화장품의 종류 · 제형에 따라 적절히 구획 · 구분되어 있어 교차오염 우려가 없을 것

② 바닥, 벽, 천장은 가능한 청소 또는 위생관리를 하기 쉽게 매끄러운 표면을 지니고 청결하게 유지되어야 하며 소독제 등의 부식성에 저항력이 있을 것

③ 환기가 잘 되고 청결할 것

④ 외부와 연결된 창문은 가능한 열리지 않도록 할 것. 창문이 외부 환경으로 열리는 경우에는 제품의 오염을 방지하도록 적절한 방법으로 차단할 것

⑤ 작업소 내의 외관 표면은 가능한 매끄럽게 설계하고, 청소, 소독제의 부식성에 저항력이 있을 것

⑥ 수세실과 화장실은 접근이 쉬워야 하나 생산구역과 분리되어 있을 것

⑦ 작업소 전체에 적절한 조명을 설치하고, 조명이 파손될 경우를 대비한 제품을 보호할 수 있는 처리절차를 마련할 것

⑧ 제품의 오염을 방지하고 적절한 온도 및 습도를 유지할 수 있는 적절한 환기시설을 갖출 것

⑨ 각 제조구역별 청소 및 위생관리 절차에 따라 효능이 입증된 세척제 및 소독제를 사용할 것

⑩ 제품의 품질에 영향을 주지 않는 소모품을 사용할 것

⑪ 천정 주위의 대들보, 파이프, 덕트 등은 가급적 노출되지 않도록 설계하고 파이프는 받침대 등으로 고정하고 벽에 닿지 않게 하여 청소가 용이하도록 설계할 것

(4) 공기조절 4대 요소와 대응 설비(공기조화기)

① 공기의 온도, 습도, 공중 미립자, 풍량, 풍향, 기류의 전부 또는 일부를 자동적으로 제어

4대 요소	대응설비
청정도	공기정화기
기 류	송풍기
실내온도	열교환기
습 도	가습기

② 공기조화장치

	표준공기조화장치	간이공기조화장치	
기기명	AHU(Air Handling Unit)	FFU(Fan Filter Unit)	ACCU(Air Cooling Control Unit)
특 징	건축 시부터 설계에 반영	• 설비비가 비교적 저렴함 • 기존 건물에 시공 용이	
기 능	가습, 냉·난방, 공기여과, 급·배기	공기여과, 급·배기	
장단점	• 관리가 용이함(중앙제어) • 실내 소음이 없음 • 설비비가 높음	• 실별 조건에 맞게 제작가능 • 실내 소음이 발생함	

③ 화장품제조에 사용할 수 있는 에어필터

| 프리 필터 | 미디엄 필터 | 헤파 필터 |

- 중성능 필터의 설치 권장
- 고도의 환경 관리가 필요한 경우 고성능 헤파 필터 설치

전문가의 한마디

필터의 종류와 제거 먼지 크기
- 프리 필터 : 10~30㎛
- 미디엄 필터 : 2~10㎛(미디엄 백 필터는 먼지 보유량이 크고 수명 긺)
- 헤파 필터 : 0.3㎛(250℃에서 99.97% 이상 제거)

④ 청정도에 따른 시설 기준

청정도	대상시설	해당 작업실	청정공기 순환	관리기준	작업복장
1등급	청정도 엄격관리	Clean Bench	20회/hr 이상 또는 차압 관리	낙하균 10개/hr 또는 부유균 20개/m³	
2등급	화장품 내용물이 노출되는 작업실	• 미생물 실험실 • 원료 칭량실 • 제조실 • 성형실 • 충전실 • 내용물보관소	10회/hr 이상 또는 차압 관리	낙하균 30개/hr 또는 부유균 200개/m³	작업복, 작업화
3등급	화장품 내용물이 노출 안 되는 곳	포장실	차압 관리	갱의, 포장재의 외부 청소 후 반입	
4등급	일반 작업실 (내용물 완전폐색)	• 일반실험실 • 원료보관소 • 포장재보관소 • 완제품보관소 • 관리품보관소 • 갱의실	환기 장치	–	–

작업장의 낙하균 측정 방법(Koch법)

- 원리
  - 한천평판배지를 일정시간 노출시켜 배양접시에 낙하된 미생물을 배양하여 증식된 집락수를 측정하고 단위 시간당의 생균수로 산출하는 방법
  - 간단하고 편리한 방법이지만 공기 중 전체 미생물 측정은 불가함
- 배지
  - 세균용 : 대두카제인소화한천배지
  - 진균용 : 사부로포도당한천배지
- 측정위치
  - 작은 방은 5개소 측정, 큰 방은 측정소 증가
  - 전체환경을 대표하는 장소 선택
  - 측정 위치는 벽에서 30cm 떨어진 곳, 바닥에서 20~30cm 높이
- 노출시간
  - 1시간 이상 노출 시 배지 성능이 저하되므로 예비시험으로 적당 노출시간 결정할 것
  - 청정도가 높은 시설(무균실)은 30분 이상, 청정도 낮은 시설은 측정시간 단축
- 낙하균 측정
  - 노출시간이 지나면 뚜껑을 닫아 배양기에서 배양, 일반적으로 세균용 배지는 30~35℃, 48시간 이상, 진균용 배지는 20~25℃ 5일 이상 배양
  - 배양 종료 후 세균 및 진균의 평판마다 집락수를 측정하고 사용한 배양접시 수로 나누어 평균 집락수를 구하고 단위 시간당 집락수를 산출하여 균수로 함

2 작업장의 위생 유지관리

(1) 방충, 방서 대책

① 벌레가 좋아하는 것을 제거
② 빛이 밖으로 새어 나가지 않게 함
③ 생식 상황 감시
④ 조사 및 구제 실시

(2) 실내압을 외부보다 높게(양압 유지)

(3) 세제 또는 소독제가 잔류하거나 표면 이상 초래하지 않는 것 사용

(4) 제조 관련 설비는 승인된 자만이 접근 사용

(5) 유지관리는 예방적 활동, 유지보수, 정기 검 · 교정을 하는 것으로 예방적 활동이 원칙

(6) 작업장별 청소방법

① **칭량실** : 이물질이나 먼지 등을 부직포, 걸레 등을 이용하여 청소

② **제조실** : 작업 종료 후 잔유물 등을 위생수건, 걸레 등을 이용해 제거, 일반용수를 이용해 세제성분이 남지 않도록 세척한 후 걸레 등을 이용해 물기 제거, 배수로, 배수구는 월 1회 락스 소독 후 잔류물 등을 완전히 제거

③ **반제품 보관소** : 대청소 제외하고 물청소 금지, 부득이하게 물청소 진행 시 즉시 물기 완전 제거

④ **원료 보관소** : 오염물 유출 시 물걸레로 제거, 필요시 연성세제 또는 락스를 이용해 오염물 제거

⑤ **청소 시 유의사항**

　㉠ 눈에 보이지 않는 곳, 하기 힘든 곳 등에 유의하여 세밀하게 진행하며, 물청소 후에는 물기를 제거함

　㉡ 청소 시에는 기계, 기구류, 내용물 등에 절대 오염이 되지 않도록 함

　㉢ 청소도구는 사용 후 세척하여 건조 또는 필요시 소독하여 오염원이 되지 않도록 함

(7) 작업장에서 사용하는 세제

① **세제** : 접촉면에서 바람직하지 않은 오염물질을 제거하기 위하여 사용하는 화학물질

② **세제의 주요 구성 성분과 종류**

> **세제의 요구조건**
> - 우수한 세정력
> - 사용 및 계량의 편리성
> - 표면 보호
> - 적절한 기포 거동
> - 세정 후 표면에 잔류물이 없는 건조 상태
> - 인체 및 환경 안전성
> - 충분한 저장 안전성

　㉠ 계면활성제 : 알킬벤젠설포네이트, 알칸설포네이트, 알킬에톡시레이트

　㉡ 용제(계면활성제의 세정효과 촉진) : 알코올, 글리콜, 벤질알코올

　㉢ 유기폴리머(세정효과 강화, 세정제 잔류성 강화) : 셀룰로스유도체

　㉣ 연마제 : 칼슘카보네이트, 클레이, 석영

　㉤ 살균제 : 양이온 계면활성제, 4급 암모늄화합물, 알데히드류, 페놀류

　㉥ 금속이온 봉쇄제(입자오염에 효과적) : 소듐트리포스페이트, 소듐시트레이트, 소듐글루코네이트

　㉦ 표백성분(살균, 색상개선) : 활성 염소

전문가의 한마디

- 청소 및 소독 실시 시기 : 모든 작업장 및 보관소 월 1회 이상 전체 소독 실시(소독 종료 후 청소 실시)
- 청소 및 소독 점검 주기 : 매일 실시 원칙

전문가의 한마디

작업장의 오염물질

오일, 지방, 왁스, 탄산염, 미생물

전문가의 한마디

4급 암모늄화합물

- 양이온 계면활성제
- 200ppm(제조사 추천농도)
- 장점 : 세정작용 우수한 효과, 부식성 없음, 물에 용해되어 단독사용 가능, 무향, 높은 안정성
- 단점 : 포자에 효과 없음, 경수·음이온 세제에 의해 불활성화됨

(8) 소독제

① 병원 미생물을 사멸시키기 위해 인체피부, 기구 환경의 소독을 목적으로 사용하는 화학물질(에탄올, 이소프로필알코올 70%, 과산화수소 3%), 에탄올은 가연성이 있으므로 주의할 것

② 소독제 조건

   ⊙ 내성균 출현 우려가 있으므로 주기적으로 바꿔줄 것

   ⓛ 제품이나 설비에 반응하지 않을 것

   ⓒ 광범위한 항균효과

   ⓔ 5분 이내 효과

   ⓜ 소독전 존재하던 미생물 최소 99.9% 사멸효과

③ 소독 방법 및 주기

   ⊙ 모든 작업장은 월 1회 이상 전체 소독 실시

   ⓛ 제조 설비의 반·출입, 수리 후에는 수시 소독

   ⓒ 소독 점검 주기 매일 실시 원칙

   ⓔ 소독 시, '소독 중' 표지판을 출입구에 부착

   ⓜ 칭량실, 제조실, 반제품보관소, 세척실, 충전, 포장실, 원료 보관소, 원자재 보관소, 완제품 보관소, 화장실 등으로 구분하여 소독방법 및 주기를 달리함

제3장 작업자 위생관리

1 작업자 위생관리

(1) 직원의 위생

① 질병 걸린 직원은 제품 품질에 영향을 주지 않는다는 의사 소견 필요

② 제조구역에 접근 권한이 없는 직원 및 외부 방문객은 사전에 직원 위생에 대한 교육 및 복장 규정 따르도록 감독할 것

③ 작업장에 세탁기 설치는 가능하나 화장실 설치는 권장하지 않음

④ 포인트 메이크업 지우고 제조실 입장할 것

⑤ 고체비누보다 액체비누 사용할 것

⑥ 손소독은 세제 세척 후 에탄올 70%, 아이소프로필알코올 70%를 분무식으로 주로 사용, 수건 사용보다 종이타월 사용

(2) 위생관리 기준 및 절차

① 직원의 작업 시 복장
② 직원에 의한 제품의 오염방지에 관한 사항
③ 직원의 작업 중 주의사항
④ 직원 건강상태 확인
⑤ 직원의 손 씻는 방법
⑥ 방문객 및 교육훈련을 받지 않은 직원의 위생관리

(3) 혼합 · 소분 시 위생관리 규정

① 방문객 또는 안전 위생의 교육훈련을 받지 않은 직원은 화장품 생산, 관리 보관 구역으로의 출입 금지
② 영업상의 이유, 신입사원 교육 등을 위해 안전 위생의 교육훈련을 받지 않은 사람들이 생산, 관리, 보관구역으로 출입하는 경우는 안전 위생의 교육훈련 자료 사전 작성과 출입 전에 교육훈련 실시
③ **교육훈련 내용** : 직원용 안전 대책, 작업복 등의 착용, 작업 위생 규칙, 손 씻는 절차
④ 방문객과 훈련받지 않은 직원이 생산, 관리 보관구역 출입 시 동행 필요
⑤ 방문객은 적절한 지시에 따라야 하고, 필요한 보호 설비 구비
⑥ 생산, 관리, 보관구역 출입 시 기록서에 기록(성명과 입 · 퇴장 시간 및 자사 동행자 기록)

(4) 작업장별 복장 기준

① **칭량, 제조, 충진, 포장** : 방진복, 위생모, 작업화, 필요시 마스크
② **품질관리(실험실)** : 상의 흰색 가운, 하의 평상복, 슬리퍼
③ **사무실, 관리자** : 상하의 평상복, 슬리퍼

전문가의 한마디

• 작업모 : 공기 유통 원활
• 작업복 : 2급지 이상은 반드시 착용, 1인 2벌 기준 지급, 주 2회 세탁 원칙(하절기 횟수 증가), 청결상태 매일 작업 전 관리자 확인

제**4**장 설비 및 기구 관리

1 설비 및 기구 관리

(1) 화장품 생산에 사용되는 설비 · 기구 조건

① 사용목적에 적합
② 청소 가능
③ 필요시 위생 유지 · 관리 가능

(2) 제조설비별 재질 및 특성

① 탱크
　　㉠ 스테인레스 #304, #316(부식에 강함)
　　㉡ 미생물학적으로 민감하지 않은 제품에는 유리로 안을 댄 강화유리섬유 폴리에스터와 플라스틱으로 안을 댄 탱크 사용가능
　　㉢ 주형물질은 화장품에 비추천(공정단계 및 완성된 포뮬레이션 과정에서 보관용 원료를 저장하기 위해 사용되는 용기로 스테인레스 스틸이 선호)

② 호스
　　㉠ 강화된 식품등급의 고무 또는 네오프렌, (강화)타이곤, 폴리에칠렌, 폴리프로필렌, 나일론 등의 재질 사용
　　㉡ 호스설계와 선택은 사용압력, 온도 범위를 고려할 것

③ 혼합과 교반
　　㉠ 믹서를 설치할 모든 젖은 부분 및 탱크와의 공존 여부 확인
　　㉡ 대부분 믹서는 봉인과 개스킷에 의해서 제품과의 접촉으로부터 분리되어 있는 내부 패킹과 윤활제를 사용해 함
　　㉢ 회전하는 잠재적인 위험요소를 고려하여 작동연습 필요

④ 이송파이프
　　㉠ 유리, 스테인레스 #304, #316, 구리, 알루미늄 등으로 구성되고, 추가로 유리, 플라스틱, 표면이 코팅된 폴리머가 제품에 접촉되는 표면에 사용
　　㉡ 생성되는 최고 압력 고려, 사용 전 시스템은 정수압적으로 시험되어야 함

⑤ 필터, 여과기
　　㉠ 스테인레스 스틸, 비반응성 섬유
　　㉡ 여과 조건하에 발생하는 최고압력 고려

⑥ 제품충전기
　　㉠ 제품을 1차 용기에 넣기 위해 사용
　　㉡ 스테인레스 #304, #316 널리 사용
　　㉢ 제품의 물리적·심미적인 성질이 충전기에 의해 영향을 받을 수 있음

(3) 제조 시설의 세척 및 평가

제조위생관리기준서는 설비 및 기구의 위생기준
① 책임자 지정
② 세척 및 소독 계획
③ 세척 방법과 세척에 사용되는 약품 및 기구
④ 제조시설의 분해 및 조립 방법
⑤ 이전 작업 표시 제거 방법

전문가의 한마디

설비 및 기구의 위생 상태 점검 항목

- 외관검사(녹, 소음, 이취 등)
- 작동점검(스위치, 연동성 등)
- 기능측정(회전수, 전압, 투과율 등)
- 청소(외부, 내부)
- 부품교환

⑥ 청소 상태 유지 방법

⑦ 작업 전 청소 상태 확인 방법

(4) 설비 세척의 원칙

① 물이 최적의 세척제, 증기 세척을 권장

② 가능한 세제 사용 자제, 세제(계면활성제) 사용 시 문제점

  ㉠ 세제는 설비 내벽에 남기 쉬움

  ㉡ 잔존한 세척제는 제품에 나쁜 영향을 줌

  ㉢ 세제가 잔존하지 않는 것을 설명하기 위해서는 고도의 화학 분석이 필요

③ 브러시 등으로 문지르는 것을 고려

④ 분해할 수 있는 설비는 분해해서 세척

⑤ 세척 후 반드시 "판정"하고 세척 완료여부를 확인할 수 있는 표시

⑥ 판정 후 설비는 건조, 밀폐해서 보관

⑦ 세척의 유효기간을 정함

⑧ 세척제의 유형과 기능

유 형	pH	오염 물질	예 시	장단점
무기산과 약산성 세척제	0.2~5.5	무기염, 수용성 금속 Complex	• 강산 : 염산(Hydrochloric Acid), 황산(Sulfuric Acid), 인산(Phosphoric Acid) • 초산(Acetic Acid), 구연산 (Citric Acid)	• 산성에 녹는 물질, 금속 산화물 제거에 효과적 • 독성, 환경 및 취급 문제
중성 세척제	5.5~8.5	기름때, 작은 입자	약한 계면 활성제 용액(알코올과 같은 수용성 용매를 포함할 수 있음)	• 용해나 유화에 의한 제거 • 낮은 독성, 부식성
약알칼리, 알칼리 세척제	8.5~12.5	기름, 지방, 입자	수산화암모늄(Ammonium Hydroxide), 탄산나트륨 (Sodium Carbonate), 인산나트륨(Sodium Phosphate)	알칼리는 비누화, 가수분해를 촉진
부식성 알칼리 세척제	12.5~14	찌든 기름	수산화나트륨(Sodium Hydroxide), 수산화칼륨 (Potassium Hydroxide), 규산나트륨(Sodium Silicate)	• 오염물의 가수 분해 시 효과 좋음 • 독성 주의, 부식성

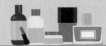

(5) 설비, 기구 세척 확인 방법

육안판정 → 닦아내기 판정 → 린스 정량법 → 면봉 이용한 표면균 측정법

(6) 혼합 · 소분 장비 및 도구의 위생관리

① **세척** : 사용 전 · 후 세척을 통해 오염방지

② **건조** : 세척 후 잘 건조하여 다음 사용 시까지 오염방지

③ **살균** : 자외선살균기 내 자외선램프의 청결 상태를 확인한 후 장비 및 도구가 서로 겹치지 않게 한 층으로 보관

(7) 물리적 소독제의 장 · 단점

구 분	스 팀	온 수
장 점	• 제품과의 우수한 적합성 • 용이한 사용성 • 소독효과 높음 • 바이오 필름 파괴	• 제품과의 우수한 적합성 • 용이한 사용성 • 긴 파이프에 적합 • 부식성 없음
단 점	• 보일러나 파이프에 부적합 • 고 에너지 소비 • 긴 소독 시간 • 습기 다량 발생	• 많은 양 필요 • 고 에너지 소비 • 긴 체류 시간 • 습기 다량 발생

(8) 화학적 소독제의 장단점

유 형	장 점	단 점
염소 유도체	• 우수한 효과 • 사용 용이 • 찬물에 용해되어 단독으로 사용 가능	• 향, pH 증가 시 효과 감소 • 금속 표면과의 반응성으로 부식됨 • 빛과 온도에 예민함 • 피부 보호 필요
양이온 계면활성제	• 세정 작용 • 우수한 효과 • 부식성 없음 • 물에 용해되어 단독 사용 가능 • 무향, 높은 안정성	• 세균포자에 효과 없음 • 중성/약알칼리에서 가장 효과적 • 경수, 음이온 세정제에 의해 불활성화됨
알코올	• 세척 불필요 • 사용 용이 • 빠른 건조 • 단독 사용	• 세균 포자에 효과 없음 • 화재, 폭발 위험 • 피부 보호 필요

페 놀	• 세정 작용 • 우수한 효과 • 탈취 작용	• 조제하여 사용 세척 필요함, 고가 • 용액상태로 불안정(2~3시간 이내 사용) • 피부 보호 필요
인 산	• 스테인리스에 좋음 • 저렴한 가격 • 낮은 온도에서 사용 • 접촉 시간 짧음	• 알칼리성 조건하에서는 효과가 적음 • 피부 보호 필요
과산화수소	유기물에 효과적	• 고농도 시 폭발성 • 반응성 있음 • 피부 보호 필요

(9) 설비·기구의 유지관리 기준

① 모든 제조 관련 설비는 승인된 자만이 접근·사용
② 정기 점검 및 화장품의 제조와 품질관리에 지장이 없도록 유지·관리·기록
③ 제품의 품질에 영향을 줄 수 있는 검사, 측정, 시험장비 및 자동화장치는 계획을 수립하여 정기적으로 교정, 성능 점검 및 결과 기록(결함 발생 및 정비 중인 설비, 고장 등 사용이 불가할 경우 적절한 방법으로 표시)
④ 사용 목적에 적합하고 청소가 가능하며 필요한 경우 위생 유지관리가 가능할 것. 자동화 시스템을 도입한 경우도 또한 같음
⑤ 세척한 설비는 다음 사용 시까지 오염되지 않도록 관리
⑥ 유지·관리 작업이 제품의 품질에 영향을 주지 않도록 주의

전문가의 한마디

설비 유지관리 원칙
• 예방적 실시, 유지보수, 정기 검교정
• 설비마다 절차서 작성(유지기준 포함)
• 연간계획 수립 및 실행
• 점검체크시트 사용
• 유지보수 작업 시 설비갱신, 변경으로 기능이 변화해도 됨

(10) 정비 계획에 따른 점검·정비

① 설비 대장의 점검·정비 주기와 연간 정비 계획표 수립
② 정비 업무 계획표에 따라 점검과 정비 실시
③ 일상 점검과 정기 점검

구 분	설비의 일상 점검	설비의 정기 점검
점검 주기	일간 또는 주간 주기로 실시	연간 정비 계획서에 따라 정기 정비와 같이 실시
점검 기록	설비 점검표에 점검 결과 기재	설비 점검표에 점검 결과 기재 및 기록 보관

전자저울은 매일(수시, 매 작업 전) 영점을 조정하고 주기별로 점검 실시

점검 항목	점검 주기	점검 시기	점검 방법	판정 기준	이상 시 조치 사항
영 점	매 일	가동 전	Zero Point Setting	'0' setting 확인	수리의뢰 및 필요 조치
수 평	매 일	가동 전	육안 확인	수평임을 확인	자가 조절 후 수리의뢰 및 필요 조치
점 검	1개월		표준 분동으로 실시	• 직선성 · 정밀성 : ±0.5% 이내 • 편심오차 : 0.1% 이내	수리의뢰 및 필요 조치

(11) 설비 및 기구의 폐기

① 설비 점검 중 문제 발견 시 "점검 중" 표시
② 수리가 불가한 경우 폐기 전까지 "유휴설비"로 표시하여 설비의 사용 방지할 것
③ 플라스틱 재질은 주기적으로 교체하는 것을 권장

제5장 원료 및 내용물 관리

1 원자재 입고 출고관리와 보관관리

• 한 개의 화장품 제조 시 20종 이상의 원료 배합
 - 원료의 안전성 확보
 - 원료의 부적절한 사용 및 오염 방지
• 입고된 원료 및 내용물의 품질관리 기준
 - 품질성적서 확인
 - 보관조건 확인
 - 부적합일지 작성
 - 원료 수불일지 작성
 - 원료 샘플링(조도 540룩스 이상의 별도 공간에서 실시)

(1) 입고관리(CGMP 제11조)

① 화장품제조업자는 원자재 공급자에 대한 관리감독을 적절히 수행할 것
② 원자재 입고 시 구매 요구서, 원자재 공급업체 성적서 및 현품이 서로 일치하여야 하며, 필요한 경우 운송 관련 자료를 추가적으로 확인 가능
③ 원자재 용기에 제조번호를 표시하고, 제조번호가 없으면 관리번호 부여
④ 육안 확인 시 물품에 결함이 있을 시는 입고를 보류하고 격리보관 및 폐기하거나 원자재 공급 업체에 반송
⑤ 입고된 원자재는 "적합, 부적합, 검사 중" 상태 표시하여 각각의 구분된 공간에 별도로 보관하고 필요시 부적합제품 보관장소는 잠금장치 해야 하지만 자동화 창고와 같이 확실하게 구분하여 혼동을 방지할 수 있는 경우에는 해당 시스템을 통해 관리
⑥ 원자재 용기 및 시험기록서의 필수 기재 사항
  ㉠ 공급자가 정한 제품명
  ㉡ 공급자명
  ㉢ 수령일자
  ㉣ 제조번호 또는 관리번호

전문가의 한마디

원료 입고 검사 순서

입고차량검사 → 원료의 육안검사 → 원료의 수불일지 작성

(2) 출고 관리(CGMP 제12조)

① 시험결과 적합 판정된 것만을 선입선출방식으로 출고해야 하고 이를 확인할 수 있는 체계가 확립되어 있어야 함(단, 사용기한이 짧은 경우는 먼저 입고된 물품보다 먼저 출고될 수 있음)
② 오직 승인된 자만이 원자재 불출 절차를 수행할 수 있음

전문가의 한마디

• 검체채취한 원료에 "시험중" 라벨을 부착한 후 임시보관장소에 두어야 함
• 포장재 적합판정이 내려지면 생산장소로 이송하고, 원료 적합판정이 내려지면 적합원료 보관장소로 이송
• 원료보관 온도는 4가지(−5℃, 3~5℃, 15~25℃, 40℃)

(3) 보관 관리(CGMP 제13조)

① 원자재, 반제품 및 벌크제품은 품질에 영향을 주지 않는 조건에 보관하고 보관 기한을 설정
② 원자재, 시험 중인 제품 및 부적합 제품은 각각 **구획**된 장소에 보관. 다만, 혼동을 일으킬 염려가 없는 시스템에 의해 보관 시는 그러하지 않음
③ 보관 기한 경과 제품은 재평가 시스템을 확립하여 재사용 가능
④ **원료, 포장재의 보관환경 원칙**
  ㉠ 출입제한
  ㉡ 오염방지(시설대응, 동선관리가 필요)
  ㉢ 방충 · 방서 대책
  ㉣ 온도, 습도 필요시 설정
  ㉤ 포장재 용기는 밀폐되지 않은 상태로 청소와 검사가 용이하도록 충분한 간격으로 바닥에 보관

전문가의 한마디

선입선출방식

재고품 순환을 고려하여 오래된 것을 먼저 사용하는 등 출고 기준을 확립하여 관리

2 내용물의 칭량, 공정 보관 및 출고 관리

(1) 칭량(CGMP 제16조)

① 원료는 품질에 영향을 미치지 않는 용기나 설비에 정확하게 칭량 되어야 한다.

② 원료가 칭량되는 도중 교차오염을 피하기 위한 조치가 있어야 한다.

③ 칭량은 실수를 막기 위해 2인이 하는 것이 좋으나 자동기록계가 붙어 있는 천칭 등을 사용할 때는 1인도 가능

(2) 공정관리(CGMP 제17조)

① 반제품 보관 시 용기 기재사항

 ㉠ 명칭 또는 확인코드

 ㉡ 제조번호

 ㉢ 완료된 공정명

 ㉣ 필요시 보관조건

② 벌크의 재보관

 ㉠ 남은 벌크를 재보관하고 재사용 할 수 있음

 ㉡ 밀폐하여 보관하고 우선 사용할 것

 ㉢ 변질되기 쉬운 벌크는 재사용하지 않으며 여러 번 재보관하는 벌크는 조금씩 나누어서 보관

(3) 보관 및 출고관리(CGMP 제19조)

① 완제품은 적절한 조건 하의 정해진 장소에서 보관해야 하며, 주기적으로 재고 점검을 수행해야 함

② 완제품은 시험결과 적합으로 판정되고 품질부서 책임자가 출고 승인한 것만을 출고하여야 함

③ 출고는 선입선출하되 타당한 사유가 있으면 그러지 아니할 수 있음

④ 출고할 제품은 원자재, 부적합품 및 반품된 제품과 구획된 장소에 보관. 다만, 서로 혼동할 우려가 없는 시스템에 의해 보관 시 그러하지 아니할 수 있음

⑤ 완제품 보관용 검체

 ㉠ 제품을 사용기한 중에 재검토할 때에 대비

 ㉡ 각 뱃치별로 제품시험을 2번 실시할 수 있는 양을 채취(품질관리부서에서)

 ㉢ 사용기한 경과 후 1년간 또는 개봉 후 사용기간 기재하는 경우 제조일로부터 3년간 보관

전문가의 한마디

벌크제품과 완제품의 제조번호는 동일하지 않아도 되지만, 완제품에 사용된 벌크 배치 및 양을 명확히 확인할 수 있는 문서가 존재해야 함

(4) 제품의 입고, 보관, 출하 과정

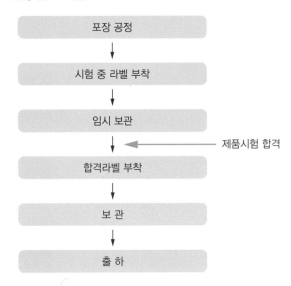

```
포장 공정
   ↓
시험 중 라벨 부착
   ↓
임시 보관
   ↓ ←──── 제품시험 합격
합격라벨 부착
   ↓
보 관
   ↓
출 하
```

3 유통화장품 안전관리 기준 및 시험 방법

(1) 개 요

유통화장품 안전관리 기준은 모든 유통 화장품에 적용되는 "공통시험 항목"과 유통화장품 유형별로 적용되는 "추가시험 항목"으로 구분할 수 있음

(2) 공통시험 항목

전문가의 한마디

1kg = 1,000g
1g = 1,000mg
1mg = 1,000μg/g
1g = 1,000,000μg/g
1ppm = 1μg/g
1% = 0.01g/g
μg을 10,000으로 나누면 % 나옴

공통시험 항목		판정기준	비 고
비의도적으로 유래된 물질의 검출 허용 한도	수 은	1μg/g 이하	
	카드뮴	5μg/g 이하	
	안티몬	10μg/g 이하	
	비 소		
	니 켈		눈화장용 제품은 35μg/g 이하, 색조화장용 제품은 30μg/g 이하
	납	20μg/g 이하	점토분말제품은 50μg/g 이하
	디옥산	100μg/g 이하	
	프탈레이트류	총합으로서 100μg/g 이하	부틸벤질프탈레이트, 디부틸프탈레이트 및 디에칠헥실프탈레이트에 한함

	포름알데하이드	2,000㎍/g 이하	물휴지는 20㎍/g 이하
	메탄올	0.2%(v/v) 이하	물휴지는 0.002%(v/v) 이하
미생물 한도 기준	호기성생균수	세균, 진균 각각 100개/g(mL) 이하	물휴지
		500개/g(mL) 이하	영·유아용, 눈화장용 제품
		1,000개/g(mL) 이하	기타 화장품
	대장균, 녹농균, 황색포도상구균	불검출	
	내용량	표기량의 97% 이상	

내용량의 합격 기준
• 제품 3개를 가지고 시험할 때 그 평균 내용량이 표기량의 97% 이상(다만, 화장비누의 경우 건조중량을 내용량으로 함) • 위의 기준치를 벗어날 경우 : 6개를 더 취하여 시험할 때 9개의 평균 내용량이 표기량의 97% 이상

(3) 추가시험 항목

추가시험 항목	판정기준	비 고
pH 기준	pH 3.0~9.0	물 포함하지 않는 제품과 사용 후 바로 씻어내는 제품 제외
기능성화장품 주원료함량	심사·보고량의 90.0% 이상	치오글리콜산은 90~110%
화장비누	유리알칼리 0.1% 이하	

(4) 퍼머넌트 웨이브용 및 헤어스트레이트너제품의 추가시험 항목

① 치오글라이콜릭애씨드(1제 환원제)

구 분	pH	0.1N 염산의 소비량/ 검체 1mL	산성에서 끓인 후의 환원성 물질(mL) 0.1N 요오드 소비량(%)	환원 후의 환원성 물질 함량
냉2욕식(실온)	4.5~9.6	7.0mL 이하	0.6mL 2.0~11.0%	4.0%
가온2욕식	4.5~9.3	5.0mL 이하	0.6mL 1.0~5.0%	4.0%

② 시스테인(1제 환원제)

구 분	pH	0.1N 염산 소비량/검체 1mL	시스테인	환원 후의 환원성 물질(시스틴)함량
냉2욕식(실온)	8.0~9.5	12mL 이하	3.0~7.5%	0.65% 이하
가온2욕식 (60℃)	4.0~9.5	9mL 이하	1.5~5.5%	0.65 이하

③ 1제 환원제 공통사항

ㄱ 중금속 : 20μg/g 이하

ㄴ 비소 : 5μg/g 이하

ㄷ 철 : 2μg/g 이하

④ 2제 산화제

ㄱ 브롬산 나트륨 : pH = 4.0~10.5

ㄴ 과산화 수소 : pH = 2.5~4.5

(5) 유통화장품 안전관리 시험방법

① 비의도적 유해물질 검출 시험 방법

ㄱ 수은 : 수은분해장치, 수은분석기

ㄴ 안카니(안티몬, 카드뮴, 니켈) : ICP(유도결합플라즈마분광기), ICP-MS(유도결합 플라즈마분광기-질량분석기), AAS(원자흡광도법)

ㄷ 납비(납, 비소) : 디티존법, 비색법

ㄹ 디옥산(프탈레이트) : 기체크로마토그래프법(디기검 : 절대검량선범, 프기질 : 질량분 석기)

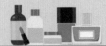

      ⓜ 메탄올 : 푹신아황산법

      ⓑ 포름알데하이드 : 액체크로마토그래프법

  ② 내용량

      ㉠ 뷰렛이용 : 150mL 이상 제품은 메스실린더 이용 측정

      ㉡ 화장비누(건조중량) : 검체를 작은 조각으로 자른 후 10g을 0.01g까지 측정 후 오븐(103±2℃)에서 1시간 건조 후 꺼내어 냉각시키는 것 2회 반복 후 데시케이터에 옮긴 후 실온에서 건조한 후 질량 측정

  ③ pH 시험법(1:15)

      ㉠ 검체 2mL(g) + 물 30mL 비이커 100mL에 넣고 가온 후 냉각시켜 지방분을 여과시킨 후 측정

      ㉡ 투명 액상은 그대로 측정

      ㉢ Vit A 정량법 : 자외선흡수스펙트럼법, 정색법

  ④ 시험기구 종류 및 기능

      ㉠ 데시케이터 : 건조시키는 기구

      ㉡ 전열기(핫플레이트) : 열을 가하는 기구, 첨가제 용해

      ㉢ 회화로 : 400~600℃ 가열 시 남아있는 재의 잔류물질을 측정하는 도구

      ㉣ 속실렛추출장치 : 다양한 물질 추출장치

(6) 기능성화장품 기준 및 시험방법

  ① 제제를 만들 경우에는 따로 규정이 없는 한 그 보존 중 성상 및 품질의 기준을 확보하고 그 유용성을 높이기 위하여 부형제, 안정제, 보존제, 완충제 등 적당한 첨가제를 넣을 수 있음. 다만, 첨가제는 해당 제제의 안전성에 영향을 주지 않아야 하며, 또한 기능을 변하게 하거나 시험에 영향을 주어서는 안 됨

  ② pH

강산성	약 산	미 산	중 성	미 알	약 알	강알칼리성
약 3 이하	약 3~5	약 5~6.5	약 6.5~7.5	약 7.5~9	약 9~11	약 11 이상

  ③ 온도 : 화장품 원료 시험은 따로 규정이 없는 한 상온에서 실시하고 온도의 영향이 있는 것의 판정은 표준온도에 있어서의 상태를 기준

냉수	냉소	표준온도	상 온	실 온	미온(미온탕)	온 탕	열 탕
10℃ 이하	15℃ 이하	20℃	15~25℃	1~30℃	30~40℃	60~70℃	100℃

  ④ 점도 : 액체가 일정 방향으로 운동할 때 그 흐름에 평형한 평면에 양측에 내부 마찰력이 일어나는데 이 성질을 점성이라 하고, 그 단위는 센티스톡스

⑤ 색상 : 고체의 화장품 원료는 1g을 백지 위의 놓은 시계 접시 위에서 관찰, 액상원료는 안지름 15mm 무색 시험관에 넣고 백색의 배경을 써서 30mm로 관찰

⑥ 냄새 : 1g을 100mL 비이커에 취하여 시험

⑦ 농도 : 질량/부피

⑧ 검체의 채취량에 있어서 "약"이라고 붙인 것은 기재된 양의 ±10%의 범위를 뜻함

⑨ 통칙 및 일반시험법에 쓰이는 시약, 표준액, 용량분석용표준액, 계량기 및 용기는 따로 규정이 없는 한 일반시험법에서 규정하는 것을 사용. 또한 시험에 쓰는 물은 따로 규정이 없는 한 정제수

⑩ 용질명 다음에 용액이라 기재하고, 그 용제를 밝히지 않은 것은 수용액을 말함

⑪ 질량을 "정밀하게 단다."라 함은 달아야 할 최소 자리수를 고려하여 0.1mg, 0.01mg 또는 0.001mg까지 단다는 것을 말함

⑫ 시험 조작을 할 때 "직후" 또는 "곧"이란 보통 앞의 조작이 종료된 다음 30초 이내에 다음 조작을 시작하는 것을 말함

⑬ 기능성화장품 안전성에 관한 자료는 독성시험법에 따르는 시험방법을 선택해야 함

　㉠ 단회투여 독성시험법 : 랫드 또는 마우스, 1군당 5마리 이상, 14일간 관찰, 부검하고 병리조직학적 검사

　㉡ 1차피부자극시험법 : Draize방법, 백색토끼 또는 기니피그 3마리 이상
　　• 투여경로 : 비경구투여
　　• 피부 : 털을 제거한 건강한 피부
　　• 투여방법 : 24시간 개방 또는 폐쇄 첩포
　　• 관찰 : 24, 48, 72시간 투여부위 육안관찰

　㉢ 피부감작성시험법
　　• 일반적으로 Maximization Test를 사용하며 Adjuvant는 사용 또는 미사용하는 시험법으로 나눔
　　• 기니피그 1군당 5마리 이상
　　• 대표 시험방법(Freund's Complete Adjuvant Test 등 포함)

　㉣ 안점막자극 또는 기타 점막자극시험 : 토끼 눈 이용하는 Draize방법 원칙, 3마리 이상, 투여용량은 0.1mL(액체), 0.1g(고체)

　㉤ 광독성 및 광감작성시험법 : 기니피그 이용, 1군당 5마리 이상, Ison법(광독성시험), Adjuvant와 Strip법(광감작성시험)

　㉥ 인체첩포시험법 : 30명 이상을 대상으로 원칙적으로 첩포 24시간 후 패치를 제거하고 일과성의 홍반을 기다려 관찰. 피부과전문의, 연구소 및 기타 관련기관에서 5년 이상의 해당 시험 경력자의 지도하에 수행

(7) 인체 세포 · 조직 배양액 안전기준 시험방법

① 용어 정의

  ㉠ "인체 세포 · 조직 배양액"은 인체에서 유래된 세포 또는 조직을 배양한 후 세포와 조직을 제거하고 남은 액을 말함

  ㉡ 윈도우 피리어드 : 감염 초기에 세균, 진균, 바이러스 및 그 항원 · 항체 · 유전자 등을 검출할 수 없는 기간

② 일반사항 : 화장품책임판매업자는 안전하고 품질이 균일한 인체 세포, 조직 배양액이 제조될 수 있도록 관리 · 감독하여야 함

③ 배양액 품질 및 안전성 확보를 위한 기록서 작성 · 보존

  ㉠ 채취(보관)한 기관명칭

  ㉡ 채취 연월일

  ㉢ 공여자 식별 번호

  ㉣ 세포, 조직의 처리 취급과정

  ㉤ 검사 등의 결과

  ㉥ 사람에게 감염성 및 병원성을 나타낼 가능성이 있는 바이러스 존재 유무 확인 결과

④ 배양액 시험검사(품질관리기준서 내용)

  ㉠ 성 상

  ㉡ 무균시험

  ㉢ 마이코플라스마 및 외래성 바이러스 부정시험

  ㉣ 확인 및 순도시험

⑤ 기록보존 : 책임판매업자는 안전관리와 관련된 모든 기준, 기록 및 성적서를 받아서 완제품의 제조연월일로부터 3년간 보존해야 함

4 원료와 내용물의 폐기

(1) 폐기처리 (CGMP 제22조)

① 품질에 문제 있거나 회수 반품된 제품의 폐기 또는 재작업 여부는 품질보증책임자에 의해 승인되어야 함

② 재작업

  ㉠ 정의 : 적합 판정 기준을 벗어난 완제품 또는 벌크제품을 재처리하여 품질이 적합한 범위 내에 들어오도록 하는 작업

  ㉡ 절 차

    • 품질보증책임자가 부적합 원인분석과 재처리 실시 결정

    • 품질이 확인되고 품질보증책임자의 승인을 얻을 수 있을 때까지 재작업품은 다음 공정에 사용할 수 없고 출하할 수 없음

전문가의 한마디

재작업을 진행할 때 품질보증부서 책임자가 부적합품의 권한소유자인 제조책임자에게 원인조사를 지시함

전문가의 한마디

품질관리부서

검체 채취, 시험기준 만족 여부 확인하는 품실시험을 하는 부서

- 재작업은 부적합품을 적합품으로 다시 가공하는 일로서 통상 제품시험보다 더 많은 시험을 실시

③ 대상(아래 ㉠과 ㉡ 모두 만족한 경우)

㉠ 변질, 변패 또는 병원미생물에 오염되지 아니한 경우

㉡ 제조일로부터 1년이 경과하지 아니하였거나 사용기한이 1년 이상 남아있는 경우

④ 재작업을 할 수 없거나 폐기해야 하는 제품의 폐기처리규정을 작성하여야 하며 폐기 대상은 따로 보관하고 규정에 따라 신속하게 폐기

(2) 기준일탈제품(부적합제품) 처리순서

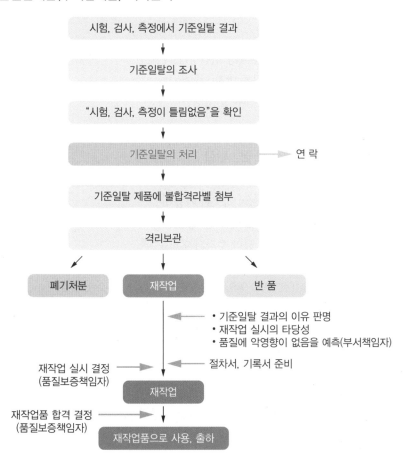

전문가의 한마디

품질보증책임자 업무

- 품질에 관한 모든 문서와 절차의 검토 및 승인
- 품질검사 규정된 절차 진행 여부 확인
- 일탈 조사와 기록, 부적합품 규정대로 처리하는지 체크
- 적합 판정한 원자재 및 제품 출고 여부 결정

전문가의 한마디

기준일탈제품

- 원료와 포장재, 벌크제품과 완제품이 적합판정기준을 만족하지 못한 제품
- 기준일탈 조사결과는 책임자에 의해 일탈·부적합·보류를 명확히 판정하여야 함

전문가의 한마디

감각기관을 통한 원료의 사용가능 여부의 1차적 판단

- 냄새의 발생
  - 암모니아 냄새, 아민 냄새
  - 산패한 냄새, 알코올 냄새
- 색깔의 변화
  - 변색, 퇴색, 광택
- 이상한 맛, 불쾌한 맛
  - 신맛, 쓴맛, 자극적인 맛
- 성상의 변화
  - 고형의 액상화, 액상의 고형화

1 화장품 포장재 관리

(1) 화장품 용기에 필요한 특성

① **품질유지성** : 내용물 보호를 위해 내용물과의 재료 적합성 및 용기 소재의 안전성 요구
② **기능성** : 사용상의 기능 · 안전성(특히 어린이 용기 등) 요구
③ **경제성, 상품성, 실용성** : 판매촉진성 요구

(2) 화장품 용기 종류

① **밀폐용기** : 고체(고형) 이물침투 방지(단상자)
② **기밀용기** : 액체, 고체 이물침투 방지(1차 용기)
③ **밀봉용기** : 기체 또는 미생물침투 방지(앰플)
④ **차광용기** : 광선침투 방지

(3) 화장품 용기 재료 종류에 따른 장 · 단점

① **유리(투명, 유백색, 유색)**
 ㉠ 투명감이 좋고 광택이 있으며 착색이 가능
 ㉡ 유지, 유화제 등 화장품 원료에 대한 내성이 큼
 ㉢ 수분, 향료, 에탄올, 기체 등이 투과되지 않음
 ㉣ 세정, 건조, 멸균의 조건에서도 잘 견딤
② **플라스틱(PE, HDPE, PP, PVC, AS, ABS, PET)**
 ㉠ 거의 모든 화장품 용기에 이용
 ㉡ 열가소성 수지 : PET, PP, PS, PE, ABS
 ㉢ 열경화성 수지 : 페놀, 멜라민, 에폭시수지
 ㉣ 장 · 단점

장 점	• 가공이 용이 • 자유로운 착색이 가능 • 투명성이 좋고 가볍고 튼튼함 • 전기절연성, 내수성, 단열성
단 점	• 열에 약하고 변형되기 쉬움 • 표면에 흠집이 잘 생기고, 오염되기 쉬움 • 강도가 금속에 비해 약하고 용제에 약함 • 가스나 수증기 등의 투과성이 있음

전문가의 한마디

화장품은 제조 · 유통 과정 중 미생물 증식 가능성이 있기에 원료의 미생물 오염방지, 용기나 포장의 미생물 오염 방지, 최종 제품의 미생물 오염 방지로 품질과 안전성, 유효성을 확보해야 함

전문가의 한마디

포장재

화장품 제조와 포장에 사용되는 모든 포장재로 해당 물질의 검증, 확인, 보관, 취급 및 사용을 보장할 수 있도록 절차 수립해야 함. 외부로부터 공급된 포장재의 규정된 완제품 품질 합격 판정 기준을 충족시켜야 함

전문가의 한마디

HDPE(고밀도 폴리에틸렌)

광택이 없음. 수분 투과가 적음

③ 금속(철, 알루미늄, 스테인리스강, 황동, 주석 등)
  ㉠ 화장품 용기의 튜브 뚜껑, 에어로졸 용기, 립스틱 케이스 등에 사용
  ㉡ 장·단점

장 점	• 기계적 강도가 크고, 충격에 강함 • 얇아도 충분한 강도가 있음 • 가스 등의 투과성이 없음 • 도금, 도장 등으로 표면가공이 쉬움
단 점	• 녹에 대한 주의 • 불투명하고 무거움 • 가격이 비쌈

④ 종이(포장상자, 라벨, 완충제, 종이드럼, 포장지)
  ㉠ 상자는 접는 상자, 풀로 붙이는 상자, 선물세트 상자 등
  ㉡ 포장지와 라벨은 종이 소재에 필름을 붙여 코팅해 광택을 증가시키는 것도 있음

(4) 포장재의 종류와 특성

① 폴리염화비닐(PVC) : 투명, 성형가공성 우수하고 가격 저렴, 샴푸 린스 리필용기에 사용
② 폴리스티렌(PS) : 투명, 딱딱, 광택성, 성형가공성 및 내충격성이 우수하나 내약품성은 취약. 주로 스틱, 팩트, 캡 등에 사용
③ 저밀도 폴리에틸렌(LDPE) : 반투명, 광택성, 유연성이 우수하며 내·외부에 응력이 걸린 상태에서 알코올, 계면활성제와 접촉하면 균열이 발생할 수 있음. 주로 튜브, 미개, 패킹 등에 사용
④ 폴리에틸렌테레프탈레이트(PET) : 딱딱, 투명, 광택, 내약품성 우수, 일반 기초화장품 용기
⑤ 폴리프로필렌(P.P) : 반투명, 광택, 내약품성 우수, 내충격성 우수, 잘 부러지지 않음, 원터치캡에 사용
⑥ ABS수지 : 내충격성 양호, 금속 느낌을 주기 위한 도금소재, 향료·알코올에 약함
⑦ 놋쇠, 황동 : 금과 유사한 색상으로 코팅, 도금, 도장작업을 첨가. 주로 립스틱용기, 팩트, 코팅용 소재 등에 사용
⑧ 소다석회유리 : 대표적인 투명유리로서 산화규소, 산화칼슘, 산화나트륨에 소량의 마그네슘, 알루미늄 등의 산화물 함유. 주로 화장수, 유액 용기에 사용
⑨ 칼리납 유리 : 크리스탈 유리로 굴절율이 매우 높으며 산화납이 다량 함유. 주로 고급 향수병에 사용

(5) 안전용기 포장(산업통상자원부장관 고시에 따름)

① 안전용기·포장의 기준 : 만 5세 미만의 어린이가 개봉하기 어렵게 만든 것(예 눌러서 돌리는 캡)

전문가의 한마디

• 내약품성이 우수한 포장재 : 폴리프로필렌(P.P), 폴리에틸렌테레프탈레이트(PET)
• 크로스컷 시험 : 화장품용기로 사용하는 유리, 금속, 플라스틱 등의 유·무기 코팅막 또는 도금의 밀착력 측정방법

전문가의 한마디

감압누설

액상 내용물을 담는 용기의 마개, 펌프, 패킹 등의 밀폐성 측정

전문가의 한마디

응력

외력이 재료에 작용할 때 그 내부에 발생되는 저항력(내력)

② 사용해야 하는 품목
    ⊙ 아세톤을 함유한 네일에나멜 리무버 및 네일폴리시 리무버
    ⓒ 어린이용 오일 등 개별포장 당 탄화수소를 10% 이상 함유하고 운동 점도가 21센티스
      톡스(섭씨 40도 기준) 이하인 비에멀젼타입의 액체상태의 제품
    ⓒ 개별포장당 메틸살리실레이트 5% 이상 함유하는 액체상태의 제품
③ 안전용기·포장의 예외 : 일회용 제품, 용기 입구부분이 펌프 또는 방아쇠로 작동되는 분
    무용기제품, 압축 분무용기(에어로졸) 제품

(6) 포장작업(CGMP 제18조)

① 화장품 포장 공정은 벌크제품을 용기에 충전하고 포장하는 공정으로서 원칙적으로 제조
    와 동일
② 문서화 된 절차 수립 유지할 것
③ 포장지시서에 의해 수행할 것
    ⊙ 제품명
    ⓒ 포장 설비명
    ⓒ 포장재 리스트
    ⓔ 상세한 포장 공정
    ⓜ 포장지시수량
④ 포장재의 입고관리
    ⊙ 시험성적서 확인 : 포장재 규격서에 따른 용기종류 및 재질을 파악·점검
    ⓒ 관능검사 : 재질, 용량, 치수, 외관, 인쇄내용, 이물질 오염 등 위생상태 점검
    ⓒ 유통기한 확인
⑤ 포장재 관리에 필요한 사항
    ⊙ 중요도 분류   ⓒ 식별·표시
    ⓒ 보관환경 설정   ⓔ 공급자 결정
    ⓜ 합격·불합격 판정   ⓗ 사용기한 설정
    ⓢ 발주, 보관, 입고, 불출 ⓞ 정기적 재고관리
    ⓩ 재평가, 재보관
⑥ 포장재의 보관 조건
    ⊙ 품질에 악영향을 주지 않는 조건에서 보관
    ⓒ 보관기한 설정
    ⓒ 바닥과 벽에 닿지 않도록 보관
    ⓔ 선입선출에 의해 출고할 수 있도록 보관
    ⓜ 시험 중인 제품 및 부적합품은 각각 구획된 장소에서 보관
    ⓗ 보관기한 경과 시 사용의 적절성을 결정하기 위해 재평가시스템 확립

4 과목

맞춤형화장품의 이해

맞춤형화장품의 이해

4 과목

1 맞춤형화장품 정의와 내용물 및 원료의 범위

(1) 정 의

맞춤형화장품판매업소에서 맞춤형화장품조제관리사 자격증을 가진 자가 고객 개인별 피부 특성 및 색, 향 등 선호도에 따라

① 제조·수입된 화장품의 내용물에 다른 화장품의 내용물이나 색소, 향료 등 식품의약품 안전처장이 정하는 원료를 추가하여 혼합한 화장품

② 제조·수입된 화장품의 내용물을 소분한 화장품. 단, 화장비누(고형비누)를 단순 소분 한 화장품은 제외

(2) 내용물의 범위(책임판매업자가 제공한 벌크제품으로 아래 2가지 제외)

① 완제품(화장품책임판매업자가 소비자에게 유통·판매할 목적으로 제조·수입된 제품)

② 견본품

(3) 원료의 범위(아래 3가지 원료 사용금지)

① 사용할 수 없는 원료

② 사용상의 제한이 필요한 원료

③ 식품의약품안전처장이 고시한 기능성화장품의 효능·효과를 나타내는 원료(다만, 맞춤 형화장품판매업자에게 원료를 공급하는 화장품책임판매업자가 해당 원료를 포함하여 기능성화장품에 대한 심사를 받거나 보고서를 제출한 경우 제외)

④ **허용원료, 배합한도**

㉠ 원료에 함유된 보존제

㉡ 기능성 고시 성분은 혼합 시 사전에 심사·보고받은 함량 이내 사용

㉢ 색소, 향, 기능성 원료, 조합원료 사용 가능

전문가의 한마디

맞춤형화장품 내용물 및 원료 입고 시 품질관리 여부를 확인 하고 **품질성적서**를 확인하고 구 비하고 있을 것

화장품책임판매업자가 제공해 준 품질성적서에서 내용물과 원 료의 제조번호, 제조일자, 시험 결과, 사용기한 등을 살펴 맞춤 형화장품의 안전성을 확보하고 조제된 맞춤형화장품의 사용기 한을 설정하는 등 제공받은 품 질성적서로 품질관리 대체 가능

전문가의 한마디

기능성 고시 원료와 기능성 원 료는 다름. 기능성 고시원료는 사전·심사·보고 받지 않으면 사용이 불가 하나, 기능성 원료 는 사용 가능

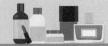

(4) 원료 품질성적서 내용

제품명, 제품코드, INCI명, 제조 업체명, 주소, 제조일자(예 2020.08.21.), 사용기한 (예 2022.08.20.), 성상, 냄새, pH, 비중, 굴절률, 비소, 미생물

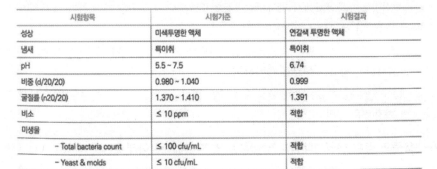

참고자료 1 – 원료 품질성적서 예시

Certificate of Analysis

제품코드:
제품명: OOO 추출물
INCI Name:
Lot. No.:
제조일자: 2020.08.21   사용기한: 2022.08.21
제조업체명:

시험항목	시험기준	시험결과
성상	미색투명한 액체	연갈색 투명한 액체
냄새	특이취	특이취
pH	5.5 ~ 7.5	6.74
비중 (d/20/20)	0.980 ~ 1.040	0.999
굴절률 (n20/20)	1.370 ~ 1.410	1.391
비소	≤ 10 ppm	적합
미생물		
– Total bacteria count	≤ 100 cfu/mL	적합
– Yeast & molds	≤ 10 cfu/mL	적합

제조업체 주소

제조업체명
품질관리 일자
품질관리 책임자 성명 및 확인

전문가의 한마디

- 비중은 물이 1이며, 이를 기준으로 비중기, 비중병을 특정함
- 굴절율은 형상의 현탁 정도에 따라 빛의 굴절을 나타낸 것으로, 진공의 굴절률은 1이고 물은 1.333. 대부분 물보다 현탁이 높으므로 물보다 높게 나타남
- 빡빡한 크림 형태의 점도는 30,000 이상

(5) 내용물 품질성적서 내용

제품명, 제조번호, 제조일자, 사용기한, 제조원, 시험번호, 시험일자, 채취 수량, 채취 방법, 채취 일자, 채취 장소, 검체 채취자, 내용량, 성상, 색상, 향취, 비중, 점도, pH, 표시 기재사항

참고자료 2 - 내용물 품질성적서 예시

품질성적서

품목 구분	내용물/벌크제품	제 품 명	OO 로션	채취 수량	
제조 번호		시험 번호		채취 방법	RANDOM
제조 일자		시험 일자		채취 일자	
제 조 량		사용 기한		채취 장소	
제 조 원		내 용 량		검체채취자	

순번	시험항목	시험기준	시험결과	판정	시험자
1	성상	유화액상	유화액상	적합	OOO
2	색상	미백색	미백색	적합	OOO
3	향취	표준품과 비교	표준품과 동일	적합	OOO
4	미생물	병원성: 불검출 비병원성 : 100 cfu/g 이하	병원성: 불검출 비병원성: 50cfu/g	적합	XXX
5	비중	0.992 ~ 1.012	1.002	적합	OOO
6	점도	700 ~ 1,700	1,061	적합	OOO
7	pH	6.1 ~ 7.1	6.67	적합	OOO
8	내용량	표기량의 97% 이상(표시량:150mL)	149 mL	적합	△△△
9	표시기재사항	표준품과 비교	표준품과 동일		△△△

결재	담당	확인	책임	판정일자		판정	

2 맞춤형화장품판매업 주요 규정

(1) 맞춤형화장품판매업의 영업 범위

구 분	맞춤형화장품판매업의 영업의 범위
혼 합	
소 분	

식품의약품안전처 맞춤형화장품 Q&A

1. 소비자가 매장 방문 없이 온라인, 전화 등을 통하여 맞춤형화장품을 주문하고 이를 맞춤형화장품판매장에서 혼합 · 소분하여 판매하는 것은 가능한가?

   신고된 판매장에서 소비자에게 맞춤형화장품을 판매하는 형태(예 온라인, 오프라인 판매)에 대해서는 화장품 법령에서 별도로 제한은 없음. 다만, 소비자 개개인의 피부진단, 선호도 등을 파악하여 맞춤형으로 제품을 만들고, 개인에 특화된 안전정보를 제공하는 동 제도의 취지를 볼 때 소비자 대면을 통한 서비스가 가능하도록 판매하는 것이 바람직함

2. 병 · 의원이나 약국 등에서도 맞춤형화장품판매업 신고 가능한지?

   화장품 법령상 병 · 의원이나 약국 등에 대하여 맞춤형화장품판매업의 영업을 제한하는 규정은 없음. 다만, 환자에게 의료서비스를 제공하거나 의약품을 판매하는 병 · 의원이나 약국의 특성상 병 · 의원이나 약국에서 판매하는 맞춤형화장품은 의약품으로 오인될 우려가 높을 것으로 판단됨. 이에, "병 · 의원, 약국 등 의료기관"의 명칭이 포함된 상호명을 맞춤형화장품판매업의 상호명으로 사용하는 것은 권장되지 않음. 또한 의약품으로 잘못 인식할 우려가 있는 내용, 제품의 명칭 및 효능 · 효과에 대한 표시 · 광고를 하지 않도록 철저히 관리하여야 할 것임

3. 소비자가 포장용기를 가져와서 맞춤형화장품을 구매하는 것이 가능한지?

   혼합 · 소분 전에 혼합 · 소분된 제품을 담을 포장용기의 오염여부를 철저히 확인하고 맞춤형화장품을 제공하여야 함. 또한 소비자가 가져온 용기에 맞춤형화장품을 담아 제공하는 경우라 하더라도 화장품법 시행규칙 제19조에 따른 표시 · 기재사항이 반드시 포함되어야 함

4. 맞춤형화장품에 천연 또는 유기농 표시 · 광고가 가능한지? 맞춤형화장품판매업자가 천연화장품 · 유기농화장품 인증을 받을 수 있는지?

   맞춤형화장품판매업자는 천연화장품 · 유기농화장품 인증신청이 불가능함. 맞춤형화장품에 천연화장품 또는 유기농화장품 인증마크를 표시하기 위해서는 화장품법 제14조의2에 따른 인증기관으로부터 인증을 받아야 함. 제조업자, 책임판매업자 또는 대학, 연구기관, 연구소가 인증기관으로부터 인증을 받아서 제공받으면 천연 또는 유기농 표기 · 광고가 가능함

(2) 영업신고

① 결격 사유

ㄱ 피성년후견인 또는 파산선고를 받고 복권되지 아니한 자

ㄴ 화장품법 또는 보건범죄 단속에 관한 특별조치법(식품, 의약품)을 위반하여 금고 이상의 형을 선고받고 그 집행이 끝나지 아니하거나 그 집행을 받지 아니하기로 확정되지 아니한 자

ㄷ 등록이 취소되거나 영업소가 폐쇄된 날로부터 1년이 지나지 아니한 자

② 신고 절차

ㄱ 맞춤형화장품판매업소의 소재지를 관할하는 지방식품의약품안전청장에게 신고서류 제출 → 신고필증 발급

ㄴ 맞춤형화장품조제관리사를 둘 것

③ 변경신고 대상
  ㉠ 맞춤형화장품판매업자 변경(판매업자 상호 및 소재지 변경은 신고대상 아님)
  ㉡ 맞춤형화장품판매업소 상호 또는 소재지 변경
  ㉢ 맞춤형화장품조제관리사 변경
④ 맞춤형화장품판매업 변경신고 시 제출서류

구 분	제출서류
공 통	• 맞춤형화장품판매업 변경신고서 • 맞춤형화장품판매업 신고필증
판매업자 변경	• 사업자등록증 및 법인등기부등본(법인에 한함) • 양도, 양수 또는 합병의 경우 이를 증빙할 수 있는 서류 • 상속의 경우 가족관계증명서
판매업소 상호변경	사업자등록증 및 법인 등기부등본(법인에 한함)
판매업소 소재지변경	• 사업자등록증 및 법인등기부등본(법인에 한함) • 건축물관리대장 • 임대차계약서(임대의 경우에 한함) • 혼합, 소분 장소, 시설 등을 확인할 수 있는 세부 평면도 및 상세 사진
조제관리사 변경	맞춤형화장품조제관리사 자격증 사본

  ㉠ 원본이 필요한 경우 : 신고필증, 양도·양수 또는 합병의 증명서류, 행정처분 내용 고지확인서
  ㉡ 사본만 필요한 경우 : 맞춤형화장품조제관리사 자격증
⑤ 휴·폐업 신고(서류)
  ㉠ 지방식품의약품안전청장에 신고필증을 첨부하여 휴폐업신고서를 제출하고 부가가치세법에 의해 신고서를 함께 제출받으면 즉시 관할 세무서장에게 정보통신망을 이용하여 송부
  ㉡ 관할 세무서장이 휴·폐업신고서를 제출받은 경우에는 지체 없이 지방식품의약품안전청장에게 송부
  ㉢ 휴업 후 영업 재개 시에는 신고서만 지방식품의약품안전청장에게 제출
⑥ 맞춤형화장품조제관리사
  ㉠ 연 1회 정기교육(4~8시간) 이수 의무
  ㉡ 조제관리사가 2인 이상 근무 시 2인 이상 신고 가능
  ㉢ 부정한 방법으로 합격 시 3년간 시험 응시 불가

전문가의 한마디

맞춤형화장품조제관리사
• **결격사유**
  ① 피성년후견인
  ② 화장품법 또는 보건범죄 단속에 관한 특별조치법을 위반하여 금고 이상의 형을 선고받고 그 집행이 끝나지 아니하거나 그 집행을 받지 아니하기로 확정되지 아니한 자
  ③ 정신질환자, 마약류의 중독자
  ④ 맞춤형화장품조제관리사의 자격이 취소된 날부터 3년이 지나지 아니한 자
  ※ ③은 자격증 발급 신청 시 의사진단서와 함께 제출
• **취소 사유**
  ① 자격증을 양도 또는 대여한 경우
  ② 거짓이나 그 밖의 부정한 방법으로 자격을 취득한 경우
  ③ 결격사유에 해당하는 경우

전문가의 한마디

맞춤형화장품조제관리사 정기교육
맞춤형화장품조제관리사는 종사한 날로부터 6개월 이내 교육을 받아야 함. 단, 자격증 취득 후 1년 이내 취업한 경우는 교육을 받은 것으로 인정

3 맞춤형화장품판매업자 준수사항

(1) 판매장 시설 및 기구를 정기적으로 점검하여 보건위생상 위해가 없도록 관리할 것

(2) 다음의 혼합, 소분 안전관리 기준을 준수할 것

① 맞춤형화장품조제에 사용하는 내용물 및 원료의 혼합·소분 범위에 대해 사전에 품질 및 안전성을 확보할 것. 다만, 내용물 및 원료를 공급하는 화장품책임판매업자가 혼합 또는 소분의 범위를 검토하여 정하고 있는 경우 그 범위 내에서 혼합·소분해야 함

② 혼합·소분에 사용되는 내용물 및 원료는 「화장품법」 제8조의 화장품 안전기준 등에 적합한 것을 확인하여 사용할 것

③ 혼합·소분 전에 손을 소독하거나 세정할 것. 다만, 혼합·소분 시 일회용 장갑을 착용하는 경우 예외

④ 혼합·소분 전에 혼합·소분된 제품을 담을 포장용기의 오염여부를 확인할 것

⑤ 혼합·소분에 사용되는 장비 또는 기구 등은 사용 전에 그 위생 상태를 점검하고, 사용 후에는 오염이 없도록 세척할 것

⑥ 혼합·소분 전에 내용물 및 원료의 사용기한 또는 개봉 후 사용기간을 확인하고, 사용기한 또는 개봉 후 사용기간이 지난 것은 사용하지 아니할 것

⑦ 혼합·소분에 사용되는 내용물의 사용기한 또는 개봉 후 사용기간을 초과하여 맞춤형화장품의 사용기한 또는 개봉 후 사용기간을 정하지 말 것

⑧ 사용기한이 지난 내용물 및 원료는 폐기할 것

⑨ 맞춤형화장품 조제에 사용하고 남은 내용물 및 원료는 밀폐를 위한 마개를 사용하는 등 비의도적인 오염을 방지할 것

⑩ 소비자의 피부상태나 선호도 등을 확인하지 아니하고 맞춤형화장품을 미리 혼합·소분하여 보관하거나 판매하지 말 것

(3) 최종 혼합·소분된 맞춤형화장품은 「화장품법」 제8조 및 「화장품 안전기준 등에 관한 규정」의 유통화장품의 안전관리 기준을 준수할 것. 특히, 판매장에서 제공되는 맞춤형화장품에 대한 미생물 오염관리를 철저히 할 것(예 주기적 미생물 샘플링 검사)

(4) 맞춤형화장품판매내역서를 작성·보관(전자문서로 된 판매내역을 포함) 기재 사항

① 제조번호(식별번호)
② 사용기한 또는 개봉 후 사용기간
③ 판매일자 및 판매량

전문가의 한마디

과학적 근거를 통하여 맞춤형화장품의 안정성이 확보되는 사용기한 또는 개봉 후 사용기간을 설정하는 경우는 예외

전문가의 한마디

식별번호

맞춤형화장품의 혼합·소분에 사용되는 내용물 또는 원료의 제조번호와 혼합·소분 기록을 추적할 수 있도록 맞춤형화장품판매업자가 숫자·문자·기호 또는 이들의 특징적인 조합으로 부여한 번호

전문가의 한마디

판매내역서 미작성 시

• 1차 위반 시 : 시정명령
• 4차 위반 시 : 판매업무 및 해당품목 판매정지 6개월

(5) **맞춤형화장품 판매 시 다음 사항을** 소비자에게 설명**할 것**

    ① 혼합 · 소분에 사용되는 내용물. 원료의 내용 및 특성

    ② 맞춤형화장품 사용 시의 주의사항

(6) **맞춤형화장품 사용과 관련된 중대한 유해사례 등 부작용 발생 시 그 정보를 알게 된 날로부터** 15일 **이내에 식품의약품안전처장에게 보고할 것**

(7) **맞춤형화장품의 원료목록을 매년 2월 말까지 보고(미보고 시 과태료 50만 원) 및 생 산실적 등을 기록 · 보관하여 관리할 것**

(8) **개인정보 보호법에 따라 고객의 개인정보를 보호할 것**

4 맞춤형화장품판매업소 시설 기준 및 위생관리

(1) 판매업소의 시설기준

    ① 맞춤형화장품의 혼합 · 소분 공간은 다른 공간과 구분 또는 구획할 것

    ② 맞춤형화장품 간 혼입이나 미생물 오염 등을 방지할 수 있는 시설 또는 설비 등을 확보할 것

    ③ 맞춤형화장품의 품질유지 등을 위하여 시설 또는 설비 등에 대해 주기적으로 점검 · 관 리할 것

전문가의 한마디

맞춤형화장품조제관리사가 아 닌 기계를 사용하여 맞춤형화장 품을 혼합하는 경우는 구분 · 구 획된 것으로 봄

(2) 위생관리

    ① 작업자는 혼합 · 소분 시 위생복 및 마스크(필요시) 착용하고 혼합 전 · 후 손 소독 및 세척을 하고 피부 외상 및 증상이 있는 직원은 건강 회복 전까지 혼합 · 소분 행위를 금지

    ② 맞춤형화장품 혼합 · 소분 장소와 판매 장소를 구분 · 구획하여 관리하고, 적절한 환기 시설과 작업자의 손 세척 및 장비 세척을 위한 세척시설을 구비하고 작업대, 바닥, 벽, 천장 및 창문 청결을 유지하며 방충 · 방서 대책을 마련해 정기적으로 점검 · 확인

    ③ 맞춤형화장품 혼합 · 소분 장비 및 도구는 사용 전 · 후 세척 등을 통해 오염을 방지하 고 세제 · 세척제는 잔류하거나 표면 이상을 초래하지 않는 것을 사용. 만약 자외선살 균기를 이용하는 경우에는 충분한 자외선 노출을 위해 적당한 간격을 두고 장비 및 도 구가 서로 겹치지 않게 한 층으로 보관하며 살균기 내 자외선램프의 청결 상태를 확인 후 사용

전문가의 한마디

설비가 밀폐되지 않은 상태로 72시간 방치한 경우 세척함

    ④ 맞춤형화장품판매업소 시설기준 및 위생관리를 위해 맞춤형화장품판매업자는 주기를 정하여 맞춤형화장품 혼합 · 소분 장소가 위생적으로 유지될 수 있도록 관리해야 하며, 위생활동에 대한 모니터링 결과를 기록

맞춤형화장품판매장 위생점검표		점검일	년 월 일	
		업소명		
항 목	점검내용	기 록		
			예	아니오
작업자 위생	작업자의 건강상태는 양호한가?		□	□
	위생복장과 외출복장이 구분되어있는가?		□	□
	작업자의 복장이 청결한가?		□	□
	맞춤형화장품 혼합 · 소분 시 마스크를 착용하였는가?		□	□
	맞춤형화장품 혼합 · 소분 전에 손을 씻는가?		□	□
	손소독제가 비치되어 있는가?		□	□
	맞춤형화장품 혼합 · 소분 시 위생장갑을 착용하는가?		□	□
작업환경 위생	작업장의 위생 상태는 청결한가?	작업대	□	□
		벽, 바닥	□	□
	쓰레기통과 그 주변을 청결하게 관리하는가?		□	□
장비, 도구 관리	기기 및 도구의 상태가 청결한가?		□	□
	기기 및 도구는 세척 후 오염되지 않도록 잘 관리하였는가?		□	□
	사용하지 않는 기기 및 도구는 먼지, 얼룩 또는 다른 오염으로부터 보호하도록 되어 있는가?		□	□
	장비 및 도구는 주기적으로 점검하고 있는가?		□	□
특이사항	개선조치 및 결과		조치자	확 인

제2장 | 피부와 모발의 생리구조

1 피부의 생리구조

(1) 개 요

① 두께 1.5~2mm(부위별 다름), 무게는 체중의 15% 차지

② 구성은 수분이 70%, 단백질 약 20%, 지질 약 5%, 기타 5%

③ 피부는 표피, 진피, 피하지방으로 이루어짐

(2) 표 피

① 두께 : 0.1~0.2mm(눈 주위 0.04mm)

② 기저층 : 각질(형성)세포, 멜라닌(형성)세포, 머켈세포, 수분 70%, 단층구성

③ 유극층 : 랑게르한스세포(항원전달 면역세포), 6~10층 구성, 세포간교(데스모좀)

④ **과립층** : 케라토히알린 과립(프로필라그린, 케라틴필라멘트, 로리크린단백질)과 유황단
백질 존재, 조직판 미립자가 세포외벽으로 분비됨, 수분저지막, 2~5층 구성

⑤ **투명층** : 손·발바닥에만 존재, 반유동성 단백질, 수분 침투·증발·억제기능

⑥ **각질층** : 14~20장, 수분 10~20%, 약산성(pH 4.5~5.5), 노화 진행 시 각질 숫자 증가

⑦ **피부장벽(각질층)**

　㉠ 각질세포 간 지질 : 세라마이드(50%), (유리)지방산(30%), 콜레스테롤(콜레스티릴설
페이트 포함 20%)

　㉡ 과립층에서 조직판미립자(오들란드바디)가 세포 외벽으로 분비된 후 각질층으로 이
동하여 일부가 세포 간 접착지질(세라마이드)로 변하여 피부장벽 기능을 도움

　㉢ 스핑고미엘린은 세포막지질 구성인 스핑고인지질

⑧ **천연보습인자(NMF)**

　㉠ 각질층에 존재

　㉡ 아미노산(40%), 소디움 PCA(17%), 젖산(12%), 요소(7%), 인산염, 염산염 등

　㉢ 과립층에 존재하는 케라토히알린의 일부인 프로필라그린이 각질층으로 이동하면서
펩타이드 일종인 필라그린으로 변화되고 단백질 분해효소(펩티다제)에 의해 분해되
어 NMF의 40%를 차지하는 아미노산(세린이 대표적)이 되어 각질층의 보습 능력을
만듦

⑨ **멜라닌 합성기전** : 멜라닌세포 내에서 멜라닌과립(멜라노좀 : 유멜라닌, 페오멜라닌) 합
성, 성숙 → 케라틴세포에 전달된 후 분해·분포되어 각질층으로 이동 → 피부색이 되
고 자외선 침투 억제시킴

전문가의 한마디

• **각화과정** : 각질세포가 각질
이 되는 과정
기저층(각질세포 분열) → 유
극층(합성, 정비) → 과립층(자
기분해과정) → 각질층(재구축)
• **각화주기** : 28±3일, 1일 1장
탈락

전문가의 한마디

수분저지막

• 피부 외부로부터 수분 침투를
막아 주고 피부 내부로부터
수분 증발을 막아 주는 층
• 피부퇴화가 시작되는 층

전문가의 한마디

**경피수분손실량(TEWL ;
Transepidermal Water Loss)**

피부표면에서 증발되는 수분량

전문가의 한마디

피부색은 멜라닌, 카로티노이
드, 헤모글로빈이 결정

전문가의 한마디

인종 간 피부색을 만드는 멜라
닌 세포수는 차이가 없고, 멜라
닌 종류·양·분포도에 따라 달
라짐

(3) 진 피

① 두께 3~4mm(표피의 15~40배, 등은 5mm)

② 유두층

  ㉠ 모세혈관, 모세림프관 분포

  ㉡ 영양소와 산소 공급

  ㉢ 신진대사 활발

  ㉣ 노화 진행 시 굴곡 느슨해짐

③ 망상층

  ㉠ 교원섬유(콜라겐) : 진피 90% 이상 차지, 1분자 기준 3,000개 아미노산으로 구성

  ㉡ 탄력섬유(엘라스틴) : 피부탄력, 엘라스틴을 둘러싸고 있는 미세섬유를 피브릴린이라 함

  ㉢ 기질(GAGs) : 무코다당류(히알루론산, 콘드로이친 황산염)

④ 진피의 구성세포

  ㉠ 섬유아세포 : 콜라겐, 엘라스틴(피브릴린 포함), 무코다당류(기질, GAG) 생성

  ㉡ 비만세포 : 염증 매개물질인 히스타민 생산 · 분비

  ㉢ 대식세포 : 면역세포

(4) 피부의 기능

① 보호기능 : 물리적, 화학적(약산성), 세균침입 방지, 자외선으로부터 보호

② 분비기능 : 땀, 피지

③ 감각, 지각 작용 : 통각점이 가장 많음

④ 체온조절 작용

⑤ 호흡작용 : 피부호흡 1%, 흡수작용(수용성 물질보다 지용성 흡수율이 높고 모공 통해 많이 흡수)

⑥ 비타민 D 합성 : UVB가 피부에 있는 콜레스테롤을 프로비타민 D_3로 합성시킨 후 혈액을 통해 간으로 이동해 비타민 D로 변해 활용

⑦ 면역작용

전문가의 한마디

• 광노화는 자연노화에 비해 표피가 두꺼워지고, 멜라닌세포의 활성화되고 엘라스틴이 변성되어 증가하고 콜라겐은 급격히 감소

• 피부탄력과 연관되는 가교 결합의 관련하는 효소는 **라이신 가교**

전문가의 한마디

• MMP(Matrix MetalloProtein-ase) : 기질단백질분해효소(아연이온을 함유한 효소로서 금속이온이 없으면 효소기능 저하)

  예 MMP-1(Collagenase, 콜라겐분해효소), MMP-12(Elastinase, 엘라스틴분해효소)

• 진피 내에 MMP와 TIMP(단백질분해효소억제제)가 적절히 존재하는 것이 이상적이지만 UV에 의해 MMP가 증가됨. 노화억제제품에 TIMP가 있으면 효과 있음

• **리포폴리새커라이드**(Lipo-polysaccharide)는 면역반응 조절물질로서 체내 염증반응에 관여

• 혈관의 기질세포와 내피세포의 확장과 투과성의 증가는 **홍반과 부종**을 일으킬 수 있음

(5) 피부의 부속기관

① 피지선

　㉠ 눈 주위(입술, 성기, 유두)는 독립피지선(모낭이 없어 피지선이 직접 피부표면으로 연결되어 피지가 분비)

　㉡ 성호르몬(Testosterone) 자극으로 생성 분비됨

　㉢ 피지 구성 성분

　　• 트리글리세라이드 43%

　　• 왁스에스테르 25%

　　• 지방산 16%

　　• 스쿠알렌 12%

　　• 콜레스테릴 에스테르 2%

　　• 콜레스테롤 1%

② 한 선

전문가의 한마디

형태학적 피부표면 구조

• 피부소구 : 피부표면의 얇은 줄 사이의 움푹한 곳
• 피부소릉 : 피부표면의 약간 올라온 곳
• 피부결 : 소구와 소릉의 높이가 차이 날수록 피부가 거친 편에 속함
• 모공 : 소구가 서로 교차하는 곳에 모구멍

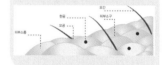

※ 소한선과 대한선의 비교

	소한선(Eccrine Gland)	대한선(Apocrine Gland)
특 징	• 열에 의해 신체가 스트레스를 받을 때 저장액의 체액을 생산하여 체외로 증발, 배출시켜 온도를 떨어뜨리는 역할 • 체온유지 및 노폐물을 배출	• 진피의 모공과 연결되어 분비되며 단백질이 많고 특유의 독특한 냄새를 풍겨 상대방을 인식하는 작용 • 출생 시 전신의 피부에 형성되나 생후 5개월경 점차 퇴화되었다가 사춘기 이후 분비를 시작 • 남성보다는 여성에게 많으며, 백인보다는 흑인에게 많이 분포
색, 냄새	• 무 색 • 무 취	• 유백색 • 세균에 의해 분해되어 특유의 냄새 유발
분 포	• 입술, 생식기, 손톱 등을 제외한 전신에 분포 • 손바닥과 발바닥에 가장 많이 분포 • 손바닥 · 발바닥 > 이마 > 뺨 > 몸통 > 팔 > 다리	귀두, 겨드랑이, 유륜, 배꼽 주위, 생식기, 항문 등 부분적으로 분포

2 모발의 생리구조

(1) 개 요

모발은 피부 속에 있는 모근부와 눈으로 확인할 수 있는 모간부로 나뉨

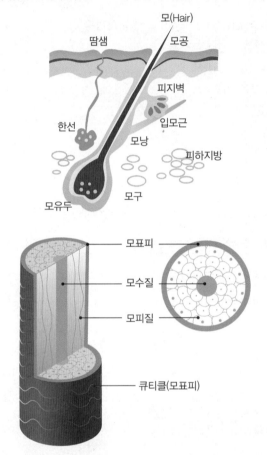

(2) 모근부

① **모낭** : 모근을 감싸고 있는 세포층, 모발의 발생과 밀접한 관련이 있어 모낭에 이상이 생기면 모발 자체가 생성되지 않음

② **모구** : 모발이 자라며 모모세포와 멜라닌세포로 구성

③ **모유두** : 세포형성에 필요한 영양분을 공급하며, 모발의 성장을 담당하며 문제발생 시 모발이 생기지 않음

④ **모모세포** : 모유두를 덮고 있는 세포층으로, 끊임없는 세포 분열로 모발 생장에 매우 중요한 역할, 여기서 분열된 세포가 각화하면서 위로 모발을 만들어 두피 밖으로 밀려 나오게 함

⑤ 색소세포 : 모모세포층에 주로 분포

⑥ 내 · 외모근초 : 모낭과 모표피 층 사이에 존재하는 층, 내모근초는 헨레층과 헉슬러층으로 구성

⑦ 입모근 : 자율신경의 지배를 받으며 자율적으로 수축하여 털을 세우는 역할

⑧ 피지선

(3) 모간부

① **모표피(모소피, 큐티클)** : 모발 가장 바깥쪽의 기와무늬로 겹쳐진(5~15층) 육각형 모양의 죽은 세포가 밀려 올라와 판상으로 둘러싸인 형태의 세포, 케라틴층 모발의 10~15% 차지, 친유성 멜라닌이 없는 무색 투명한 케라틴 피질세포와 세포 간 결합물질로 구성되어 있으며 화학적 저항성이 강한 층(탈색제 암모니아가 모표피를 손상시켜야 탈색이 잘 됨)

ㅤㅤㄱ 에피큐티클 : 시스틴의 함량이 많아 딱딱하고 부서지기 쉬움, 단백질 용해성 물질(산 · 염기성 물질)에 저항성이 강함

ㅤㅤㄴ 엑소큐티클 : 시스틴 결합을 절단하는 물질에는 약해서 퍼머넌트웨이브의 작용을 받기 쉬움

ㅤㅤㄷ 엔도큐티클 : 시스틴의 함량이 적고 알칼리성에 약함

큐티클의 3층 구조

② **모피질** : 모발의 대부분 85%~90% 차지, 친수성 멜라닌색소 함유, 모발의 성질 나타남(탄력, 감도, 색상, 질감)

③ **모수질** : 모발 중심부 위치, 굵고 거친 모발에만 존재(배냇머리와 연모에는 없음)

(4) 모발의 성장 주기

① 성장기 : 전체 모발의 80~90% 차지, 성장하는 시기(3~6년)

② 퇴행기 : 성장기 이후 서서히 성장, 더 이상 케라틴 생성 안 함(2~3주)

③ 휴지기 : 모유두가 분리되어 모발이 빠지는 시기, 전체 모발의 11% 차지)(3~4개월)

④ 발생기**(탈모기)** : 새로운 모발을 만들어 기존 모발을 밀어 올려 빠져나가도록 하는 시기

전문가의 한마디

퍼머넌트 제1제

• 알칼리제(암모니아) : 모표피를 팽윤시켜 모피질로 환원제 침투 도움

• 환원제(치오글리콜산, 시스테인) : 시스틴 결합 파괴

• 컨디셔닝제 : 모발보호

퍼머넌트 제2제

산화제(브롬산나트륨 과산화수소)로 시스틴 결합 다시 연결

전문가의 한마디

퍼머넌트 웨이브, 염색시술 원료에 대한 설명

• 암모니아 : 모표피를 손상시켜 염료와 과산화수소가 속으로 잘 스며들 수 있도록 함

• 과산화수소 : 머리카락 속 멜라닌색소를 파괴시켜 원래의 색을 지우는 역할

• 퍼머넌트 웨이브 시 모수질 비율이 높으면 웨이브가 잘 됨

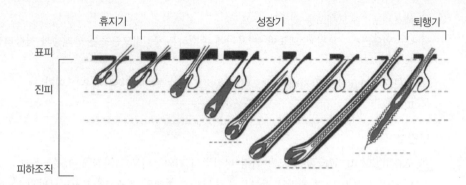

<table>
<tr><td>휴지기</td><td>성장기</td><td>퇴행기</td></tr>
</table>

모주기에 따른 모구부의 변화

(5) 탈모와 비듬

① 탈모의 원인 : 유전(모계 강함), 호르몬(남성호르몬, DHT), 스트레스, 식생활 습관(혈중 콜레스테롤 증가), 열(드라이), 알칼리(파마, 염색), 대기오염, 기타(지루성 피부염, 건선, 아토피, 항암제치료, 방사선요법)

② 비듬의 원인 : 두피 피지선 과다분비, 두피 세포의 과다 증식, 진균(말라세지아)류의 분비물이 표피 자극

3 피부 · 모발의 상태 분석

(1) 피부타입

① 정상, 지성, 건성, 복합성 피부

② 여드름 피부

    ㉠ 만성피지선 염증질환

    ㉡ 남성호르몬(성호르몬) 테스토스테론에 의해 피지 생성 및 분비

    ㉢ 비화농성, 화농성 여드름

    ㉣ 코메도제닉 : 합성에스테르, 미네랄오일, 라놀린, 코코아버터

③ 기미피부

    ㉠ 자외선 보호

    ㉡ 멜라닌세포(멜라닌과립)

    ㉢ 과도한 UV 노출, 여성호르몬 변동, 질병, 화학약품, 화장품 등이 원인

④ 노화 피부

    ㉠ 자연 노화 : 각질층 두께 감소, 피부 두께 감소, 콜라겐 & 엘라스틴 감소

    ㉡ 광노화 : 각질층 두께 증가, 피부 두께 증가, 주름이 깊고 굵음

(2) 두피의 구조 및 타입

① 구 조
  ㉠ 피지선이 많으며 다른 외피보다 혈관과 모낭이 많이 분포
  ㉡ 3층으로 구성
    • 외피 : 동맥, 정맥, 신경분포
    • 두개피 : 두개골을 둘러싼 근육과 연결된 신경조직
    • 피하조직 : 지방층이 없고 이완된 두 개의 피하조직

② 타 입
  ㉠ 정상 두피 : 두피색은 연한 청색, 맑은 살구색 띰
  ㉡ 지성 두피
  ㉢ 건성 두피
  ㉣ 예민성 두피 : 모세혈관 보임
  ㉤ 지루성 두피 : 두피염증
  ㉥ 비듬성 두피 : 비듬균

(3) 피부 및 두피 모발 측정

피부 및 모발의 측정 항목	
피부결 및 피부 두께	모공 상태 및 피부 투명도로 측정
피지량	카트리지 필름 등을 피부에 부착하고 일정 시간 경과 후 피지량 측정
모공의 크기	T존과 U존을 구별하여 측정
피부 수분량	전기전도도를 통해 수분량 측정
혈액순환 정도	혈관의 상태 및 안색 등을 통하여 측정
피부 탄력도	주름 및 피부 늘어짐, 피부에 음압을 가한 후 회복되는 정도로 측정
피부 민감도	피부의 붉은 기 측정(홍반 : 헤모글로빈 측정)
여드름	여드름의 형태나 여드름의 등급에 나누어 측정
멜라닌	피부의 멜라닌 분포량을 측정(멜라닌 색소로 측정 안 함)
UV 민감도	6단계의 광과민도에 나누어 측정
두 피	두피의 피지량, 민감도, 염증, 비듬 등 측정
모 발	모발의 수분 함유량, 강도, 굵기, 탄력, 손상도 측정

제3장 화장품의 관능평가와 맞춤형화장품 상담

1 관능평가시험(Sensorial Test)

(1) 화장품 품질을 오감에 의해 평가하는 제품 검사

① 비맹검시험 : 제품정보를 시험 전에 알려줌
② 맹검시험 : 제품정보를 시험 전에 알려주지 않음

(2) 관능평가 유용성에 따른 분류

① 품질관리 측면의 평가 : 표준품과 대조
　㉠ 성상(시각) : 내용물의 매끄러움, 흐름성
　㉡ 색 : 슬라이드글라스, 직접 도포하여 색상 비교
　㉢ 향(후각) : 용기에 코를 대고, 손등, 시향지
　㉣ 사용감(촉각) : 촉촉함, 산뜻함, 무거움, 가벼움
② 제품개발 측면의 평가 : 화장품 유효성을 판단
　㉠ 자가 평가 : 소비자(맹검·비맹검 시험), 훈련된 전문가 패널
　㉡ 전문가 평가 : 의사의 감독하에 실시하는 시험, 전문가의 관리하에 실시하는 시험

(3) 관능평가에 사용되는 표준품

① 제품 표준견본(완제품의 개별 포장에 관한 표준)
② 색조(색상), 향료(색상, 향, 성상), 원료(색상, 냄새, 성상), 벌크(사용감, 냄새, 성상) 제품 표준견본
③ 충진(내용물 충진 시 액면위치), 라벨부착(완제품 라벨 부착위치) 위치견본
④ 용기포장재 표준견본(검사에 관한), 용기포장재 한도견본(외관검사에 사용하는 합격품 한도에 관한)

2 맞춤형화장품 상담

(1) 맞춤형화장품 효과

① 개인 피부에 적합한 원료 선택 가능
② 소비자 니즈가 반영된 제품 사용에 대한 심리적 만족감
③ 상담을 통해 상세한 정보 제공이 가능

전문가의 한마디

전문가란 적절한 자격을 갖춘 관련 전문가로 미용사 또는 기타 직업적 전문가를 뜻함

전문가의 한마디

원료와 내용물의 특성, 혼합과정, 효과와 부작용의 가능성 및 사용 시 주의사항을 반드시 설명할 것

(2) 맞춤형화장품 부작용

① 안전성 확보가 가장 중요(부작용이 없다는 전제하에 고객이 느끼는 사용감, 유효성 등이 합해져 고객만족을 이끌어냄)
② 부작용 발생 시 해당 사례 즉시 식품의약품안전처장에게 보고
③ 부작용 종류와 증상

　㉠ 구진 : 작은 발진
　㉡ 홍반 : 붉은 반점
　㉢ 발적 : 붉게 부어오르는 현상
　㉣ 작열감 : 화끈거림
　㉤ 인설 : 비듬처럼 각질이 들떠 떨어지는 현상
　㉥ 자통 : 찌르는 듯한 통증
　㉦ 접촉성 피부염 : 특정 물질 접촉 후 발생하는 피부 염증

(3) 사용 시 주의사항

① 제품별 · 성분별 주의사항 설명
② 식품의약품안전처장이 고시한 알레르기 유발성분(25종)을 알려줄 것
③ 사용기한 또는 개봉 후 사용기간 알려줄 것
④ 부작용 발생 시 대처 방법

(4) 내용물과 원료의 사용금지 및 사용 제한 사항 확인

① 사용할 수 없는 원료 & 사용상 제한이 필요한 원료는 사용하지 말 것
② 심사 또는 보고된 기능성 원료의 사용한도 내 사용
③ 원료와 내용물 품질성적서 확인 후 사용

전문가의 한마디

- 표시란 화장품의 용기 · 포장에 기재하는 문자 · 숫자 · 도형 등을 말함
- 책임판매업자와 맞춤형화장품판매업자가 같은 경우 상호 한 가지로만 표시 가능

제4장 제품 안내

1 맞춤형화장품의 표시 · 기재 사항

(1) 화장품 표시 · 기재 사항(1차 또는 2차 포장)

① 화장품의 명칭
② 화장품 영업자의 상호 및 주소
③ 해당 화장품 제조에 사용된 모든 성분(인체에 무해한 소량 함유 성분 제외)

전문가의 한마디

- 1차 포장 필수 기재사항 4가지 (①~④)
  - 영업자 주소 제외, 가격은 10g 또는 10mL 이하 제품은 1차 또는 2차 포장에 표시해야 하나 고객증정용인 경우는 비매품, 견본품이라고 표시함
  - 1차 포장을 제거하고 사용하는 고형비누 경우는 제외
- **맞춤형화장품 경우 생략 가능** : 바코드, 수입화장품 제조국 명칭, 제조회사명 및 소재지

④ 내용물의 용량 또는 중량

⑤ 제조번호

⑥ 사용기한 또는 개봉 후 사용기간

⑦ 가 격

⑧ 기능성화장품의 경우 "기능성화장품"이라는 글자 또는 기능성화장품을 나타내는 도안으로서 식품의약품안전처장이 정하는 도안

⑨ 사용할 때의 주의사항

⑩ 그 밖에 총리령으로 정하는 사항

　　㉠ 식품의약품안전처장이 정하는 바코드

　　㉡ 기능성화장품의 경우 심사받거나 보고한 효능 · 효과, 용법 · 용량

　　㉢ 성분명을 제품 명칭의 일부로 사용한 경우 그 성분명과 함량(방향용 제품 제외)

　　㉣ 인체 세포 · 조직 배양액이 들어있는 경우 그 함량

　　㉤ 화장품에 천연 또는 유기농으로 표시 · 광고하려는 경우에는 원료의 함량

　　㉥ 수입화장품인 경우에는 제조국의 명칭, 제조회사명 및 그 소재지(맞춤형화장품인 경우 표시 · 기재해야 함)

　　㉦ "질병의 예방 및 치료를 위한 의약품이 아님"이라는 문구 기재 · 표시(탈모증상 완화, 여드름성 피부 완화, 피부장벽의 기능회복, 튼살로 인한 붉은 선 옅게)

　　㉧ 영유아 또는 어린이 사용 화장품임을 특정하여 표시 · 광고하려는 경우 보존제의 함량 기재

⑪ 바코드(화장품책임판매업자가 표시)

　　㉠ 목적 : 국내 제조 또는 수입 화장품에 대한 유통현대화의 기반을 조성하여 유통비용 절감, 거래의 투명성 확보

　　㉡ 표시 숫자 및 의미 : 12~13자리(국가 식별코드 → 업체 식별코드 → 품목코드 → 검증번호)

　　㉢ 내용량이 15mL(또는 15g) 이하 제품에는 바코드 생략 가능

　　㉣ 용기 포장 디자인에 따라 판독이 가능하도록 바코드의 인쇄크기와 색상을 자율적으로 정할 수 있음

　　㉥ 화장품 판매업소가 아닌 가정방문하여 직접판매하는 폐쇄된 유통경로를 이용하는 경우에는 자체적으로 마련한 바코드 사용이 가능

　　㉣ 바코드 표시는 용기에 해야 함

⑫ 내용량이 10~50g(mL)인 경우 다음의 성분을 제외한 성분 외 알레르기 유발성분도 생략 가능하나 전성분이 적힌 책자 등 인쇄물을 판매업소에 갖추거나 홈페이지 등에서 확인 가능해야 함

　㉠ 타르색소

　㉡ 금 박

　㉢ 샴푸와 린스에 함유된 인산염

　㉣ 과일산(AHA)

　㉤ 기능성화장품 성분

　㉥ 식품의약품안전처 고시 배합한도 성분

(2) 화장품 포장의 표시기준 및 표시 방법

① 영업자의 주소는 등록필증 또는 신고필증에 적힌 소재지 또는 반품·교환 업무를 대표하는 소재지를 기재·표시

② 화장품 제조에 사용된 성분

　㉠ 글자의 크기는 5포인트 이상으로 함

　㉡ 화장품 제조에 사용된 함량이 많은 것부터 기재·표시. 다만 1퍼센트 이하로 사용된 성분, 착향제 또는 착색제는 순서에 상관없이 기재·표시할 수 있음

　㉢ 혼합원료는 혼합된 개별 성분의 명칭을 기재·표시

　㉣ 색조 화장용 제품류, 눈 화장용 제품류, 두발 염색용 제품류 또는 손발톱용 제품류에서 호수별로 착색제가 다르게 사용된 경우 '± 또는 +/-'의 표시 다음에 사용된 모든 착색제 성분을 함께 기재·표시할 수 있음

　㉤ 착향제는 '향료'로 표시할 수 있음. 다만, 착향제의 구성 성분 중 식품의약품안전처장이 정하여 고시한 알레르기 유발성분이 있는 경우에는 향료로 표시할 수 없고, 해당 성분의 명칭을 기재·표시

　㉥ 산성도(pH) 조절 목적으로 사용되는 성분은 그 성분을 표시하는 대신 중화반응에 따른 생성물로 기재·표시할 수 있고, 비누화반응을 거치는 성분은 비누화반응에 따른 생성물로 기재·표시할 수 있음

　㉦ 성분을 기재·표시할 경우 영업자의 정당한 이익을 현저히 침해할 우려가 있을 때에는 영업자는 식품의약품안전처장에게 그 근거자료를 제출하여야 하고, 식품의약품안전처장이 정당한 이익을 침해할 우려가 있다고 인정하는 경우에는 '기타 성분'으로 기재·표시할 수 있음

③ 내용물의 용량 또는 중량

화장품의 1차 포장 또는 2차 포장의 무게가 포함되지 않은 용량 또는 중량을 기재·표시. 화장비누의 경우에는 수분을 포함한 중량과 건조중량을 함께 기재·표시

전문가의 한마디

대규모 점포(면적이 35m² 이상)에서는 포장되어 생산된 제품을 재포장하여 제조·수입·판매해서는 안 됨

전문가의 한마디

표시·기재를 생략할 수 있는 성분

• 제조 과정 중 제거되어 최종 제품에 남아 있지 않은 성분
• 안정화제, 보존제 등 원료 자체에 들어 있는 부수성분으로써 그 효과가 나타나게 하는 양보다 적은 양이 들어 있을 때

전문가의 한마디

고형비누 표시 기재사항

1차 포장 필수기재해야 하는 제품명, 상호명, 제조번호, 사용기한 등을 1차 또는 2차 포장에 기재 가능

④ 제조번호

사용기한(또는 개봉 후 사용기간)과 쉽게 구별되도록 기재·표시해야 하며, 개봉 후 사용기간을 표시하는 경우에는 병행 표기해야 하는 제조연월일(맞춤형화장품의 경우에는 혼합·소분일)도 각각 구별이 가능하도록 기재·표시

⑤ 사용기한 또는 개봉 후 사용기간

　　㉠ 사용기한은 "사용기한" 또는 "까지" 등의 문자와 "연월일"을 소비자가 알기 쉽도록 기재·표시. 다만, "연월"로 표시하는 경우 사용기한을 넘지 않는 범위에서 기재·표시

　　㉡ 개봉 후 사용기간은 "개봉 후 사용기간"이라는 문자와 "○○월"또는 "○○개월"을 조합하여 기재·표시하거나, 개봉 후 사용기간을 나타내는 심벌과 기간을 기재·표시할 수 있음

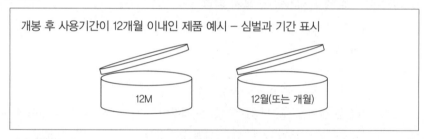

⑥ 기능성화장품의 기재·표시

　　㉠ "질병의 예방 및 치료를 위한 의약품이 아님"이라는 문구는 "기능성화장품" 글자 바로 아래에 "기능성화장품" 글자와 동일한 글자 크기 이상으로 기재·표시

　　㉡ 기능성화장품을 나타내는 도안은 다음과 같이 함

(3) 화장품 가격표시

① 가격표시 의무자 : 화장품을 소비자에게 판매하는 자로서 소매업자, 방문판매, 다단계판매자가 가격표시 의무자이며, 화장품제조업자, 책임판매업자는 가격을 표시해서는 안 됨

② 가격표시 방법

　　㉠ 훼손되거나 지워지지 않도록 스티커 또는 꼬리표 사용

　　㉡ 판매가격이 변경되었을 경우 기존의 가격표시가 보이지 않도록 변경표시를 해야 함

전문가의 한마디

식품의약품안전처장은 관련 단체장을 통해 건전한 화장품 가격표시를 홍보·계몽하고, 화장품 판매가격을 성실히 이행하는 화장품판매업소를 모범업소로 지정하는 것은 지방자치단체가 함

ⓒ 개별 제품에 모두 표시(다만, 분리하여 판매하지 않는 종합제품은 일괄 표시 가능)

ⓔ 업태, 제품종류, 진열상태로 가격표시가 어려운 경우는 소비자가 쉽게 알아볼 수 있는 제품명, 가격이 포함된 정보를 제공하는 방법으로 가격 별도 표시 가능

ⓜ 맞춤형화장품의 가격표시는 개별제품에 표시하거나 소비자가 쉽게 알아볼 수 있게 제품명, 가격이 포함된 정보를 제시하는 방법으로 표시

(4) 화장품의 기재 · 표시상의 주의사항

① 한글로 읽기 쉽도록 기재 · 표시함. 다만, 한자 또는 외국어를 함께 적을 수 있고, 수출용 제품 등의 경우에는 그 수출 대상국의 언어로 적을 수 있음

② 화장품의 성분명을 표시하는 경우에는 표준화된 일반명을 사용하여야 함

(5) 기타 표시사항

① 환경부 고시 : 분리배출 표시, 30mL(30g) 이하는 생략 가능

② 소비자기본법 : 고객(소비자)상담팀, 고객만족팀 전화번호, 소비자 피해보상 문구

③ 대외무역법 : 수 · 출입 면세품은 원산지 표시해야 함

2 맞춤형화장품의 표시 · 광고

(1) 화장품 표시 · 광고의 범위와 준수사항

① 화장품 광고의 매체 또는 수단

ⓐ 신문 · 방송 또는 잡지

ⓑ 전단 · 팸플릿 · 견본 또는 입장권

ⓒ 인터넷 또는 컴퓨터통신

ⓓ 포스터 · 간판 · 네온사인 · 애드벌룬 또는 전광판

ⓔ 비디오물 · 음반 · 서적 · 간행물 · 영화 또는 연극

ⓕ 방문광고 또는 실연에 의한 광고

ⓖ 자기 상품 외의 다른 상품의 포장

ⓗ 그 밖에 위의 매체 또는 수단과 유사한 매체 또는 수단

② 화장품 표시 · 광고 시 준수사항

ⓐ 의약품으로 잘못 인식할 우려가 있는 내용, 제품의 명칭 및 효능 · 효과 등에 대한 표시 · 광고를 하지 말 것

ⓑ 기능성 · 천연 · 유기농화장품이 아님에도 제품의 명칭, 제조방법, 효능 · 효과 등에 관하여 잘못 인식할 우려가 있는 표시 · 광고를 하지 말 것

ⓒ 의료인 등이 해당 화장품을 지정 · 공인 · 추천 · 지도 · 연구 · 개발 또는 사용하고 있다는 내용이나 이를 암시하는 등의 표시 · 광고를 하지 말 것(다만, 인체 적용시험 결과가 관련 학회에 공인된 경우 그 범위에서 관련문헌 인용가능, 연구자 성명 · 문헌명과 발표연월일을 분명히 밝혀야 함)

전문가의 한마디

대통령령으로 정하는 제품 · 포장재 등의 제조자는 환경부장관이 정하여 고시하는 지침에 따라 그 제품 · 포장재에 분리배출 표시를 해야 함

전문가의 한마디

영유아 · 어린이용 화장품 표시 · 광고

- 영유아용 화장품 가능 : ㉠~ⓑ
- 어린이용 화장품 가능 : ㉠~ⓒ

ⓔ 외국제품을 국내제품으로 또는 국내제품을 외국제품으로 잘못 인식할 우려가 있는 표시 · 광고를 하지 말 것

ⓑ 외국과의 기술제휴를 하지 않고 외국과의 기술제휴 등을 표현하는 표시 · 광고를 하지 말 것

ⓗ 경쟁상품과 비교하는 표시 · 광고는 비교 대상 및 기준을 분명히 밝히고 객관적으로 확인될 수 있는 사항만을 표시 · 광고하며, 배타성을 띤 "최고" 또는 "최상" 등의 절대적 표현의 표시 · 광고를 하지 말 것

ⓢ 사실과 다르거나 부분적으로 사실이라고 하더라도 전체적으로 보아 소비자가 잘못 인식할 우려가 있는 표시 · 광고 또는 소비자를 속이거나 소비자가 속을 우려가 있는 표시 · 광고를 하지 말 것

ⓞ 품질 · 효능에 대한 객관적으로 확인 불가한 것, 화장품 범위에서 벗어난 표시 · 광고를 하지 말 것

ⓩ 저속하거나 혐오감을 주는 표현 · 도안 · 사진 등을 이용하는 표시 · 광고를 하지 말 것

ⓣ 국제적 멸종위기종의 가공품이 함유된 화장품임을 표현 · 암시하는 표시 · 광고를 하지 말 것

ⓚ 사실 유무와 관계없이 다른 제품을 비방하거나 비방한다고 의심이 되는 표시 · 광고를 하지 말 것

(2) 표시 · 광고 내용의 실증

① 식품의약품안전처장은 영업자, 판매자가 행한 광고에 실증자료가 필요하다고 인정하는 경우에는 관련 자료의 제출을 요청할 수 있음

② 요청받은 날부터 15일 이내 실증자료 제출(식품의약품안전처장이 정당한 사유가 있다고 판단 시 제출기한 연장 가능)

③ 실증자료의 범위 및 요건

   ㉠ 시험결과 : 인체적용, 인체 외 시험자료 또는 같은 수준의 조사자료

   ㉡ 조사결과 : 표본선정, 질문사항, 질문방법이 그 조사의 목적이나 통계상의 방법과 일치할 것

   ㉢ 실증방법 : 학술적으로 널리 알려져 있거나 관련산업 분야에서 일반적으로 인정된 방법으로서 객관적이고 과학적인 방법과 일치할 것

④ 실증자료 내용

   ㉠ 시험 조사기관의 명칭 및 대표자의 성명, 주소, 전화번호

   ㉡ 실증 내용, 방법, 결과

   ㉢ 실증자료 중 영업상 비밀에 해당하는 경우 공개 원하지 않는 내용 및 사유

⑤ 실증자료 자료제출 시까지 표시·광고 중단할 것(위반 시 해당 품목판매업무정지 3개월)
⑥ 실증자료가 있으면 표시·광고할 수 있는 표현

표시·광고 실증에 따른 표현	실증자료
여드름성 피부에 사용 적합	인체 적용시험 자료 제출
항균(인체세정용 제품에 한함)	
피부 피지 분비 조건	
일시적 셀룰라이트 감소	
붓기 완화, 다크서클 완화	
피부 혈행 개선	
피부장벽 손상의 개선에 도움	
미세먼지 차단, 흡착방지	
피부 노화 완화, 징후감소, 안티에이징	인체 적용시험 자료 또는 인체 외 시험자료 제출
모발 손상을 개선	
콜라겐 증가, 감소 또는 활성화	기능성화장품에서 해당 기능을 실증한 자료 제출
효소 증가, 감소 또는 활성화	
빠지는 모발 감소	

효능, 효과 품질에 관한 실증대상 내용	비 고
화장품의 효능, 효과에 관한 내용 예 수분감 30% 개선효과 피부결 20% 개선 2주 경과 후 피부톤 개선	인체 적용시험 자료 또는 인체 외 시험자료로 입증
시험 검사와 관련된 표현 예 피부과 테스트 완료 '00시험검사기관의 00효과 입증'	
타 제품과 비교하는 내용의 표시 광고 예 '00보다 지속력이 5배 높음'	
제품에 특정성분이 들어 있지 않다는 '무(無)00' 표현	시험분석자료로 입증

구 분	금지표현	비 고
의학적 효능, 효과 관련	모낭충 심신피로 회복 근육이완 통증경감 기저귀 발진	
피부관련 표현	피부독소 제거	
	가려움을 완화	단, 보습을 통해 피부건조에 기인한 가려움의 일시적 완화에 도움을 준다.
	홍반, 홍조 개선, 제거	단, (색조 화장용 제품류 등으로서) 가려준다는 표현은 제외
	뾰루지 개선	
생리활성 관련	혈액순환 피부재생, 세포재생 땀발생 억제 세포성장 촉진 세포활력 증가	
신체개선 표현	다이어트, 체중감량 피하지방 분해 체형변화 몸매개선, 신체 일부를 날씬하게 한다	
	얼굴 윤곽개선, v라인	단, (색조 화장용 제품류 등으로서) "연출한다"는 의미의 표현을 함께 나타내는 경우 제외
기 타	코슈메슈티컬	

(3) 표시 · 광고 실증을 위한 시험 결과의 요건(공통사항)

① 광고 내용과 관련이 있고 과학적이고 객관적인 방법에 의한 자료로서 **신뢰성과 재현성**이 확보

② 국내외 대학 또는 화장품 관련 전문 연구기관에서 시험한 것으로서 기관의 장이 발급한 자료 예 대학병원 피부과, ○○대학교 부설 화장품 연구소, 인체시험 전문기관 등

③ 기기와 설비에 대한 문서화된 유지관리 절차를 포함하여 **표준화**된 시험절차에 따라 시험한 자료

④ 시험기관에서 마련한 절차에 따라 시험을 실시했다는 것을 증명하기 위해 문서화된 신뢰성 보증업무를 수행한 자료

⑤ 외국의 자료는 한글요약문(주요사항 발췌) 및 원문을 제출할 수 있어야 함

(4) 표시·광고 실증 시 인체 외 시험자료의 최종 시험결과서 내용

① 시험의 종류(시험제목) 및 날짜

② 시험물질의 식별(코드 또는 명칭)

③ 대조물질의 식별(화학 물질명)

④ **시험재료**, 시험방법 및 시험결과

⑤ 시험의뢰자 및 시험기관 관련정보(최종보고서에 기여한 외부전문가 성명)

⑥ 신뢰성 보증 확인서

전문가의 한마디

피험자는 인체적용 시험자료에 들어감

제5장 혼합 및 소분

1 맞춤형화장품의 혼합 및 소분

(1) 제형의 안정성을 감소시키는 요인

① **원료투입순서** : 화장품 원료 및 내용물 혼합 시 투입에 대한 다음의 사항을 이해해야 함

ⓐ 원료투입순서가 달라지면 용해 상태 불량, 침전, 부유물 등이 발생할 수 있으며, 제품의 물성 및 안정성에 심각한 영향을 미치는 경우도 있음

ⓑ 휘발성 원료의 경우 유화 공정 시 혼합 직전에 투입하고, 고온에서 안정성이 떨어지는 원료의 경우 냉각 공정 중에 별도 투입하여야 함(알코올, 향료, 첨가제 등)

ⓒ W/O(Water in Oil) 형태의 유화 제품 제조 시 수상의 투입 속도를 빠르게 할 경우 제품의 제조가 어렵거나 안정성이 극히 나빠질 가능성이 있음

② **가용화 공정** : 제조 온도가 설정된 온도보다 지나치게 높을 경우 가용화제의 친수성과 친유성의 정도를 나타내는 HLB(Hydrophilic-lipophilic Balance)가 바뀌면서 운점(Cloud Point) 이상의 온도에서는 가용화가 깨져 제품의 안정성에 문제가 생길 수 있음

③ 유화 공정

    ㉠ 제조 온도가 설정된 온도보다 지나치게 높을 경우 유화제의 HLB가 바뀌면서 전상 온도(PIT, Phase Inversion Temperature) 이상의 온도에서는 상이 서로 바뀌어 유화 안정성에 문제가 생길 수 있음

    ㉡ 유화 입자의 크기가 달라지면서 외관 성상 또는 점도가 달라지거나 원료의 산패로 인해 제품의 냄새, 색상 등이 달라질 수 있음

④ 회전속도

    ㉠ 믹서의 회전속도가 느린 경우 원료 용해 시 용해 시간이 길어지고, 폴리머 분산 시 수화가 어려워져서 덩어리가 생겨 메인 믹서로 이송 시 필터를 막아 이송을 어렵게 할 수 있음

    ㉡ 유화 입자가 커지면서 외관 성상 또는 점도가 달라지거나 안정성에 영향을 미칠 수 있음

⑤ 진공세기 : 유화 제품의 제조 시에는 미세한 기포가 다량 발생하게 되는데, 이를 제거하지 않으면 제품의 점도, 비중, 안정성 등에 영향을 미칠 수 있음

(2) 원료 및 제형의 물리적 특성

① 에멀젼(Emulsion)

    ㉠ 서로 섞이지 않는 두 가지 이상의 액체를 외부에서 인위적으로 에너지를 가하여 이들 액체가 비교적 균일하게 분산되어 상태를 말하며 혼합, 교반하는 유화과정을 거쳐 형성된 제형을 에멀젼이라 함

    ㉡ 유화과정에 계면활성제, 열, 기계에너지 필요

    ㉢ 물 속에 기름이 분산되어있는 제형이 O/W형 에멀젼, 기름 속에 물이 분산되어 있는 제형이 W/O형 에멀젼

② 유화제형

    ㉠ 대표제품 : 크림, 로션

    ㉡ 분산되어있는 입자 크기는 1,000~10,000nm이며 O/W형, W/O형 에멀젼

    ㉢ 불균일계로 비교적 불안정하여 계면활성제(유화제) 열, 기계에너지 필요

    ㉣ 유화 제조설비 : 호모믹서(균질기)

③ 가용화 제형

    ㉠ 대표제품 : 토너

    ㉡ 물 속에 기름 입자를 작게(1~10nm) 분산시켜 놓은 제형(O/W형)

    ㉢ 비교적 자발적 반응으로 가용화제와 약간의 기계에너지만 있으면 가능하고 에멀젼도 안정한 편(열에너지 필요 없음)

    ㉣ 가용화 제조설비 : 아지믹서(교반기), 디스퍼, 프로펠러형

④ 분산 제형
   ㉠ 대표제품 : 색조화장품, 파운데이션, 비비크림
   ㉡ 유화제형과 유사
   ㉢ 안료를 유상에 분산시킨 후 수상과 혼합
   ㉣ 분산 제조설비 : 아지믹서, 호모믹서

⑤ 고형화 제형
   ㉠ 대표제품 : 립스틱
   ㉡ 오일과 왁스에 안료를 분산시켜 고형화시킨 제형
   ㉢ 고형화 제조설비 : 아지믹서, 3단롤러

⑥ 파우더 혼합제형
   ㉠ 대표제품 : 페이스 파우더
   ㉡ 안료, 펄, 실리콘오일, 에스테르오일, 향을 혼합한 제형
   ㉢ 파우더 제조 설비 : 헨셀믹서, 아토마이저

⑦ 계면활성제 혼합 제형
   ㉠ 대표제품 : 샴푸, 린스, 바디워시
   ㉡ 이온성, 비이온성 계면활성제 혼합제형
   ㉢ 제조 설비 : 호모믹서, 아지믹서

⑧ 화장품 제형
   ㉠ 액제 : 화장품에 사용되는 성분을 용제 등에 녹여서 만든 액상
   ㉡ 로션제 : 유화제 등을 넣어 유성성분과 수성성분을 균질화하여 만든 점액상
   ㉢ 크림제 : 유화제 등을 넣어 유성성분과 수성성분을 균질화하여 만든 반고형상
   ㉣ 겔제 : 액체를 침투시킨 분자량이 큰 유기분자로 이루어진 반고형상
   ㉤ 분말제 : 균질하게 분말상 또는 미립상으로 만든 것, 부형제 등을 사용 가능
   ㉥ 침적마스크제 : 액제, 로션제, 크림제, 겔제 등을 부직포 등의 지지체에 침적
   ㉦ 에어로졸제 : 원액을 같은 용기 또는 다른 용기에 충전한 분사제(액화기체, 압축기체
      등)의 압력을 이용하여 안개모양, 포말상 등으로 분출하도록 만든 것

(3) 맞춤형화장품의 도구 및 기구

① 혼합에 필요한 도구 : 호모믹서, 오버헤드스터러, 핫플레이트, 스틱성형기, 온도계
② 소분에 필요한 도구 : 디지털발란스, 스파츌라, 헤라, 비커, 디스펜서, 냉각통
③ 특성분석 : pH 미터, 광학현미경, 경도계, 점도계
④ 도구 및 기구의 구성 재질 : 칭량, 혼합, 소분에 사용되는 기구는 이물 발생이 없고 내용물
   과 반응성이 없는 스테인레스스틸(#304, #316) 또는 플라스틱(정규적 교체) 재질 사용

전문가의 한마디

유리는 파손 위험이 있어 권장
하지 않음

⑤ 제조설비 종류

　㉠ 교반기 : 아지믹서(가용화, 화장수), 프로펠러형, 디스퍼형
　　• 수상원료끼리 유상원료끼리 혼합
　　• 수상비율이 높고 유상비율이 낮은 원료 혼합
　㉡ 균질기 : 호모믹서, 호모게나이저(유화, 크림, 로션)
　　• 터빈형의 날개를 원통으로 둘러싸고 있으며 통 속에서 대류가 일어나도록 설계된 구조
　　• 미세한 유화입자를 만드는 설비로서 내용물이 대류현상으로 통과하며 강한 전단력을 받기 때문에 균일하고 미세한 유화입자를 얻는 데 유용
　　• 아지믹서보다 분산력이 강함
　　• 비율이 비슷한 유상과 수상 원료 혼합
　㉢ 분쇄기 : 아토마이저(파우더, 분체)
　　응집을 풀 때 사용

2 맞춤형화장품의 충진 · 포장

(1) 충진은 1차 포장작업에 포함

(2) 충진기 종류

① 피스톤 방식 충진기 : 용량이 큰 샴푸, 린스 포장
② 파우치 충진기 : 견본품 등 1회용 파우치 포장
③ 카톤 충진기 : 박스에 테이프를 붙이는 테이핑기

(3) 맞춤형화장품의 포장재질 및 포장방법

① 포장재질 : 재활용은 쉽고 중금속 함유 재질은 피할 것(환경부장관 고시 재질 사용 권장)
② 포장용기를 재사용할 수 있는 제품의 생산량
　㉠ 색조 화장품(화장 · 분장)류 : 총 생산량의 10% 이상
　㉡ 두발용 화장품 중 샴푸 · 린스류 : 총 생산량의 25% 이상
③ 화장품 종류별 포장공간비율과 횟수

제품의 종류		기 준	
		포장공간비율	포장 횟수
단위제품	그 밖의 화장품류(방향제를 포함)	10% 이하 (향수 제외)	2차 이내
	인체 및 두발 세정용 제품류	15% 이하	2차 이내
종합제품		25% 이하	2차 이내

④ 포장 횟수로 보지 않는 경우
  ㉠ 1개씩 낱개로 포장한 후 여러 개를 함께 포장하는 단위 제품의 경우 낱개의 제품은 포장공간비율 및 포장 횟수 적용 안 함
  ㉡ 부스러짐 방지 및 자동화를 위해 사용하는 받침접시는 포장 횟수에서 제외
  ㉢ 종합제품 경우(앰플세트) 단위 제품의 포장공간비율 및 포장 횟수는 종합제품에 추가하지 않음
  ㉣ 내용물보호 및 훼손방지를 위해 2차 포장의 외부에 덧붙인 투명 필름은 포장 횟수에서 제외

3 맞춤형화장품 재고관리

(1) 재고관리
넓은 의미에서 재고 수량만 관리하는 것이 아니라 생산, 판매 등을 원활히 하기 위한 활동

(2) 재고 파악 및 보관방법
① 사용 후 남은 원료는 비의도적 오염을 방지하기 위해 밀폐 후 본래 보관 환경에 보관하는 경우에는 우선 사용을 권장하며, 재보관 시 품질 열화(품질저하)와 오염관리 권장
② 열화되기 쉬운 원료들은 재사용을 지양하고 재보관 횟수가 많은 원료들은 소량 소분하여 보관하는 것을 권장
③ 정기적으로 재고를 조사하여 기록상의 재고와 실제 재고량을 파악

전문가의 한마디
종합제품 포장용 완충제는 포장 공간 비율 20% 이하

전문가의 한마디
제품을 제조 또는 수입하는 자, 대규모 점포 및 면적이 $33m^2$ 이상인 매장에서 포장된 제품을 판매하는 자는 포장되어 생산된 제품을 재포장하여 제조 · 수입 · 판매할 수 없음

전문가의 한마디
원료의 발주는 최소량! 한번 구매한 원료 보관 시에는 최대보관기한 설정!

합격의 공식
시대에듀

우리 인생의 가장 큰 영광은
결코 넘어지지 않는 데 있는 것이 아니라
넘어질 때마다 일어서는 데 있다

-넬슨 만델라-

기출복원문제

합격의 공식
Formula of pass

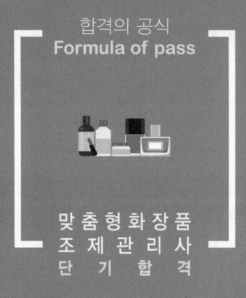

맞춤형화장품
조제관리사
단 기 합 격

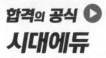

기출복원문제

제 3 회

📋 **선다형**

01 천연화장품 및 유기농화장품의 기준에 관한 규정에 따른 천연함량 및 유기농 함량 계산 방법으로 옳지 않은 것은?

① 물, 미네랄 또는 미네랄유래 원료는 유기농 함량 비율 계산에 포함한다.

② 유기농 원물만 사용하거나, 유기농 용매를 사용하여 유기농 원물을 추출한 경우 해당 원료의 유기농 함량 비율은 100%로 계산한다.

③ 수용성 및 비수용성 추출물 원료의 유기농 함량 비율 계산 방법은 다음과 같다. 단, 용매는 최종 추출물에 존재하는 양으로 계산하며 물은 용매로 계산하지 않고, 동일한 식물의 유기농과 비유기농이 혼합되어 있는 경우 이 혼합물은 유기농으로 간주하지 않는다.

④ 천연함량 비율은 물을 포함하여 계산한다.

⑤ 신선한 원물이 아닌 건조한 씨앗을 사용하는 경우에는 건조중량에 2.5를 곱하여 신선한 원물로 복원하여 계산한다.

02 다음은 천연화장품 및 유기농화장품의 기준에 관한 규정에 대한 내용이다. 옳은 것으로 짝지어진 것은?

> ⊙ "유기농원료"란 친환경농어업 육성 및 유기식품 등의 관리 · 지원에 관한 법률에 따른 유기농수산물 또는 이를 이 고시에서 허용하는 화학적 공정에 따라 가공한 것. 국제유기농업운동연맹(IFOAM)에 등록된 인증기관으로부터 유기농원료로 인증받거나 이를 이 고시에서 허용하는 화학적 공정에 따라 가공한 것을 말한다.
>
> ⓒ "식물원료"란 식물(해조류와 같은 해양식물, 버섯과 같은 균사체 제외) 그 자체로서 가공하지 않거나 이 식물을 가지고 이 고시에서 허용하는 물리적 공정에 따라 가공한 화장품 원료를 말한다.
>
> ⓒ "미네랄원료"란 지질학적 작용에 의해 자연적으로 생성된 물질을 가지고 이 고시에서 허용하는 물리적 공정에 따라 가공한 화장품 원료를 말한다. 다만, 화석연료로부터 기원한 물질은 제외한다.

ⓔ "동물에서 생산된 원료, 동물성 원료"란 동물 그 자체(세포·조직, 장기)는 제외하고 동물로부터 자연적으로 생산되는 것으로서 가공하지 않거나 이 동물로부터 자연적으로 생산되는 것을 가지고 이 고시에서 허용하는 물리적 공정에 따라 가공한 화장품 원료를 말한다.

ⓜ 천연화장품 또는 유기농 화장품으로 표시·광고하여 제조, 수입 및 판매할 경우 이 고시에서 적합함을 입증하는 자료를 구비하고, 제조일(수입일 경우 통관일)로부터 3년 또는 사용기한 경과 후 1년 중 긴 기간 동안 보존하여야 한다.

① ㉠, ㉡, ㉢
② ㉠, ㉡, ㉣
③ ㉡, ㉢, ㉣
④ ㉢, ㉣, ㉤
⑤ ㉠, ㉣, ㉤

03 천연화장품 및 유기농화장품에 사용 가능한 보존제 및 변성제로 짝지어지지 않은 것은?

① 이소프로필알코올, 벤조익애씨드
② 벤질알코올, 데나토늄벤조에이트
③ 살리실릭애씨드, 테트라소듐글루타메이트디아세테이트
④ 3급부틸알코올, 데하이드로아세틱애씨드
⑤ p-하이드록시벤조익애씨드, 소듐벤조에이트

04 다음 중 화장품의 유형과 제품의 연결이 옳은 것은?

① 인체 세정용 제품류 – 외음부 세정제
② 목욕용 제품류 – 바디클렌저
③ 두발용 제품류 – 헤어 틴트
④ 눈 화장용 제품류 – 아이크림
⑤ 방향용 제품류 – 디퓨저

05 화장품 안전성 정보관리 규정에 대한 내용으로 옳은 것은?

① "유해사례(Adverse Event/Adverse Experience, AE)"란 화장품의 사용 중 발생한 바람직하지 않고 의도되지 아니한 징후, 증상 또는 질병을 말하며, 당해 화장품과 반드시 인과관계를 가져야 한다.

② "실마리 정보(Signal)"란 유해사례와 화장품 간의 인과관계 가능성이 있다고 보고된 정보로서 그 인과관계가 알려지지 아니하거나 입증자료가 충분한 것을 말한다.

③ "안전성 정보"란 화장품과 관련하여 국민 보건에 직접 영향을 미칠 수 있는 안전성, 유효성에 관한 새로운 자료, 유해사례 정보 등을 말한다.

④ 화장품책임판매업자는 중대한 유해사례의 화장품 안전성 정보를 알게 된 날로부터 10일 이내에 식품의약품안전처장에게 신속보고 하여야 한다.

⑤ 화장품책임판매업자는 신속보고 되지 아니한 화장품의 안전성 정보를 매년 1회 식품의약품안전처장에게 정기보고 하여야 한다.

06 다음은 화장품 안전성시험의 시험방법 중 하나이다. (   ) 안에 들어갈 알맞은 용어로 짝지어진 것은?

(㉠)은 화장품 사용 시에 일어날 수 있는 오염 등을 고려한 사용기한을 설정하기 위하여 장기간에 걸쳐 물리·화학적, 미생물학적 안정성 및 (㉡)을 확인하는 시험이다.

	㉠	㉡
①	가혹시험	용기적합성
②	장기보존시험	용기적합성
③	장기보존시험	안전성
④	개봉 후 안정성시험	안전성
⑤	개봉 후 안정성시험	용기적합성

07 다음 (   ) 안에 공통으로 들어갈 알맞은 자외선의 파장은?

> - 자외선 중 (   )파장을 가진 자외선은 진피까지 도달하여 색소침착 및 콜라겐손상을 일으켜 피부노화의 원인이 된다.
> - "최소지속형즉시흑화량"이라 함은 (   )의 파장을 가진 자외선을 사람의 피부에 조사한 후 2~24시간의 범위 내에, 조사영역의 전 영역에 희미한 흑화가 인식되는 최소 자외선 조사량을 말한다.

① 320~400nm

② 290~320nm

③ 200~290nm

④ 200~320nm

⑤ 200~400nm

08 맞춤형화장품판매업자 A는 B에게 맞춤형화장품판매업소를 양도하려고 한다. 이때 관리하던 고객정보도 함께 이전하는 경우 개인정보 보호법에 위반되는 것을 고르시오.

① A는 고객들에게 개인정보를 이전한다는 내용 고지와 고객정보 이전을 원하지 않는 경우에 대한 방법을 고지하였다.

② A가 개인정보 이전 사실을 고객들이게 고지하였으므로 B는 고객들에게 개인정보를 이전받았다는 사실을 고지하지 않았다.

③ A는 개인정보를 이전한다는 내용을 고객들에게 우편으로 고지하였다.

④ A는 개인정보 이전 사실을 통지할 수 없는 고객들을 위해 10일 동안 인터넷 홈페이지와 매장 출입구에 게시하였다.

⑤ 개인정보가 이전되는 것을 원하지 않는 고객들의 정보는 B가 폐기하였다.

09 개인정보처리자가 개인정보 보호법에 근거하여 개인정보 처리를 할 때에 주의할 내용으로 옳은 것은?

① 개인정보를 익명 또는 가명으로 처리하여도 개인정보 수집 목적을 달성할 수 있다면 익명처리가 가능한 경우에는 익명에 의하여, 익명처리로 목적을 달성할 수 없는 경우에는 가명에 의하여 처리한다.

② 개인정보가 1백명 이상의 정보 유출 시에는 인터넷 홈페이지에 7일 이상 게재(홈페이지가 없을 시 사업장 등의 보기 쉬운 장소로 대체)해야 한다.

③ 개인정보처리자는 개인정보의 처리에 대하여 정보주체의 동의를 서면으로 받을 때 글씨의 크기는 최소한 7포인트 이상으로 다른 내용보다 20% 이상 글씨를 크게 작성한다.

④ 관계법령에 따라 개인정보를 보존해야 하는 경우, 개인정보를 전부 저장해도 무관하다.

⑤ 공공기간에서 법령 등에 의한 업무 수행을 해서 정보 주체의 동의 없이 개인정보를 수집할 수 없다.

10 다음 중 천연유래 계면활성제가 아닌 것은?

① 레시틴
② 코카미도프로필베타인
③ 소듐코코일애플아미노산
④ 라우릴글루코사이드
⑤ 사포닌

11 다음은 맞춤형화장품 매장에서의 대화이다. 맞춤형화장품조제관리사 서영 씨가 상담고객에게 추천할 성분을 모두 고르시오.

┤ 대화 ├

고객 : 최근 들어 얼굴에 주름이 많이 생긴 것 같아 고민입니다.

서영 : 주름 때문에 고민이시군요. 고객님, 피부측정이 필요할 것 같네요.

고객 : 네, 지난번 측정결과와 비교할 수 있나요?

서영 : 비교해서 알려드리겠습니다. (피부측정 후)

서영 : 고객님, 지난번과 비교했을 때 주름이 좀 더 깊어진 것이 맞습니다. 색소침착도 10% 증가했네요.

고객 : 색소침착까지… 걱정이네요. 어떤 제품이 좋을까요?

〈추천제품〉
㉠ 에칠아스코빌에텔 함유 제품
㉡ 덱스판테놀 함유 제품
㉢ 살리실릭애씨드 함유 제품
㉣ 폴리에톡실레이티드레틴아마이드 함유 제품
㉤ 알파 비사보롤 함유 제품
㉥ 시녹세이트 함유 제품

① ㉠, ㉣, ㉤
② ㉠, ㉤, ㉥
③ ㉡, ㉣, ㉤
④ ㉠, ㉡, ㉢
⑤ ㉣, ㉤, ㉥

12 다음은 매장을 방문한 고객 B에게 맞춤형화장품조제관리사 A가 상담하는 내용이다. B가 원하는 화장품에 혼합할 기능성 원료와 그 사용된 함량이 옳게 짝지어진 것은? (단, 에센스 용량은 50g, 기능성 원료는 보고서 제출로 사용 가능함으로 가정)

┤ 대화 ├

A : 현재 고객님의 피부 상태는 많이 건조하여 보습용 에센스 베이스를 사용할 예정입니다. 추가로 원하시는 것이 있나요?

B : 요즘 피부가 많이 칙칙하고 주름도 많아져 고민입니다.

A : 피부보습과 미백, 주름 개선에 도움을 줄 수 있는 성분을 함께 조제하겠습니다.

구 분	기능성 원료명	사용함량(g)
㉠	레티놀	0.04
㉡	알부틴	3.0
㉢	마그네슘아스코빌포스페이트	1.5
㉣	폴리에톡실레이티드레틴아마이드	0.1
㉤	아데노신	0.04
㉥	닥나무추출물	1.0
㉦	아스코빌테트라이소팔미테이트	0.1
㉧	나이아신아마이드	2.0
㉨	알파-비사보롤	0.5

① ㉠, ㉡, ㉢, ㉤
② ㉠, ㉡, ㉤, ㉧
③ ㉠, ㉡, ㉦, ㉧
④ ㉢, ㉣, ㉥, ㉧
⑤ ㉢, ㉤, ㉦, ㉨

13 다음은 식품의약품안전처 고시 기능성화장품 심사에 대한 규정 [별표 4]에서 고시하고 있는 기능성 성분들이다. 기능 – 성분명 – 최대사용함량을 짝지은 것 중 옳은 것은?

① 미백에 도움 – 아데노신 – 0.05%
② 모발 색상변화 – 톨루엔-2.5-디아민 – 3.8%
③ 주름개선 – 폴리에톡실레이티드레틴아마이드 – 0.05~0.2%
④ 미백에 도움 – 아스코빌글루코사이드 – 2.0~5.0%
⑤ 여드름 피부 완화 – 치오글리콜산 80% – 3.0~4.5%

14 다음 내용 중 화장품법에 위반되는 사항을 고르시오.

① 고객이 미백에 도움을 주는 화장품을 원했는데, 미백기능성 내용물이 없어서 맞춤형화장품을 조제할 수가 없었다. 그래서 다른 일반 화장품을 추천하여 판매했다.
② 피부가 칙칙하고 기미가 많은 고객에게 알부틴 5%가 첨가된 크림을 추천했다.
③ 알부틴은 인체적용시험자료에서 구진과 경미한 가려움이 보고된 예가 있다고 주의사항을 설명했다.
④ 여드름이 많은 남성에게 살리실릭애씨드를 2% 함유한 폼클렌저를 추천했다.
⑤ 살리실릭애씨드 함유 폼클렌저는 사용 후 씻어내는 제품이므로 온 가족이 사용 가능하다고 설명했다.

15 화장품색소에 대한 정의로 옳은 것은?

① "타르색소"라 함은 화장품에 사용할 수 있는 색소 중 콜타르, 그 중간생성물에서 유래되었거나 유기합성하여 얻은 색소로 그 레이크, 염, 희석제와의 혼합물은 제외한다.
② "순색소"라 함은 중간체, 희석제, 기질 등을 포함하지 아니한 순수한 색소를 말한다.
③ "레이크"라 함은 타르색소의 나트륨, 칼륨, 알루미늄, 바륨, 칼슘, 스트론튬 또는 지르코늄염을 기질에 흡착, 공침 또는 단순한 혼합이 아닌 물리적 결합에 의하여 확산시킨 색소를 말한다.
④ "희석제"라 함은 레이크 제조 시 순색소를 확산시키는 목적으로 사용되는 물질을 말하며 알루미나, 브랭크휙스, 크레이, 이산화티탄, 산화아연, 탤크, 로진, 벤조산알루미늄, 탄산칼슘 등의 단일 또는 혼합물을 사용한다.
⑤ "기질"이라 함은 색소를 용이하게 사용하기 위하여 혼합되는 성분을 말한다.

16 식품의약품안전처 고시 화장품의 색소 종류와 기준 및 시험방법 [별표 1]에 고시된 화장품 색소 성분이 아닌 것은?

① 울트라마린
② 파프리카추출물
③ 카라멜
④ 구아이아줄렌
⑤ 에이치시 녹색 NO.1

17 다음 〈보기〉에서 제시하는 원료와 같은 성격인 대체 원료로 바르게 짝지어진 것은?

┤ 보기 ├

㉠ 폴리소르베이트80
㉡ 카라기난
㉢ 프로필렌글라이콜
㉣ 이미다졸리닐우레아

	㉠	㉡	㉢	㉣
①	소듐라우릴설페이트	카보머	디프로필렌글라이콜	페녹시에탄올
②	라우릭산	잔탄검	부틸렌글라이콜	페녹시에탄올
③	세테아디모늄클로라이드	카보머	글리세린	폴리비닐알코올
④	코카미도프로필베타인	폴리비닐알코올	이소스테아릴알코올	벤질알코올
⑤	글리세릴모노스테아레이트	소듐카복시메틸셀룰로오스	글리세린	파라벤

18 식품의약품안전처 고시 화장품 안전기준 등에 관한 규정 [별표 1]은 사용할 수 없는 원료를 고시하고 있다. 다음 중 화장품에 배합할 수 없는 원료가 아닌 것은?

① 프로피오닉애씨드
② 메칠렌글라이콜
③ 벤조일퍼옥사이드
④ 페닐살리실레이트
⑤ 붕 산

19 다음 중 화장품 유형에 상관없이 보존제로서 0.7% 이상 사용 가능한 원료로 옳게 짝지어진 것은?

① 살리실릭애씨드, 트리클로산
② 살리실릭애씨드, 페녹시에탄올
③ 소르빅애씨드, 프로피오닉애씨드
④ 소르빅애씨드, 페녹시에탄올
⑤ 벤질알코올, 페녹시에탄올

20 다음 화장품의 전성분 중 사용상 제한이 있는 성분으로 고시된 원료로 짝지어진 것은?

〈전성분〉

정제수, 스쿠알란, 부틸렌글라이콜, 글리세린, 해바라기씨오일, 소듐하이알루로네이트, PEG-40 스테아레이트, 세틸알코올, 카보머, 1,2-헥산다이올, 이디티에이, 페녹시에탄올, 쿼터늄-15, 향료, 시트릭애씨드, 리날룰, 리모넨

① 1,2-헥산다이올, 페녹시에탄올
② 세틸알코올, 페녹시에탄올
③ 페녹시에탄올, 쿼터늄-15
④ PEG-40 스테아레이트, 페녹시에탄올
⑤ PEG-40 스테아레이트, 쿼터늄-15

21 식품의약품안전처 고시 화장품 안전기준 등에 관한 규정 [별표 2]는 사용상의 제한이 필요한 원료를 고시하고 있다. 다음의 성분과 그 사용 한도의 연결로 옳지 않은 것은?

① 테트라브로모-o-크레졸   0.3%
② 클로로자이레놀   0.5%
③ 소듐라우로일사코시네이트   0.2%
④ 에칠라우로일알지네이트 하이드로클로라이드   0.4%
⑤ p-클로로-m-크레졸   0.04%

22 다음의 대화는 맞춤형화장품판매업소에서 근무하는 맞춤형화장품조제관리사 A와 맞춤형화장품판매업소에 방문한 손님 B와의 대화이다. 밑줄 친 내용 중 A가 B에게 옳게 설명한 것은 몇 개인가?

┤ 대화 ├

A : 어서오세요. 손님, 현장에서 바로 만들어드리는 맞춤형화장품판매업소입니다.

B : 안녕하세요. 맞춤형화장품 제도가 도입되었다는 소식을 듣고 찾아왔습니다. 요즘 환절기라 피부가 많이 건조해요. 제 피부에 맞는 로션을 구입하고 싶습니다.

A : 네 손님, 우선 피부측정부터 해보겠습니다.
  (피부측정 후)
  손님의 피부는 연령대 평균에 비해 25% 정도 피부 보습도가 떨어지십니다. 피부측정결과를 참고해서 로션을 만들어드리겠습니다.

B : 잠시만요, 제가 전에 쓰던 수분크림을 가지고 왔는데 이 제품은 제 피부와 잘 맞는 것 같아서 잘 쓰고 있습니다. 이 제품을 참고해서 처방해주세요.

A : 네 알겠습니다.

B : 조제하시기 전에 처방하신 전성분을 확인할 수 있을까요?

A : 여기 처방한 전성분을 인쇄해 드리겠습니다.

〈처방한 로션의 전성분〉

히알루론산, 세라마이드, 에틸파라벤, 적색 102호(전성분 이하 동일)

〈손님이 가져온 로션의 전성분〉

쿠민열매추출물, 스쿠알란, 페루발삼 추출물, 벤질알코올(전성분 이하 동일)

A : ⊙ 제가 처방한 로션의 전성분에는 보습력을 높이기 위해 히알루론산, 세라마이드를 혼합했습니다.

B : 조제관리사님이 처방해 주신 로션에는 스쿠알란, 쿠민열매추출물, 우레아, 벤질알코올이 빠져있는데 이 성분들을 추가해주시면 안 될까요?

A : ⓒ 벤질알코올은 보존제로서 맞춤형화장품조제관리사가 맞춤형화장품에 혼합할 수 없습니다. 하지만 걱정하지 마세요. 제가 사용하는 맞춤형화장품 베이스에는 보존제인 에틸파라벤이 이미 함유되어 있으므로 보존제를 추가로 더 넣지 않아도 됩니다. 그리고 ⓒ 쿠민열매추출물은 알레르기 유발물질이므로 고객님의 피부에 자극이 될 수도 있습니다. 괜찮을까요?

B : 제가 알레르기 유발성분에는 민감한 편이라 그 성분은 빼주세요. 그리고 제가 가져온 제품에 함유된 페루발삼 추출물이 더 증량되어 첨가되면 좋겠어요. 가능할까요?

A : ⓔ 제품 외관을 보니 페루발삼 추출물의 함량이 0.4%라 표기되어 있네요. 페루발삼 추출물의 사용한도는 0.4%입니다. 따라서 더 이상 증량할 수 없습니다.

(조제관리사가 로션을 조제 후 손님에게 전달)

B : 조제해주신 로션을 얼굴에 발라보니 촉촉하고 너무 마음에 듭니다. 유치원에 다니는 제 아들도 사용해도 될까요?

A : ⓜ 네. 아이부터 어른까지 가족분들 모두 다 같이 사용하셔도 됩니다.

① 1   ② 2

③ 3   ④ 4

⑤ 5

23 다음은 메탄올과 땅콩오일 및 그 추출물과 유도체에 대한 설명이다. (   ) 안에 들어갈 내용으로 알맞은 것은?

- 메탄올은 에탄올 및 이소프로필알코올의 변성제로서만 알코올 중 (⊙)%까지 사용 가능하다.
- 땅콩오일, 추출물 및 유도체는 원료 중 땅콩 단백질의 최대 농도는 (ⓒ)ppm을 초과하지 않아야 한다.

	⊙	ⓒ
①	5	0.5
②	1	0.5
③	1	0.05
④	0	0.05
⑤	5	0.05

24 화장품 착향제 중 알레르기 유발물질 표시사항 중 옳은 것은?

① 식물의 꽃, 잎, 줄기 등에서 추출한 에센셜오일이나 추출물이 착향의 목적으로 사용되었거나 또는 해당 성분이 착향제의 특성이 있는 경우에는 알레르기 유발성분을 표시 기재하지 않아도 된다.

② 사용 후 씻어내는 제품(샴푸, 린스, 바디클렌저 등)에는 0.1% 초과, 사용 후 씻어내지 않는 제품(토너, 로션, 크림 등)에는 0.01% 초과 함유하는 경우에는 알레르기 성분명을 전성분명에 표시해야 한다.

③ 제품에 알레르기 성분을 표시했다면 책임판매업자 홈페이지, 온라인 판매처 사이트에서는 알레르기 유발성분을 표시하지 않아도 된다.

④ 원료목록 보고 시 알레르기 유발성분은 포함하지 않는다.

⑤ 내용량 10mL(g) 초과 50mL(g) 이하인 소용량 화장품의 경우 착향제 구성성분 중 알레르기 유발성분의 표시는 생략이 가능하다.

25 다음은 맞춤형화장품의 부작용에 관련된 대화 내용이다. 알레르기 유발성분은 무엇인가?

┤ 대화 ├

고객 : 친구가 좋다고 해서 추천해준 주름개선 에센스를 사용했는데, 피부가 붉어지고 가려움증이 생겼어요.

조제관리사 : 사용하시던 제품은 가져오셨나요?

고객 : 네, 여기 있습니다.

조제관리사 : 전성분을 확인해보겠습니다.

〈전성분〉

정제수, 글리세린, 사이클로펜타실록세인, 부틸렌글라이콜, 1,2-헥산다이올, 페녹시에탄올, 히알루론산, 아데노신, 벤질살리실레이트, 참깨오일, 향료, 벤질알코올, 제라니올

① 페녹시에탄올, 벤질살리실레이트

② 벤질살리실레이트, 벤질알코올, 제라니올

③ 사이클로펜타실록세인, 벤질알코올, 제라니올

④ 사이클로펜타실록세인, 벤질살리실레이트, 제라니올

⑤ 벤질알코올, 제라니올

26 화장품 사용 시의 주의사항 및 알레르기 유발성분 표시에 관한 규정에 따른 착향제의 알레르기 유발성분에 대한 설명으로 옳지 않은 것은?

① 사용 후 씻어내는 제품(샴푸, 린스, 바디클렌저 등)에는 0.01% 초과, 사용 후 씻어내지 않는 제품(토너, 로션, 크림 등)에는 0.001% 초과 함유하는 경우에는 알레르기 성분명을 전성분명에 표시해야 한다.

② 향료 뒤에 알레르기 유발성분명을 표기하거나 또는 전성분 표시 방법과 동일한 성분 함량 순으로 표기한다.

③ 내용량 10mL(g) 초과 50mL(g) 이하인 소용량 화장품의 경우 착향제 구성성분 중 알레르기 유발성분의 표시는 생략이 가능하나 해당 정보는 홈페이지 등에서 확인할 수 있도록 해야 한다.

④ 벤질살리실레이트, 아니스알코올, 알파-아이소메틸아이오논, 머스크케톤은 알레르기 유발성분이다.

⑤ 식물의 꽃, 잎, 줄기 등에서 추출한 에센셜오일이나 추출물이 착향의 목적으로 사용되었거나 또는 해당 성분이 착향제의 특성이 있는 경우에는 알레르기 유발성분을 표시·기재해야 한다.

27 화장품 제조 시 화장품 사용 시의 주의사항 및 알레르기 유발성분 표시에 관한 규정에 따라 해당 성분을 표시해야 한다. 다음 〈보기〉는 아로마 에센셜오일의 향료 성분이다. 알레르기 유발성분을 모두 고르시오.

┤ 보기 ├

㉠ 시트릭애씨드
㉡ 벤질알코올
㉢ 아이소프로필알코올
㉣ 하이드록시시트로넬알
㉤ 벤질살리실레이트
㉥ 벤조익애씨드

① ㉠, ㉡, ㉢   ② ㉠, ㉡, ㉣
③ ㉡, ㉣, ㉤   ④ ㉡, ㉣, ㉥
⑤ ㉣, ㉤, ㉥

28 맞춤형화장품조제관리사 A는 고객 B와의 대화를 통해 향료를 포함한 에센스 100g을 제조하려고 한다. (   )
에 들어갈 알맞은 것은?

---| 대화 |---

A : 에센스에 향료를 넣어서 조제하겠습니다. 특별히 원하시는 향이 있나요?

B : 기분이 좋아지는 상큼한 향을 원합니다.

A : 바다향과 숲향 두 가지를 추천합니다. 시향해 보시겠어요?

B : 둘 다 향이 상큼하고 좋네요.

A : 향의 양은 1%, 2.5%, 5% 세 가지 중 선택해 주세요.

B : 2.5%로 선택할게요.

A : 따로 더 요청하실 사항이 있나요?

B : 제가 향 알레르기가 있어서 알레르기 성분이 없는 것은 어떤 향일까요?

A : 제가 추천해 드리겠습니다.

바다향	
성분명	함유량(%)
벤질벤조에이트	0.05
리모넨	0.002
유제놀	0.2
헥실신남알	0.03
1,3 부틸렌글라이콜	0.98
디프로필렌글라이콜	0.01

숲 향	
성분명	함유량(%)
1-2 헥산다이올	0.2
아이소유제놀	0.04
메틸2-옥티노에이트	0.01
머스크케톤	0.07
1,3 부틸렌글라이콜	0.02
디프로필렌글라이콜	0.1

추천한 향은 (㉠)이며, 함유된 알레르기 유발물질은 (㉡)이지만 함량이 0.001%를 초과하지 않아서 전
성분에 표시하지 않는 안전한 향입니다.

	㉠	㉡
①	바다향	벤질벤조에이트, 리모넨, 유제놀, 헥실신남알
②	바다향	리모넨, 유제놀, 헥실신남알
③	바다향	벤질벤조에이트, 리모넨, 헥실신남알
④	숲 향	아이소유제놀, 메틸2-옥티노에이트, 머스크케톤
⑤	숲 향	아이소유제놀, 메틸2-옥티오에이트

29 퍼머넌트 웨이브 제품 및 헤어 스트레이트너 제품에 개별적으로 반드시 기재하여야 하는 사용 시 주의사항으로 옳은 것은?

① 사용 후 물로 씻어내지 않으면 탈모 또는 탈색의 원인이 될 수 있으므로 주의할 것
② 특이체질, 신장질환, 혈액질환이 있는 분은 사용하지 말 것
③ 개봉한 제품은 7일 이내에 사용할 것(에어로졸 제품이나 사용 중 공기유입이 차단되는 용기는 표시하지 아니한다)
④ 섭씨 25도 이하의 어두운 장소에 보존하고, 색이 변하거나 침전된 경우에는 사용하지 말 것
⑤ 제2단계 퍼머액 중 그 주성분이 과산화수소인 제품은 검은 머리카락이 회색으로 변할 수 있으므로 유의하여 사용할 것

30 다음은 맞춤형화장품에 표시할 〈사용 시 주의사항〉 중 공통 기재사항이다. 외음부 세정제에 추가로 기재해야 하는 개별사항을 모두 고른 것은? (단, 프로필렌글라이콜은 함유하지 않음)

〈사용 시 주의사항〉

1) 화장품 사용 시 또는 사용 후 직사광선에 의하여 사용부위가 붉은 반점, 부어오름 또는 가려움증 등의 이상 증상이나 부작용이 있는 경우 전문의 등과 상담할 것
2) 상처가 있는 부위 등에는 사용을 자제할 것
3) 보관 및 취급 시의 주의사항
　가) 어린이의 손이 닿지 않는 곳에 보관할 것
　나) 직사광선을 피해서 보관할 것

〈추가 기재사항〉

㉠ 눈, 코, 또는 입 등에 닿지 않도록 주의하여 사용할 것
㉡ 정해진 용법과 용량을 잘 지켜 사용할 것
㉢ 특이체질, 생리 또는 출산 전후이거나 질환이 있는 사람 등은 사용을 피할 것
㉣ 만 3세 이하 영유아에게는 사용하지 말 것
㉤ 임신 중에는 사용하지 않는 것이 바람직하며, 분만 직전의 외음부 주위에는 사용하지 말 것
㉥ 일부에 시험 사용하여 피부 이상을 확인할 것

---

① ㉠, ㉡, ㉣, ㉤
② ㉡, ㉢, ㉣, ㉤
③ ㉡, ㉣, ㉤
④ ㉡, ㉢, ㉣
⑤ ㉢, ㉣, ㉤, ㉥

31 다음 위해화장품 공표문 양식에 들어갈 내용으로 알맞은 것으로 짝지어진 것은?

〈공표문〉

위해화장품 회수

화장품법 제5조의2에 따라 아래의 화장품을 회수합니다.

1. 회수제품명 :

2. ㉠

3. ㉡

4. ㉢

5. 회수방법 : 구매한 영업소 및 본사 택배배송

6. 회수 영업자 : 양스코스메틱

7. 영업자 주소 : 서울 강남구 역삼동 00번지

8. 연락처 : 02-123-4567

9. 그 밖의 사항 : 위해화장품 회수 관련 협조 요청

　① 해당 회수화장품을 보관하고 있는 판매자는 판매를 중지하고 회수 영업자에게 반품하여 주시기 바랍니다.

　② 해당 제품을 구입한 소비자께서는 그 구입한 업소에 되돌려주시는 등 위해화장품 회수에 적극 협조하여 주시기 바랍니다.

	㉠	㉡	㉢
①	제조번호	사용기한	회수사유
②	회수기간	제조번호	회수사유
③	제조번호	배상방법	회수사유
④	제조번호	배상방법	회수기간
⑤	회수목적	사용기한	회수사유

32 다음 〈보기〉의 위해화장품의 회수에 대한 설명으로 옳은 것으로 짝지어진 것은?

┤ 보기 ├

㉠ 회수대상 화장품이라는 사실을 안 날로부터 15일 이내에 회수계획서를 지방식품의약품안전청장에게 제출하여야 한다.

㉡ 위해화장품 발생 시 해당 화장품을 업무상 취급하는 자에게 방문, 우편, 전화, 전보, 전자우편, 팩스 또는 언론매체를 통한 공고 등을 통하여 회수계획을 통보하여야 하며, 통보 사실을 입증할 수 있는 자료를 회수 종료일로부터 3년간 보관하여야 한다.

㉢ 맞춤형화장품 사용과 관련된 중대한 유해사례 등 부작용 발생 시 그 정보를 알게 된 날로부터 15일 이내 식품의약품안전처 홈페이지를 통해 보고하거나 우편, 팩스, 정보통신망 등의 방법으로 보고하여야 한다.

㉣ 맞춤형화장품판매업자는 회수대상 화장품이라는 사실을 인지한 후 15일 이내에 회수계획서를 식품의약품안전처장에게 보고한다.

㉤ 회수계획량의 5분의 4 이상을 회수한 경우 그 위반행위에 대한 행정처분을 면제한다.

㉥ 회수계획량의 3분의 1 이상을 회수한 경우 등록취소인 경우에는 업무정지 2개월 이상 6개월 이하의 범위에서 행정처분한다.

㉦ 병원미생물에 오염된 화장품은 위해등급 나 등급이다.

① ㉠, ㉡, ㉣
② ㉡, ㉢, ㉥
③ ㉡, ㉢, ㉤
④ ㉢, ㉤, ㉥
⑤ ㉢, ㉤, ㉦

33 다음 〈보기〉에서 우수화장품 제조 및 품질관리기준(CGMP)의 3대 요소에 해당하는 것은?

┤ 보기 ├

㉠ 인위적인 과오의 최소화
㉡ 미생물 오염 및 교차오염으로 인한 품질저하 방지
㉢ 고도의 기술확립
㉣ 고도의 품질관리체계 확립
㉤ 자동화시설 확립
㉥ 문서의 전산체계

① ㉠, ㉡, ㉣
② ㉠, ㉡, ㉢
③ ㉠, ㉢, ㉤
④ ㉡, ㉣, ㉥
⑤ ㉢, ㉤, ㉥

34 맞춤형화장품 작업장 내 작업자의 위생관리에 관한 설명으로 옳지 않은 것은?

① 피부 외상을 입은 직원은 소독한 후 소분 · 혼합이 가능하다.
② 소분 · 혼합할 때는 위생복(방진복)과 위생모자(방진모자, 일회용 모자)를 착용하며 필요시에는 일회용 마스크를 착용한다.
③ 소분 · 혼합 전에 손을 세척하고 필요시 소독한다.
④ 소분 · 혼합하는 직원은 이물이 발생할 수 있는 포인트 메이크업을 하지 않는 것이 권장된다.
⑤ 질병이 있는 직원은 소분 · 혼합 작업을 하지 않는다.

35 작업장 내 직원의 소독을 위한 손 소독제의 종류로 옳은 것은?

① 알코올 70%, 클로로헥시딘디글루코네이트, 차아염소산나트륨
② 아이오다인과 아이오도퍼, 클로록시레놀, 4급 암모늄화합물
③ 클로르헥시딘디글루코네이트, 페녹시에탄올
④ 클로록시레놀, 일반비누, 차아염소산나트륨
⑤ 헥사클로로펜, 트리클로산, 페녹시에탄올

36 화장품 제조설비에 따른 재질 및 특성으로 옳지 않은 것?

① 탱크는 미생물학적으로 민감하지 않은 물질 또는 제품 제조 시 유리로 안을 댄 강화 유리 섬유 폴리에스터와 플라스틱으로 안을 댄 탱크를 사용할 수 있다.
② 교반장치는 기계적으로 회전된 날의 간단한 형태로부터 정교한 제분기와 균질화기가 있다.
③ 필터 여과기는 내용물과 반응하지 않는 스테인레스 스틸 316 또는 비반응성 섬유를 사용해야 한다.
④ 호수는 강화된 식품 등급의 고무 또는 스테인리스, 구리, 동 소재의 호수를 사용한다.
⑤ 이송파이프 시스템은 제품점도, 유속 등을 고려해야 하며 펌프, 필터, 파이프, 부속품, 밸브, 이덕터 또는 배출기로 구성되어 있다.

37 화장품 제조설비의 세척 및 소독 원칙 중 옳은 것으로 짝지어진 것을 〈보기〉에서 고르시오.

┤ 보기 ├

㉠ 설비 등은 제품의 오염을 방지하고 배수가 용이하도록 설계, 설치하며 제품 및 청소 소독제와 화학반응을 일으키지 않는 스테인리스 재질을 사용한다.

㉡ 제품과 설비가 오염되지 않도록 배관 및 배수관을 설치하며, 배수관은 역류되지 않아야 하고 청결을 유지할 것

㉢ 천정 주위의 대들보, 파이프, 덕트 등은 가급적 노출되지 않도록 설계하고, 피치 못 할 경우 파이프는 벽에 붙여서 안전하게 받침대 등으로 고정한다.

㉣ 세정제는 안전성이 높아야 하며, 세정력이 우수하며 헹굼이 용이하고, 기구 및 장치의 재질에 부식성이 없는 염산을 희석하여 사용한다.

㉤ 청소, 소독 시에는 틈새까지 세밀하게 관리해야 하며 물청소 후 반드시 물기를 제거하여야 한다. 청소는 위쪽에서 아래쪽으로 안쪽에서 바깥쪽으로 청소를 해야 한다.

㉥ 사용하지 않는 연결 호수와 부속품은 청소 등 위생관리를 하며, 자연건조를 하여 청결에 주의해야 한다.

㉦ 세척 시 온수 또는 증기로 세척하는 것이 가장 바람직하지만 브러시 또는 수세미 등을 사용하여 세척하여도 된다.

㉧ 소독제를 선택할 때에는 사용농도에 독성이 없고 제품이나 설비 기구 등에 반응을 하지 않으며, 불쾌한 냄새가 남지 않아야 하고 10분 이내에도 효과를 볼 수 있는 광범위한 항균기능을 가져야 한다.

① ㉠, ㉡, ㉤, ㉦

② ㉠, ㉡, ㉤, ㉧

③ ㉡, ㉤, ㉥, ㉦

④ ㉢, ㉣, ㉤, ㉦

⑤ ㉢, ㉥, ㉦, ㉧

38 우수화장품 제조 및 품질관리기준(CGMP)에 따른 설비 기구의 유지관리의 원칙에 해당하지 않는 것을 〈보기〉에서 모두 고르시오.

┤ 보기 ├

○ 건물, 시설 및 주요 설비는 정기적으로 점검하여 화장품의 제조 및 품질관리에 지장이 없도록 유지, 관리, 기록하여야 한다.

○ 결함 발생 및 정비 중인 설비는 적절한 방법으로 표시하고, 고장 등 사용이 불가할 경우 표시하여야 한다.

○ 세척한 설비는 다음 사용 시까지 오염되지 아니하도록 관리하여야 한다.

○ 모든 제조 관련 설비는 제조시설 구역 있는 모든 직원들이 사용 가능하다.

○ 제품의 품질에 영향을 줄 수 있는 검사, 측정, 시험장비 및 자동화장치는 계획을 수립하여 정기적으로 교정 및 성능점검을 하고 기록해야 한다.

○ 유지관리 작업은 제품의 품질에 최소한의 영향을 주도록 실행한다.

① ㉠, ㉢
② ㉡, ㉣
③ ㉣, ㉤, ㉥
④ ㉣, ㉥
⑤ ㉢, ㉣, ㉤

39 우수화장품 제조 및 품질관리기준 원자재 관리에 대한 내용이다. (   ) 안에 들어갈 내용이 해당 법에 기재된 법률용어로 옳게 짝지어진 것은?

원자재의 입고 시 (㉠), 원자재 공급업체 성적서 및 현품이 서로 일치하여야 한다. 필요한 경우 운송 관련 자료를 추가적으로 확인할 수 있다. 설정된 보관기한이 지나면 사용의 적절성을 결정하기 위해 (㉡)을 확립하여야 하며, 이를 통해 보관기한이 경과한 경우 사용하지 않도록 규정하여야 한다.

	㉠	㉡
①	구매요구서	재평가시스템
②	구매요구서	재시험시스템
③	거래명세서	재시험시스템
④	거래명세서	재확인시스템
⑤	발주확인서	재평가시스템

40 우수화장품 제조 및 품질관리기준(CGMP) 제11조에 따른 원자재 용기 및 시험기록서에 필수로 기재해야 하는 사항이 아닌 것은?

① 수령일자
② 수령지
③ 원자재 공급자가 정한 제품명
④ 원자재 공급자명
⑤ 공급자가 부여한 제조번호 또는 관리번호

41 우수화장품 제조 및 품질관리기준(CGMP) 제17조에 따른 내용물 공정 관리에 대한 설명으로 적절하지 않은 것은?

① 제조 공정 단계별로 적절한 관리 기준이 규정되어 있어야 하며 그에 미치지 못한 모든 결과는 보고되고 조치가 이루어져야 한다.
② 벌크제품의 최대 보관기한을 설정하여야 하며, 그 기한과 가까워진 반제품은 완제품으로 제조하기 전에 품질 이상과 변질 여부 등을 확인해야 한다.
③ 벌크제품의 충전 공정 후 벌크가 사용하지 않은 상태로 남아있고 차후 다시 사용할 것이라면 밀봉하여 식별 정보를 표시해야 한다.
④ 여러 번 자주 사용하는 벌크제품의 경우 가능한 많은 양을 한꺼번에 보관통에 담아 보관한다.
⑤ 남은 벌크는 재보관하고 재사용할 수 있다.

42 다음은 우수화장품 제조 및 품질관리기준(CGMP) 제13조에 따른 보관관리 요건에 대한 내용이다. 괄호 안에 들어갈 알맞은 단어를 고르시오.

> 원료의 사용기한은 사용 시 확인이 가능하도록 (㉠)에 표시되어야 한다. 원료와 포장재, 반제품 및 벌크제품, 완제품, 부적합품 및 반품 등에 도난, 분실, 변질 등의 문제가 발생하지 않도록 작업자 외에 보관소의 출입을 (㉡)하고, 관리하여야 한다.

① ㉠ 문서, ㉡ 제한
② ㉠ 라벨, ㉡ 제한
③ ㉠ 라벨, ㉡ 개방
④ ㉠ 문서, ㉡ 개방
⑤ ㉠ 문서, ㉡ 폐쇄

43 화장품 원자재 및 반제품, 벌크 등의 보관관리에 대한 설명으로 옳지 않은 것은?

① 원자재, 반제품 및 벌크제품은 품질에 나쁜 영향을 미치지 아니하는 조건에서 보관하여야 하며 보관기한을 별도로 설정하여야 한다.

② 원자재, 반제품 및 벌크제품은 바닥과 벽에 닿지 않도록 보관하고, 선입선출에 의하여 출고할 수 있도록 보관하여야 한다.

③ 원자재, 시험 중인 제품 및 부적합품은 각각 구획된 장소에서 보관하여야 한다. 다만, 서로 혼동을 일으킬 우려가 없는 시스템에 의하여 보관되는 경우에는 구획되지 않은 장소에 함께 보관해도 된다.

④ 설정된 보관기한이 지나면 사용의 적절성을 결정하기 위해 재평가시스템을 확립하여야 하며 동 시스템을 통해 보관기한이 경과한 경우 사용하지 않도록 규정하여야 한다. 보관기한이 규정되어 있지 않은 원료는 품질부문에서 적절한 보관기한을 정할 수 있다.

⑤ 원료와 포장재가 재포장될 때, 새로운 용기에는 회사 내부 규정에 따른 새로운 라벨링을 한다.

44 우수화장품 제조 및 품질관리기준(CGMP) 제20조에 따른 시험관리에 관한 설명으로 바르지 않은 것을 고르시오.

① 품질관리를 위한 시험업무에 대해 문서화된 절차를 수립하고 유지하여야 한다.

② 원자재, 반제품 및 완제품에 대한 적합 기준을 마련하고 제조번호별로 시험기록을 작성, 유지하여야 한다.

③ 시험결과 적합 또는 부적합인지 분명히 기록하여야 한다.

④ 원자재, 반제품 및 완제품은 적합판정이 된 것만을 사용하거나 출고하여야 한다.

⑤ 정해진 보관기간이 경과된 원자재 및 반제품은 재평가 없이 무조건 폐기해야 한다.

45 화장품 제조에 사용된 성분을 표시하는 방법으로 틀린 것은?

① 글자의 크기는 15포인트 이상으로 한다.

② 화장품 제조에 사용된 함량이 많은 것부터 기재·표시한다. 다만, 1% 이하로 사용된 성분, 착향제 또는 착색제는 순서에 상관없이 기재·표시할 수 있다.

③ 혼합원료는 혼합된 개별 성분의 명칭을 기재·표시한다.

④ 색조 화장품 제품류, 눈 화장용 제품류, 두발 염색용 제품류 또는 손발톱용 제품류에서 호수별로 착색제가 다르게 사용된 경우 ± 또는 +/−의 표시 다음에 사용된 모든 착색제 성분을 함께 기재·표시할 수 있다.

⑤ 산성도(pH) 조절 목적으로 사용되는 성분은 그 성분을 표시하는 대신 중화반응에 따른 생성물로 기재·표시할 수 있고, 비누화반응을 거치는 성분은 비누화반응에 따른 생성물로 기재·표시할 수 있다.

46 화장품책임판매업자로부터 공급받은 베이비샴푸 내용물은 총 5개의 뱃치로 각각의 시험성적서와 함께 제공되었다. 맞춤형화장품조제관리사 A는 각각의 시험성적서를 확인하여 시험결과가 적합하지 않은 하나의 뱃치를 부적합으로 처리하고 반품요청을 하였다. 부적합 제품은 어느 것인가?

①

베이비샴푸	LOT.N : 210301-01
납	20µg/g
비 소	9µg/g
디옥산	70µg/g
포름알데하이드	2000µg/g

②

베이비샴푸	LOT.N : 210301-02
납	20µg/g
비 소	8µg/g
디옥산	60µg/g
포름알데하이드	1900µg/g

③

베이비샴푸	LOT.N : 210301-03
납	10µg/g
비 소	5µg/g
디옥산	80µg/g
포름알데하이드	2000µg/g

④

베이비샴푸	LOT.N : 210301-04
납	18µg/g
비 소	10µg/g
디옥산	100µg/g
포름알데하이드	1800µg/g

⑤

베이비샴푸	LOT.N : 210301-05
납	10µg/g
비 소	10µg/g
디옥산	100µg/g
포름알데하이드	2300µg/g

47 다음은 화장품에서 검출된 비의도적 유래물질이다. 유통화장품 안전관리 기준에 적합하여 합격한 화장품은 무엇인가?

	납(μg/g)	수은(μg/g)	비소(μg/g)	니켈(μg/g)
① 크 림	10	3	10	10
② 토 너	10	3	8	12
③ 베이비 로션	10	1	5	10
④ 아이섀도	10	5	5	35
⑤ 샴 푸	10	1	10	15

48 다음은 〈보기〉는 시중에 유통 중인 화장품들을 수거하여 품질검사를 한 결과이다. 유통화장품의 안전관리기준에 적합하여 유통 가능한 제품으로 짝지어진 것은?

┤ 보기 ├

㉠ 총호기성생균수 750개/g(mL) 검출된 베이비 로션

㉡ 니켈 35μg/g 검출된 립스틱

㉢ 포름알데하이드 18μg/g 검출된 물휴지

㉣ 납 50μg/g 검출된 페이스 파우더

㉤ 카드뮴 5μg/g 검출된 아이섀도

㉥ 비소 20μg/g 검출된 로션

㉦ 디옥산 500μg/g 검출된 샴푸

① ㉠, ㉢, ㉤

② ㉡, ㉢, ㉦

③ ㉢, ㉣, ㉤

④ ㉣, ㉤, ㉥

⑤ ㉤, ㉥, ㉦

49 다음은 양스코스메틱에서 판매하는 제품들의 비의도적 유래물질의 함량을 나타낸 품질성적서이다. 유통화
장품 안전관리기준에 적합하지 않아 회수 · 폐기해야 하는 제품으로 짝지어진 것은?

㉠ 양스 페이스 파우더	
원료명	함량(㎍/g)
납	25
비 소	7
수 은	0.5
디옥산	50
포름알데하이드	2000

㉡ 양스 아이섀도	
원료명	함량(㎍/g)
납	20
니 켈	30
수 은	1.0
메탄올	2000
포름알데하이드	1200

㉢ 양스 크림	
원료명	함량(㎍/g)
납	25
니 켈	10
수 은	1
카드뮴	4
포름알데하이드	500

㉣ 양스 샴푸	
원료명	함량(㎍/g)
납	15
니 켈	10
수 은	0.6
카드뮴	4
포름알데하이드	2000

㉤ 양스 물휴지	
원료명	함량(㎍/g)
납	20
니 켈	10
수 은	0.5
메탄올	2000
포름알데하이드	2000

① ㉠, ㉣

② ㉠, ㉢

③ ㉡, ㉢

④ ㉡, ㉤

⑤ ㉢, ㉤

50 화장품 작업장의 미생물 관리를 위한 낙하균측정법에 대한 설명이다. (   ) 안에 들어갈 내용으로 옳은 것으로 짝지어진 것은?

> 낙하균 측정 위치마다 세균용 배지와 진균용 배지를 1개씩 놓고 배양접시의 뚜껑을 열어 배지에 낙하균이 떨어지도록 한다. 위치별로 정해진 노출시간이 지나면, 배양접시의 뚜껑을 닫아 배양기에서 배양, 일반적으로 세균용 배지는 (㉠)℃, (㉡)시간 이상, 진균용 배지는 (㉢)℃, (㉣)일 이상 배양, 배양 중에 확산균의 증식에 의해 균수를 측정할 수 없는 경우가 있으므로 매일 관찰하고 균수의 변동을 기록한다. 배양 종료 후 세균 및 진균의 평판마다 집락수를 측정하고, 사용한 배양접시 수로 나누어 평균 집락수를 구하고 단위시간당 집락수를 산출하여 균수로 한다.

	㉠	㉡	㉢	㉣
①	30~35	24	20~25	3
②	30~35	48	20~25	5
③	30~45	24	20~35	3
④	30~45	48	30~45	5
⑤	30~45	24	30~45	3

51 다음은 양스코스메틱에서 새로 출시한 화장품의 총호기성생균수를 검사한 품질검사 결과이다. 합격판정을 받은 제품으로 짝지어진 것은?

구 분	제 품	결 과
㉠	샴 푸	총호기성생균수 600개/g(mL)
㉡	아이라이너	총호기성생균수 900개/g(mL)
㉢	베이비 로션	총호기성생균수 900개/g(mL)
㉣	토 너	총호기성생균수 550개/g(mL)
㉤	물휴지	세균 95개/g(mL) 진균 35개/g(mL)
㉥	아이섀도	총호기성생균수 600개/g(mL)

① ㉠, ㉡, ㉢

② ㉠, ㉣, ㉤

③ ㉡, ㉢, ㉣

④ ㉡, ㉣, ㉤

⑤ ㉣, ㉤, ㉥

52 다음은 유통화장품 안전관리 기준에 따른 화장품 내용량 시험기준에 관한 내용이다. (   )에 들어갈 내용으로 바르게 짝지어진 것은?

> ㉠ 제품 3개를 가지고 시험할 때 그 평균 내용량이 표기량에 대하여 (㉠)% 이상(다만, 화장비누의 경우 건조중량을 내용량으로 한다)
>
> ㉡ 내용량이 기준치를 벗어날 경우에는 (㉡)개를 더 취하여 시험할 때 평균 내용량이 (㉠)% 기준치 이상

	㉠	㉡
①	90	3
②	90	6
③	90	9
④	97	3
⑤	97	6

53 치오글라이콜릭애씨드 또는 그 염류를 주성분으로 하는 냉2욕식 퍼머넌트 웨이브용 제품을 구성하는 제1제, 제2제 각각의 주성분으로 옳은 것은?

	제1제	제2제
①	치오글라이콜릭애씨드	트리클로산
②	치오글라이콜릭애씨드	브롬산나트륨
③	치오글라이콜릭애씨드	요오드액
④	과산화수소수	치오글라이콜릭애씨드
⑤	요오드액	브롬산나트륨

54 다음은 맞춤형화장품 내용물(벌크)의 품질성적서에 대한 내용이다. 본 성적서에 대한 해석으로 옳지 못한 것은?

제품명	베이비 썬 로션 내용물	
시험항목	시험기준	시험방법
성 상	유백색의 로션상	표준품과 비교
비 중	0.990~1.010	비중측정 The specific gravity
점 도	12,500~18,500 (6pin, 30rpm)	점도계 측정
pH	5.3~6.5 (25℃)	pH meter 측정
미생물	세균수, 진균수 총합 1,000개/g(mL) 이하	화장품안전기준 등에 관한 규정
기능성 주성분의 함량	티타늄디옥사이드 90% 이상	KFCC
사용법	본품 적당량을 피부에 골고루 펴바른다.	─
효능효과	자외선으로부터 피부를 보호한다(SPF30).	─
사용기한	제조일로부터 24개월	─
보관조건	실온보관	─
전성분의 명칭 및 주성분의 함량	정제수, 부틸렌글라이콜, 호호바씨오일, 디메치콘, PEG-40 스테아레이트, 세틸알코올, 소듐하이알루로네이트, 감초뿌리추출물, 오렌지껍질오일, 티타늄디옥사이드(20%w/w), 향료, 페녹시에탄올	─

① 실온에서 흐름성이 거의 없고 밀도가 높은 빡빡한 제형이다.

② 영유아에게 사용하는 제품이므로 미생물 허용한도를 500개/g(mL) 이하를 기준으로 시험해야 한다.

③ 베이비 썬 로션을 맞춤형화장품으로 판매 시 페녹시에탄올의 함량을 기재·표시해야 한다.

④ 향료의 알러지 성분을 표시해야 한다.

⑤ 티타늄디옥사이드의 함량은 18% 이상이다.

55 다음 중 화장품제조에 사용되는 용어의 정의로 옳지 않은 것은?

① "일탈"이란 규정된 합격 판정 기준에 일치하지 않는 검사, 측정 또는 시험결과를 말한다.

② "청소"란 화학적인 방법, 기계적인 방법, 온도, 적용시간과 이러한 복합된 요인에 의해 청정도를 유지하고 일반적으로 표면에서 눈에 보이는 먼지를 분리, 제거하여 외관을 유지하는 모든 작업을 말한다.

③ "유지관리"란 적절한 작업 환경에서 건물과 설비가 유지되도록 정기적, 비정기적인 지원 및 검증작업을 말한다.

④ "교정"이란 규정된 조건하에서 측정기기나 측정 시스템에 의해 표시되는 값과 표준기기의 참값을 비교하여 이들의 오차가 허용범위 내에 있음을 확인하고, 허용범위를 벗어나는 경우 허용범위 내에 들도록 조정하는 것을 말한다.

⑤ "수탁자"는 직원, 회사 또는 조직을 대신하여 작업을 수행하는 사람, 회사 또는 외부 조직을 말한다.

56 화장품의 재작업에 대한 내용으로 옳지 않은 것은?

① 재작업은 적합판정기준을 벗어난 완제품 또는 벌크제품을 재처리하여 품질이 적합한 범위에 들어오도록 하는 작업을 말한다.

② 품질보증 책임자가 규격에 부적합이 된 원인조사를 지시한다.

③ 재작업 전의 품질이나 재작업 공정의 적절함 등을 고려하여 제품 품질에 악영향을 미치지 않는 것을 재작업 실시 전에 예측한다.

④ 대표자의 승인이 끝난 후 재작업절차서를 준비해서 실시하고 기록서에 작성하여 남긴다. 재작업한 최종제품 또는 벌크제품의 제조기록, 시험 기록을 충분히 남긴다.

⑤ 품질이 확인되고 품질보증 책임자의 승인을 얻을 수 있을 때까지 재작업품은 다음 공정에 사용할 수 없고 출하할 수 없다.

57 다음은 우수화장품 제조 및 품질관리기준(CGMP) 기준일탈과 검체의 채취에 대한 내용이다. (   ) 안에 들어갈 용어로 옳은 것은?

> ㉠ 기준일탈이 된 경우는 규정에 따라 책임자에게 보고한 후 조사하여야 한다. 조사결과는 책임자에 의해 일탈, 부적합, (㉠)를 명확히 판정하여야 한다.
> ㉡ 시험용 검체의 용기에는 명칭 또는 (㉡), 제조번호 또는 제조단위, 검체채취 날짜, 검체채취 지점을 기재해야 한다.

	㉠	㉡
①	검사중	확인코드
②	적 합	확인코드
③	보 류	확인코드
④	보 류	시험번호
⑤	검사중	시험번호

58 다음은 우수화장품 제조 및 품질관리기준(CGMP) 제18조에 따른 포장 작업 시작 전 및 작업 시의 지침이다. 옳지 않은 것을 고르시오.

① 포장작업 시작 전 포장작업에 대한 모든 관련 서류가 이용 가능하고, 모든 필수 포장재가 사용 가능하며, 설비가 적절히 위생처리 되어 사용할 준비가 완료되었음을 확인하는 데 이러한 점검이 필수적이다.
② 포장 작업 전, 이전 작업의 재료들이 혼입될 위험을 제거하기 위하여 작업 구역/라인의 정리가 이루어져야 한다.
③ 제조된 완제품의 각 단위/뱃치에는 추적이 가능하도록 측정한 제조번호가 부여되어야 하며, 완제품에 부여된 특정 제조번호는 벌크제품의 제조번호와 동일해야 한다.
④ 작업 동안, 모든 포장라인은 최소한 다음의 정보로 확인이 가능해야 한다.
  • 포장라인명 또는 확인코드
  • 완제품명 또는 확인코드
  • 완제품의 뱃치 또는 제조번호
⑤ 모든 완제품이 규정 요건을 만족시킨다는 것을 확인하기 위한 공정 관리가 이루어져야 한다.

59 다음 〈보기〉의 설명 중 옳은 것으로 짝지어진 것은?

┤ 보기 ├

⊙ 포장재 수급 담당자는 포장재의 소요량 및 재고량을 미리 예상하여 품절이 되지 않도록 미리 넉넉하게 재고를 입고시켜야 한다.

ⓒ 포장지시서는 제품명, 포장 설비명, 포장재 리스트, 상세한 포장 공정 및 포장 생산 수량 등의 항목이 포함되어 있다.

ⓒ 생산계획서는 생산계획에 따라 벌크제품, 1차 제품 또는 2차 제품을 어느 일정 일시까지 일정 수량을 생산할 것을 지시하는 서식이다.

ⓔ 용기란 화장품에 직접 접촉하는 초자, 튜브, 플라스틱, 캡, 분사기 등을 말하며, 1차 포장 자재 용기와 화장품에 첨부하는 스푼 등은 용기에 해당한다.

ⓜ 포장재에는 용기의 재질 및 박스의 재질을 의미하는 1차 포장재, 2차 포장재가 있으며 각종 라벨 및 봉함 라벨은 포장재에 포함되지 않는다.

① ㉠, ㉡

② ㉠, ㉢

③ ㉡, ㉢

④ ㉡, ㉣

⑤ ㉣, ㉤

60 화장품 포장재에 대한 설명으로 옳지 않은 것은?

① 포장재는 화장품의 포장에 사용되는 모든 재료를 말하며 운송을 위해 사용되는 외부 포장재는 제외한 것이다. 제품과 직접적으로 접촉하는지 여부에 따라 1차 또는 2차 포장재라고 한다.

② 제품, 원료 및 포장재 등의 혼동이 없도록 각각 따로 구획을 두어야 한다.

③ 포장재가 재포장될 경우, 원래의 용기와 동일하게 표시되어야 한다.

④ 재평가 방법을 확립해두면 보관기한이 지난 원료 및 포장재를 재평가해서 사용할 수 있다.

⑤ 버니어 캘리퍼스를 이용하여 포장재의 재질을 확인한다.

61 화장품에 사용되는 1차, 2차 포장재에 대한 설명으로 옳지 않은 것은?

① 운송을 위해 사용되는 외부박스(택배박스)는 2차 포장재에 포함된다.

② 1차 포장재는 화장품 제조 시 내용물과 직접 접촉하는 포장용기로, 유리, 플라스틱, 금속 등이 있다.

③ 2차 포장은 1차 포장을 수용하는 1개 또는 그 이상의 포장과 보호재 및 표시의 목적으로 한 포장을 말한다.

④ 거의 모든 화장품 용기에 플라스틱이 이용되고 있으며 열가소성수지인 PET, PP, PE, PS, ABS와 열경화성수지인 페놀, 멜라민, 에폭시 수지 등이 있다.

⑤ 금속재질의 포장재는 철, 스테인리스강, 놋쇠, 알루미늄, 주석 등이 해당하며, 화장품 용기의 튜브, 뚜껑, 에어로졸 용기, 립스틱 케이스 등에 사용된다.

62 다음 〈보기〉에서 설명하는 화장품 포장재의 재질은 무엇인가?

| 보기 |

- 딱딱하고 투명성이 우수하며 광택이 있다.
- 내약품성이 우수하다.
- 일반 기초화장품 용기로 사용된다.

① PET

② 저밀도 폴리에틸렌(LDPE)

③ 고밀도 폴리에틸렌(HDPE)

④ AS수지

⑤ ABS수지

63 다음은 맞춤형화장품판매업소에서 지켜야 하는 안전관리 기준에 대한 설명이다. 옳지 않은 것을 고르시오.

① 맞춤형화장품은 내용물에 원료 또는 내용물을 혼합·소분하여 만든다.

② 맞춤형화장품에 사용된 원료의 사용상 주의사항과 사용된 원료는 반드시 설명하여야 한다.

③ 기능성화장품으로 등록 보고된 베이스는 혼합·소분이 불가능하다.

④ 사용 제한이 있는 원료와 보존제 등은 혼합이 불가능하다.

⑤ 화장품을 미리 혼합·소분한 후 판매하면 안 된다.

64 맞춤형화장품판매업에 대한 설명으로 옳지 않은 것은?

① 맞춤형화장품은 다양한 피부타입에 해당하는 화장품을 미리 조제한 후 소비자의 피부상태나 선호도 등에 맞는 제품으로 골라서 판매해도 된다.

② 혼합·소분을 통해 조제된 맞춤형화장품은 소비자에게 제공되는 "유통화장품" 완제품에 해당하므로 유통화장품안전관리기준을 반드시 준수해야 한다.

③ 맞춤형화장품의 안전관리기준 미준수 시 행정처분은 1차 위반 시 해당 품목만 판매업무정지 15일에 해당한다.

④ 판매내역서, 원료 및 내용물의 입고, 사용, 폐기에 관련된 기록서 등은 작성 비치해야 한다.

⑤ 판매내역서 미작성 1차 위반 시 시정명령, 4차 위반 시 판매업무 및 해당품목 판매업무정지 6개월에 처해진다.

65 다음 〈보기〉에서 맞춤형화장품판매업자의 준수사항이 옳은 것으로 짝지어진 것은?

┤ 보기 ├

㉠ 혼합·소분 전에 손을 소독하거나 세정할 것. 다만, 혼합·소분 시 일회용 장갑을 착용할 수 없다.

㉡ 혼합·소분에 사용되는 내용물의 사용기한 또는 개봉 후 사용기간을 초과하여 맞춤형화장품의 사용기한 또는 개봉 후 사용기간을 정하지 말 것

㉢ 소분하는 맞춤형화장품은 미리 소분하여 보관하거나 판매할 수 있다.

㉣ 맞춤형화장품 판매내역서와 원료 및 내용물의 입고, 사용, 폐기 내역 등에 대하여 기록·관리해야 한다.

㉤ 혼합·소분 전에 내용물 및 원료의 사용기한 또는 개봉 후 사용기간을 확인하고, 사용기한 또는 개봉 후 사용기간이 지난 것은 자체평가를 통해 다시 사용 가능하다.

① ㉠, ㉢

② ㉠, ㉤

③ ㉡, ㉢

④ ㉡, ㉣

⑤ ㉣, ㉤

66 다음 중 맞춤형화장품에 대한 설명으로 옳지 않은 것을 고르시오.

① 화장품의 내용물과 원료를 혼합한 화장품
② 화장품의 원료와 원료를 혼합한 화장품
③ 화장품의 벌크와 벌크를 혼합한 화장품
④ 화장품의 내용물을 소분한 화장품
⑤ 화장품의 반제품에 원료를 혼합한 제품

67 맞춤형화장품판매업소의 혼합 · 소분 판매에 대한 내용 중 옳은 것은?

① 시중에 유통되어 판매하는 제품을 구입하여 소분한다.
② 판매의 목적이 아닌 제품의 홍보 · 판매촉진 등을 위하여 미리 소비자가 시험 · 사용하도록 제조 또는 수입된 화장품을 소분 판매한다.
③ 화장품책임판매업자로부터 받은 액체비누 벌크를 소분 판매한다.
④ 맞춤형화장품판매업자가 원료를 직접 구입해서 조제관리사가 원료와 원료를 혼합하여 판매한다.
⑤ 맞춤형화장품판매업자가 화장품 내용물을 직접 수입하여 조제관리사가 내용물과 혼합하여 판매한다.

68 다음 내용 중 맞춤형화장품조제관리사의 업무에 해당하는 것은?

① 홈쇼핑에서 구매한 화장품에 원료를 혼합 · 소분한다.
② 소비자가 직접 본인의 화장품을 혼합 · 소분하도록 감독한다.
③ 네일샵에서 메니큐어 혼합 후 고객에게 발라준다.
④ 미용실에서 염색을 위하여 염모제를 혼합 후 시술해준다.
⑤ 자외선차단용 대용량 벌크제품에 기능성으로 허가를 받은 미백원료를 혼합 · 소분한다.

69 다음 중 맞춤형화장품에 관련된 사항으로 옳게 설명한 것은?

① 책임판매업자로부터 공급받은 원료와 원료를 혼합하거나 소분 판매한다.

② 발모효과가 있는 벌크 샴푸를 소분하여 판매한다.

③ 맞춤형화장품조제관리사 자격증을 재발급 받을 때는 신청서와 신분증을 가지고 지방식품의약품안전청에 신청한다.

④ 손소독제를 소분하여 판매한다.

⑤ 혼합·소분 시 일회용장갑은 착용할 수 없고 반드시 손을 소독해야 한다.

70 맞춤형화장품 판매 시 준수사항으로 옳지 못한 것은?

① 원료 입고 시 품질관리 여부를 확인하고 품질성적서를 구비한다.

② 원료는 직사광선을 피하고 품질에 영향을 미치지 않는 장소에 보관한다.

③ 원료는 사용기한을 확인하고 관련 기록을 해야 한다.

④ 맞춤형화장품 판매 시 소비자에게 사용 시 주의사항과 내용물 및 원료에 대한 자료를 문서로 제공해야 한다.

⑤ 맞춤형화장품 판매 시 소비자에게 설명하지 않으면 1차 위반 시 200만 원 이하의 벌금 또는 시정명령에 처해진다.

71 피부색소에 대한 설명으로 옳지 않은 것은?

① 티로신이라는 아미노산이 '티로시나아제' 효소작용에 의해 변화하면서 '유멜라닌'과 '페오멜라닌'이 생성된다.

② 멜라닌형성세포 내의 멜라노좀에서 만들어진 멜라닌이 세포돌기를 통하여 각질 형성세포로 전달된다.

③ 피부의 색을 결정하는 색소는 멜라닌, 카로티노이드, 헤모글로빈이 있다.

④ 멜라닌색소의 양은 인종에 따라 차이가 없고 피부 색소의 종류와 수에 따라 피부색이 결정된다.

⑤ 카로틴은 비타민 A의 전구물질로 피부에 황색을 띠게 하며 황인종에게 많이 분포한다.

72 다음의 〈보기〉에서 표피의 각질층에 대한 설명으로 옳은 것으로 짝지어진 것은?

보기

㉠ 피부의 pH 측정은 표피의 각질층에서 측정하여 판단한다.

㉡ 20~25층의 죽은 세포로 구성되어 있으며 케라틴(50%), 지질, 천연 보습인자를 함유하고 있다.

㉢ 멜라닌색소가 형성되는 층이다.

㉣ 물의 침투에 대한 방어막 역할과 피부 내부로부터의 수분이 증발되는 것을 막아준다.

㉤ 피부의 퇴화가 시작되는 층에 해당한다.

① ㉠, ㉡   ② ㉠, ㉤

③ ㉡, ㉣   ④ ㉠, ㉣

⑤ ㉣, ㉤

73 피부의 활성 작용과 이에 관여하는 성분을 옳게 짝지은 것은?

〈피부의 작용〉

㉠ 멜라닌이 각질형성세포로 이동하는 것을 막아준다.

㉡ 티로신 효소작용 및 도파의 산화를 억제한다.

㉢ 남성호르몬인 테스토스테론이 DHT로 전환되어 탈모가 발생한다.

㉣ 티로시나아제는 멜라닌형성에 도움을 준다.

㉤ MMP는 교원섬유와 탄력섬유를 분해한다.

〈활성성분〉

ⓐ 5-알파 환원효소

ⓑ 아연이온

ⓒ 비타민 C 유도체

ⓓ 구리이온

ⓔ 나이아신아마이드

① ㉠ - ⓐ   ② ㉡ - ⓑ

③ ㉢ - ⓒ   ④ ㉣ - ⓓ

⑤ ㉤ - ⓔ

74 다음은 기능성화장품 기준 및 시험방법 [별표 2]에 따른 닥나무추출물의 시험방법이다. (   )에 들어갈 물질에 대한 설명으로 옳지 않은 것은?

> **닥나무추출물(Broussonetia Extract)**
> 이 원료는 닥나무 및 동속식물(뽕나무과)의 줄기 또는 뿌리를 에탄올 및 에칠 아세테이트로 추출하여 얻은 가루 또는 그 가루의 2w/v% 부틸렌글리콜 용액이다. 이 원료에 대하여 기능성 시험을 할 때 (   ) 억제율은 48.5~84.1%이다.

① 멜라닌을 형성하는 데 관여하는 효소이다.
② 소수성으로 물에 녹이면 침전물이 생긴다.
③ 대부분의 식물과 동물 조직에 존재한다.
④ 티로신을 하이드록시하여 도파를 형성하고 더 산화하여 도파퀴논을 형성할 때 관여한다.
⑤ 구리이온을 포함하는 효소로 구리이온과 결합하여 활성에 관여한다.

75 다음은 염모제의 염색의 원리에 대한 설명이다. 괄호 안에 들어갈 알맞은 용어로 짝지어진 것은?

> • (㉠)는 모표피의 시스틴을 손상시켜 염료와 (㉡)가 모피질 속으로 잘 스며들 수 있도록 하는 역할을 한다.
> • (㉡)는 모피질 속의 멜라닌색소를 파괴하여 머리카락의 색을 없애주는 탈색의 역할을 한다.

	㉠	㉡
①	암모니아	과산화수소
②	과산화수소	암모니아
③	암모니아	암모니아
④	과산화수소	과산화수소
⑤	황 산	과산화수소

76 〈보기〉에서 맞춤형화장품 관능평가에 사용되는 표준품으로 옳게 짝지어진 것은?

┤ 보기 ├

ⓐ 제품 표준견본
ⓑ 흡수도 표준견본
ⓒ 향료 표준견본
ⓓ 점도 표준견본
ⓔ 충진량 표준견본
ⓕ pH 표준견본
ⓖ 용기 · 포장재 한도견본
ⓗ 용기 · 포장재 표준견본

① ㉠, ㉢, ㉦, ㉧
② ㉠, ㉢, ㉤, ㉦
③ ㉠, ㉣, ㉤, ㉧
④ ㉡, ㉣, ㉤, ㉥
⑤ ㉢, ㉣, ㉤, ㉦

77 피부측정방법이 올바르지 않게 연결된 것은?

① 피부수분 – 전기전도도기
② 피부유분 – 카트리지필름
③ 홍반 – 헤모글로빈 측정
④ 탄력도 – 음압을 가한 후 복원정도 측정
⑤ 멜라닌 – 멜라닌의 색상 측정

78 화장품법 시행규칙 제19조, 제20조, 제21조에 따른 화장품의 표시 · 기재 사항에 대한 설명으로 틀린 것은?

① 화장품의 기재사항은 대통령령으로 정하는 바에 따라 한글로 읽기 쉽도록 기재 · 표시할 것
② 한글, 한자와 함께 병행 기재할 수 있다.
③ 30mL의 화장품은 전성분 표시를 생략할 수 있다.
④ 견본품은 전성분 표시를 생략할 수 있다.
⑤ 가격 표시는 소비자에게 직접 판매하는 최종판매자가 표시한다.

79 화장품책임판매업자로부터 공급받은 베이스의 성분표이다. 대화를 바탕으로 베이스 C 40%와 베이스 D 60%의 혼합비율로 맞춤형화장품을 혼합·소분 판매하려 할 때 화장품법에 따른 전성분 기재·표시 순서로 옳은 것은?

[베이스 C]

성분명	함 량
정제수	75.4
부틸렌글라이콜	5.0
소듐하이알루로네이트	5.0
시어버터	3.0
올리브오일	2.0
세틸알코올	1.5
PEG-40 스테아레이트	2.0
토코페릴아세테이트	0.2
글리세린	3.0
세라마이드	2.0
벤질알코올	0.2
포타슘소르베이트	0.4
합 계	100

[베이스 D]

성분명	함 량
정제수	60.8
알로에베라	20.0
소듐하이알루로네이트	2.5
올리브오일	3.0
호호바씨오일	1.5
부틸렌글라이콜	3.0
감초뿌리추출물	5.0
PEG-40 스테아레이트	2.0
세틸알코올	1.0
토코페릴아세테이트	0.3
벤질알코올	0.5
포타슘소르베이트	0.4
합 계	100

① 정제수, 알로에베라, 소듐하이알루로네이트, 감초뿌리추출물, 부틸렌글라이콜, 올리브오일, PEG-40 스테아레이트, 시어버터, 세틸알코올, 글리세린, 토코페릴아세테이트, 세라마이드, 호호바씨오일, 벤질알코올, 포타슘소르베이트

② 정제수, 알로에베라, 감초뿌리추출물, 부틸렌글라이콜, 소듐하이알루로네이트, 올리브오일, PEG-40 스테아레이트, 시어버터, 세틸알코올, 글리세린, 토코페릴아세테이트, 세라마이드, 호호바씨오일, 벤질알코올, 포타슘소르베이트

③ 정제수, 알로에베라, 소듐하이알루로네이트, 부틸렌글라이콜, 올리브오일, 감초뿌리추출물, PEG-40 스테아레이트, 시어버터, 세틸알코올, 글리세린, 토코페릴아세테이트, 세라마이드, 호호바씨오일, 벤질알코올, 포타슘소르베이트

④ 정제수, 알로에베라, 부틸렌글라이콜, 소듐하이알루로네이트, 감초뿌리추출물, 올리브오일, PEG-40 스테아레이트, 시어버터, 세틸알코올, 글리세린, 토코페릴아세테이트, 세라마이드, 호호바씨오일, 벤질알코올, 포타슘소르베이트

⑤ 정제수, 알로에베라, 부틸렌글라이콜, 감초뿌리추출물, 올리브오일, PEG-40 스테아레이트, 소듐하이알루로네이트, 시어버터, 세틸알코올, 글리세린, 토코페릴아세테이트, 세라아마이드, 호호바씨오일, 벤질알코올, 포타슘소르베이트

80 다음에서 설명하는 화장품의 제형이 옳게 짝지어진 것은?

> ㉠ 유화제 등을 넣어 유성성분과 수성성분을 균질화하여 이루어진 반고형상
>
> ㉡ 액체를 침투시킨 분자량이 큰 유기분자로 이루어진 반고형상

	㉠	㉡
①	로션제	겔 제
②	크림제	액 제
③	크림제	겔 제
④	크림제	로션제
⑤	로션제	액 제

 단답형

81 다음은 기능성화장품의 범위에 대한 내용이다. ( ) 안에 들어갈 알맞은 법령 용어를 순서대로 작성하시오.

> • 여드름성 피부를 완화하는 데 도움을 주는 화장품. 다만, (㉠)제품류로 한정한다.
> • (㉡)로 인한 붉은 선을 엷게 하는 데 도움을 주는 화장품.

82 다음은 천연화장품 및 유기농화장품에 대한 인증의 유효기간에 대한 설명이다. (　　) 안에 알맞은 숫자를 적으시오.

> 법 제14조의2 제1항에 따른 천연화장품과 유기농화장품 인증의 유효기간은 인증을 받은 날로부터 3년으로 한다. 인증의 유효기간을 연장받으려는 자는 유효기간 만료 (　　)일 전에 총리령으로 정하는 바에 따라 연장 신청을 하여야 한다.

_____

_____

_____

83 다음은 화장품 사용할 때의 주의사항 및 알레르기 유발성분 표시에 관한 규정 [별표 1] 화장품 유형에 대한 내용이다. (　　)에 들어갈 화장품 유형을 〈보기〉에서 찾아 적으시오.

> 클렌징 워터, 클렌징 오일, 클렌징 로션, 클렌징 크림 등 메이크업 리무버는 (　　)에 포함된다.

───────────────┤ 보기 ├───────────────

영유아용 제품류, 목욕용 제품류, 인체 세정용 제품류, 눈 화장용 제품류, 방향용 제품류, 두발 염색용 제품류, 색조 화장용 제품류, 두발용 제품류, 손발톱용 제품류, 면도용 제품류, 기초화장용 제품류, 체취 방지용 제품류, 체모 제거용 제품류

_____

_____

_____

84 다음은 안전성 정보에 대한 설명이다. (   ) 안에 들어갈 용어를 법령 그대로 적으시오.

- 화장품 안전성 정보의 보고 · 수집 · 평가 · (㉠) 등 관리 체계로 이루어진다.
- "안전성 정보"란 화장품과 관련하여 국민보건에 직접 영향을 미칠 수 있는 안전성 · (㉡)에 관한 새로운 자료, 유해사례 정보 등을 말한다.

85 다음은 기능성화장품에 별도로 표시 · 기재해야 되는 사항이다. (   )에 해당 법령에 기재된 용어를 순서대로 작성하시오.

〈사용 시 주의사항〉
" (㉠)의 예방 및 (㉡)를 위한 (㉢)이 아님 "

86 다음은 화장품법 시행규칙에 따라 기능성화장품의 심사를 받지 않고 보고서를 제출하는 기능성화장품에 대한 설명이다. (   ) 안에 들어갈 알맞은 숫자를 적으시오.

강한 햇볕을 방지하여 피부를 곱게 태워주는 기능을 가진 화장품 또는 자외선을 차단 또는 산란시켜 자외선으로부터 피부를 보호하는 기능을 가진 화장품인 기능성화장품의 경우 자외선차단지수의 측정값이 마이너스 (   )퍼센트 이하의 범위에 있는 경우에는 같은 효능 · 효과로 보며, 기능성화장품의 심사를 받지 아니하고 식품의약품안전처장에게 보고서를 제출하여 제품을 생산 · 판매할 수 있다.

87 다음은 AHA가 함유된 각질제거를 위한 화장품의 사용 시 주의사항이다. (　　) 안에 들어갈 용어를 순서대로 작성하시오(㉠은 숫자로, ㉡·㉢은 순서 관련 없이 보기에서 고르시오).

〈사용 시 주의사항〉

1. 햇빛에 대한 피부의 감수성을 증가시킬 수 있으므로 자외선차단제를 함께 사용하여 주십시오(씻어내는 제품 및 두발용 제품은 제외).

2. 피부 자극 등이 있을 수 있으니 일부에 시험 사용하여 피부 이상을 확인하여 주십시오.

3. 고농도의 AHA성분이 들어있어 부작용이 발생할 우려가 있으므로 전문의 등에게 상담 후 사용하여 주십시오.

┤ 문제 ├

AHA 성분이 10%를 초과하여 함유되어 있거나 산도가 (　㉠　) 미만인 제품만 별도의 사용 시 주의사항을 표시한다. AHA의 종류에는 (　㉡　), (　㉢　) 등의 성분이 있다.

┤ 보기 ├

팔미틱애씨드, 미리스틱애씨드, 라우릭애씨드, 벤조익애씨드, 하이드록시애씨드, 살리실릭애씨드, 소르빅애씨드, 락틱애씨드, 글라이콜릭애씨드

88 영유아용 로션의 전성분이 〈보기〉와 같을 때 함량을 표시해야 하는 성분을 모두 적으시오.

| 보기 |

성분명	함량
정제수	70.03
알로에베라추출물	15.0
세틸알코올	1.5
PEG–40 스테아레이트	3.0
비즈왁스	2.0
스쿠알란	3.5
디메치콘	2.5
카복시데실트라이실록세인	1.5
세틸피리디늄클로라이드	0.05
프로피오닉애씨드	0.9
착향제	0.02

알로에베리
베이비로션

300mL

89 다음은 화장품 사용 시의 주의사항 및 알레르기 유발성분 표시에 관한 규정 중 화장품의 성분 함유별 표시해야 하는 사용 시의 주의사항이다. (   ) 안에 공통으로 들어갈 공통 성분명을 한글로 작성하시오.

성 분	( ) 및 ( ) 생성물질 함유 제품
표시문구	눈에 접촉을 피하고 눈에 들어갔을 때는 즉시 씻어낼 것

90 화장품에 사용하는 수성원료 중 분자 내에 하이드록시기(OH−)를 2개 이상 가지고 있는 유기화합물인 다가알 코올을 폴리올류라고 한다. 하이드록시기(OH−)를 3개 지니고 있는 폴리올류 원료를 〈보기〉에서 고르시오.

┤ 보기 ├

시트릭애씨드, 솔비톨, 세틸알코올, 토코페롤, 글리세린, 아이소스테아릴알코올, 소듐하이알루로네이트, 세테아릴알코올, 부틸알코올, 프로필렌글라이콜, 에탄올

---

91 다음은 사용한도가 있는 원료에 대한 설명이다. 어떤 원료에 대한 설명인지 성분명을 적으시오.

$(C_5H_4ONS)_2Zn$

- 이 원료는 황색을 띤 회백색의 가루로 냄새는 없다.
- 이 원료는 디메틸설폭시드에 녹고 디메틸포름아미드 또는 클로로포름에 조금 녹으며 물 또는 에탄올에 거의 녹지 않는다.
- 사용 후 씻어내는 제품의 보존제로 사용 시 사용한도는 0.5%이다.

92 다음은 맞춤형화장품조제관리사 B가 고객 A에게 적절한 맞춤형화장품을 상담하는 내용이다. (   )에 들어갈 말을 순서대로 기입하시오.

┤ 대화 ├

A : 저는 평소 골프를 좋아합니다. 본래 피부가 건조하고 예민한 편인데 요즘은 밖에 10분만 있어도 피부가 금방 빨개지고 트러블이 생겨요.

B : 피부 상태를 먼저 측정해 보겠습니다.

(피부 상태 측정 후)

B : 고객님은 피부가 흰 편이고, 피부 민감도가 높은 편이며 피부가 많이 건조합니다. 또한 피부장벽이 무너져 민감성이 높아지고, 광과민성도 있어서 햇볕을 조금만 쬐어도 피부에 트러블이 생길 수 있는 상태입니다.

A : 네, 맞아요. 며칠 뒤 야외에서 4시간 정도 활동이 있습니다. 적합한 자외선차단제를 추천해주세요.

B : 민감성피부라서 자극성이 우려되므로 그에 적합한 SPF 수치의 자외선차단제품이 필요해 보입니다. 고객님의 피부상태와 야외활동 시간을 고려할 때, SPF (㉠) 이상의 제품을 추천드리며, 자외선차단성분 중 (㉡), (㉢) 성분이 들어간 제품을 추천합니다. 백탁현상이 있지만, 민감한 피부에 추천드리는 성분입니다.

93 화장품법 시행규칙 제18조에 의거 어린이가 개봉하기 어려운 안전용기 포장이 필요한 품목에 대한 내용이다. (   )에 들어갈 알맞은 용어를 〈보기〉에서 골라 넣으시오.

〈안전용기 포장이 필요한 대상 품목〉

• (㉠)을 함유하는 네일 에나멜 리무버 및 네일 폴리시 리무버
• 개별포장당 (㉡)를 5% 이상 함유하는 액체 상태의 제품

┤ 보기 ├

에탄올, 메탄올, 과산화수소, 멘톨, 살리실릭애씨드, 솔비톨, 아세톤, 아세틱애씨드, 알부틴, 치오글리콜산, 아이소프로필알코올, 토코페롤, 파라벤, 메틸살리실레이트, 벤질살리실레이트, 벤질알코올, 벤질신나메이트, 구연산, 신남알, 탄화수소, 광물성오일

94 다음은 화장품 안전기준 등에 관한 규정 중 유통화장품의 안전관리에 관한 내용이다. (   ) 안에 들어갈 용어를 순서대로 적으시오.

영·유아용 제품류, 영·유아용 샴푸, 영·유아용 린스, 영·유아 인체 세정용 제품(영·유아 목욕용 제품 제외), 눈 화장용 제품류, 색조 화장용 제품류, 두발용 제품류(샴푸, 린스 제외), 면도용 제품류(셰이빙 크림, 셰이빙 폼 제외), 기초화장용 제품류(클렌징 워터, 클렌징 오일, 클렌징 로션, 클렌징 크림 등 메이크업 리무버 제품 제외) 중 액, 로션, 크림, 및 이와 유사한 체형의 액상제품은 pH 기준이 (㉠)~(㉡)이어야 한다. 다만, (㉢)을 포함하지 않는 제품은 제외한다.

---

95 화장품 표시·광고를 위한 인증·보증기관의 신뢰성 인정에 관한 규정에 따른 인증·보증의 종류이다. (   ) 안에 들어갈 해당 규정에 기재된 용어를 한글로 작성하시오.

(   )·코셔(Kosher)·비건(Vegan) 및 천연·유기농 등 국제적으로 통용되거나 그 밖에 신뢰성을 확인할 수 있는 기관에서 받은 화장품 인증·보증

---

96 다음 〈보기〉에서 설명하는 피부측정법으로 적당한 용어를 작성하시오.

┤ 보기 ├

⊙ 피부를 통해 손실되는 수분량(단, 땀을 통한 수분배출은 제외)을 의미하며 피부로부터 증발 및 발산되는 수분량을 측정하므로서 피부장벽의 상태를 알 수 있는 피부측정법이다. 건조한 피부나 손상된 피부는 정상인에 비해 높은 값을 보인다.
ⓛ 피부장벽의 이상을 나타내는 것으로 과도한 수분량의 손실로 피부의 건조를 유발한다.

97 ( ) 안에 알맞은 용어를 한글로 기입하시오.

자연보습인자를 구성하는 수용성의 아미노산은 ( )이 상층으로 이동함에 따라서 각질층 내의 단백분해효소(아미노펩티데이스, 카복시펩티데이스)에 의해 분해된 것이다.

98 다음은 기능성화장품 원료의 유효성에 관한 설명이다. ( ) 안에 들어갈 해당 법령에 기재된 용어를 한글로 작성하시오.

덱스판테놀, 비오틴, 엘-멘톨, 징크피리치온, 징크피리치온액 50%는 ( )증상 완화에 도움을 준다.

99 다음에서 설명하는 세포의 종류를 〈보기〉에서 골라 ㉠, ㉡ 순서대로 작성하시오.

구 분	특 성
㉠	• 피하 지방을 생산하여 몸을 따뜻하게 보호 • 탄력성 유지 및 체온조절기능 • 외부의 충격으로부터 몸을 보호
㉡	• 진피 내에 존재 • 콜라겐 및 엘라스틴을 합성 생성

─── 보기 ───

각질형성세포, 멜라닌형성세포, 섬유아세포, 기저층, 머켈세포, 비만세포, 지방세포, 대식세포, 백혈구, 적혈구, 랑게르한스세포, 멜라노좀, 멜라닌, 케라토히알린과립, 미토콘드리아, 과립층

---

100 다음은 화장품 교육의 의무에 대한 내용이다. (   ) 안에 들어갈 알맞은 숫자를 작성하시오.

• 교육 주기 : 매년 1회
• 교육 내용 : 화장품 관련 법령 및 제도 관련 사항, 책임판매 후 안전성 확보 및 품질관리에 관한 사항
• 교육시간 : 매년 (㉠)시간 이상, (㉡)시간 이하

기출복원문제

📋 선다형

01 화장품법 시행규칙 제19조(화장품 포장의 기재·표시 등)에 따라 화장품법 시행규칙 제2조(기능성화장품의 범위)에 해당하는 제품에는 "질병의 예방 및 치료를 위한 의약품이 아님"이라는 문구를 반드시 표시해야 한다. 다음 기능성화장품 중 이에 해당하는 제품이 아닌 것은?

① 탈모에 도움을 주는 샴푸
② 기미, 주근깨 등의 생성을 억제함으로써 피부의 미백에 도움을 주는 크림
③ 여드름성 피부를 완화하는 데 도움을 주는 폼클렌저
④ 피부장벽의 기능을 회복하여 가려움 등의 개선에 도움을 주는 크림
⑤ 튼살로 인한 붉은 선을 엷게 하는 데 도움을 주는 마사지 크림

02 식품의약품안전처 고시 천연화장품 및 유기농화장품의 기준에 관한 규정에 따라 천연·유기농화장품에 사용 가능한 미네랄 유래원료가 아닌 것을 〈보기〉에서 모두 고르시오.

┤ 보기 ├
ㄱ 벤토나이트
ㄴ 카올린
ㄷ 미네랄오일
ㄹ 소듐설페이트
ㅁ 마그네슘스테아레이트
ㅂ 비스머스옥시클로라이드

① ㄱ, ㄴ   ② ㄴ, ㅂ
③ ㄷ, ㅁ   ④ ㄷ, ㄹ
⑤ ㅁ, ㅂ

03 천연화장품 및 유기농화장품의 기준에 관한 규정에 따라 천연화장품 및 유기농화장품의 용기와 포장에 사용할 수 없는 포장재를 〈보기〉에서 고르시오.

> ┤ 보기 ├
>
> ㉠ 폴리에틸렌 테레프탈레이트
> ㉡ 폴리에틸렌
> ㉢ 폴리프로필렌
> ㉣ 폴리스티렌폼
> ㉤ 폴리염화비닐

① ㉠, ㉡
② ㉡, ㉣
③ ㉢, ㉤
④ ㉢, ㉣
⑤ ㉣, ㉤

04 화장품 사용할 때의 주의사항 및 알레르기 유발성분 표시에 관한 규정에 따라 인체 세정용 제품만으로 묶인 것을 고르시오.

① 물티슈, 클렌징 워터
② 클렌징 크림, 바디클렌저
③ 외음부 세정제, 셰이빙 폼
④ 폼클렌저, 액체 비누
⑤ 샴푸, 버블 배스

05 화장품법 시행규칙 제6조에 따라 제조업자가 반드시 갖추어야 할 것이 아닌 것은?

① 원료, 자재 및 제품의 품질검사를 위해 필요한 시험실
② 제조 작업을 하는 작업소
③ 원료, 자재 및 제품을 보관하는 보관소
④ 품질검사에 필요한 시설 및 기구
⑤ 원료 폐기시설

06 화장품법 제5조, 화장품법 시행규칙 제12조, 제13조, 제14조에 따른 화장품 책임판매업자의 의무사항으로 옳은 것을 〈보기〉에서 고르시오.

┤ 보기 ├

ⓐ 화장품책임판매업자는 지난해의 생산실적 또는 수입실적을 다음 해 2월 말까지 식품의약품안전처장이 정하여 고시하는 바에 따라 식품의약품안전처장에게 보고하여야 한다.

ⓑ 화장품책임판매업자는 화장품의 안전성 확보 및 품질관리에 관한 교육을 매년 1회 받아야 한다.

ⓒ 수입대행형 거래(전자상거래 등에서의 소비자보호에 관한 법률 제2조 제1호에 따른 전자상거래만 해당한다)를 목적으로 화장품을 알선, 수여하는 영업으로 화장품책임판매업을 등록한 자가 수입화장품에 대한 품질검사를 하지 아니하려는 경우에는 식품의약품안전처장이 정하는 바에 따라 식품의약품안전처장에게 수입화장품의 제조업자에 대한 현지실사를 신청하여야 한다.

ⓓ 과산화화합물을 0.5퍼센트 이상 함유하는 제품의 경우에는 해당 품목의 안정성시험 자료를 최종 제조된 제품의 제조년월일로부터 1년간 보존한다.

ⓔ 화장품책임판매업자는 화장품의 제조과정에 사용된 원료의 목록을 화장품의 유통·판매 전까지 보고해야 한다.

① ㉠, ㉡   ② ㉡, ㉤

③ ㉣, ㉤   ④ ㉢, ㉣

⑤ ㉠, ㉤

07 화장품법 시행규칙 제12조에 따라 화장품책임판매업자가 준수하여야 할 사항으로 알맞지 않은 것을 고르시오.

① 레티놀(Vit A) 및 그 유도체, 아스코빅애씨드(Vit C) 및 그 유도체, 토코페롤(Vit E), 과산화수소수, 효소의 성분을 0.5% 이상 함유하는 제품의 경우에는 해당 품목의 안정성시험 자료를 최종 제조된 제품의 사용기한이 만료되는 날부터 1년간 보존할 것

② 제조업자로부터 받은 제품표준서 및 품질관리기록서(전자문서 형식 포함)를 보관할 것

③ 화장품의 제조를 위탁하거나 원료, 자재 및 제품의 품질검사를 위하여 필요한 시험실을 갖춘 제조업자에게 품질검사를 위탁하는 경우 제조 또는 품질검사가 적절하게 이루어지고 있는지 수탁자에 대한 관리, 감독을 철저히 하여야 하며, 제조 및 품질관리에 관한 기록을 받아 유지, 관리하고 그 최종 제품의 품질관리를 철저히 할 것

④ 수입된 화장품을 유통·판매하는 영업으로 화장품책임판매업을 등록한 자는 제조국 제조회사의 품질관리기준이 국가 간 상호 인증되었거나 제11조 제2항에 따라 식품의약품안전처장이 고시하는 우수화장품 제조 및 품질관리기준과 같은 수준 이상이라고 인정되는 경우에는 국내에서의 품질검사를 하지 아니할 수 있다. 이 경우 제조국 제조회사의 품질검사 시험성적서는 품질관리기록서를 갈음한다.

⑤ 수입된 화장품을 유통·판매하는 영업으로 화장품책임판매업을 등록한 자의 경우 대외무역법에 따른 수출, 수입요령을 준수 및 전자무역 촉진에 관한 법률에 따른 전자무역문서로 표준통관예정을 보고할 것

08 다음 중 안정성 및 유효성에 대한 설명으로 틀린 것을 고르시오.

① 원료에 함유된 화학적으로 규명된 성분 중 품질관리 목적으로 정한 성분을 지표성분이라 한다.

② 안정성이란 다양한 물리, 화학적 조건에서 화장품 성분이 일정한 상태를 유지하는 성질로 화학적 변화에는 변색, 변취, 오염, 결정, 석출 등이 있고 물리적 변화에는 분리, 침전, 응집, 겔화, 휘발, 고화, 연화, 균열 등이 있다.

③ 다양한 물리, 화학적 조건에서 화장품 성분의 변색, 변취, 상태변화 및 지표성분의 함량 변화를 통해 화장품 성분의 변화 정도를 평가하는 것을 성분 안정성평가라 한다.

④ 미백에 도움을 주는 효능을 가지는 나이아신아마이드는 화학적 유효성의 예이다.

⑤ 자외선차단 효능을 가지는 징크옥사이드는 물리적 유효성의 예이다.

09 화장품법 제4조, 화장품법 시행규칙 제9조, 기능성화장품 심사에 관한 규정 제6조에 따라 옳은 설명을 고르시오.

① 기능성화장품으로 인정받아 판매 등을 하려는 화장품제조업자, 화장품책임판매업자, 맞춤형화장품판매업자 또는 총리령으로 정하는 대학, 연구소 등은 품목별로 안전성 및 유효성에 관하여 식품의약품안전처장의 심사를 받거나 식품의약품안전처장에게 보고서를 제출하여야 한다.

② 심사를 받은 기능성화장품에 대한 권리를 양도, 양수할 수 없다.

③ 안전성에 관한 자료는 비임상시험관리기준에 따라 시험한 자료여야 한다. 다만, 인체첩포시험 및 인체누적첩포시험은 국내·외 대학 또는 전문연구기관에서 실시하여야 하며, 관련분야 전문의사, 연구소 또는 병원 기타 관련 기관에서 10년 이상 해당 시험 경력을 가진 자의 지도 및 감독하에 수행, 평가되어야 한다.

④ 유효성 또는 기능에 관한 자료 중 인체적용시험자료를 제출하여 효력시험자료 제출을 면제받은 경우 해당 유효성분의 효능·효과를 기재·표시할 수 있다.

⑤ 자외선차단지수(SPF)가 10인 제품의 경우 자외선차단지수, 내수성 자외선차단지수(내수성 또는 지속내수성) 및 자외선 A차단등급(PA) 설정의 근거자료의 자료 제출을 면제한다.

10 화장품법 시행규칙 제26조의2, 식품의약품안전처 고시 소비자화장품안전관리감시원 운영 규정에 따라 옳지 않은 것을 고르시오.

① 지방식약청장은 소비자화장품감시원의 활동실적 등을 고려하여 본인 및 소속 단체장(제3조 제2항에 따라 추천을 받은 경우)의 동의를 얻어 2년 단위로 그 임기를 연장할 수 있다.

② 소비자화장품감시원으로 위촉받고자 하는 자는 소비자화장품감시원을 대상으로 한 교육과정을 최소 8시간 이상 이수하여야 한다.

③ 식품의약품안전처장 또는 지방식품의약품안전청장은 소비자화장품감시원에 대하여 반기마다 화장품 관계 법령 및 위해화장품 식별 등에 관한 교육을 실시하고, 소비자화장품감시원이 직무를 수행하기 전에 그 직무에 관한 교육을 실시하여야 한다.

④ 소비자화장품감시원은 해당 소비자화장품감시원을 위촉한 지방식약청의 관할 구역 내에서 직무수행을 하는 것을 원칙으로 한다. 다만 식품의약품안전처장이 계통조사를 명하면 소비자화장품감시원은 관할 구역 밖에서 직무를 수행할 수 있다.

⑤ 식품의약품안전처장이 정하여 고시하는 교육과정을 마친 사람은 소비자화장품안전관리감시원으로 위촉될 수 있다.

11 개인정보 보호법 제17조에 따라 정보주체의 개인정보를 제3자에게 제공하기 위해 정보주체의 동의를 받을 때 정보주체에게 알려야 하는 사항을 〈보기〉에서 모두 고르시오.

┤ 보기 ├

㉠ 개인정보를 제공받는 자의 이용 목적
㉡ 개인정보를 제공받는 자
㉢ 제공받는 개인정보의 보관방법
㉣ 개인정보 제공 동의 일자
㉤ 제공하는 개인정보의 항목

① ㉠, ㉡, ㉢

② ㉠, ㉡, ㉤

③ ㉡, ㉢, ㉣

④ ㉡, ㉢, ㉤

⑤ ㉢, ㉣, ㉤

12 다음은 개인정보 보호법에 따라 맞춤형화장품판매업자 "양스코스메틱"이 작성한 개인정보 수집, 활용 동의서이다. 빈칸 ㉠과 ㉡에 들어갈 것으로 알맞은 것을 고르시오.

〈개인정보 수집, 활용 동의서〉

개인정보 보호법 등 관련 법규에 의거하여 맞춤형화장품판매업자 "양스코스메틱"은
고객님의 개인정보 수집 및 활용을 대해 개인정보 수집, 활용 동의서를 받고 있습니다.
개인정보 제공자가 동의한 내용 외의 다른 목적으로 활용하지 않으며, 제공된 개인정보의 이용을
거부하고자 할 때에는 개인정보 관리책임자를 통해 열람, 정정, 삭제를 요구할 수 있습니다.
제공된 개인정보는 아래의 항목의 제한된 범위에서만 활용됩니다.

보유기간	이용목적	수집항목
6~12개월	맞춤형화장품 광고 맞춤형화장품 이벤트 알림	㉠
6~12개월	맞춤형화장품 조제 맞춤형 정보 제공	㉡

개인정보 보호법 제15조 제2항 제4호에 의거 위 사항에 대한 개인정보 제공을 거부할 권리가 있으며,
거부에 따른 불이익이 발생할 수 있음을 알려드립니다.
개인정보 보호법 등 관련 법규에 의거하여 상기 본인은 위와 같이 개인정보 수집 및 활용에 동의합니다.

2022년 00월 00일

고객명 :　　　　　　(인)

	㉠	㉡
①	주민등록번호	인종이나 민족에 관한 정보
②	외국인등록번호	범죄경력자료에 해당하는 정보
③	이름, 연락처, 생년월일	피부의 상태
④	정당의 가입, 탈퇴	정치적 견해
⑤	유전정보	주 소

13 다음 〈보기〉는 해당 폼클렌저의 전성분이다(단, 사용상의 제한이 필요한 원료가 최대 사용한도로 사용되었으며, 모든 성분의 함량이 높은 순서대로 전성분 표기되었다). 맞춤형화장품조제관리사 A씨는 맞춤형화장품 판매업소에 찾아온 손님에게 폼클렌저를 조제해주었다. A씨가 손님에게 해야 할 설명으로 옳지 않은 것은?

보기

전성분 : 정제수, 글리세린, 미리스틱애씨드, 소듐하이드록사이드, 글리세릴스테아레이트에스이, 코카마이드디이에이, 프로필렌글라이콜, 윗점오일, 비즈왁스, 코카미도프로필베타인, 피이지-60하이드로제네이티드캐스터오일, 페녹시에탄올, 라놀린, 소듐클로라이드, 클로로페네신, 토코페릴아세테이트, 에탄올, 다이소듐이디티에이, 미네랄오일

---

① 해당 제품의 소듐클로라이드가 0.3~1.0% 포함되어 있으며, 해당 제품의 pH는 11 이하여야 한다.
② 윗점오일은 식물성오일로 밀의 배아에서 추출했으며 비타민 E와 필수지방산이 풍부하다.
③ 미네랄오일은 광물성오일로 유동파라핀으로도 불리며 쉽게 산화되지 않고 무색, 무취로 유화되기 쉬운 오일이다.
④ 해당 제품에는 양쪽성계면활성제가 비이온계면활성제보다 더 많이 들어있다.
⑤ 라놀린은 왁스류이고 천연 원료에서 석유화학용제를 이용하여 추출할 경우 천연화장품에서 사용할 수 있다.

14 세정력과 거품 형성이 우수하여 화장품에서 인체 세정용 제품으로 활용되는 계면활성제를 고르시오.

① 소듐라우릴설페이트
② 코카마이드 MEA
③ 알킬디메틸암모늄클로라이드
④ 베헨트라이모늄클로라이드
⑤ 폴리솔베이트60

15 다음 화장품 원료의 특성과 그 성분이 옳게 짝지어지지 않은 것은?

	주요성분	특 성	대표적 성분
①	살균제	• 미생물살균 • 양이온성 계면활성제	4급 암모늄화합물, 알코올류, 알데하이드류, 세테아디모늄클로라이드
②	점증제	• 에멀전의 안정성 강화 • 액제의 점증을 높임	소듐카복시메틸셀룰로오스, 폴리비닐알코올, 카보머, 잔탄검, 셀룰로오스 유도체 등
③	계면활성제	• 세정제의 주요성분 • 이물제거의 기능	소듐라우릴설페이트, 암모늄라우릴설페이트, 칼슘카보네이트, 비누
④	용 제	물질을 용해시킴	알코올, 글리콜, 벤질알코올
⑤	금속이온봉쇄제	• 금속이온의 작용을 억제 • 세정제의 기포 안정화	소듐트리포스페이트, 소듐시트레이트, EDTA

16 다음은 미백, 주름, 자외선차단으로 자료 제출하여 인증받은 3중 기능성화장품 '트리플 A 페이셜크림'의 제조 시 사용 가능한 각 기능성 원료의 함량이다. 출하 가능한 함량으로 묶인 것은? (식품의약품안전처로부터 인증받은 함량 : ㉠ 나이아신아마이드 2%, ㉡ 아데노신 0.04%, ㉢ 에칠헥실살리실레이트 4.9%)

	㉠	㉡	㉢
①	1.78%	0.032%	4.24%
②	1.80%	0.033%	4.32%
③	1.82%	0.036%	4.35%
④	2.00%	0.038%	4.40%
⑤	2.05%	0.039%	4.42%

17 식품의약품안전처 고시 기능성화장품 기준 및 시험방법에 따라 알부틴 로션제 제형의 기능성화장품을 제조 후 1ppm 이하로 검출되어야 하는 성분은 무엇인가?

① 감광소
② 히드로퀴논
③ 페닐파라벤
④ 메틸이소치아졸리논
⑤ 아스코빅애씨드

18 다음 대화를 읽고 맞춤형화장품조제관리사 A가 고객 B와의 상담내용 참고하여 〈보기〉에서 처방할 성분의 개수를 고르시오(다만, 책임판매업자로부터 받은 기능성 성분은 기능성 허가를 받은 성분이며, 기능성 성분의 사용함량은 기능성화장품 심사 시 자료제출이 생략되는 범위 내이다).

---| 대화 |---

A : 야외활동을 많이 해서 피부가 많이 그을렸어요. 그리고 요새 주름도 생긴 것 같아요. 제가 저번에 처방받은 전성분에 필요한 성분을 추가해주셨으면 좋겠어요.

B : 네, 우선 피부측정부터 해봅시다.

(피부측정 후)

B : 측정 결과를 확인해보니 고객님의 피부 수분도는 정상인데 고객님의 피부에 기미와 주름이 증가했네요. 미백 관련 기능성 성분과 주름 관련 기능성 성분을 기존제품에 추가해드리겠습니다.

A : 네, 그런데 조제관리사님, 지용성인 미백 기능성 성분과 지용성인 주름 기능성 성분으로 부탁드립니다.

---| 보기 |---

㉠ 아데노신 0.03%
㉡ 아스코빌테트라이소팔미테이트 3.0%
㉢ 티타늄디옥사이드 15%
㉣ 소듐하이알루로네이트 1.0%
㉤ 레티닐팔미테이트 5000 IU/g%

① 0개
② 1개
③ 2개
④ 3개
⑤ 4개

19 화장품에 사용되는 원료의 종류에 대한 설명으로 옳은 것을 〈보기〉에서 모두 고르시오.

보기

ⓐ 비타민 A는 레티노이드로 알려진 지용성 물질군으로 레티놀, 레틴알데하이드 및 레티노익애씨드의 3가지 형태가 있으며 이들은 서로 상호전환된다.

ⓑ pH 조절제는 산도조절제의 중화과정 및 최종제품의 pH를 조절하는 데 사용되며 화장품에 사용되는 대표적인 중화제로는 트라이에탄올아민, 시트릭애씨드, 알지닌, 포타슘하이드록사이드 등이 있다.

ⓒ 레티놀은 산화가 잘되므로 유도체 형태인 토코페릴아세테이트로 만들어 사용한다.

ⓓ 비타민 C는 강력한 항산화기능을 가지나, 상대적으로 일반적인 저장 및 가공 과정하에서 불안정하며 열, 산화, 전이금속에 의해 구조가 파괴될 수 있다.

ⓔ 비타민이란 생체의 정상적인 발육과 영양을 유지하는 데 미량으로 필수적인 무기화합물을 총칭하며 지용성 비타민에는 비타민 A, E, F 등이 있다.

① ㉠, ㉡
② ㉡, ㉣
③ ㉡, ㉤
④ ㉢, ㉣
⑤ ㉣, ㉤

20 다음 중 색소에 대한 설명으로 옳은 것을 고르시오.

① "타르색소"라 함은 제1호의 색소 중 콜타르, 그 중간생성물에서 유래되었거나 무기합성하여 얻은 색소 및 그 레이크, 염, 희석제와의 혼합물을 말한다.

② "희석제"라 함은 레이크 제조 시 순색소를 확산시키는 목적으로 사용되는 물질을 말한다.

③ 착색 안료는 색이 선명하지는 않으나 빛과 열에 강하여 변색이 잘되지 않는 특성을 가진다.

④ 염료는 구조 내에서 가용기가 없고 물, 오일에 용해하지 않는 유색 분말이다.

⑤ 일반적으로 레이크는 안료보다 착색력, 내광성이 높아 립스틱, 브러쉬 등의 메이크업 제품에 널리 사용된다.

21 〈보기〉에서 체질안료를 모두 고르시오.

┤ 보기 ├

㉠ 탄산칼슘
㉡ 황색산화철
㉢ 탤크
㉣ 옥시염화비스머스
㉤ 티타늄디옥사이드

① ㉠, ㉢
② ㉢
③ ㉡, ㉣
④ ㉢, ㉣
⑤ ㉤

22 〈보기〉는 자외선차단 핸드크림의 전성분을 나열한 것이다. 사용상의 제한이 필요한 원료를 최대 사용한도를 사용하고 자료제출이 생략되는 기능성화장품 성분을 최대함량으로 사용하여 제조하였을 때, 로즈힙꽃오일의 함량의 범위를 구하시오.

┤ 보기 ├

전성분 : 정제수, 글리세린, 옥토크릴렌, 글리세릴스테아레이트, 스위트아몬드열매추출물, 시녹세이트, 세틸알코올, 디메치콘 글리세릴스테아레이트, 로즈힙꽃오일, 스테아릭애씨드, 프로필렌글라이콜이소스테아레이트, 벤질알코올, 포타슘세틸포스페이트, 메칠파라벤, 카보머, 소듐이소스테아로일락틸레이트, 트로메타인, 디소듐이디티에이

① 0.1 ~ 5.0%
② 0.1 ~ 10.0%
③ 1.0 ~ 5.0%
④ 1.0 ~ 10.0%
⑤ 5.0 ~ 10.0%

23 다음 보기는 화장품제조업자 양스코스메틱이 제조한 아이크림 100g의 제품표준서이다. 다음 중 옳은 것을 고르시오.

양스코스메틱	제품표준서	문서번호	A0001
		개정일자	2022.00.00
	제품명 : 촉촉수분크림	개정번호	1
		페이지	1/31

원료명	기준량(%)
정제수	63%
세라마이드	10%
감초뿌리추출물	5% (감초뿌리추출물 89%, 부틸렌글라이콜 10.8%, 벤조익애씨드 0.2%)
스쿠알란	5%
카프릴릭/카프릭트라이글리세라이드	3%
소듐하이알루로네이트	3%
베타인	3%
아보카도오일	2.5%
비즈왁스	2.5%
세틸알코올	1%
피이지-8 스테아레이트	0.45%
카보머	0.35%
페녹시에탄올	0.2%
향료	0.1%(리날룰 2%, 신남알 1%)

① 비즈왁스는 산패나 변질이 잘되는 문제점이 있다.
② 피이지-8 스테아레이트의 함량은 450ppm이다.
③ 감초뿌리추출물에 존재하는 보존제가 원료 자체에 들어있는 부수 성분으로서 그 효과가 나타나게 하는 양 보다 적은 양이 들어있는 성분이므로 전성분에 표시하지 않아도 된다.
④ 페녹시에탄올은 보존제로써 사용한도가 0.1%이므로 위 제품은 출시할 수 없다.
⑤ 해당 제품의 전성분에 알레르기 유발성분인 리날룰, 신남알은 반드시 표기해야 한다.

24 화장품 사용할 때의 주의사항 및 알레르기 유발성분 표시에 관한 규정 [별표 1]에 따라 "고압가스를 사용하는 에어로졸 제품"에 추가로 기재해야 하는 주의사항을 〈보기〉에서 모두 고르시오.

┌─ 보기 ─┐

⊙ 화장품 사용 시 또는 사용 후 직사광선에 의하여 사용 부위가 붉은 반점, 부어오름 또는 가려움증 등의 이상 증상이나 부작용이 있는 경우 전문의 등과 상담할 것
ⓛ 눈 주위 또는 점막 등에 분사하지 말 것
ⓒ 온도가 40℃ 이상 되는 장소에 보관하지 말 것
ⓔ 얼굴에 직접 분사하지 말고 손에 덜어서 바를 것
ⓜ 가능하면 인체에서 10cm 이상 떨어져서 사용할 것

① ㄱ, ㄷ
② ㄴ, ㄷ
③ ㄴ, ㅁ
④ ㄷ, ㄹ
⑤ ㄹ, ㅁ

25 식품의약품안전처 고시 화장품 안전기준 등에 관한 규정 [별표 2]에 따라 핸드크림에는 첨가할 수 없지만 샴푸에는 첨가할 수 있는 보존제를 〈보기〉에서 모두 고르시오.

┌─ 보기 ─┐

⊙ 메칠이소치아졸리논
ⓛ 살리실릭애씨드
ⓒ 징크피리치온
ⓔ 벤제토늄클로라이드
ⓜ 트리클로카반

① ㄱ, ㄴ
② ㄱ, ㄷ
③ ㄴ, ㄹ
④ ㄷ, ㅁ
⑤ ㄹ, ㅁ

26 화장품 위해평가 가이드라인에 따른 화장품 위해평가에 대한 설명으로 옳은 것을 〈보기〉에서 모두 고르시오.

───┤ 보기 ├───

㉠ 위험성 확인은 위해요소에 노출됨에 따라 발생할 수 있는 독성의 정도와 영향의 종류 등을 파악하는 과정이다.

㉡ 위험성 결정은 위해요소 및 이를 함유한 화장품의 사용에 따른 건강상 영향을 인체노출허용량(독성기준값) 및 노출수준을 고려하여 사람에게 미칠 수 있는 위해의 정도와 발생빈도 등을 정량적으로 예측하는 과정이다.

㉢ 노출평가는 화장품 사용량, 피부흡수율 등의 관련 자료를 토대로 가상의 시나리오를 설정하여 이에 따른 인체 노출량을 정량적으로 산출하는 과정이다.

㉣ 위험에 대한 충분한 정보가 부족한 경우 위해평가가 필요하다.

㉤ 피부로 노출된 경우의 전신노출량(SED) 산출 시 피부흡수율은 문헌에 보고된 값이나 실험값 중 신뢰성 있는 값을 선택하여 적용한다. 다만, 자료가 없는 경우 보수적으로 45%로 적용할 수 있다.

① ㉠, ㉡   ② ㉠, ㉢
③ ㉡, ㉤   ④ ㉢, ㉣
⑤ ㉣, ㉤

27 다음 그림은 위해평가 모식도이다. 빈칸에 들어갈 알맞은 말을 고르시오.

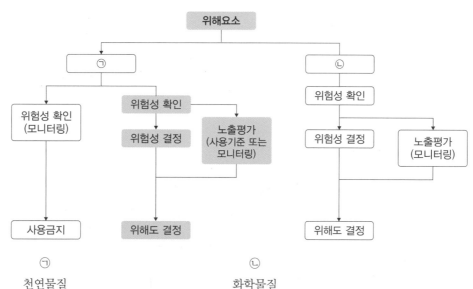

	㉠	㉡
①	천연물질	화학물질
②	위해사례가 보고된 물질	위해사례가 보고되지 않은 물질
③	의도적 사용물질	비의도적 오염물질
④	의도적 천연물질	비의도적 천연물질
⑤	의도적 화학물질	비의도적 화학물질

28 다음 〈보기〉 중 위해평가 및 화장품 안전의 일반사항에 대한 설명으로 옳은 것을 모두 고르시오.

| 보기 |

ⓐ 개인별 화장품 사용에 관한 편차를 고려하여 일반 사용환경에서 화장품 성분을 위해평가한다.

ⓑ 화장품 성분의 안전성은 노출조건에 따라 달라질 수 있다. 다만, 노출조건이 화장품의 형태, 접촉 빈도 및 기간, 관련 체표면적 등에 따라 달라지지는 않는다.

ⓒ 제품에 대한 위해평가는 개개 제품에 따라 다를 수 있으나 일반적으로 화장품의 위험성은 각 원료성분의 독성자료에 기초하며, 모든 원료성분에 대해 독성자료가 필요하다.

ⓓ 화장품의 사용방법에 따라 피부흡수 또는 예측 가능한 경구섭취, 흡입독성에 의한 전신독성이 고려될 수 있다.

ⓔ 화장품 성분의 화학구조에 따라 물리, 화학적 반응 및 생물학적 반응이 결정되며 화학적 순도, 조성 내의 다른 성분들과의 상호작용 및 피부투과 등은 효능과 안정성 및 안전성에 영향을 미칠 수 있다.

① ㉠, ㉡

② ㉡, ㉢

③ ㉢, ㉣

④ ㉢, ㉤

⑤ ㉣, ㉤

29 다음의 위해화장품의 회수계획 및 회수절차에 대한 설명 중 옳은 설명을 고르시오.

① 회수대상 화장품이라는 사실을 안 날로부터 5일 이내에 회수계획서에 회수확인서, 제조기록서, 판매량의 기록을 첨부하여 지방식품의약품안전청장에게 제출해야 한다.

② 병원미생물에 오염된 화장품은 위해성 등급 나등급에 해당한다.

③ 책임판매관리자를 두지 않고 판매한 화장품은 위해성 등급 다등급에 해당한다.

④ 회수계획량의 1/4 이상 1/3 미만을 회수했을 때, 행정처분이 업무정지 또는 품목의 제조, 수입, 판매 업무 정지인 경우에는 정지처분기간의 1/3 이하의 범위에서 경감한다.

⑤ 위해화장품의 공표를 한 영업자는 공표일, 공표매체, 공표횟수, 공표문 사본 또는 내용이 포함된 공표결과를 지방식품의약품안전청장에게 통보하여야 한다.

30 화장품법 시행규칙 제14조의2, 제14조의3, 제 14조의4에 따른 설명으로 옳은 것을 〈보기〉에서 모두 고르시오.

┤ 보기 ├

ㄱ 회수계획량의 1/3 이상을 회수한 경우 행정처분 기준이 업무정지라면 정지처분기간의 1/3 이하의 범위에서 경감한다.

ㄴ 디페닐아민이 들어간 화장품은 회수를 시작한 날로부터 15일 이내 회수를 종료해야 한다.

ㄷ 데오드런트의 내용량 표기를 120mL로 했으나 실제 내용량이 114mL인 경우 일반 일간신문의 게재가 생략되고 해당 영업자의 인터넷 홈페이지와 식품의약품안전처의 인터넷 홈페이지에 게재된다.

ㄹ 탄저균에 오염된 화장품은 위해성 등급 다등급에 해당한다.

ㅁ 아이섀도의 니켈 잔류함량이 0.032mg인 경우 회수를 시작한 날로부터 30일 이내 회수를 종료해야 한다.

① ㄱ, ㄷ

② ㄱ, ㄹ

③ ㄴ, ㅁ

④ ㄴ, ㄹ

⑤ ㄷ, ㅁ

31 우수화장품 제조 및 품질관리기준(CGMP) 제15조에 따라 품질관리기준서에 포함되어야 하는 사항인 것을 〈보기〉에서 모두 고르시오

┤ 보기 ├

ㄱ 원자재 · 반제품 · 완제품의 기준 및 시험방법

ㄴ 완제품 등 보관용 검체의 관리

ㄷ 시험결과 부적합품에 대한 처리방법

ㄹ 표준품 및 시약관리

ㅁ 취급 시의 혼동 및 오염 방지대책

ㅂ 작업원의 건강관리 및 건강 상태의 파악 · 조치방법

① ㄱ, ㄷ

② ㄴ, ㄹ

③ ㄴ, ㅂ

④ ㄷ, ㅁ

⑤ ㄹ, ㅂ

32 우수화장품 제조 및 품질관리기준(CGMP) 4대 기준서 중 제조관리기준서에 포함되지 않는 것을 고르시오.

① 원자재 관리에 관한 사항

② 완제품 관리에 관한 사항

③ 제조지시관리에 관한 사항

④ 시설 및 기구 관리에 관한 사항

⑤ 제조공정관리에 관한 사항

33 우수화장품 제조 및 품질관리기준(CGMP) 제8조에 따라 작업소 시설에 관한 설명으로 틀린 것은?

① 공기 조절이란 "공기의 온도, 습도, 공중미립자, 풍량, 풍향, 기류의 전부 또는 일부를 자동적으로 제어하는 일"이며 공기 조절 4대 요소는 실내온도, 청정도, 기류, 습도이다.

② HEPA-filter를 설치한 작업장에서 일반적인 작업을 실시하면 필터가 막혀버려서 오히려 작업장소의 환경이 나빠진다.

③ "팬 코일+에어컨 방식"보다 센트럴 방식과 환기만 하는 방식으로 각각 설치하는 것이 비용적으로 더 바람직하다.

④ 공기 조절 시 에어필터를 통하여 외기를 도입하거나, 순환시킬 필요가 있다.

⑤ 청정 등급의 경우 각 등급 간의 공기의 품질이 다르므로 등급이 낮은 작업실의 공기가 높은 등급으로 흐르지 못하도록 어느 정도의 공기압차가 있어야 한다. 일반적으로는 2급지>3급지>4급지 순으로 실압을 높이고 외부의 먼지가 작업장으로 유입되지 않도록 설계한다.

34 우수화장품 제조 및 품질관리기준(CGMP) 제8조에 따른 작업실 시설기준으로 옳은 것을 고르시오.

	청정도 등급	해당 작업실	청정공기 순환	관리기준
①	1	Clean Bench	20회/hr 이상 또는 차압관리	부유균 : 10개/m³ 또는 낙하균 : 20개/hr
②	2	일반 실험실	10회/hr 이상 또는 차압관리	부유균 : 200개/m³ 또는 낙하균 : 30개/hr
③	3	내용물보관소	10회/hr 이상 또는 차압관리	부유균 : 200개/m³ 또는 낙하균 : 30개/hr
④	4	원료보관소	차압관리	갱의, 포장재의 외부 청소 후 반입
⑤	4	갱의실	환기장치	—

35 다음 대화는 우수화장품 제조 및 품질관리기준(CGMP) 적합판정을 받는 제조업소의 직원 A와 신입사원 B의 대화이다. 밑줄 친 것 중 우수화장품 제조 및 품질관리기준(CGMP) 및 화장품 위해평가 가이드라인에 따른 옳지 않은 것을 고르시오.

┤ 대화 ├

A : B님, 저희 회사에 입사하기 전에도 다른 화장품제조업소에서 일하셨다고 하셨죠?

B : 네, ① 현행법상 다른 모든 화장품 제조업소와 마찬가지로 제가 다니던 제조업소도 식품의약품안전처장으로부터 우수화장품 제조 및 품질관리기준 적합판정을 받아 CGMP 인증을 의무적으로 취득했습니다.

A : 그렇다면 우수화장품 제조 및 품질관리기준에 대해 잘 아시겠군요. 하지만 저희 교육규정에 따라 B님은 CGMP 교육을 정기적으로 받으셔야 합니다.

B : 네 알겠습니다.

A : 혹시 현재 피부에 외상이 있거나 질병에 걸리셨습니까? ② 피부에 외상이 있거나 질병에 걸렸다면 1차 포장업무 뿐만 아니라 2차 포장 업무도 불가능합니다.

B : 아니요, 저는 현재 피부에 외상도 없고 건강한 상태입니다.

A : 그렇다면 오늘 충진 업무를 하실 수 있겠군요. ③ 작업장에 입실하기에 앞서 손세정을 해야 합니다. 손을 대상으로 하는 세정 제품으로는 고형 타입의 비누와 액상 타입의 핸드워시로 구성되어 있습니다. 각 화장실 및 수세실에 배치하였으므로 참고하세요.

B : 비누를 손에 충분히 묻히고 흐르는 물에 손을 구석구석 닦았습니다. 이제 입실하면 되죠?

A : 아니요. ④ 손세정 후 반드시 손을 건조시켜야 합니다. 작업모, 작업보, 작업화를 제대로 착용하셨는지 점검하겠습니다. ⑤ 2급지 작업실의 작업자는 반드시 방진복을 착용하고 작업장 입실하여야 합니다.

---

36 소독제의 조건 및 선택 시 고려할 사항으로 〈보기〉에서 옳지 않은 것은 모두 몇 개 인가?

┤ 보기 ├

㉠ 항균 스펙트럼의 범위를 고려해야 한다.

㉡ 내성균의 출현 빈도를 고려해야 한다.

㉢ 물에 대한 용해성을 고려해야 한다.

㉣ 에탄올은 높은 농도일수록 소독이 잘 된다.

㉤ 대상 미생물의 종류와 수를 고려해야 한다.

㉥ 법 규제 및 소요비용을 고려해야 한다.

㉦ 소독 전에 존재하던 미생물을 최소한 95% 이상 사멸시켜야 한다.

① 0   ② 1개
③ 2개   ④ 3개
⑤ 4개

37 우수화장품 제조 및 품질관리기준(CGMP)에 따른 설비에 대한 설명으로 옳은 것은?

① 게이지와 미터는 온도, 압력, 흐름, pH, 점도, 속도, 부피 등을 측정 또는 기록하기 위해 사용되는 기구이며, 설계 고려 대상은 설비의 작업부분과 제품이 접촉하는 것을 최대화하여 설비가 제대로 움직이지 않게 해야 한다.

② 탱크의 구성 재질은 구리, 알루미늄 등으로 한다.

③ 이층파이프는 메인 파이프에서 두 번째 라인으로 흘러가도록 밸브를 사용할 때 밸브는 데드렉(Dead leg)을 방지하기 위해 주 흐름에 가능한 한 가깝게 위치해야 하며, 이송파이프는 이음새로 연결해서는 안 된다.

④ 펌프는 제품을 혼합하기 위해 사용되며, 기어는 점성이 있는 액체에 사용된다.

⑤ 믹서를 고르는 방법 중 일반적인 접근은 실제 생산 크기의 뱃치 생산 전에 시험적인 정률감소(Scale-down) 기준을 사용하는 뱃치들을 제조하는 것이다.

38 〈보기〉의 우수화장품 제조 및 품질관리기준(CGMP) 제8조, 제10조에 따른 시설, 설비 및 기구 관리에 대한 설명으로 옳은 것을 고르시오.

┤ 보기 ├

㉠ 유지관리는 예방적 활동, 유지보수, 정기 검교정으로 나눌 수 있다. 유지보수는 고장 발생 시의 긴급점검이나 수리를 말하며, 작업을 실시할 때, 설비의 갱신, 변경으로 기능이 변화해도 된다.

㉡ 제조 및 품질관리에 필요한 설비 등은 사용목적에 적합하고, 청소가 가능하며, 필요한 경우 위생·유지관리가 가능하여야 한다. 자동화시스템을 도입한 경우는 다를 수 있다.

㉢ 제조하는 화장품의 종류, 제형에 따라 적절히 구획, 구분되어 있어 교차오염 우려가 없어야 한다.

㉣ 수세실과 화장실은 접근이 용이하도록 생산구역 내에 위치시킨다.

㉤ 천장은 가능한 매끄러운 표면을 지니도록 하고 바닥은 거칠게 한다.

① ㉠, ㉡

② ㉠, ㉢

③ ㉡, ㉢

④ ㉢, ㉣

⑤ ㉣, ㉤

39 우수화장품 제조 및 품질관리기준(CGMP) 및 맞춤형화장품조제관리사 교수 학습가이드에 따른 설비세척, 소독 및 판정에 대한 설명으로 틀린 것을 〈보기〉에서 모두 고르시오.

┤ 보기 ├

ⓐ 물 또는 증기만으로 설비를 세척할 수 있으면 가장 좋으며, 브러쉬 등의 세척 기구를 적절히 사용해서 세척한다.

ⓑ 설비 소독 시 직열의 방법은 다루기 어려운 설비나 파이프에 효과적이나 습기가 다량 발생하여 고에너지를 소비한다.

ⓒ 닦아내기 판정 시 설비 별로 닦아내는 천의 색상을 미리 정해 놓고 정해 놓은 색상만 써야 한다.

ⓓ 린스 정량법은 상대적으로 복잡한 방법이지만, 수치로서 결과를 확인할 수 있으나 잔존하는 불용물은 정량할 수 없다.

ⓔ 린스 액의 최적정량방법으로서 박층 크로마토그래프법(TLC)을 사용한다.

① ㉠, ㉡

② ㉡, ㉢

③ ㉡, ㉢, ㉤

④ ㉡, ㉢, ㉣

⑤ ㉡, ㉢, ㉣, ㉤

40 입고된 원료 및 내용물의 관리기준으로 옳은 것을 고르시오.

① 원료가 재포장될 때, 새로운 용기에는 원래의 것과 다른 라벨링이 있어야 한다.

② 원료의 용기는 밀폐되어 바닥에 적재하여 보관되어야 한다.

③ 원료의 샘플링은 조도가 밝은 별도 공간에서 실시한다.

④ 보관기한이 규정되어 있지 않은 원료는 품질부문에서 적절한 보관기한을 정할 수 있으며 물질의 정해진 보관기한이 지나면, 해당 물질을 무조건 폐기해야 한다.

⑤ 원칙적으로 원료공급처의 사용기한을 준수하여 원료의 보관기한을 설정하여야 하며, 사용기한 내에서 자체적인 재시험 기간과 최소 보관기한을 설정, 준수해야 한다.

41 화장품에 사용되는 원료관리 방법과 표준작업절차서에 대한 내용으로 틀린 것을 〈보기〉에서 모두 고르시오.

보기

ⓐ 모든 기록문서는 적절한 보존기간이 규정되어야 한다.

ⓑ 표준작업절차서의 유효기간이 만료된 경우, 직접 구역으로부터 회수하여 폐기되어야 하며, 관련 직원이 확인할 수 없도록 한다.

ⓒ 표준작업절차서는 정기적으로 재검토하고 최신 절차서 원본을 작업 현장에 비치해야 한다.

ⓓ 원료의 수급기간을 고려하여 최대 발주량을 선정해 구매요청서로 발주하며, 원료 선적 용기에 대하여 확실한 표기 오류, 용기손상, 봉인파손, 오염 등에 대해 육안으로 검사한다.

ⓔ 화장품의 원료를 거래처로부터 받아서 원료의 구매 요청서와 성적서, 현품이 일치하는가를 살핀 후에 원료 입출고 관리장에 기록해야 하며, 필요한 경우 운송관련 자료를 추가적으로 확인할 수 있다.

① ㉠, ㉢
② ㉠, ㉡
③ ㉡, ㉤
④ ㉢, ㉣
⑤ ㉢, ㉤

42 우수화장품 제조 및 품질관리기준(CGMP) 제19조, 제20조, 제21조에 따른 설명으로 옳은 것?

① 완제품 보관용 검체는 일반적으로 개별 화장품의 취약성, 예상되는 운반, 보관, 진열 및 사용 과정에서 뜻하지 않게 일어나는 가능성 있는 가혹한 조건에서 품질 변화를 검토하기 위해 사용하는 것으로 가혹한 환경 및 조건에서 보관한다.

② 품질보증부서 검체채취 담당자가 제품시험용 및 보관용 검체를 채취하며, 품질보증책임자가 제품시험을 책임지고 실시한다.

③ 시험용 및 보관용 검체는 사용기한 경과 후 1년간 보관한다. 다만 개봉 후 사용기간을 정하는 경우 제조일로부터 3년간 보관한다.

④ 보관용 검체를 보관하는 목적은 제품의 사용기한 중에 발생할지도 모르는 재검토작업에 대비하기 위함이며, 시판 제품의 포장형태와 동일하여야 한다.

⑤ 보관용 검체의 용기에는 명칭 또는 확인코드, 제조번호, 검체채취 일자를 기재해야 한다.

43 우수화장품 제조 및 품질관리기준(CGMP) 제2조, 제11조에 따른 포장재 및 입고관리에 대한 설명으로 틀린 것을 〈보기〉에서 고르시오.

┤ 보기 ├

㉠ "포장재"란 운송을 위해 사용되는 외부 포장재를 비롯한 화장품의 포장에 사용되는 모든 재료를 말한다. 제품과 직접적으로 접촉하는지 여부에 따라 1차 또는 2차 포장재라고 말한다.

㉡ 2차 포장이란 1차 포장을 수용하는 1개 또는 그 이상의 포장과 보호재 및 표시의 목적으로 한 포장을 지칭하며 첨부문서를 포함한다.

㉢ 입고된 포장재는 보류, 적합, 부적합에 따라 각각의 구분된 공간에 별도로 보관되어야 하며, 다만 동일 수준의 보증이 가능한 다른 시스템이 있다면 대체할 수 있다. 필요한 경우 부적합된 포장재를 보관하는 공간은 잠금장치를 추가한다.

㉣ 원자재의 입고 시 구매요구서, 원자재 공급업체 성적서 및 현품이 서로 일치하여야 하며, 필요한 경우 운송 관련 자료를 추가적으로 확인할 수 있다. 포장재 선적용기에 대해 확실한 표기오류, 용기손상, 봉인파손, 오염 등에 대해 육안으로 검사한다.

㉤ 외부로부터 반입되는 모든 포장재는 관리를 위해 표시해야 하며 필요한 경우 포장외부를 깨끗이 청소한다. 적합판정이 내려지면, 포장재는 생산장소로 이송되며 품질이 부적합되지 않도록 하기 위해 수취와 이송 중 관리 등 사전 관리가 필요하다.

① ㉠, ㉡
② ㉠, ㉢
③ ㉡, ㉢
④ ㉢, ㉣
⑤ ㉣, ㉤

44 우수화장품 제조 및 품질관리기준(CGMP) 제13조에 따라 보관관리에 대한 설명으로 옳지 않은 것은?

① 보관조건은 각각의 원료와 포장재에 적합하여야 하고, 과도한 열기, 추위, 햇빛 또는 습기에 노출되어 변질되는 것을 방지할 수 있어야 한다.

② 원칙적으로 원료공급처의 사용기한을 준수하여 보관기한을 설정하여야 하며, 사용기한 내에서 자체적인 재시험 기간과 최대 보관기한을 설정 준수하여야 한다.

③ 원료와 포장재의 용기는 통풍이 잘되도록 개방해 보관하며, 청소와 검사가 용이하도록 충분한 간격으로, 바닥과 떨어진 곳에 보관되어야 한다.

④ 원료와 포장재가 재포장될 경우 원래의 용기와 동일하게 표시되어야 한다.

⑤ 재고의 회전을 보증하기 위한 방법이 확립되어 있어야 한다. 따라서 특별한 경우를 제외하고, 가장 오래된 재고가 제일 먼저 불출되도록 선입선출한다.

45 다음은 영유아용 샴푸 300mL의 품질시험 성적서이다. 화장품 안전기준 등에 관한 규정에 따라 적합하지 않은 항목의 개수는? (단, 자체 시험기준은 비중 : 1.20~1.30, 점도 : 7000~8000cP, pH : 8~9.5)

시험항목	시험결과
pH	6.5
성상	액상
비중(25℃)	1.25~1.26
점도(25℃)	4840cP
납	38μg/g
비소	7μg/g
수은	2μg/g
디옥산	13μg/g
세균수	100개/g(mL)
진균수	150개/g(mL)

① 0개

② 1개

③ 2개

④ 3개

⑤ 4개

46 다음 표는 외음부 세정제 100g의 시험성적서이다. 〈보기〉에서 옳은 설명을 모두 고르시오.

시험항목	시험결과
폴리에톡실레이티드레틴아마이드	0.2g
알부틴	1g
비중(25℃)	0.8(g/mL)
납	28μg/g
비소	7ppm
수은	0.8μg/g
세균수	460개/g(mL)
진균수	585개/g(mL)

┤ 보기 ├

㉠ "만 3세 이하의 영유아에게는 사용하지 말 것"이라는 사용 시 주의사항을 제품에 표기해야 한다.

㉡ "폴리에톡실레이티드레틴아마이드는 인체적용시험자료에서 경미한 발적, 피부건조, 화끈감, 가려움, 구진이 보고된 예가 있음"이라는 사용 시의 주의사항을 제품에 표시해야 한다.

㉢ "알부틴은 인체적용시험자료에서 구진과 경미한 가려움이 보고된 예가 있음"이라는 사용 시의 주의사항을 제품에 표시해야 한다.

㉣ 해당 제품 내용물의 부피는 125mL이다.

㉤ 해당 제품은 위해화장품으로서 공표 시 일반 일간신문의 게재 생략이 가능하다.

① ㉠, ㉡
② ㉠, ㉢
③ ㉠, ㉣
④ ㉢, ㉤
⑤ ㉣, ㉤

47 식품의약품안전처 고시 화장품 안전기준 등에 관한 규정에 따라 옳은 설명을 〈보기〉에서 모두 고르시오.

┤ 보기 ├

㉠ 로션 제품을 10배 희석한 것에 0.2mL를 채취하여 두 배지에 도말하여 검사한 결과 평균 세균수 10개/mL, 진균수 6개/mL가 검출되어 적합 판정하였다.

㉡ 바디오일 제품 2개를 혼합한 것이 포름알데하이드가 60μg/g 검출되어 "이 성분에 과민한 사람은 주의해 주십시오"라는 문구를 사용 시 주의사항에 표기해야 한다.

㉢ 폼클렌저의 pH가 2.4, 안티몬이 6ppm, 디옥산 0.01mg 검출되어 부적합 판정을 내렸다.

㉣ 탤크를 함유한 파우더 제품에 납 35ppm, 비소 0.0012% 검출되어 부적합 판정을 내렸다.

㉤ 토너에 메탄올이 1,000μl/l 검출되어 부적합 판정을 내렸다.

① ㉠, ㉢

② ㉠, ㉣

③ ㉡, ㉤

④ ㉡, ㉣

⑤ ㉢, ㉤

48 〈보기〉는 화장품 안전기준 등에 관한 규정 [별표 4] 유통화장품 안전관리 시험방법에 따라 황색포도상구균을 검출하는 시험방법이다. 빈칸에 들어갈 알맞은 말을 고르시오.

┤ 보기 ├

〈검액의 조제 및 조작〉

검체 1g 또는 1mL을 달아 카제인대두소화액체배지를 사용하여 10mL로 하고 30~35℃에서 24~48시간 증균 배양한다. 증균배양액으로 (㉠) 이식하여 30~35℃에서 24시간 배양하여 균의 집락이 검정색이고 집락주위에 황색투명대가 형성되며 그람염색법에 따라 염색하여 검경한 결과 그람 양성균으로 나타나면 (㉡)을 실시한다. (㉡) 음성인 경우 황색포도상구균 음성으로 판정하고, 양성인 경우에는 황색포도상구균 양성으로 의심하고 동점시험으로 확인한다.

	㉠	㉡
①	보겔존슨한천배지	응고효소시험
②	맥콘키한천배지	응고효소시험
③	카제인대두소화액체배지	응고효소시험
④	베어드파카한천배지	옥시다제시험
⑤	세트리미드한천배지	옥시다제시험

49 다음 〈보기〉는 화장품 안전기준 등에 관한 규정 [별표 4] 유통화장품 안전관리 시험방법의 일부이다. 빈칸에 들어갈 알맞은 숫자를 고르시오.

┤ 보기 ├

검체 약 (㉠)g 또는 (㉠)mL를 취하여 100mL 비이커에 넣고 물 (㉡)mL를 넣어 수욕상에서 가온하여 지방분을 녹이고 흔들어 섞은 다음 냉장고에서 지방분을 응결시켜 여과한다. 이때 지방층과 물층이 분리되지 않을 때는 그대로 사용한다. 여액을 가지고 기능성화장품 기준 및 시험방법(식품의약품안전처 고시) 일반시험범 1. 원료의 "47. pH 측정법"에 따라 시험한다. 다만, 성상에 따라 투명한 액상인 경우에는 그대로 측정한다.

	㉠	㉡
①	1	10
②	1	20
③	1	30
④	2	20
⑤	2	30

50 맞춤형화장품제조에 사용되는 원료 및 내용물의 규격에 대한 설명이다. 옳지 않은 것을 고르시오.

① 표준온도는 20℃, 상온은 15~25℃, 실온은 1~30℃, 미온은 30~40℃로 한다. 냉소는 따로 규정이 없는 한 15℃ 이하의 곳을 뜻한다.

② 액체가 일정방향으로 운동할 때 그 흐름에 평행한 평면의 양측에 내부마찰력이 일어나는데, 이 성질을 점성이라고 한다. 점성은 면의 넓이 및 그 면에 대하여 수직방향의 속도구배에 비례하며, 그 비례정수를 절대점도라 하고, 일정온도에 대하여 그 액체의 고유 정수이다. 그 단위로서는 포아스 또는 센티포아스를 쓴다. 같은 온도의 액체의 밀도를 절대점도로 나눈 값을 운동점도라 말하고, 그 단위로는 스톡스 또는 센티스톡스를 쓴다.

③ 용액의 농도를 (1→5), (1→10), (1→100) 등으로 기재한 것은 고체물질 1g 또는 액상물질 1mL를 용제에 녹여 전체량을 각각 5mL, 10mL, 100mL 등으로 하는 비율을 나타낸 것이다. 또 혼합액을 (1:10) 또는 (5:3:1) 등으로 나타낸 것은 액상물질의 1용량과 10용량과의 혼합액, 5용량과 3용량과 1용량과의 혼합액을 나타낸다.

④ 향취는 따로 규정이 없는 한 그 1g을 100mL 비커에 취하여 시험한다.

⑤ 화장품 원료의 시험은 따로 규정이 없는 한 상온에서 실시하고, 조작 직후 그 결과를 관찰하는 것으로 한다.

51 화장품 안전기준 등에 관한 규정의 [별표 3] 인체 세포 · 조직 배양액 안전기준에 따라 세포 · 조직 채취 및 검사기록서에 포함되어야 할 항목으로 옳은 것을 〈보기〉에서 모두 고르시오.

┤ 보기 ├

㉠ 채취 연월일
㉡ 검사자의 나이 및 혈액형
㉢ 공여자의 적격성 평가 결과
㉣ 시험기관의 등급
㉤ 세포 또는 조직의 종류
㉥ 세포 또는 조직의 채취방법, 채취량

① ㉠, ㉤, ㉥
② ㉠, ㉡, ㉤, ㉥
③ ㉠, ㉢, ㉤, ㉥
④ ㉠, ㉣, ㉤, ㉥
⑤ ㉠, ㉢, ㉣, ㉤, ㉥

52 우수화장품 제조 및 품질관리기준(CGMP) 제22조에 따른 재작업에 대한 설명으로 틀린 것을 고르시오.

① 뱃치 전체 또는 일부에 추가 처리를 하여 부적합품을 적합품으로 다시 가공하여 사용할 수 있다.
② 재입고할 수 없는 제품의 폐기처리규정을 작성하여야 하며 폐기 대상은 따로 보관하고 규정에 따라 신속하게 폐기하여야 한다.
③ 재작업은 그 대상이 변질 · 변패 또는 병원미생물에 오염되지 아니하거나 사용기한이 1년 이상 남아있는 경우에 가능하다.
④ 기준일탈이 된 완제품 또는 벌크제품은 재작업할 수 있다. 하지만 폐기하는 것이 가장 바람직하며 재작업 여부는 품질보증 책임자에 의해 승인되어 진행된다.
⑤ 부적합 제품의 권한 소유자는 제조책임자이며 재작업하기에 앞서 먼저 권한 소유자에 의한 원인조사가 필요하다.

53 우수화장품 제조 및 품질관리기준(CGMP) 제24조에 따른 중대하지 않은 일탈인 것을 고르시오.

① 작업 환경이 생산 환경 관리에 관련된 문서에 제시하는 기준치를 벗어났을 경우

② 생산 시의 관리 대상 파라미터의 설정치 등에 있어서 설정된 기준치로부터 벗어난 정도가 15%이고 품질에 영향을 미치지 않는 것이 확인되어 있을 경우

③ 관리 규정에 의한 관리 항목(생산 시의 관리 대상 파라미터의 설정치 등)보다도 하위 설정(범위를 넓힌)의 관리 기준에 의거하여 작업이 이루어진 경우

④ 제조 공정에 있어서의 원료 투입에 있어서 동일 온도 설정하에서의 투입순서에서 벗어났을 경우

⑤ 생산 작업 중에 설비·기기의 고장, 정전 등의 이상이 발생하였을 경우

54 우수화장품 제조 및 품질관리기준(CGMP) 제22조에 따른 기준일탈 제품의 처리 순서를 〈보기〉에서 고르시오.

┤ 보기 ├

ㄱ 시험, 검사, 측정이 틀림없음을 확인

ㄴ 기준일탈의 처리

ㄷ 시험, 검사, 측정에서 기준일탈 결과 나옴

ㄹ 격리보관

ㅁ 기준일탈 제품에 불합격라벨 첨부

ㅂ 기준일탈의 조사

① ㄷ - ㄱ - ㅂ - ㄹ - ㄴ - ㅁ

② ㄷ - ㄱ - ㅂ - ㄴ - ㄹ - ㅁ

③ ㄷ - ㅂ - ㄱ - ㄴ - ㅁ - ㄹ

④ ㄷ - ㅂ - ㄱ - ㄴ - ㄹ - ㅁ

⑤ ㄷ - ㅂ - ㄱ - ㄹ - ㄴ - ㅁ

55 다음은 포장재 소재별 특성을 나타낸 것이다. ㉠, ㉡에 들어갈 소재의 종류를 고르시오.

| 보기 |

- ㉠ : 반투명, 광택, 내약품성 우수, 내충격성 우수, 잘 부러지지 않음, 원터치 캡에 사용
- ㉡ : 내충격성 양호, 금속 느낌을 주기 위한 도금 소재로 사용, 향료, 알코올에 약함

	㉠	㉡
①	PP	ABS수지
②	AS수지	PS
③	PET	HDPE
④	PVC	PP
④	HDPE	PVC

56 화장품법 시행규칙 제18조에 따라 안전용기·포장 대상이 아닌 것을 고르시오.

① 개별포장당 메틸살리실레이트를 7% 함유하는 비분무용 에센셜오일 제품
② 개별포장당 메틸살리실레이트를 15% 함유하는 액체상태의 향수
③ 개별포장당 미네랄오일을 12% 이상 함유하고 운동점도가 21센티스톡스(섭씨 40도 기준)이며 에멀션이 아닌 액체상태의 비분무용 제품
④ 개별포장당 스쿠알란을 14% 함유한 로션
⑤ 아세톤을 함유하는 네일 에나멜 리무버 비분무용 제품

57 맞춤형화장품에 대한 설명으로 틀린 것을 고르시오.

① 맞춤형화장품은 반드시 맞춤형조제관리사가 조제해야 한다.
② 맞춤형화장품의 제조일자는 혼합·소분일을 의미한다.
③ 맞춤형화장품에 혼합할 수 있는 원료는 식품의약품안전처장이 고시한 화장품에 사용할 수 없는 원료, 화장품에 사용상의 제한이 필요한 원료, 기능성화장품의 효능·효과를 나타내는 원료를 제외한 나머지 원료를 혼합할 수 있다.
④ 맞춤형화장품판매업자는 원료와 내용물을 반드시 품질성적서와 함께 공급받아야 한다.
⑤ 판매한 맞춤형화장품이 유해사례가 발생한 경우 즉시 회수하여 폐기처분한다.

58 화장품법 제3조의5에 따라 맞춤형화장품판매업소에 근무하는 맞춤형화장품조제관리사의 결격사유가 아닌 것을 〈보기〉에서 고르시오.

┤ 보기 ├

㉠ 정신건강증진 및 정신질환자 복지서비스 지원에 관한 법률 제3조 제1호에 따른 정신질환자

㉡ 마약류 관리에 관한 법률 제2조 제1호에 따른 마약류의 중독자

㉢ 피성년후견인 또는 파산선고를 받고 복권되지 아니한 자

㉣ 화장품법 또는 보건범죄 단속에 관한 특별 조치법을 위반하여 금고 이상의 형을 선고받고 그 집행이 끝나지 아니하거나 그 집행을 받지 아니하기로 확정되지 아니한 자

㉤ 화장품법 제24조에 따라 등록이 취소되거나 영업소가 폐쇄된 날로부터 1년이 지나지 아니한 자

① ㉠, ㉡

② ㉠, ㉤

③ ㉡, ㉢

④ ㉢, ㉤

⑤ ㉣, ㉤

59 화장품법 제13조 및 화장품 표시·광고 관리 가이드라인에 따라 의약품으로 잘못 인식할 우려가 있는 표시 또는 광고인 것을 〈보기〉에서 모두 고르시오.

┤ 보기 ├

㉠ 인체세포·조직배양액을 사용해 세포성장을 촉진

㉡ 붓기, 다크서클 완화

㉢ 피부노화 완화, 안티에이징, 피부노화 징후 감소

㉣ 얼굴 윤곽개선, V라인 형성에 도움

㉤ 빠지는 모발을 감소시킴

① ㉠, ㉡

② ㉠, ㉣

③ ㉡, ㉢

④ ㉢, ㉤

⑤ ㉣, ㉤

60 맞춤형화장품판매업자가 화장품을 판매할 때 한 행동으로 옳은 것은?

① 안전용기·포장은 식품의약품안전처장이 고시한 기준에 따른다.

② 바디오일의 pH 측정치가 9.2가 나와 폐기처분하였다.

③ 향수에 함유된 메탄올이 에탄올의 변성제로서 알코올 성분 중 2% 함유되어 폐기처분하였다.

④ 영유아용 샴푸의 내용량을 250mL로 표기하고 실제 충진량을 240mL로 한다.

⑤ 표기량이 200mL인 크림 제품 3개의 평균 내용량이 192mL이어서 6개를 더 취하여 시험한 결과 9개의 평균 내용량이 194mL이므로 해당 제품을 판매하였다.

61 다음을 읽고, 〈보기〉에서 맞춤형화장품판매업자 A씨가 할 일로 옳지 못한 것을 모두 고르시오.

> "양스 플레이스"라는 맞춤형화장품판매소를 운영하고 있는 맞춤형화장품판매업자 A씨의 영업계획은 2021년 9월 31일에 부산에서 서울로 업소를 이전하고 상호를 "마이 플레이스"로 바꾸는 것이다. A씨는 사업확장을 하여 서울에 총 3개의 맞춤형화장품판매업소를 차릴 계획이다. 또한 고용되었던 맞춤형화장품조제관리사 B씨는 2021년 10월 15일에 그만두기로 하였고 2021년 10월 3일에 새로운 맞춤형화장품조제관리사 C씨를 고용할 계획이다.

─────┤ 보기 ├─────

㉠ 맞춤형화장품조제관리사 자격을 취득한 A씨가 맞춤형화장품조제관리사를 겸직하여 하나의 지점에서 근무할 수 있으며 지점별 맞춤형화장품조제관리사 3명을 각각 신고한다.

㉡ 맞춤형화장품조제관리사의 변경신고를 해야 한다.

㉢ 맞춤형화장품판매업소의 소재지 변경신고를 부산지방식품의약품안전청에 한다.

㉣ A씨는 소재지 및 상호 변경을 인터넷으로 접수한 후 맞춤형화장품판매업 신고필증의 뒷면에 변경사항을 자필로 적어야 한다.

㉤ A씨가 신고필증 원본을 식품의약품안전처장에게 우편으로 보낸다.

① ㉠, ㉡

② ㉠, ㉤

③ ㉡, ㉢

④ ㉢, ㉣

⑤ ㉣, ㉤

62 다음 〈보기〉에서 맞춤형화장품조제관리사만이 할 수 있는 일의 개수를 고르시오.

| 보기 |

⊙ 라벤더꽃오일 50%, 에탄올 50%을 혼합하여 향수를 조제한다.

ⓛ 화장품책임판매업자가 내용물과 원료의 최종 혼합 제품을 기능성화장품으로 기심사(또는 보고)받은 나이 아신아마이드 베이스에 벤질알코올을 혼합한다.

ⓒ 손님이 가져온 로션 제품에 로션 내용물을 섞는다.

ⓔ 미리 소분해 둔 100kg의 화장비누를 판매한다.

ⓜ 토너에 자연적인 느낌을 주기 위해 에이치시 녹색1호를 첨가한다.

ⓑ 화장품책임판매업자로부터 받은 로션베이스에 징크옥사이드 원료를 화장품책임판매업자가 기능성화장품 보고서 제출한 조합·함량의 범위 내에서 혼합한다.

ⓢ 맞춤형화장품조제관리사가 수입한 크림베이스와 녹차추출물을 혼합한다.

① 0개
② 1개
③ 2개
④ 3개
⑤ 4개

63 고객이 구입한 맞춤형화장품 내용물에 검은 물질이 검출되어 항의하기 위해 판매업소에 해당 맞춤형화장품을 가지고 왔다. 〈보기〉는 해당 맞춤형화장품의 전성분이다. 재발방지를 위해 맞춤형화장품조제관리사가 해야 할 행동은?

| 보기 |

전성분 : 정제수, 부틸렌글라이콜, 글리세린, 트라이에탄올아민, 글리세릴스테아레이트, 참마뿌리추출물, 판테놀, 베타인, 피이지-100 스테아레이트, 소듐하이알루로네이트, 세테아릴알코올, 벤질알코올, 스쿠알란, 비즈왁스, 디메치콘, 카보머, 미네랄오일

① 에멀전이 분리되어서 발생했으므로 유화제를 더 첨가하여 제형을 안정화시킨다.
② 보존제인 페녹시에탄올 1%를 추가한다.
③ 도구 및 기기 세척 및 70% 에탄올 소독하여 위생관리를 한다.
④ 징크옥사이드를 넣어 제품을 하얗게 보이게 한다.
⑤ 시트릭애씨드를 첨가하여 pH를 낮춘다.

64 혼합 시 제형의 안정성을 감소시키는 요인에 대한 설명으로 틀린 것을 고르시오.

① 원료 투입순서가 달라지면 용해 상태 불량, 침전, 부유물 등이 발생할 수 있으며, 제품의 물성 및 안정성에 심각한 영향을 미치는 경우도 있다.

② 휘발성 원료의 경우 유화 공정 시 혼합 직전에 투입하고, 고온에서 안정성이 떨어지는 원료의 경우 냉각 공정 중에 별도 투입하여야 한다.

③ W/O 형태의 유화 제품 제조 시 수상의 투입 속도를 느리게 할 경우 제품의 제조가 어렵거나 안정성이 극히 나빠질 가능성이 있다.

④ 제조 온도가 설정된 온도보다 지나치게 높을 경우 가용화제의 친수성과 친유성의 정도를 나타내는 HLB가 바뀌면서 운점 이상의 온도에서는 가용화가 깨져 제품의 안정성에 문제가 생길 수 있다.

⑤ 믹서의 회전속도가 느린 경우 유화 입자가 커져서 성상 또는 점도가 달라지거나 안정성에 영향을 미칠 수 있다.

65 화장품법 시행규칙 제19조 제7항 [별표 4]에 따른 화장품 포장의 표시기준 및 표시방법으로 옳지 않은 것은?

① 혼합원료는 개별 성분의 명칭 표시를 생략할 수 있다.

② 공정별로 2개 이상의 제조소에서 생산된 화장품의 경우에는 일부 공정을 수탁한 화장품제조업자의 상호 및 주소의 기재·표시를 생략할 수 있다.

③ 착향제는 "향료"로 표시할 수 있다. 다만, 착향제의 구성성분 중 식품의약품안전처장이 정하여 고시한 알레르기 유발성분이 있는 경우에는 향료로 표시할 수 없고, 해당 성분의 명칭을 기재·표시해야 한다.

④ 산성도(pH) 조절 목적으로 사용되는 성분은 그 성분을 표시하는 대신 중화반응에 따른 생성물로 기재·표시할 수 있고, 비누화 반응을 거치는 성분은 비누화 반응에 따른 생성물로 기재·표시할 수 있다.

⑤ 법 제10조 제1항 제3호에 따른 성분을 기재·표시할 경우 영업자의 정당한 이익을 현저히 침해할 우려가 있을 때에는 영업자는 식품의약품안전처장에게 그 근거자료를 제출해야 하고, 식품의약품안전처장이 정당한 이익을 침해할 우려가 있다고 인정하는 경우에는 "기타 성분"으로 기재·표시할 수 있다.

66 다음 중 맞춤형화장품조제관리사가 조제할 수 없는 화장품을 고르시오.

① 크림 내용물에 소합향나무추출물을 0.3% 혼합한 화장품

② 크림 벌크에 히알루론산 60%을 혼합한 화장품

③ 화장품의 로션벌크와 에센스벌크를 혼합한 화장품

④ 10kg 액체 비누를 소분한 화장품

⑤ 화장품의 로션 반제품에 색소를 혼합한 화장품

67 맞춤형화장품 판매 시 준수사항으로 옳지 못한 것은?

① 원료 입고 시 품질관리 여부를 확인하고 품질성적서를 구비한다.

② 원료는 직사광선을 피하고 품질에 영향을 미치지 않는 장소에 보관한다.

③ 원료는 사용기한을 확인하고 관련 기록을 해야 한다.

④ 맞춤형화장품 판매 시 소비자에게 사용 시 주의사항과 내용물 및 원료에 대한 자료를 문서로 제공해야 한다.

⑤ 맞춤형화장품 판매 시 소비자에게 설명하지 않으면 1차 위반 시 200만 원 이하의 벌금 또는 시정명령에 처해진다.

68 〈보기〉는 피부에 관련된 내용이다. 틀린 것을 모두 고르시오.

┤ 보기 ├

㉠ 자연보습인자(NMF)를 구성하는 수용성의 아미노산은 필라그린이 각질층세포의 하층으로부터 표피층으로 이동함에 따라서 각질층 내의 단백분해 효소인 아미노펩티데이스, 카복시펩티데이스 등에 의해 분해된 것이다.

㉡ 에크린선에는 피지가 분비되지 않으나 아포크린선에서는 피지가 분비된다.

㉢ 각질형성세포는 점점 각질층으로 이동되며 최종적으로 각질층에서 탈락되어 떨어져 나간다. 각질층의 pH 는 4.5~5.5 정도로 약산성이며 각질층의 죽은 각질형성세포 안에는 핵이 없다.

㉣ 천연 보습인자에는 세포간지질이 포함되어 있으며, 세포간지질에는 세라마이드(50%), 포화지방산(30%), 콜레스테롤(15%), 콜레스테릴 에스테르 등이 있다.

㉤ 멜라닌 형성세포는 표피에 존재하는 세포의 약 5%를 차지하고 있으며 대부분 기저층에 위치한다. 각질형 성세포로 전달된 멜라닌이 가득 차 있는 멜라노좀은 표피의 기저층 윗부분으로 확산되어 자외선에 의해 기저층의 세포가 손상되는 것을 막아준다.

① ㉠, ㉤

② ㉠, ㉢

③ ㉡, ㉢

④ ㉡, ㉣

⑤ ㉣, ㉤

69 모발의 생리구조에 대한 설명으로 옳은 것을 고르시오.

① 모표피는 물고기의 비늘처럼 사이사이 겹쳐 놓은 것과 같은 구조로 친수성의 성격이 강하고 모피질을 보호하는 화학적 저항성이 강한 큐티클층이다. 모소피는 단단한 케라틴으로 만들어져 마찰에 약하고 자극에 의해 쉽게 부러지는 성질이 있다.

② 모발의 생성주기 중 휴지기 단계는 2~3주 기간이며 휴지기 단계에서 모모세포가 활동을 시작하면서 새로운 모발로 대체된다.

③ 엔도큐티클은 시스틴이 많이 포함되어 있고, 시스틴 결합을 절단하는 퍼머넌트 웨이브의 작용을 받기 쉬운 층이다.

④ 모모세포는 모유두 조직 내에서 모낭 밑에 있는 모세혈관으로부터 영양분을 공급받아 분열, 증식하여 두발을 형성한다.

⑤ 엑소큐티클에는 모소피의 가장 안쪽에 있는 친수성의 내표피는 시스틴 함량이 적고 알칼리성에 약하다.

70 화장품제조업자 양스코스메틱이 아이섀도를 출시하기 전이며 해당 제품을 관능평가를 할 제품평가단을 모집하기 위해 〈보기〉와 같이 공고를 내었다. 양스코스메틱이 진행하고자 하는 관능평가의 종류를 고르시오.

| 보기 |

〈양스코스메틱 아이섀도 평가단 모집〉

• 기간 및 일정
  - 22.04.26. ~ 22.05.09.
• 지원자격
  - 서울/경기지역에 거주하는 20~40대(성별 무관)
  - 메이크업 아티스트 우대
• 모집인원
  - 30명

---

① 소비자에 의한 평가, 비맹검 사용시험, 기호형
② 전문가 패널에 의한 평가, 비맹검 사용시험, 기호형
③ 전문가 패널에 의한 평가, 맹검 사용시험, 분석형
④ 전문가평가, 맹검 사용시험, 분석형
⑤ 소비자에 의한 평가, 맹검 사용시험, 기호형

71 다음은 맞춤형화장품조제관리사 A와 손님 B와의 대화이다. 빈칸에 들어갈 알맞은 말을 고르시오.

---| 보기 |---

B : 요즘 피부상태가 좋지 않아서 찾아왔어요.

A : 아이고, 그렇군요. 우선 피부측정 후 상담해드릴게요.

(피부측정 후)

A : 피부진단 데이터를 확인해보니 고객님의 피부는 다른 건 괜찮은데 유·수분이 모두 부족한 것으로 나타나네요. 아무래도 피부장벽이 손상된 것 같습니다.

B : 피부장벽이 손상되면 피부가 푸석해지나요?

A : 네 맞습니다. 피부장벽은 외부 유해물질로부터 피부를 보호하고 피부의 수분손실을 방지합니다. 피부장벽에는 세포간지질이 존재하는데, 구성성분 중 가장 비중이 큰 (㉠)가 부족해지면 피부장벽이 무너지기 쉽습니다. 피부장벽이 약해지면 피부가 외부자극에 민감해지고 피부의 수분손실을 유발합니다.

B : 그래서 제 피부가 건조한 거군요. 피부보습도는 어떻게 측정하나요?

A : (㉡)을 통해 알 수 있습니다. 측정결과에 참고하여 (㉢)를 첨가한 화장품을 처방해드리겠습니다.

	㉠	㉡	㉢
①	세라마이드	Replica 분석법	밀폐제
②	세라마이드	경피수분손실량	피부장벽대체제
③	세라마이드	경피수분손실량	밀폐제
④	지방산	경피수분손실량	피부장벽대체제
⑤	지방산	Replica 분석법	밀폐제

72 다음 〈보기〉를 보고 맞춤형화장품조제관리사가 조제할 수 있으며 동시에 고객에게 추천할 수 있는 제품의 개수를 고르시오.

| 보기 |

㉠ 화장품책임판매업자로부터 받은 항균작용이 있는 로션 내용물에 티트리잎오일을 혼합해 만드는 항균 티트리 바디로션

㉡ 화장품책임판매업자 기능성화장품 심사를 받은 알부틴 2% 크림베이스에 무화과나무잎엡솔루트를 혼합해 만드는 제품

㉢ 화장품책임판매업자가 기능성화장품 심사를 받은 티타늄디옥사이드 30% 로션베이스에 락토바실러스 용해물을 혼합해 만드는 제품

㉣ 메탄올이 0.03%(v/v) 함유된 물휴지 내용물에 소듐라우릴설페이트를 혼합해 만드는 클렌징티슈

---

① 0개
② 1개
③ 2개
④ 3개
⑤ 4개

73 다음 대화는 맞춤형화장품판매업자 유진, 맞춤형화장품판매업소에 근무하는 맞춤형화장품조제관리사 나연, 신입으로 들어올 맞춤형화장품조제관리사 미영의 대화이다. 보기에서 밑줄 친 내용 중 옳지 않은 내용을 고르시오.

| 보기 |

유진 : 미영 씨, 2022년 2월 1일부터 저희 매장에 출근하시면 됩니다. 이날부터 저희 매장에 맞춤형화장품조제관리사로 등록되실 겁니다. 언제 맞춤형화장품조제관리사 자격증을 취득하셨죠?

미영 : 2021년 11월 6일에 자격증을 취득했습니다.

유진 : ① 그렇다면 올해 반드시 의무교육을 받을 필요가 없습니다.

미영 : 네, 알겠습니다. 궁금한 게 있습니다. 맞춤형화장품에는 어떻게 가격표시하나요?

유진 : ② 맞춤형화장품의 가격표시는 개별 제품에 판매가격을 표시하거나, 소비자가 가장 쉽게 알아볼 수 있도록 제품명, 가격이 포함된 정보를 제시하는 방법으로 표시할 수 있습니다.

미영 : 네 알겠습니다. 제가 근무하기 전에 준비해야 할 사항이 있나요?

유진 : 네 있습니다. 저희 매장에서 주로 사용하는 맞춤형화장품에 사용되는 내용물 및 원료에 대한 설명과 사용 시 주의사항에 대한 내용을 적어놓은 자료를 드리겠습니다. ③ 손님에게 맞춤형화장품에 사용되는 내용물 및 원료에 대한 설명은 안 해도 되지만 사용 시 주의사항은 반드시 설명해야 합니다.

미영 : 네 알겠습니다. 그럼 다음에 뵙겠습니다.

유진 : 나연 씨, ④ 맞춤형화장품에 사용된 모든 원료목록을 식품의약품안전처장에게 보고해야 하는데 하셨나요?

나연 : 네, 오늘 완료했습니다. 그리고 유진 씨, 저희 원료보관소에 있는 원료를 체크해보니 병풀추출물을 다 써가네요. 새로 발주해야 할 것 같습니다.

유진 : ⑤ 네, 원료의 수급기간을 고려하여 최소 발주량을 선정해 구매요청서로 발주해야 합니다.

---

74 다음 〈보기〉에서 화장품법 제13조 및 화장품 표시·광고 실증에 관한 규정에 따라 밑줄 친 것 중 법 규정을 위반한 금지표현과 실증자료가 필요한 표현의 개수를 고르시오.

┤ 보기 ├

- A병원 홍길동 원장이 추천하는 안전한 항염증 에센스
- B피부과에서 테스트 완료한 제품으로 여드름성 피부에 사용 적합한 클렌징 로션
- 식품의약품안전처로부터 인증받은 안전한 코스메슈티컬 기능성화장품
- 4無(메틸, 에틸, 프로필, 부틸 파라벤) 영유아용 로션

	금지표현	실증자료 필요
①	4개	2개
②	4개	3개
③	3개	2개
④	3개	3개
⑤	5개	4개

75 맞춤형화장품의 혼합 및 소분에 사용되는 장비 및 도구에 대한 설명으로 옳은 것을 고르시오.

① 핫플레이트는 내용물 및 원료 소분 시 무게를 측정할 때 사용한다.

② 스파츌라란 립스틱 및 선스틱 등 스틱 타입 내용물을 성형할 때 사용한다.

③ 가용화제품을 생산하기 위한 제조공정설비에는 아지믹서, 여과장치 등이 있고, 유화제품의 경우에는 호모믹서, 진공 유화 장치 등이 있다.

④ 오버헤드스터러는 터빈형의 회전 날개가 원통으로 둘러싸인 형태로 내용물에 내용물을 또는 내용물에 특정성분을 혼합 및 분산 시 사용한다.

⑤ 광학현미경은 액체 및 반고형제품의 유동성을 측정할 때 사용한다.

76 제품의 포장재질, 포장방법에 관한 기준 등에 관한 규칙에 대한 내용으로 알맞지 않은 것은?

① "단위제품"이란 1회 이상의 포장한 최소 판매단위의 제품을 말하고, "종합제품"이란 같은 종류 또는 다른 종류의 최소 판매단위의 제품을 2개 이상 함께 포장한 제품을 말한다. 다만, 주 제품을 위한 전용 계량 도구나 그 구성품, 소량(30g 또는 30mL 이하)의 비매품, 증정품 및 설명서, 규격서, 메모카드와 같은 참조용 물품은 종합제품을 구성하는 제품으로 보지 않는다.

② 제품의 특성상 1개씩 낱개로 포장한 후 여러 개를 함께 포장하는 단위제품의 경우 낱개의 제품포장은 포장공간비율 및 포장횟수의 적용대상인 포장으로 보지 않는다.

③ 종합제품의 경우 종합제품을 구성하는 각각의 단위제품은 제품별 포장공간비율 및 포장횟수기준에 적합하여야 하며, 단위제품의 포장공간비율 및 포장횟수는 종합제품의 포장공간비율 및 포장 횟수에 산입하지 않는다.

④ 종합제품으로서 복합성수지재질, 폴리비닐클로라이드재질 또는 합성섬유재질로 제조된 받침접시 또는 포장용 완충재를 사용한 제품의 포장 공간비율은 25% 이하로 한다.

⑤ 단위제품인 화장품의 내용물 보호 및 훼손 방지를 위해 2차 포장 외부에 덧붙인 필름(투명 필름류만 해당)은 포장횟수의 적용대상인 포장으로 보지 않는다.

77 2021년 9월 4일 기준으로 사용기한이 가까운 순으로 나열한 것을 고르시오.

	제조연월일	사용기한 또는 개봉 후 사용기간	개봉일
㉠	2021.08.07.	제조연월일로부터 18개월	2021.08.15.
㉡	2020.10.12.	제조연월일로부터 29개월	2021.01.12.
㉢	2021.03.23.	제조연월일로부터 17개월	2021.04.18.
㉣	2021.07.18.	개봉 후 11개월	2021.08.25.
㉤	2021.05.30.	개봉 후 5개월	2021.06.01.

① ㉣ - ㉤ - ㉠ - ㉡ - ㉢
② ㉣ - ㉤ - ㉢ - ㉠ - ㉡
③ ㉤ - ㉣ - ㉠ - ㉡ - ㉢
④ ㉤ - ㉣ - ㉢ - ㉠ - ㉡
⑤ ㉤ - ㉣ - ㉢ - ㉡ - ㉠

78 화장품법 제10조에 따라 10mL 이하 또는 10g 이하인 맞춤형화장품의 1 · 2차 포장에 반드시 들어가야 하는 것을 〈보기〉에서 모두 고르시오.

┤ 보기 ├

ㄱ 화장품의 명칭

ㄴ 사용기한 또는 개봉 후 사용기간

ㄷ 바코드

ㄹ 가격(견본품, 비매품)

ㅁ 내용물의 중량 or 용량

ㅂ 기능성화장품의 경우 '기능성화장품'이라는 글자 또는 기능성화장품을 나타내는 도안

① ㄱ, ㄴ

② ㄱ, ㄴ, ㄹ

③ ㄱ, ㄴ, ㄷ, ㄹ

④ ㄱ, ㄴ, ㄹ, ㅁ

⑤ ㄱ, ㄴ, ㄹ, ㅂ

79 화장품 용기 및 포장에 대한 법적인 기준에 대한 설명으로 옳은 것을 고르시오.

① 안전용기 · 포장은 성인이 개봉하기는 어렵지 아니하나, 만 13세 미만의 어린이가 개봉하기는 어렵게 된 것이어야 한다.

② 개별포장당 메틸살리실레이트를 5% 함유하는 일회용 마스크팩에는 안전용기 · 포장을 해야 한다.

③ 대규모점포 및 면적이 35제곱미터 이상인 매장에서 포장된 제품을 판매하는 자는 포장되어 생산된 제품을 재포장하여 제조, 수입, 판매해서는 안 된다.

④ 폐기물의 재활용을 촉진하기 위하여 분리수거 표시를 하는 것이 필요한 제품 · 포장재로서 대통령령으로 정하는 제품 · 포장재의 제조자 등은 산업통상부장관이 정하여 고시하는 지침(분리배출에 관한 지침)에 따라 그 제품 · 포장재에 분리배출 표시를 하여야 한다.

⑤ 외포장된 상태로 수입되는 화장품의 경우 용기 등의 기재사항과 함께 분리배출 표시를 할 수 없다.

80 다음 중 화장품의 포장에 표시를 생략할 수 없는 경우를 고르시오.

① 내용량이 12mL인 제품에 바코드 표기

② 내용량이 10mL인 핸드크림에 말릭애씨드를 포함한 전성분 표기

③ 내용량이 50mL인 아이크림에 알레르기 유발물질을 비롯한 전성분을 표기

④ 내용량이 100mL인 "산뜻한 프리지아 향수"에 프리지아 향료의 성분명과 함량

⑤ 내용량이 52mL인 영유아용 로션에 보존제의 함량

81 다음은 식품의약품안전처 고시 천연화장품 및 유기농화장품의 기준에 관한 규정의 일부이다. 빈칸에 들어갈 숫자를 차례대로 쓰시오.

합성원료는 천연화장품 및 유기농화장품의 제조에 사용할 수 없다. 다만, 천연화장품 또는 유기농화장품의 품질 또는 안전을 위해 필요하나 따로 자연에서 대체하기 곤란한 제1항 제4호의 원료 (㉠)% 이내에서 사용할 수 있다. 이 경우에도 석유화학 부분은 (㉡)%를 초과할 수 없다.

82 다음의 빈칸에 공통으로 들어갈 단어를 쓰시오.

- 광 ( ) : 햇빛, 자외선, 형광등 불빛 등 다양한 광 조건에서 화장품 성분이 일정한 상태를 유지하는 성질
- 열 ( ) : 유통 과정상 발생할 수 있는 조건의 다양한 온도변화 조건에도 화장품 성분이 일정한 상태를 유지하는 성질
- 미생물 ( ) : 미생물이 증식하여 화장품 성분이 변화하지 않고 일정한 상태를 유지하는 성질
- 산화 ( ) : 산소 및 화학성분과의 산화 반응이 발생하지 않고 화장품 성분이 일정한 상태를 유지하는 성질

83 다음은 화장품법 제22조의 내용이다. 빈칸에 공통으로 들어갈 단어를 쓰시오.

> • 식품의약품안전처장은 화장품제조업자가 갖추고 있는 시설이 제3조 제2항에 따른 시설기준에 적합하지 아니하거나 노후 또는 오손되어 있어 그 시설로 화장품을 제조하면 화장품의 안전과 품질에 문제의 우려가 있다고 인정하는 경우에는 화장품제조업자에게 그 시설의 (   )를 명하거나 그 (   )가 끝날 때까지 해당 시설의 전부 또는 일부의 사용금지를 명할 수 있다.
> • 해당 품목의 제조 또는 품질검사에 필요한 시설 및 기구 중 일부가 없는 경우 이를 1차 위반할 때 (   )명령을 내린다.

----

84 다음은 화장품법 제5조의 일부이다. 빈칸에 공통으로 들어갈 말을 쓰시오.

> 화장품책임판매업자는 총리령으로 정하는 바에 따라 화장품의 생산실적 또는 수입실적, 화장품의 제조과정에 사용된 (   ) 등을 식품의약품안전처장에게 보고하여야 한다. 이 경우 (   )에 관한 보고는 화장품의 유통, 판매 전에 하여야 한다.

----

85 다음의 빈칸에 공통으로 들어갈 알맞은 용어를 쓰시오.

> - 화장품에 사용되는 유성원료 중 자연계 액상오일은 그 유래에 따라 식물성오일, 동물성오일, (   )오일로 나뉜다.
> - 비극성인 특성을 기반으로 피부 표면에서 수분 증발 억제 목적(밀폐제)으로 사용된다.
> - 화장품의 사용감 향상의 목적으로 사용한다.
> - 피부연화제 효과가 우수하여, 피부 및 모발에 대한 유연성을 부여하기 위해 사용한다.
> - (   )오일은 잘 산화되지 않아 변질되지 않는 특성이 있지만, 유성감이 강해 피부의 호흡을 막고 폐색막을 형성하므로 다른 오일과 혼합하여 사용한다.

_____
_____
_____

86 다음 〈보기〉에서 설명하는 것의 용어를 쓰시오.

> ┤ 보기 ├
>
> 물에 대한 용해도가 아주 낮은 물질을 계면활성제의 일종인 가용화제가 물에 용해될 때 일정 농도 이상에서 생성되는 마이셀을 이용하여 용해도 이상으로 용해시키는 기술을 말한다. 이를 이용하여 만든 제품은 투명한 형상을 갖는 화장수(토너), 미스트, 향수 등이 있다.

_____
_____
_____

87 다음 〈보기 1〉이 설명하는 원료의 명칭을 〈보기 2〉에서 찾아 쓰시오.

┤보기 1├

- 분자식 : $C_2H_4O_2S$
- 분자량 : 92.12
- CAS No : 68-11-1
  - 환원제로써 펌 제1제에서 많이 쓰는 원료
  - 특이한 냄새가 있는 무색 투명한 유동성 액제인 유기산

┤보기 2├

시스테인, 시스틴, 과산화수소, 브롬산나트륨, 몰식자산, 치오글라이콜릭애씨드, 살리실릭애씨드

88 다음의 빈칸에 들어갈 숫자를 순서대로 쓰시오.

맞춤형화장품조제관리사 수연은 바디크림 400g에 제라니올 0.02g을 첨가하였다. 따라서 제라니올의 함량은 (㉠)%이다. 해당 바디크림은 화장품 사용 시의 주의사항 및 알레르기 유발성분 표시에 관한 규정에 따라 제라니올을 (㉡)% 초과 함유하면 해당 성분의 명칭을 기재·표시하여야 한다.

89 다음은 화장품법 제8조 본문의 일부이다. 빈칸에 공통으로 들어갈 알맞은 말을 쓰시오.

식품의약품안전처장은 보존제, (   ), 자외선차단제 등과 같이 특별히 사용상의 제한이 필요한 원료에 대하여는 그 사용기준을 지정하여 고시하여야 하며, 사용기준이 지정, 고시된 원료 외에 보존제, (   ), 자외선차단제 등은 사용할 수 없다.

90 다음은 화장품법 시행규칙 [별표 3]의 일부이다. 빈칸에 들어갈 숫자를 차례대로 쓰시오.

알파-하이드록시애씨드(AHA) 함유제품((㉠)퍼센트 이하의 AHA가 함유된 제품은 제외한다)

(가) 햇빛에 대한 피부의 감수성을 증가시킬 수 있으므로 자외선차단제를 함께 사용할 것(씻어내는 제품 및 두발용 제품은 제외한다)

(나) 일부에 시험 사용하여 피부 이상을 확인할 것

(다) 고농도의 AHA 성분이 들어있어 부작용이 발생할 우려가 있으므로 전문의 등에게 상담할 것(AHA 성분이 (㉡)퍼센트를 초과하여 함유되어 있거나 산도가 3.5 미만인 제품만 표시한다)

91 화장품제조업자 A씨는 로션을 제조할 계획인데 어떤 성분을 첨가하여야 할지 고민 중이다. 제품에 첨가 시 "만 3세 이하 영유아에게는 사용하지 말 것"이라는 사용 시의 주의사항 표시 문구를 적어야 하는 성분을 〈보기〉에서 모두 찾아 쓰시오.

| 보기 |

폴리에톡실레이티드레틴아마이드
아이오도프로피닐부틸카바메이트(IPBC)
과산화수소
살리실릭애씨드
부틸파라벤
스테아린산아연
알루미늄

---

92 다음은 식품의약품안전처 고시 기능성화장품 기준 및 시험방법 [별표 1]의 일부이다. 빈칸에 들어갈 말을 차례대로 쓰시오.

〈사용 시 주의사항〉
제제를 만들 경우에는 따로 규정이 없는 한 그 보존 중 성상 및 품질의 기준을 확보하고 그 유용성을 높이기 위하여 부형제, 안정제, 보존제, 완충제 등 적당한 (㉠)를 넣을 수 있다. 검체의 채취량에 있어서 "약" 이라고 붙인 것은 기재된 양의 ±(㉡)%의 범위를 뜻한다.

93 다음은 우수화장품 제조 및 품질관리기준 제2조, 제10조의 일부분이다. 괄호에 공통으로 들어갈 알맞은 용어를 적으시오.

> • "(   )"이란 규정된 조건하에서 측정기기나 측정시스템에 의해 표시되는 값과 표준기기의 참값을 비교하여 이들의 오차가 허용범위 내에 있음을 확인하고, 허용범위를 벗어나는 경우 허용범위 내에 들도록 조정하는 것을 말한다.
>
> • 제품의 품질에 영향을 줄 수 있는 검사, 측정, 시험장비 및 자동화장치는 계획을 수립하여 정기적으로 (   ) 및 성능점검을 하고 기록해야 한다.

_____

_____

_____

94 다음 〈보기〉가 설명하는 것의 용어를 쓰시오.

---| 보기 |---

> • 뱃치 전체 또는 일부에 추가 처리(한 공정 이상의 작업을 추가하는 일)를 하여 부적합품을 적합품으로 다시 가공하는 일
>
> • 적합판정기준을 벗어난 완제품 또는 벌크제품을 재처리하여 품질이 적합한 범위에 들어오도록 하는 작업

_____

_____

_____

95 화장품법 시행규칙 제12조의2에 따라 보기의 빈칸에 들어갈 용어를 쓰시오.

다음 각 목의 사항이 포함된 맞춤형화장품 판매내역서(전자문서로 된 판매내역서를 포함한다)를 작성·보관할 것
가. 제조번호(맞춤형화장품의 경우 식별번호를 제조번호로 함)
나. 사용기한 또는 개봉 후 사용기간
다. (㉠) 및 (㉡)

_____
_____
_____

96 다음 〈보기〉가 설명하는 피부 구조의 명칭을 쓰시오.

─────────────── 보기 ───────────────

• 표피와 피하지방층 사이에 위치하며 피부의 90% 이상을 차지하며 표피두께의 10~40배 정도임
• 점탄성을 갖는 탄력적인 조직으로 무정형의 기질과 교원섬유, 탄력섬유 등의 섬유성 단백질로 구성됨
• 혈관계나 림프계 등이 복잡하게 얽혀 있는 형태를 띠며 표피에 영양분을 공급하여 표피를 지지하고 강인성에 의해 피부의 다른 조직들을 유지하고 보호해주는 역할을 함

_____
_____
_____

97 다음의 빈칸에 들어갈 알맞은 용어를 차례대로 쓰시오.

> • (㉠)은 모발의 주요 성분이며 거친 섬유성 단백질이다. 손발톱에는 주로 이 성분이 포함되어 있다.
> • (㉡)는 피부에 분비되는 기름기 있는 액체로, 피부를 유연하게 해주고 방수 기능을 한다. 우리가 목욕을 할 때 스펀지처럼 물을 흡수하지 않는 이유는 피부의 방수 효과 때문이다. 또한 (㉡)는 수분 증발과 세균의 감염으로부터 막아준다.

---

98 다음 A, B, C의 대화를 읽고 빈칸에 들어갈 모발의 구조를 차례대로 쓰시오.

┤ 대화 ├

> A : 어서오세요, 손님. 어제 오셨는데 오늘 또 뵙네요.
> B : 안녕하세요, 오늘 머리를 감아봤는데 펌이 제대로 안 나왔어요. 왜 그런가요?
> A : 손님 모발에 (㉠)이 적어서 펌이 잘 안 나온 것 같습니다. (㉠)이 많은 두발은 웨이브 펌이 잘되고, (㉠)이 적은 두발은 웨이브 형성이 잘 안 되는 경향이 있습니다.
> C : 미용사님, 저는 염색한 지 얼마 안 됐는데 웨이브 펌을 해도 될까요?
> A : 웨이브 펌을 하시지 않는 것이 좋습니다. 먼저 염색의 원리를 설명해 드릴게요. 염색제에 들어있는 암모니아는 (㉡)를 손상시켜 염료와 과산화수소가 속으로 잘 스며들 수 있도록 하는 역할을 합니다. 과산화수소는 색소를 파괴하는데, 머리카락 속의 멜라닌색소를 파괴하여 두발 원래의 색을 지워주는 역할을 합니다. 염모제는 머리카락의 본연의 보호하는 층을 뚫고 들어가 멜라닌색소를 파괴하고 다른 염료의 색상을 넣는 과정을 거칩니다. 그런데 염색을 하고 나서 펌을 또 하시면 (㉡)가 다시 열리면서 염료 성분이 빠져나갑니다.

99 다음은 화장품법 시행규칙 제19조의 일부로서 1차 포장 또는 2차 포장에 기재 · 표시해야 하는 사항에 대한 내용이다. ㉠, ㉡에 들어갈 단어를 법에 기재된 용어 그대로 쓰시오.

┤ 보기 ├

법 제10조 제1항 제10호에 따라 화장품의 포장에 기재 · 표시하여야 하는 사항은 다음 각 호와 같다. 다만, 맞춤형화장품의 경우에는 제1호 및 제6호를 제외한다.

(1) 식품의약품안전처장이 정하는 바코드

(2) 기능성화장품의 경우 심사받거나 보고한 효능, 효과, 용법, 용량

(3) 성분명을 제품 명칭의 일부로 사용한 경우 그 성분명과 (㉠)((㉡)용 제품은 제외한다)

(4) 인체 세포 · 조직 배양액이 들어있는 경우 그 (㉠)

(5) 화장품에 천연 또는 유기농으로 표시 · 광고하려는 경우에는 원료의 (㉠)

(6) 수입화장품인 경우에는 제조국의 명칭(대외무역법에 따른 원산지를 표시한 경우에는 제조국의 명칭 생략 가능), 제조회사명 및 그 소재지

(7) 제2조 제8호부터 제11호까지의 해당하는 기능성화장품의 경우에는 "질병의 예방 및 치료를 위한 의약품이 아님"이라는 문구

(8) 다음 각 목의 어느 하나에 해당하는 경우 법 제8조 제2항에 따라 사용기준이 지정, 고시된 원료 중 보존제의 (㉠)

　　가. 만 3세 이하의 영유아용 제품류인 경우

　　나. 만 4세 이상으로부터 만 13세 이하까지의 어린이가 사용할 수 있는 제품임을 특정화하여 표시 · 광고하려는 경우

_____

_____

_____

100 다음 그림을 참고하여 빈칸에 들어갈 숫자를 차례대로 쓰시오.

샴푸

200mL

위 제품의 포장 공간 비율은 (㉠)% 이하이고, 포장 횟수는 (㉡)차 포장까지 가능하다.

01 다음 중 기능성화장품이 아닌 것을 고르시오.

① 튼살로 인한 붉은 선을 제거하는 데 도움을 주는 크림
② 피부장벽의 기능을 회복하여 가려움 등의 개선에 도움을 주는 로션
③ 자외선을 차단 또는 산란시켜 자외선으로부터 피부를 보호해주는 선크림
④ 탈모증상 완화에 도움을 주는 샴푸
⑤ 피부에 탄력을 주어 피부의 주름을 개선하는 데 도움을 주는 토너

02 다음 〈보기〉에서 나열된 화장품 유형 중 두발용 제품으로 짝지어진 것이 아닌 것은?

보기
헤어 틴트, 무스, 헤어 컬러스프레이, 샴푸, 염모제, 헤어 스트레이트너, 탈염제, 탈색제, 헤어 스프레이, 퍼머넌트 웨이브, 흑채

① 헤어 틴트, 헤어 컬러스프레이
② 헤어 스프레이, 흑채
③ 퍼머넌트 웨이브, 흑채
④ 샴푸, 무스
⑤ 샴푸, 헤어 스트레이트너

03 두발용 제품류 중 정발효과 및 두피와 두발에 영양을 주는 제품으로 사용방법에 따라 사용 후 씻어내는 제품과 씻어내지 않는 제품으로 구별할 수 있는 제품은 무엇인가?

① 포마드
② 헤어 토닉
③ 린 스
④ 헤어 컨디셔너
⑤ 헤어 그루밍 에이드

04 다음 〈보기〉에서 화장품이 아닌 것으로 짝지어진 것은?

───────────────┤ 보기 ├───────────────

치약 미백제, 손 소독제, 핸드크림, 구강청결제, 식염수, 흑채, 액취 방지용 데오도런트

① 손 소독제, 핸드크림
② 치약 미백제, 손 소독제
③ 흑채, 액취 방지용 데오도런트
④ 핸드크림, 식염수
⑤ 구강청결제, 흑채

05 화장품책임판매업자의 의무와 준수사항에 대한 설명으로 틀린 것은?

① 원료목록보고는 연 2회 반기별로 보고해야 한다.
② 제조업자로부터 받은 제품표준서 및 품질관리기록서를 보관해야 한다.
③ 생산, 수입에 관한 실적은 매년 2월 말까지 보고한다.
④ 제조번호별로 품질검사를 철저히 한 후 유통시킨다.
⑤ 화장품제조업자와 화장품책임판매업자가 같은 경우 책임판매업자는 품질검사를 생략할 수 있다.

06 다음 〈보기〉와 같이 광고하였을 때 위반사항과 1차 행정처분이 바르게 짝지어진 것은?

│ 보기 │

○○샴푸는 사용 시 모발 성장에 도움을 주어 모발의 굵기가 증가하며, 찰랑찰랑 윤기가 날 수 있게 도와주는 코스메슈티컬스 제품입니다.

---

① 위반사항 : 기능성화장품 오인 / 행정처분 : 해당품목 광고업무 정지 1개월
② 위반사항 : 기능성화장품 오인 / 행정처분 : 해당품목 판매업무 정지 3개월
③ 위반사항 : 기능성화장품 오인 / 행정처분 : 시정명령
④ 위반사항 : 의약품 오인 / 행정처분 : 해당품목 광고업무 정지 3개월
⑤ 위반사항 : 의약품 오인 / 행정처분 : 해당품목 판매업무 정지 2개월

07 식품의약품안전처장(제14조에 따라 식품의약품안전처장의 권한을 위임받은 자 또는 법 제3조의4 제3항에 따라 자격시험 관리 및 자격증 발급 등에 관한 업무를 위탁받은 자를 포함한다)이 사무를 수행하기 위하여 불가피한 경우 개인정보 보호법에 따른 건강에 관한 정보, 범죄경력자료에 해당하는 정보, 주민등록번호 또는 외국인등록번호가 포함된 자료를 처리할 수 없는 사무는?

① 맞춤형화장품판매업의 신고 및 변경신고에 관한 사무
② 폐업 등의 신고에 관한 사무
③ 천연화장품, 유기농화장품의 인증에 관한 사무
④ 기능성화장품의 심사 등에 관한 사무
⑤ 청문에 관한 사무

08 개인정보의 처리 업무 위탁 시 조치로서 옳지 않은 것은?

① 개인정보 위탁에 대한 내용을 일반일간신문, 일반주간신문 또는 인터넷신문에 싣는다.
② 개인정보 위탁에 대한 내용을 같은 제목으로 연 2회 이상 발행하여 정보주체에게 배포하는 간행물, 소식지, 홍보지 또는 청구서 등에 지속적으로 싣는다.
③ 위탁자가 재화 또는 서비스를 홍보하거나 판매를 권유하는 업무를 위탁하는 경우에는 대통령령으로 정하는 방법에 따라 위탁하는 업무의 내용과 수탁자를 정보주체에게 알려야 한다. 위탁하는 업무의 내용이나 수탁자가 변경된 경우에도 또한 같다.
④ 개인정보 위탁에 대한 내용을 위탁자의 사업자 등의 보기 쉬운 장소에 지속적으로 게시한다.
⑤ 맞춤형판매업자가 마케팅업무를 외부에 위탁했을 때 수탁업체에서 정보주체의 개인정보를 분실, 도난, 유출, 위조, 변조 또는 훼손 등의 문제가 생겼을 경우 맞춤형화장품판매업자는 잘못이 없다.

09 화장품 보습제의 종류 및 기능에 대한 설명으로 옳지 못한 것은?

① 에몰리언트 기능으로 미네랄오일, 에스터오일, 실리콘오일 등을 사용한다.

② 피부 외층의 수분보유를 증대시키기 위한 습윤제로 피부 도포 시 주변의 수분을 흡수하여 보습을 유지하는 물질인 글리세린, 히알루론산 등이 있다.

③ 피부표면으로부터 수분의 증발을 지연시키는 수분차단제의 기능으로 사용되며 폐색막을 형성시킨다. 오일, 지방산, 페트롤라툼이 있다.

④ 피부에 특별한 효과를 주기 위한 성분으로 건조하거나 손상된 피부를 개선, 피부탈락 감소, 유연성 회복을 위하여 피부 컨디셔닝제로 사용한다. 시어버터, 실크아미노산, 각종 추출물들이 있다.

⑤ 세라마이드는 피부장벽 대체재로서 피부보습제의 종류로 사용되지 않는다.

10 다음은 손님 A와 맞춤형화장품조제관리사 B의 대화이다. 손님 A의 질문에 대한 맞춤형화장품조제관리사 B의 답으로 옳은 것으로만 짝지어진 것은?

┤ 대화 ├

A : 안녕하세요, 4세 아이가 사용할 샴푸를 구매하려고 합니다. 추천해주실 제품이 있으신가요?

B : 이 ○○샴푸는 어떠신가요?

A : 이 ○○샴푸에 들어있는 소듐라우릴설페이트라는 성분은 어떤 성분인가요?

B : ㉠ 소듐라우릴설페이트 성분은 음이온성 계면활성제로 다른 이온 계면활성제보다 피부 자극이 적어 영유아 및 어린이용 제품에 많이 사용되는 성분입니다.

A : 그럼 세트인 ○○린스 상품에 들어있는 계면활성제도 위와 같은 종류의 계면활성제가 들어있나요?

B : ㉡ 린스에 들어있는 계면활성제는 양이온성 계면활성제로 대표적으로 세테아디모늄클로라이드, 다이스테아릴다이모늄클로라이드 등이 있습니다.

A : 그렇군요. 기존에 사용하던 샴푸에는 아이오도프로피닐부틸카바메이트(IPBC)라는 성분이 들어있었는데 이 성분은 어떤가요?

B : ㉢ 아이오도프로피닐부틸카바메이트(IPBC)라는 성분은 만 13세 이하 어린이에게는 사용할 수 없는 성분으로 당장 사용을 중지하시는 게 좋을 것 같습니다.

A : 오늘부터 사용하지 않아야겠군요. 샴푸 외에 ○○녹색비누를 사용 중인데 이 제품은 괜찮겠죠?

B : 비누의 경우 ㉣ 예전에는 비누가 공산품이었지만 이제는 화장품으로 바뀌면서 ㉤ 피그먼트 녹색7호 색소는 사용할 수가 없으니 성분을 한번 확인해 보시는 게 좋겠네요.

① ㉠, ㉡

② ㉠, ㉢

③ ㉡, ㉢

④ ㉡, ㉣

⑤ ㉣, ㉤

11 화장품 성분에 대한 특성과 종류에 대한 설명으로 옳은 것은?

① 음이온계면활성제는 세균에 흡착하는 성질을 가지고 있어 살균제로도 사용되며 종류에는 소듐라우릴설페이트, 소듐라우레스설페이트 등이 있다.

② 점도조절제는 액제의 점도를 높이거나 유화제품의 점증을 높여주고 안정성을 좋게 해주는 성분으로 종류에는 구아검, 아라비아검, 카라기난 등이 있다.

③ 금속이온봉쇄제는 수용액에 함유된 금속이온의 작용을 억제하여 세정제의 기포를 안정화하고 물때의 형성을 막으며 에멀젼 제품의 안정성을 높여준다. 종류에는 트라이에탄올아민, 알지닌 등이 있다.

④ 양이온계면활성제는 세정력과 거품 형성이 우수하여 화장품에서 인체 세정용 제품으로 활용된다. 바디 클렌저, 샴푸, 폼클렌저 등에 사용된다. 종류에는 세테아디모늄클로라이드, 다이스테아릴다이모늄클로라이드, 베헨트라이모늄클로라이드 등이 있다.

⑤ 피부컨디셔닝제는 피부에 변화를 주는 보습제 성분으로 종류에는 메틸셀룰로오스, 에틸셀룰로오스, 카복시메틸셀룰로오스 등이 있다.

12 식품의약품안전처장이 고시한 자료제출의 생략되는 기능성화장품의 미백 성분과 그 성분의 고시된 최대함량으로 옳은 것은?

① 아데노신 0.04%

② 알부틴 2%

③ 알파-비사보롤 0.05%

④ 나이아신아마이드 5%

⑤ 유용성감초추출물 0.5%

13 다음 〈보기〉의 무기안료 중 피부의 커버력을 조절할 수 있는 것으로 짝지어진 것은?

┤ 보기 ├

ㄱ 징크옥사이드　　　　　　　　　ㄹ 티타늄디옥사이드
ㄴ 카올린　　　　　　　　　　　　ㅁ 진주광택원료
ㄷ 황색산화철　　　　　　　　　　ㅂ 마이카

① ㄴ, ㄷ　　　　　　　　　　　　② ㄱ, ㄹ
③ ㄴ, ㅂ　　　　　　　　　　　　④ ㅁ, ㅂ
⑤ ㄷ, ㅁ

14 다음 중 점도조절제에 해당하는 화장품 성분이 아닌 것은?

① 카복시메틸셀룰로오스
② 잔탄검
③ 카라기난
④ 소듐아크릴레이트폴리머
⑤ 라우릴글루코사이드

15 맞춤형화장품의 pH 검사 결과 4.5로 나와 5.5로 조절하려는 경우에 맞춤형화장품조제관리사가 사용할 수 있는 원료로 알맞은 것은?

① 글리세린
② 시트릭애씨드
③ 아세틱애씨드
④ 트라이에탄올아민
⑤ 다이소듐이디티에이

16 다음 상담내용에 따라 고객이 원하는 맞춤형화장품을 조제 시 첨가되는 원료로 옳은 것은?

┤ 대화 ├

맞춤형화장품조제관리사 : 특별히 원하시는 사항이 있으신가요?
고객 : 저번에 사용한 자외선차단제품은 백탁현상이 생겨 마음에 들지 않았습니다. 백탁이 생기지 않고, 피부
미백에 도움이 되는 자외선차단제품을 원합니다.

① 드로메트리졸트리실록산, 알부틴
② 티타늄디옥사이드, 나이아신아마이드
③ 징크옥사이드, 아데노신
④ 디갈로일트리올리에이트, 레티놀
⑤ 징크옥사이드, 알파비사보롤

17 다음 중 폐기 처분해야 하는 화장품은?

① 소합향나무추출물 0.4% 함유

② 풍나무추출물 0.3% 함유

③ 천수국꽃추출물 0.01% 함유

④ 로즈케톤-3 0.015% 함유

⑤ 암모니아 0.6% 함유

18 맞춤형화장품조제관리사가 맞춤형화장품조제를 위해 사용 가능한 원료로 짝지어진 것은?

① 나이아신아마이드, 금가루

② MCT, 토코페릴아세테이트

③ 판테놀, 페녹시에탄올

④ 카민류, 토코페롤

⑤ 알파-하이드록시애씨드, 벤질알코올

19 화장품 안전기준 등에 관한 규정 [별표 1]은 화장품 제조에 사용할 수 없는 원료를 고시하고 있다. 다음 중 화장품에 사용할 수 있는 원료로 짝지어진 것은?

① 벤조페논-3, 니트로메탄

② 히드로퀴논, 글리사이클아미드

③ 엠디엠하이단토인, 클로로펜

④ 천수국꽃추출물 또는 오일, 무기 나이트라이트

⑤ 목향뿌리오일, 디클로로펜

20 식품의약품안전처장이 고시한 화장품 안전기준 등에 관한 규정 [별표 2]는 사용상의 제한이 필요한 원료를 고시하고 있다. 다음의 성분과 그 사용한도의 연결로 옳지 않은 것은?

① 메칠이소치아졸리논 사용 후 씻어내는 제품 : 0.0015%

② 벤조익애씨드, 그 염류 및 에스텔류산으로서 : 0.5%

③ 쿼터늄-15 : 2%

④ 트리클로카반 : 0.2%

⑤ 이미다졸리디닐우레아 : 0.6%

21 다음 〈보기〉의 보존제 중 하나를 사용하여 바디 크림을 만들려고 할 때 화장품법에서 고시한 사용한도 함량이 큰 것부터 나열한 것으로 알맞은 것은?

┤ 보기 ├

ⓐ 벤조익애씨드
ⓑ 벤질알코올
ⓒ 벤잘코늄클로라이드

---

① ⓑ - ⓐ - ⓒ
② ⓑ - ⓒ - ⓐ
③ ⓐ - ⓑ - ⓒ
④ ⓐ - ⓒ - ⓑ
⑤ ⓒ - ⓑ - ⓐ

22 다음 중 사용 후 씻어내지 않는 화장품에도 사용 가능한 성분은?

① 메칠클로로이소치아졸리논과 메칠이소치아졸리논의 혼합물
② 부틸파라벤
③ 헥세티딘
④ 소듐라우로일사코시네이트
⑤ 징크피리치온

23 화장품의 원료와 사용할 때 주의사항으로 바르게 이어진 것은?

① 천수국꽃추출물 – 자외선을 이용한 태닝을 목적으로 하는 제품에는 사용금지
② 트리클로카반 – 손발톱용 제품에 25% 제한
③ 만수국꽃추출물 – 사용 후 씻어내지 않는 제품에 사용금지
④ 꽃송이이끼추출물 – 알레르기 유발성분
⑤ 벤잘코늄클로라이드 – 분사형 제품에 사용금지

24 다음 중 화장품 안전기준 등에 관한 규정에서 고시하고 있는 사용상의 제한이 필요한 원료인 살리실릭애씨드에 대한 설명으로 옳지 않은 것은?

① 영유아용 제품류 또는 만 13세 이하 어린이가 사용할 수 있음을 특정하여 표시한 샴푸에는 살리실릭애씨드를 사용할 수 없다.
② 인체 세정용 제품류에 살리실릭애씨드로서 2%까지 사용 가능하다.
③ 보존제로 사용 시 살리실릭애씨드 및 그 염류는 0.5%까지 사용 가능하다.
④ 기타 성분으로 살리실릭애씨드 및 그 염류로 두발용 제품류에는 3%까지 사용 가능하다.
⑤ 기능성화장품의 유효성분으로 사용하는 경우에 한하며 기타 제품에는 사용 금지한다.

25 식품의약품안전처장이 고시한 치오글라이콜릭애씨드의 용도별 사용한도로 옳지 않은 것은?

① 퍼머넌트 웨이브용 및 헤어 스트레이트너 11%
② 제모용 5%
③ 염모제 2%
④ 샴푸 2%
⑤ 가온2욕식 헤어스트레이트너 제품 5%

26 다음 중 화장품의 위해성 등급이 다른 것을 고르시오.

① 전부 또는 일부가 변패된 화장품
② 이물질이 혼입되어 있는 화장품
③ 맞춤형화장품조제관리사를 두지 않고 판매한 맞춤형화장품
④ 페닐파라벤이 함유된 화장품
⑤ 병원미생물에 오염된 화장품

27 다음 중 화장품의 위해성 등급이 다른 것을 고르시오.

① 수은이 10μg/g 검출된 화장품
② 병원미생물 오염이 검출된 화장품
③ 의약품으로 잘못 인식할 우려가 있도록 기재 · 표시된 화장품
④ 사용기한을 위조한 화장품
⑤ 화장품의 포장 및 기재 · 표시사항을 훼손한 화장품

28 다음 〈보기〉의 위해평가 절차를 순서대로 나열한 것은?

┤ 보기 ├

㉠ 노출평가 과정
㉡ 위험성 확인
㉢ 위해도 결정 과정
㉣ 위험성 결정

① ㉠ - ㉡ - ㉣ - ㉢
② ㉠ - ㉢ - ㉡ - ㉣
③ ㉡ - ㉣ - ㉠ - ㉢
④ ㉢ - ㉡ - ㉠ - ㉣
⑤ ㉣ - ㉡ - ㉠ - ㉢

29 화장품 제조 관련 설비의 유지관리에 대한 설명 중 옳지 않은 것?

① 건물, 시설 및 주요 설비는 정기적으로 점검해야 한다.
② 결함 발생 및 정비 중인 설비는 적절한 방법으로 표시하고 고장 등 사용이 불가할 경우 표시하여야 한다.
③ 품질에 영향을 줄 수 있는 장치는 연간 계획을 세워서 매년 1회 이상 관리한다.
④ 모든 제조관련 설비는 승인된 자만이 접근, 사용하여야 한다.
⑤ 유지관리 작업이 제품의 품질에 영향을 주어서는 안 된다.

30 필터의 종류와 특징에 대한 설명으로 알맞은 것은?

① HEPA 필터는 사용온도 최고 100℃에서 0.3㎍ 입자를 99.97% 이상 제거가 가능하다.
② MEDIUM 필터는 미립자 0.5㎍를 제거할 수 있다.
③ PRE 필터는 HEPA, MEDIUM 등의 전처리용으로 사용된다.
④ PRE BAG 필터는 미립자 5~10㎍를 제거할 수 있다.
⑤ MEDIUM BAG 필터는 먼지 보유량이 적은 대신 수명이 길다.

31 작업실의 청정도 기준에 대한 내용으로 바르게 짝지어진 것은?

	등급	해당 작업실	청정공기순환	관리기준
①	1	클린벤치	10회/hr 이상 또는 차압관리	낙하균 10개/hr 또는 부유균 20개/m³
②	1	제조소	20회/hr 이상 또는 차압관리	낙하균 10개/hr 또는 부유균 20개/m³
③	2	원료보관소	20회/hr 이상 또는 차압관리	낙하균 30개/hr 또는 부유균 200개/m³
④	2	원료칭량실	10회/hr 이상 또는 차압관리	낙하균 30개/hr 또는 부유균 200개/m³
⑤	3	포장실	환기장치	없 음

32 화장품 제조설비 별 재질 및 특성에 대한 설명으로 맞는 것은?

	시 설	재 질	특 성
①	탱 크	스테인리스#304, #316	표면은 매끈하고 부식성이 없는 재질을 사용하여야 하기 때문에 스테인리스를 주로 사용하지만 구리를 사용하기도 한다.
②	호 스	고무, 유리, 나일론	높은 열과 압력에 대하여 문제가 없게 설계되어야 한다.
③	혼합과 교반	알루미늄, 구리	전기 구성품들은 설비 지역에 있을 수 있는 폭발위험물로부터 안전한 곳에 보관한다.
④	이송 파이프	스테인리스#304, #316, 알루미늄	생성되는 최고의 압력을 고려해야 하고, 사용 전 시스템은 정수압적으로 시험되어야 한다.
⑤	필 터	반응성 섬유	모든 여과 조건하에서 생기는 최고 압력들을 고려해야 한다.

33 세균과 진균에 대한 설명 중 옳은 것은?

① 진균은 대두카제인소화한천배지를 주로 사용하며 배양온도는 25~30℃이다.

② 세균은 사부로포도당한천배지를 주로 사용하며 배양온도는 25~30℃이다.

③ 진균의 대표적인 예로 푸른곰팡이가 있다.

④ 물휴지의 경우 검출된 세균 및 진균의 합이 100개/g(mL) 이하여야 한다.

⑤ 세균의 경우 식물성 성분이 필수 영양소이다.

34 화장품 작업장의 낙하균 측정방법에 대한 설명으로 틀린 것은?

① 일반적으로 작은 방을 측정하는 경우에는 약 2개소를 측정한다.

② 방 이외의 격벽구획이 명확하지 않은 장소(복도, 통로 등)에서는 공기의 진입, 유통, 정체 등의 상태를 고려하여 전체 환경을 대표한다고 생각되는 장소를 선택한다.

③ 바닥에서 측정하는 것이 원칙이다.

④ 측정 위치마다 세균용 배지 1개, 진균용 배지 1개를 둔다.

⑤ 노출시간이 1시간 이상이 되면 배지의 성능이 떨어지므로 예비시험으로 적절한 노출시간을 결정한다.

35 화장품 설비 세척 소독을 위해 사용되는 화학적 소독제로 알맞은 것은?

① 염소계 소독제, 페놀, 과산화수소

② 4급 암모늄화합물 200ppm, 차아염소산나트륨, 스팀

③ 스팀, 온수, 작열

④ 스팀, 직열, 에탄올

⑤ 스팀, 에탄올, 아이소프로판올

36 시설기구 소독에 대한 설명으로 옳지 않은 것은?

① UV살균은 자외선이 잘 조사되도록 장비 및 기구들이 겹치지 않게 한 층으로 보관 후 사용한다.

② 소독제의 잔여물이 조금 남아도 사용 가능하다.

③ 5분 이내 살균이 되어야 한다.

④ 99.9% 이상 살균되어야 한다.

⑤ 에탄올 70%를 사용한다.

37 화학적 소독제의 장단점이 바르게 설명된 것은?

유 형	장 점	단 점
① 염소유도체	우수한 효과, 부식이 없음	물로 씻어야 함
② 알코올	세척 불필요, 빠른 건조	알칼리성 조건하에서 효과가 적음
③ 인 산	우수한 효과, 탈취작용	찬물에 녹지 않아 고온에 사용
④ 페 놀	빠른 건조	고농도 시 폭발성 있음
⑤ 과산화수소	유기물에 효과적	피부에 좋지 않아 직원의 손 보호가 필요함

38 작업장 내 직원들이 사용하기에 적합한 소독제로 짝지어진 것은?

① 아이오다인, 아이오도퍼
② 4급 암모늄화합물, 포타슘하이드록사이드
③ 클로록시레놀, 소듐카보네이트
④ 일반비누, 과산화수소
⑤ 헥사클로로펜, 락틱애씨드

39 화장품 혼합 시 제형의 안정성을 감소시키는 요인에 대한 설명으로 틀린 것은?

① 원료투입순서 : 원료투입순서가 바뀌면 불안정한 미셀이 형성되어 제품의 냄새, 색상 등이 달라질 수 있다.
② 유화공정 : 제조 온도가 설정된 온도보다 지나치게 높을 경우 유화제의 HLB가 바뀌면서 전상 온도 이상 의 온도에서는 상이 서로 바뀌어 유화 안정성에 문제가 생길 수 있다.
③ 가용화공정 : 제조 온도가 설정된 온도보다 지나치게 높을 경우 가용화제의 친수성과 친유성의 정도를 나 타내는 HLB가 바뀌면서 운점 이상의 온도에서는 가용화가 깨져 제품의 안정성에 문제가 생길 수 있다.
④ 진공세기 : 제조 시 생기는 미세한 기포를 압력을 가해 제거하지 않으면 제품의 점도, 비중, 안정성 등에 영향을 미친다.
⑤ 회전속도 : 교반기의 RPM 속도가 느린 경우 유화 입자가 커서 성상 및 점도가 달라지고 안정성에 문제가 발생하고 점증제 및 분산제의 분산이 어려워 덩어리가 생길 수 있다.

40 품질관리 시설에서 사용되는 기기명과 그 용도가 바르게 짝지어진 것은?

① 회화로 – 시료용해
② 전열기 – 강열잔분시험
③ 데시게이터 – 건조
④ 속실렛추출장치 – 유독가스배출
⑤ 호모믹서 – 질소정량

41 아이크림의 유통화장품 안전관리기준으로 옳지 않은 것은?

① 납 20μg/g 이하
② 니켈 35μg/g 이하
③ 총호기성생균수 1,000개/g(mL) 이하
④ 포름알데하이드 2,000μg/g 이하
⑤ 디옥산 100μg/g 이하

42 다음은 바디크림 100g 중 비의도 유래물질의 검출량이다. 유통화장품 안전관리 기준에 적합하지 않은 것은?

① 납 23μg/g 검출
② 니켈 9μg/g 검출
③ 총호기성생균수 76,200개 검출
④ 비소 8μg/g 검출
⑤ 수은 1μg/g 검출

43 다음 중 위해화장품에 대한 내용으로 옳은 것은?

① 아이크림의 납 잔류함량이 30μg/g인 경우 합격제품으로 회수대상이 아니다.
② 변성알코올에 메탄올이 2% 함유된 원료로 향수를 제작한 경우 회수대상에 해당한다.
③ 물휴지에 메탄올의 잔류함량이 0.001%이고 세균수는 90개, 진균수는 101개가 검출된 경우에는 회수대상에 해당하지 않는다.
④ 화장 비누의 수분 포함 중량이 100g이고 건조중량이 85g인 경우 2차 포장지에 중량표기는 85g이라고 표기하고 유리알칼리 잔류성분이 0.1% 이하면 합격이므로 회수대상에 해당하지 않는다.
⑤ 바디오일, 폼클렌저, 바디클렌저, 샴푸 등은 pH 기준이 25℃에서 3.0~9.0이다.

44 다음은 ○○원료의 시험성적서이다. 빈칸에 들어갈 단어로 알맞게 짝지어진 것은?

〈품질성적서〉

제품코드 :

제품명 : ○○

제조일자 : 2022.03.05.

사용기한 : 2024.03.04.

제조업체명 : ○○○○

시험항목	시험기준	시험결과
성 상	미색투명한 액상	연갈색 투명한 액상
냄 새	약간의 특이취	약간의 특이취
pH	5.5~7.5	6.25
(㉠)d	0.980~1.040	0.976
(㉡)n	1.370~1.410	1.384
비 소	≤10ppm	적 합
(㉢)		
Total bacteria count	≤100cfu/mL	적 합
Total yeast& mold count	≤100cfu/mL	적 합

제조업체주소

제조업체명

품질관리일자

품질관리 책임자 이름 및 확인

	㉠	㉡	㉢
①	비 중	굴절률	총호기성생균수
②	굴절률	점 도	총호기성생균수
③	질 량	점 도	대장균
④	비 중	점 도	총호기성생균수
⑤	굴절률	부 피	대장균

45 치오글라이콜릭애씨드 또는 그 염류를 주성분으로 한 냉2욕식 퍼머넌트 웨이브용 제품, 치오글라이콜릭애 씨드 또는 그 염류를 주성분으로 하는 냉2욕식 헤어스트레이트너용 제품 제1제의 유통화장품안전관리 기준 에 적합하지 않은 것은?

① pH : 4.5~9.6이며 알칼리성분 중 0.1N 염산의 소비량은 검체 1mL에 대하여 7.0mL 이하

② 산성에서 끓인 후의 환원성 물질의 함량(치오글라이콜릭애씨드로서) : 2.0~11.0%

③ 산성에서 끓인 후의 환원성 물질 이외의 환원성물질(아황산염, 황화물 등) : 검체 1mL 중의 산성에서 끓 인 후의 환원성 물질 이외의 환원성 물질에 대한 0.1N 요오드액의 소비량이 0.6mL 이하

④ 환원 후의 환원성 물질(디치오디글라이콜릭애씨드) : 환원 후의 환원성 물질의 함량은 4.0% 이하

⑤ 중금속 : 10㎍/g 이하, 비소 : 10㎍/g 이하, 철 : 2㎍/g 이하

46 시스테인, 시스테인염류 또는 아세틸시스테인을 주성분으로 하는 냉2욕식 퍼머넌트 웨이브용 제품에 대한 설명으로 옳지 않은 것은?

① 이 제품은 사용 시 60℃ 이하로 가온조작하여 사용하는 것으로서 시스테인, 시스테인염류 또는 아세틸시 스테인을 주성분으로 하는 제1제 및 산화제를 함유하는 제2제로 구성된다.

② 제1제 : 이 제품은 시스테인, 시스테인염류 또는 아세틸시스테인을 주성분으로 하고 불휘발성 무기알칼리 를 함유하지 않은 액제이다. 이 제품에는 품질을 유지하거나 유용성을 높이기 위하여 적당한 알칼리제, 침 투제, 습윤제, 착색제, 유화제, 향료 등을 첨가할 수 있다.

③ 유통화장품 안전관리기준은 아래와 같다.

  1) pH : 8.0~9.5

  2) 알칼리 : 0.1N 염산의 소비량은 검체 1mL에 대하여 12mL 이하

  3) 시스테인 : 3.0~7.5%

  4) 환원 후의 환원성물질(시스틴) : 0.65% 이하

  5) 중금속 : 20㎍/g 이하

  6) 비소 : 5㎍/g 이하

  7) 철 : 2㎍/g 이하

④ 제2제 브롬산나트륨 함유제제의 경우 브롬산나트륨에 그 품질을 유지하거나 유용성을 높이기 위하여 적 당한 용해제, 침투제, 습윤제, 착색제, 유화제, 향료 등을 첨가한 것이다. 용해상태는 명확한 불용성이물 이 없어야 하고, pH : 4.0~10.5, 중금속 : 20㎍/g 이하 함유, 1인 1회 분량의 산화력이 3.5 이상이어야 한다.

⑤ 제2제 과산화수소수 함유제제는 과산화수소수 또는 과산화수소수에 그 품질을 유지하거나 유용성을 높이 기 위하여 적당한 침투제, 안정제, 습윤제, 착색제, 유화제, 향료 등을 첨가한 것이다. pH : 2.5~4.5, 중 금속 : 20㎍/g 이하, 1인 1회 분량의 산화력이 0.8~3.0이어야 한다.

47 화장품 검체에 관련된 내용으로 옳지 않은 것은?

① 제품 검체채취는 품질관리부서가 실시하는 것이 일반적이며, 제품시험 및 그 결과 판정은 품질관리부서의 업무다.

② 원재료의 입고 시 검체채취는 다른 부서에 검체채취를 위탁할 수 있으나 화장품 검체채취는 품질관리부서 검체채취 담당자가 실시한다.

③ 검체채취량에 있어서 "약"이라고 붙인 것은 기재된 양의 ±10%의 범위를 뜻한다.

④ 원료의 '표준품'이란 적정 조건에서 제작, 수입 및 생산되고 해당 품질 규격을 만족하여 시험검사 시 비교 시험용으로 사용되는 원료를 말한다.

⑤ 벌크 검체를 보관하는 목적은 제품의 사용 중에 발생할지도 모르는 "재검토작업"에 대비하기 위해서이다.

48 화장품 제조과정 중 발생하는 일탈 중 중대한 일탈이 아닌 것은?

① 제품표준서, 제조작업절차서 및 포장작업절차서의 기재내용과 다른 방법으로 작업이 실시되었을 경우

② 제조 공정에 있어서의 원료 투입에 있어서 동일 온도 설정하에서의 투입순서에서 벗어났을 경우

③ 생산 작업 중에 설비·기기의 고장, 정전 등의 이상이 발생하였을 경우

④ 벌크제품과 제품의 이동, 보관에 있어서 보관 상태에 이상이 발생하고 품질에 영향을 미친다고 판단될 경우

⑤ 관리 규정에 의한 관리 항목에 있어서 두드러지게 설정치를 벗어났을 경우

49 품질이 보장된 우수한 화장품을 제조, 공급하기 위한 제조 및 품질관리에 대한 기준에서 사용되는 용어의 정의로 옳지 않은 것은?

① "오염"이란 제품에서 화학적, 물리적, 미생물학적 문제 또는 이들이 조합되어 나타내는 바람직하지 않은 문제의 발생을 말한다.

② "회수"란 판매한 제품 가운데 품질 결함이나 안정성 문제 등으로 나타난 제조번호의 제품(필요시 여타 제조번호 포함)을 제조소로 거두어들이는 활동을 말한다.

③ "유지관리란 적절한 작업 환경에서 건물과 설비가 유지되도록 정기적, 비정기적인 지원 및 검증 작업을 말한다.

④ "교정"이란 규정된 조건하에서 측정기기나 측정 시스템에 의해 표시되는 값과 표준기기의 참값을 비교하여 이들의 오차가 허용범위 내에 있음을 확인하고, 허용범위를 벗어나는 경우 허용범위 내에 들도록 조정하는 것을 말한다.

⑤ "제조번호" 또는 "뱃치번호"란 하나의 공정이나 일련의 공정으로 제조되어 균질성을 갖는 화장품의 일정한 분량을 말한다.

50 혼합 · 소분 활동 시 작업장 및 시설 · 기구에 관한 설명으로 옳지 않은 것은?

① 사용기한이 경과한 원료 및 내용물은 조제에 사용하지 않도록 관리한다.

② 작업장과 시설 · 기구를 화장품제조허가와 달리 정기적으로 점검하지 않고 위생적으로 유지 · 관리만 하면 된다.

③ 혼합 · 소분에 사용되는 시설 · 기구 등은 사용 후에 세척한다.

④ 세제, 세척제는 잔류하거나 표면에 이상을 초래하지 않는 것을 사용한다.

⑤ 세척한 시설 · 기구는 잘 건조하여 다음 사용 시까지 오염을 방지한다.

51 다음 〈보기〉에 있는 포장재의 재평가에 대한 설명으로 옳은 것은?

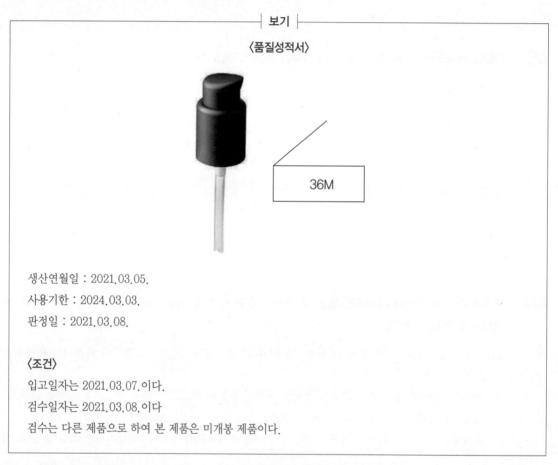

┤ 보기 ├

〈품질성적서〉

36M

생산연월일 : 2021.03.05.
사용기한 : 2024.03.03.
판정일 : 2021.03.08.

〈조건〉
입고일자는 2021.03.07.이다.
검수일자는 2021.03.08.이다
검수는 다른 제품으로 하여 본 제품은 미개봉 제품이다.

① 이 제품을 2024.03.02.에 개봉했을 경우 용기의 사용기한은 2027.03.01.이다.

② 재평가 시 첫 입고 때 시험한 시험항목으로 다시 시험한다.

③ 아직 사용기간 전이기 때문에 별도의 재시험 없이 용기를 사용할 수 있다.

④ 별도의 재평가 없이 원래의 사용기한을 3년 늘릴 수 있다.

⑤ 사용기한이 지나도 재평가 방법을 확립해 두었다면 재평가하여 사용할 수 있다.

52 포장재의 입고 시 주의사항으로 틀린 것은?

① 포장재의 크기와 용량이 정확한지 확인을 해야 한다.

② 구매요구서, 인도문서, 인도물이 서로 일치하는지 확인해야 한다.

③ 검사중, 적합, 부적합에 따라 각각의 구분된 공간에 별도로 보관되어야 한다.

④ 선적 용기에 대하여 표기 오류, 용기 손상, 봉인 파손, 오염 등에 대해 육안으로 검사한다.

⑤ 부적합 포장재로 최종 판결된 포장재의 경우 혼동을 방지하기 위해 자동화시스템 보관공간에서도 잠금장치를 필수로 장착하여야 한다.

53 다음 〈보기〉에서 설명하는 화장품의 용기를 고르시오.

┤ 보기 ├

일상의 취급 또는 보통 보존 상태에서 액상 또는 고형의 일물 또는 수분이 침입하지 않고 내용물을 손실, 풍화, 조해 또는 증발로부터 보호할 수 있는 용기를 말한다.

① 밀봉용기

② 밀폐용기

③ 기밀용기

④ 차광용기

⑤ 멸균용기

54 맞춤형화장품판매업자의 준수사항이 아닌 것은?

① 혼합·소분 전에 혼합·소분에 사용되는 내용물 또는 원료에 대한 품질성적서를 확인해야 한다.

② 소비자용으로 판매되는 화장품을 소분 또는 혼합하여 판매하지 않는다.

③ 중대한 유해사례 발생 시 15일 이내 식품의약품안전처장에게 보고한다.

④ 소비자의 피부유형이나 선호도를 확인하지 않고 미리 혼합한 후 판매하지 않는다.

⑤ 책임판매업자가 품질성적서를 구비한 경우 맞춤형화장품조제관리사는 품질검사를 별도로 실시하지 않아도 된다.

55 다음 중 맞춤형화장품판매업자의 준수사항으로 옳은 것은?

① 백화점에서 구매한 대용량 제품을 소분하여 판매한다.

② 책임판매업자가 수입한 내용물과 원료를 혼합하여 판매한다.

③ 책임판매업자가 기능성 심사 중인 원료를 받아 내용물에 혼합한다.

④ 맞춤형화장품조제관리사가 알부틴 2%를 넣고 직접 기능성 심사를 받은 화장품을 판매한다.

⑤ 만 6세 미만 어린이가 사용하는 제품은 안전용기 포장을 하여야 한다.

56 다음 〈보기〉에서 판매한 맞춤형화장품에 대한 판매내역서 작성 중 옳지 못한 것은?

| 보기 |

> 2021.10.5. 맞춤형화장품을 조제하여 크림 50g을 판매하였다. 사용기한은 1년이며 개봉 후 사용기간은 3개월이다. 내용물의 제조번호는 A0021이고 소분 판매하려는 맞춤형화장품의 제조번호는 B211이다.

① 맞춤형화장품의 제조번호인 B211만 기재한다.

② 전성분은 기재하지 않아도 된다.

③ 판매일자에 2021.10.5.을 기재한다.

④ 판매량인 50g을 기재한다.

⑤ 사용기한을 2022.10.4.까지만 표시한다.

57 맞춤형화장품판매업 신고에 대한 설명으로 틀린 것은?

① 의약품 안전나라 시스템에서 전자민원, 방문 또는 우편 신청을 통하여 신고한다.

② 행정개편으로 인한 소재지 변경의 경우 60일 이내 변경신고를 한다.

③ 맞춤형화장품판매업소별로 소재지에 있는 지방식품의약품안전청에 신고한다.

④ 1개월 이내 맞춤형화장품판매업을 하려는 경우에도 관할지역의 지방식품의약품안전청에 신고하여야 한다.

⑤ 맞춤형화장품판매업소가 이전한 경우 이전한 새로운 관할지의 지방식품의약품안전청에 가서 신고하여야 한다.

58 맞춤형화장품판매 시 소비자에게 설명해야 하는 사항이 아닌 것은?

① 혼합·소분에 사용된 내용물 및 원료의 내용
② 혼합·소분에 사용된 내용물 및 원료의 내용 중 알러지 성분
③ 혼합·소분에 사용된 내용물의 특성
④ 혼합·소분에 사용된 내용물 및 원료의 품질성적서 내용
⑤ 맞춤형화장품 사용 시 주의사항

59 맞춤형화장품을 혼합 또는 소분 시 안전관리기준에 해당하지 않는 것은?

① 혼합·소분 전에는 손을 소독할 것
② 혼합·소분에 사용되는 장비 또는 기구는 사용 후에 세척할 것
③ 혼합·소분에 사용되는 내용물 또는 원료에 대한 품질성적서를 확인할 것
④ 혼합·소분 전 일회용 장갑 착용 시 손소독은 생략할 수 있다.
⑤ 맞춤형화장품조제관리사의 관리하에 직원들이 화장품을 혼합·소분할 것

60 맞춤형화장품조제관리사가 판매내역서로 필수로 기입해야 하는 항목이 아닌 것은?

① 제조업체의 명칭
② 제조번호
③ 판매일자
④ 판매량
⑤ 사용기한 또는 개봉 후 사용기간

61 피부 표피의 기저층에 대한 설명으로 틀린 것은?

① 촉각상피세포인 머켈세포가 존재한다.
② 엘라이딘 때문에 투명하게 보인다.
③ 멜라노사이트에서 멜라닌을 생성한다.
④ 활발한 세포분열을 통해 표피세포를 생성한다.
⑤ 대부분의 각질형성세포가 존재한다.

62 다음 〈보기〉에서 대부분 진피에 존재하는 세포들로 모두 고른 것은?

| 보기 |

    ㉠ 대식세포

    ㉡ 섬유아세포

    ㉢ 비만세포

    ㉣ 머켈세포

    ㉤ 랑게르한스세포

① ㉠, ㉡, ㉢

② ㉠, ㉢, ㉣

③ ㉡, ㉢, ㉤

④ ㉡, ㉣, ㉤

⑤ ㉢, ㉣, ㉤

63 유두층 위층에 존재하는 피부층으로 유두층에서 영양소, 산소 등을 공급받는 층은?

① 기저층

② 망상층

③ 각질층

④ 유극층

⑤ 과립층

64 다음 중 진피에 대한 설명으로 옳지 않은 것은?

① 유두층은 진피가 표피 방향으로 둥글게 물결모양으로 돌출되어있는 부분이다.

② 유두층에는 모세혈관이 분포하여 표피에 영양을 공급한다.

③ 유두층에는 교원섬유, 탄력섬유를 생산하는 섬유아세포가 존재한다.

④ 교원섬유는 진피 성분의 90%를 차지하고 있는 단백질이다.

⑤ 망상층에는 혈관, 땀샘, 피지선이 존재한다.

65 피부의 구조에 관한 설명으로 옳지 않은 것은?

① 피부는 표피, 내피, 진피로 구성되어 있다.
② 피부의 pH는 약 4~6이며 수용성 산인 젖산, 피롤리돈산, 요산이 원인이다.
③ 약산성 피부는 피부를 미생물로부터 보호하는 보호막 역할을 한다.
④ 진피에는 혈관, 피지선, 탄력섬유 등이 존재한다.
⑤ 표피에는 색소세포, 랑게르한스셀 등이 존재한다.

66 다음은 피부에 대한 설명이다. 옳지 못한 것을 고르시오.

① 각질형성세포는 기저층에서 형성되어 28일 주기로 각질층에서 탈락한다.
② 각질층에는 케라틴 성분이 50% 이상 함유되어 있으며, 천연보습인자 NMF가 있어 수분을 함유하고 있다.
③ 투명층은 피부가 흰 사람일수록 발달되어 있으며, 흰 피부의 사람에게 많이 분포한다.
④ 유극층은 살아있는 세포가 존재하며 랑게르한스세포가 있다.
⑤ 과립층은 케라토히알린으로 이루어져 있으며 물의 침투와 방어막 역할을 하고 피부가 퇴화하기 시작하는 층이다.

67 다음 〈보기〉에서 각질형성세포의 각화과정 순서로 알맞은 것은?

┤ 보기 ├

㉠ 기저세포의 분열
㉡ 각질세포의 재구축
㉢ 과립세포의 자기분해
㉣ 유극세포의 합성

① ㉠ – ㉡ – ㉢ – ㉣
② ㉠ – ㉣ – ㉢ – ㉡
③ ㉢ – ㉣ – ㉠ – ㉡
④ ㉢ – ㉡ – ㉠ – ㉣
⑤ ㉣ – ㉡ – ㉢ – ㉠

68 모발 성장주기에 대한 설명으로 옳은 것은?

① 모발의 성장주기의 순서는 성장기, 휴지기, 퇴행기, 탈모 순이다.

② 성장기의 기간은 약 6~8년이며, 전체 모발 주기의 60~70%가 이 시기에 속한다. 성장기의 모발은 한 달에 약 1~1.5cm 자라지만 영양상태, 호르몬분비, 계절, 연령, 유전인자 등 개인에 따라서 달라질 수 있다.

③ 휴지기에는 모낭과 모유두가 완전히 분리되고 모낭도 더욱더 위축되어 모근은 위쪽으로 더 밀려 올라가 모발이 빠지게 된다. 이 기간에는 모유두는 쉬게 된다.

④ 퇴행기에는 모유두와 모구부가 멀리 떨어져 있어 더이상 모발이 자라지 않으며 퇴행기의 기간은 약 2~3개월 정도이다.

⑤ 탈모기에는 모모세포의 생장 활동이 중지되고 휴지기가 점점 짧아진다. 자연탈모의 경우 하루에 50~100개의 모발이 빠진다.

69 모발의 모간부 구조에 대한 설명으로 옳은 것은?

① 엑소큐티클은 가장 바깥층에 위치하며 단백질 용해성 물질에 대한 저항성이 가장 강하다.

② 엔도큐티클은 단백질 용해성의 물질에 대한 저항성은 강하지만 시스틴결합을 절단하는 물질에는 약하다.

③ 에피큐티클은 모소피 가장 안쪽에 있는 물질로 친수성의 성격을 가지며, 시스틴 함량이 적고 알칼리성에 약하다.

④ 모피질은 물고기 비늘처럼 사이사이 겹쳐 놓은 것과 같은 구조로 친유성의 성격이 강하다.

⑤ 모수질의 경우 0.09mm 이상의 굵은 모발에서 주로 발견되며 일반적으로 모수질이 많은 굵은 모발은 웨이브 펌이 잘된다.

70 제품검사를 위한 관능평가에 사용되는 표준품이 아닌 것은?

① 제품 표준견본
② 용기 · 포장재 한도견본
③ 충진 위치견본
④ 내용물 표준견본
⑤ 벌크제품 표준견본

71 화장품 제조평가 중 관능평가의 설명으로 틀린 것은?

① 맹검 사용시험은 소비자의 판단에 영향을 미칠 수 있는 제품의 정보를 제공하지 않는 사용 시험이다.

② 비맹검 사용시험은 제품의 정보를 제공하고 제품에 대한 인식 및 효능이 일치하는지를 조사하는 시험이다.

③ 관능평가란 여러 가지 품질을 인간의 오감에 의하여 평가하는 제품검사이다.

④ 향취의 경우 비커에 내용물을 담고 코를 비커에 대고 향취를 맡거나 손등에 내용물을 바르고 향취를 맡아 평가한다.

⑤ 관능평가의 경우 일반인이 아닌 전문가들의 참여로만 이루어져야 한다.

72 다음 〈보기〉의 화장품 성분 중 함량을 반드시 기재하여야 하는 성분을 모두 고른 것은?

┤ 보기 ├

제품명	시어버터&비타민 E 베이비크림
광고내용	아이들에게 안전한 시어버터와 비타민 E를 사용한 베이비크림으로 피부의 보습에 좋은 유기농 올리브오일과 유기농 참깨오일을 함유하여 더욱 촉촉하고 부드럽게 사용 가능합니다.
제품 전성분	정제수, 시어버터, 참깨오일, 올리브오일, 비타민 E, 세틸알코올, 글리세릴스테아레이트, 감초뿌리추출물, 글리세린, 페녹시에탄올, 만델릭산, 향료, 리날룰, 제라니올, 알파-아이소메틸아이오논, 아니스알코올

① 시어버터, 올리브오일, 아니스알코올

② 시어버터, 올리브오일, 참깨오일

③ 비타민 E, 리날룰, 제라니올, 알파-아이소메틸아이오논, 아니스알코올

④ 시어버터, 비타민 E, 리날룰, 제라니올, 알파-아이소메틸아이오논, 아니스알코올

⑤ 시어버터, 비타민 E, 페녹시에탄올, 올리브오일, 참깨오일

73 생략 가능한 표시사항에 대한 설명으로 옳은 것은?

① 내용물이 30mL 이하인 경우 화장품 바코드 표시가 생략 가능하다.

② 10mL 이하의 소용량 제품의 경우 가격표시가 생략 가능하다.

③ 수입화장품 중 대외무역법에 따른 원산지를 표시한 경우 제조국의 명칭을 생략할 수 있다.

④ 기능성화장품의 경우 50mL 이하의 제품의 경우 그 효능, 효과를 나타나게 하는 원료의 표시를 생략할 수 있다.

⑤ 30mL 이하의 제품의 경우 식품의약품안전처장이 사용기준을 고시한 화장품의 원료의 표시를 생략할 수 있다.

74 인체적용시험자료 제출 시 사용할 수 있는 광고에 대한 설명으로 옳은 것은?

① 인체에 대한 자외선 내수성 검사 자료 제출 시 워터프루프 기능이 있다고 광고할 수 있다.

② 멜라닌색소의 침착을 방지하며 기미, 주근깨 완화에 도움을 준다.

③ 피부혈행개선에 도움을 준다.

④ 인체적용시험자료를 제출하여도 일시적으로 붉은 기를 가려준다는 표현은 사용할 수 없다.

⑤ 세포성장을 증가시켜 피부 탄력에 도움을 준다.

75 화장품의 포장에 기재 · 표시해야 하는 기타 사항으로 옳지 않은 것은?

① 식품의약품안전처장이 정하는 바코드

② 인체세포 · 조직 배양액이 들어있는 경우 그 함량

③ 화장품에 천연 또는 유기농으로 표시 · 광고하려는 경우 원료의 함량

④ 화장품의 효능 · 효과, 용법 · 용량

⑤ 어린이용으로 광고하려는 경우 보존제의 함량

76 화장품 포장의 표시기준 및 표시방법에 대한 설명으로 틀린 것은?

① 제조에 사용된 성분 기재ㆍ표시를 할 때는 글자의 크기를 9포인트 이상으로 한다.

② 영업자의 주소는 등록필증 또는 신고필증에 적힌 소재지 또는 반품, 교환 업무를 대표하는 소재지를 기재ㆍ표시한다.

③ 색조 화장용 제품류, 눈 화장용 제품류, 두발염색용 제품류 또는 손발톱용 제품류에서 호수별로 착색제가 다르게 사용된 경우 '± 또는 +/−'의 표시 다음에 사용된 모든 착색제 성분을 함께 기재ㆍ표시할 수 있다.

④ 제19조 제5항 제7호에 따른 문구는 법 제10조 제1항 제8호에 따라 기재ㆍ표시된 "기능성화장품" 글자 바로 아래에 "기능성화장품" 글자와 동일한 글자 크기 이상으로 기재ㆍ표시해야 한다.

⑤ 화장품의 1차 포장 또는 2차 포장의 무게가 포함되지 않은 용량 또는 중량을 기재ㆍ표시해야 한다.

77 다음 중 맞춤형화장품의 포장에 관한 설명으로 옳은 것은?

① 2차 포장재는 내용물을 보호하고 품질을 유지하는 기능을 가지고 있으므로 항상 청결하게 유지하여야 한다.

② 1차 포장재에 반드시 화장품의 용량을 표시하여야 한다.

③ 맞춤형화장품판매업자는 수입한 화장품인 경우 제조국의 명칭, 회사명, 소재지를 생략할 수 있다.

④ 제품명칭 일부에 성분명이 있을 경우 그 성분명과 함량을 표시한다.

⑤ 샴푸, 린스 등은 카톤 충진기를 이용해서 충진한다.

78 맞춤형화장품 혼합ㆍ소분 시 사용되는 장비와 그 용도가 옳지 못한 것은?

① 내용물 및 원료를 혼합할 때 유리비커를 사용한다.

② 액체 및 반고형제품의 유동성을 측정할 때는 경도계를 사용한다.

③ 유화입자를 관찰할 때는 돋보기를 사용한다.

④ 에멀젼의 유화는 호모믹서를 사용한다.

⑤ 내용물과 내용물을 혼합할 때는 아지믹서를 사용한다.

79 맞춤형화장품 혼합·소분에 관한 설명으로 옳은 것은?

① 책임판매업자가 발생한 품질성적서가 있으면 품질관리를 하지 않아도 된다.

② 혼합·소분한 화장품은 유통화장품 안전관리 기준에 적합하여야 한다.

③ 책임판매업자에게 받은 코코넛오일과 수입한 병풀오일을 혼합하여 피부관리실에 납품한다.

④ 소비자의 기호에 맞게 미리 혼합·소분하여 판매하여도 된다.

⑤ 화장품책임판매업자가 정한 범위를 벗어나 혼합·소분하여도 상관없다.

80 자외선차단제품의 포장에 대한 설명으로 옳은 것은?

	포장공간비율	포장횟수
①	10% 이하	1차
②	10% 이하	2차
③	15% 이하	1차
④	15% 이하	2차
⑤	20% 이하	2차

 단답형

81 다음 빈칸에 들어갈 용어를 적으시오.

( )란 화장품의 사용 중 발생한 바람직하지 않고 의도되지 아니한 징후, 증상 또는 질병을 말하며, 당해 화장품과 반드시 인과관계를 가져야 하는 것은 아니다.

82 다음 빈칸에 들어갈 숫자를 적으시오.

제품별 안전성 자료의 작성 · 보관

① 법 제4조의2 제1항 및 이 규칙 제10조의2 제2항에 따라 화장품의 표시 · 광고를 하려는 화장품책임판매업자는 법 제4조의2 제1항 제1호부터 제3호까지의 규정에 따른 제품별 안전성 자료 모두를 미리 작성해야 한다.

(1) 화장품의 1차 포장에 사용기한을 표시하는 경우 : 영유아 또는 어린이가 사용할 수 있는 화장품임을 표시 · 광고한 날로부터 마지막으로 제조, 수입된 제품의 사용기한 만료일 이후 (㉠)년까지의 기간. 이 경우 제조는 화장품의 제조번호에 따른 제조일자를 기준으로 하며, 수입은 통관일자를 기준으로 한다.

(2) 화장품의 1차 포장에 개봉 후 사용기간을 표시하는 경우 : 영유아 또는 어린이가 사용할 수 있는 화장품임을 표시 · 광고한 날로부터 마지막으로 제조, 수입된 제품의 제조연월일 이후 (㉡)년까지의 기간. 이 경우 제조는 화장품의 제조번호에 따른 제조일자를 기준으로 하며, 수입은 통관일자를 기준으로 한다.

---

83 자외선차단 효과가 있는 기능성화장품의 실험결과 평균 자외선차단 지수 33.7이 나왔을 때 기재할 수 있는 자외선차단 지수의 최솟값을 적으시오(정수로 쓰시오).

---

84 다음 빈칸에 들어갈 법률용어를 작성하시오.

> **법 제15조(영업의 금지)**
>
> 누구든지 다음 각 호의 어느 하나에 해당하는 화장품을 판매(수입대행형 거래를 목적으로 하는 알선, 수여를 포함한다)하거나 판매할 목적으로 제조 · 수입 · 보관 또는 진열하여서는 아니 된다.
>
> • (   )의 형태, 냄새, 색깔, 크기, 용기 및 포장 등을 모방하여 섭취 등 식품으로 오용될 우려가 있는 화장품

_____

_____

_____

85 다음 빈칸에 해당하는 용어를 법령에 나와 있는 그대로 작성하시오.

> **법 제15조의2(동물실험을 실시한 화장품 등의 유통판매금지)**
>
> ① 화장품책임판매업자 및 맞춤형화장품판매업자는 실험동물에 관한 법률 제2조 제1호에 따른 동물실험(이하 이 조에서 "동물실험"이라 한다)을 실시한 화장품 또는 동물실험을 실시한 화장품 원료를 사용하여 제조(위탁제조를 포함한다) 또는 수입한 화장품을 유통 · 판매하여서는 아니 된다. 다만, 다음 각 호의 어느 하나에 해당하는 경우에 그러하지 아니하다.
>
> 1. 제8조 제2항의 보존제, 색소, 자외선차단제 등 특별히 사용상의 제한이 필요한 원료에 대하여 그 사용기준을 지정하거나 같은 조 제3항에 따라 국민보건상 (   ) 우려가 제기되는 화장품 원료 등에 대한 (   ) 평가를 하기 위하여 필요한 경우

_____

_____

_____

86 다음 빈칸에 들어갈 용어를 적으시오.

> - (㉠) : 고체가 액체 속에 균질하게 퍼져있는 현상으로, 파운데이션, 마스카라, 아이라이너, 네일 에나멜
>   이 해당한다.
> - (㉡) : 용제에 약간의 난용성물질인 향 등을 용해 시키기 위한 목적으로 사용되는 계면활성제를 사용하
>   여 투명한 현상을 갖게 한다.

___

___

___

87 다음 빈칸에 들어갈 용어를 〈보기〉에서 찾아 쓰시오.

> 화장품의 성분 중 비타민은 주름개선, 미백, 항산화 기능 등 다양한 기능으로 사용되지만, 안정성이 낮아 변
> 질의 우려가 있으므로 그 유도체를 주로 이용한다. 주름에 도움을 주는 비타민 A는 그 유도체인 (㉠), 항
> 산화 작용이 뛰어난 비타민 E는 그 유도체 (㉡)을 사용한다.

┤ 보기 ├

닥나무추출물, 에칠헥실트리아존, 옥토크릴렌, 아데노신, 레티놀, 에칠아스코빌에텔, 아스코빌글루코사이드,
아스코빌테트라이소팔미테이트, 토코페릴아세테이트, 에칠헥실메톡시신나메이트, 에칠헥실살리실레이트,
레티닐팔미테이트, 토코페릴아세테이트

___

___

___

88 다음은 AHA 함유제품의 주의사항 표기법이다. 빈칸에 들어갈 숫자를 적으시오.

- 햇빛에 대한 피부의 감수성을 증가시킬 수 있으므로 자외선차단제를 함께 사용할 것(씻어내는 제품 및 두발용 제품은 제외)
- 일부에 시험 사용하여 피부의 이상을 확인할 것
- 고농도의 AHA 성분이 들어있어 부작용이 발생할 우려가 있으므로 전문의 등에게 상담할 것(AHA 성분이 (㉠)%를 초과하거나 산도가 (㉡) 미만인 제품만 표시한다)

---

89 화장품의 함유 성분별 사용할 때의 주의사항 표시 문구에 대한 설명이다. 빈칸에 들어갈 숫자를 적으시오.

- 포름알데하이드 (㉠)% 이상 검출된 제품, 포름알데하이드 성분에 과민한 사람은 신중히 사용할 것
- 폴리에톡실레이티드레틴아마이드 (㉡)% 이상 함유 제품 : 폴리에톡실레이티드레틴아마이드는 인체적용 시험자료에서 경미한 발적, 피부 건조, 화끈감, 가려움, 구진이 보고된 예가 있음

---

90 다음의 사용할 때의 주의사항을 가지고 있는 화장품 유형을 〈보기〉에서 찾아 쓰시오.

- 다음 분들은 사용하지 마십시오. 사용 후 피부나 신체가 과민상태로 되거나 피부 이상반응을 보이거나, 현재의 증상이 악화될 가능성이 있습니다.
  - 두피, 얼굴, 목덜미에 부스럼, 상처, 피부병이 있는 분
  - 생리 중, 임신 중 또는 임신할 가능성이 있는 분
  - 출산 후, 병 중이거나 또는 회복 중에 있는 분, 그 밖에 신체에 이상이 있는 분
- 다음 분들은 신중히 사용하십시오.
  - 특이체질, 신장질환, 혈액질환 등의 병력이 있는 분은 피부과 전문의와 상의하여 사용하십시오.
  - 이 제품에 첨가제로 함유된 프로필렌글리콜에 의하여 알레르기를 일으킬 수 있으므로 이 성분에 과민하거나 알레르기 반응을 보였던 적이 있는 분은 사용 전에 의사 또는 약사와 상의하여 주십시오.

─┤ 보기 ├─

헤어 메니큐어, 탈염·탈색제, 헤어 토닉, 샴푸, 외음부 세정제, 손·발의 피부연화 제품, 퍼머넌트 웨이브, 제모제, 자외선차단제, 흑채, 헤어 틴트, 헤어 스트레이트너, 페이스페인팅

---

91 식품의약품안전처장이 고시한 기능성 성분 중 그 기능성화장품의 효능·효과를 나타내기 위한 성분 이외의 용도로 사용할 수 없는 성분 두 가지를 〈보기〉에서 골라 쓰시오.

─┤ 보기 ├─

에칠아스코빌에텔, 레티닐팔미테이트, 마그네슘아스코빌포스페이트, 피크라민산, 닥나무추출물, 징크피리치온, 살리실릭애씨드, 옥토크릴렌, 에칠헥실트리아존, 징크옥사이드, 호모살레이트, 피로갈롤

92 CGMP 4대 기준서 중 다음 내용이 들어간 기준서의 정확한 명칭을 적으시오.

> - 공정별 상세 작업내용 및 제조공정흐름도
> - 공정별 이론 생산량 및 수율 관리기준
> - 제조지시서
> - 작업 중 주의사항
> - 원자재, 반제품, 완제품의 기준 및 시험방법
> - 제조 및 품질관리에 필요한 시설 및 기기

_____

_____

_____

93 다음 빈칸에 들어갈 용어를 적으시오.

> - (㉠) : 액체를 침투시킨 분자량이 큰 유기분자로 이루어진 반고형상의 제형
> - (㉡) : 일상의 취급 또는 보통의 보존상태에서 기체 또는 미생물이 침입할 염려가 없는 용기

_____

_____

_____

94 다음 빈칸에 들어갈 용어를 적으시오.

> - (㉠)은/는 일정한 제조단위분에 대하여 제조관리 및 출하에 관한 모든 상황을 확인할 수 있도록 표시된 숫자, 문자, 기호 또는 이들의 특징적인 조합이다. 맞춤형화장품조제관리사는 (㉡)를 (㉠)라 한다.
> - (㉡)은/는 맞춤형화장품의 혼합·소분에 사용되는 내용물 또는 원료의 제조번호와 혼합, 소분기록을 추적할 수 있도록 맞춤형화장품판매업자가 숫자·문자·기호 또는 이들의 특징적인 조합으로 부여한 번호이다.

_____

_____

_____

95 다음 빈칸에 들어갈 용어를 법률용어 그대로 작성하시오.

> • 영업자 및 판매자는 자기가 행한 표시·광고 중 사실과 관련한 사항에 대하여는 이를 (   )할 수 있어야 한다.
> • 식품의약품안전처장은 영업자 또는 판매자가 행한 표시·광고가 제13조 제1항 제4호에 해당하는지를 판단하기 위하여 제1항에 따른 (   )이 필요하다고 인정하는 경우에는 그 내용을 구체적으로 명시하여 해당 영업자 또는 판매자에게 관련 자료의 제출을 요청할 수 있다.
> • 제2항에 따라 (   )자료의 제출을 요청받은 영업자 또는 판매자는 요청받는 날로부터 15일 이내에 그 (   ) 자료를 식품의약품안전처장에게 제출하여야 한다. 다만, 식품의약품안전처장은 정당한 사유가 있다고 인정하는 경우에는 그 제출기간을 연장할 수 있다.
> • 식품의약품안전처장은 영업자 또는 판매자가 제2항에 따라 (   )자료의 제출을 요청받고도 제3항에 따른 제출기간 내에 이를 제출하지 아니한 채 계속하여 표시·광고를 하는 때에는 (   )자료를 제출할 때까지 그 표시·광고 행위의 중지를 명하여야 한다.

---

96 다음 빈칸에 들어갈 용어를 적으시오.

> 피부색을 결정하는 색소 중 멜라닌은 멜라노좀에서 합성되어 티로신이라는 아미노산이 티로시나아제 효소 작용에 의해 변화하면서 흑갈색을 띠는 (㉠)과, 붉은색이나 황색을 띠는 (㉡)이 생성된다.

---

97 다음 빈칸에 공동으로 들어갈 용어를 적으시오.

> 모발의 모근부의 내모근초는 모발을 표피까지 운송하는 역할을 다한 후 쌀겨 모양의 표피 탈락물인 (   )이
> 된다. (   )은 두피 피지선의 피지마다 분비, 호르몬의 불균형, 두피 세포의 과다 증식, 스트레스, 다이어트,
> 염색약 등으로 인한 두피손상 등으로 인해 발생이 증가하거나 말라쎄지아라는 진균류의 분비물이 표피층을
> 자극하여 발생하기도 한다. 또한 탈모의 원인이 되기도 하므로 관리가 필요하다.

---

98 다음 빈칸에 공통으로 들어갈 용어를 적으시오.

> 산성도 pH 조절 목적으로 사용되는 성분은 그 성분을 표시하는 대신 중화반응에 따른 생성물로 기재ㆍ표시
> 할 수 있고, (   )반응을 거치는 성분은 (   )반응에 따른 생성물로 기재ㆍ표시할 수 있다.

---

99 화장품의 포장의 표시기준 및 표시방법 중 화장품제조에 사용된 성분에 관한 내용이다. 빈칸에 들어갈 용어를 적으시오.

> • 글자의 크기는 5포인트로 한다.
> • 화장품 제조에 사용된 함량이 많은 것부터 기재ㆍ표시한다. 다만, (㉠)% 이하로 사용된 성분, 착향제,
>   착색제는 순서에 상관없이 기재ㆍ표시한다.
> • 착향제는 (㉡)로 표시할 수 있다, 다만, 착향제의 구성성분 중 식품의약품안전처장이 고시한 알레르기
>   유발성분이 있는 경우에는 (㉡)로 표시할 수 없고 해당 성분의 명칭을 기재ㆍ표시해야 한다.

---

100 다음 제시된 영유아, 어린이용 제품의 전성분 중 함량을 반드시 표시해야 하는 성분을 찾아 적으시오.

전성분 : 정제수, 코코-베타인, 소듐라우릴설페이트, 코코글루코사이드, 베타인, 알로에추출물, 글리세린, 1,2-헥산다이올, 판테놀, 포타슘소르베이트, 토코페릴아세테이트, 소듐클로라이드, 시트릭애씨드, 라벤더꽃오일, 리날룰

01 천연화장품 및 유기농화장품 인증 신청 시 제출해야 하는 자료로 보기 어려운 것은?

① 인증신청 대상 제품의 규격서 또는 제품표준서

② 세척제 체크리스트

③ 인증신청 대상 제품의 제조 공정도공정

④ 제품의 용기, 포장 재질 확인을 위한 자료

⑤ 작업장 및 기구 상세사진

02 화장품의 안전성 평가자료에 포함되어야 할 자료로 보기 어려운 것은?

① 후속조치한 내용을 포함한 사용 후 이상사례 정보의 수집, 검토, 평가 및 조치 관련 자료

② 완제품에 대하여 화장품 안전기준 등에 관한 규정 제6조에 따른 유통화장품 안전관리 기준에 적합함을 검토한 자료

③ 화장품 안전성 정보관리 규정에 따른 신속, 정기보고, 안전성 정보의 검토 및 평가자료

④ 제조과정 중에 제거되어 최종제품에 남아있지 않은 성분을 포함한 제품에 사용되는 각각의 원료에 대한 검토 자료

⑤ 원료 및 완제품, 이상사례 등에 대한 자료를 바탕으로 해당 제품의 안전성에 대한 평가자료

03 다음 대화 중 영유아 또는 어린이 화장품으로 광고를 하는 경우 해야 할 행동으로 옳지 않은 것을 모두 고른 것은?

| 보기 |

A : 양스바디오일의 경우 올리브오일로 만든 영유아 및 어린이가 사용할 수 있는 화장품으로 출시할 예정이 기 때문에 ㉠ 만 5세 미만의 어린이가 개봉하기 어려운 안전용기포장으로 준비했어요.

B : 그렇다면 ㉡ 제품별 안전성자료를 출시전에 미리 구비해야겠군요.

A : 네, 미리 준비해주세요. 참고로 ㉢ 안전성 자료는 1차포장에 사용기한을 표시하는 경우, 마지막으로 생산 된 제품의 사용기한 만료일로부터 1년간 보관해야 합니다.

B : 그럼 ㉣ 제조방법에 대한 설명자료, 화장품의 안전성 평가자료, 제품의 효능·효과에 대한 증명자료를 준비하겠습니다.

A : ㉤ 안전성 자료를 작성 또는 보관하지 않으면 1차 위반 시 판매 또는 해당품목 판매업무정지 3개월의 행 정처분이 있으니 잘 준비해주세요.

① ㉠, ㉡

② ㉡, ㉢

③ ㉠, ㉤

④ ㉢, ㉣

⑤ ㉣, ㉤

04 책임판매관리자의 업무에 대한 내용으로 옳지 못한 것은?

① 안전확보 업무의 원활한 수행에 대해 확인하여 기록 및 보관한다.

② 품질관리 업무 시 화장품제조업자, 맞춤형화장품판매업자, 그 밖에 관계자에게 문서로 연락 또는 지시 한다.

③ 품질관리에 관한 기록 및 화장품제조업자의 관리에 관한 기록을 작성하고 이를 해당 제품의 제조일(수입 의 경우에는 수입통관일 기준)로부터 3년간 보관한다.

④ 품질관리 업무 수행에 필요한 내용은 화장품책임판매업자에게 문서로 보고해야 한다.

⑤ 품질관련 모든 문서와 절차를 검토, 승인하고 품질검사가 규정대로 진행되는지 확인한다.

05 다음 중 화장품 표시, 광고 실증대상에 대한 설명으로 옳은 것은?

① 제약회사와 제휴를 맺은 화장품책임판매업자만 코스메슈티컬화장품이라는 단어를 사용한 광고 표현이 가능하다.

② '무(無)○○' 표현은 인체외시험자료로 입증할 수 있다.

③ 인체적용시험자료를 제출해도 '빠지는 모발감소'라는 광고표현을 할 수 없다.

④ 인체적용시험자료를 제출하더라도 일시적인 셀룰라이트 감소, 피부혈행 개선과 같은 광고표현은 할 수 없다.

⑤ 기능성화장품심사를 받지 않아도 인체적용시험자료를 제출하면 기미, 주근깨 완화라는 표시가 가능하다.

06 화장품법 제13조 제2항, 화장품법 시행규칙 제22조 및 [별표5] 제2호(화장품 표시·광고 시 준수사항)에 따라 광고업무 정지처분의 행정처분을 받을 수 있는 부당한 표시·광고에 해당하는 것으로 모두 고른 것은?

┤ 보기 ├

㉠ 기능성화장품 인증을 받지 않은 남성 토너를 화이트닝 효과로 인해 자외선으로부터 보호를 받을 수 있다고 광고한 경우

㉡ 광고업무 정지기간에 화장품광고 내용이 적혀 있는 일회용 비매품 화장품을 무료로 증정한 경우

㉢ 식약처장이 고시한 사용한도가 있는 원료의 사용기준을 위반한 화장품을 판매의 목적으로 진열한 경우

㉣ 국제적 멸종위기종의 가공품이 함유된 화장품임을 표현하거나 암시하는 내용으로 광고한 경우

㉤ 별도의 증거나 실험 없이 수분 가득크림을 24시간 이상 수분감 지속이 가능하다고 광고한 경우

① ㉠, ㉡, ㉢
② ㉠, ㉣, ㉤
③ ㉢, ㉣, ㉤
④ ㉡, ㉢, ㉣
⑤ ㉡, ㉣, ㉤

07 화장품영업 등록 및 폐업 신고 시 식품의약품안전처장이 화장품법에 따라 불가피하게 처리할 수 있는 개인정보로 보기 어려운 것은?

① 주민등록번호
② 운전면허번호
③ 건강관련정보
④ 외국인등록번호
⑤ 범죄경력에 대한 정보

08 다음 중 개인정보처리자에 관한 설명으로 옳지 않은 것은?

① 개인정보처리자는 개인정보처리방침에 대해 개인에게 통보하거나 인터넷 홈페이지 등에 게시해야 한다.

② 개인정보처리자는 개인정보의 처리에 관한 업무를 총괄해서 책임질 개인정보 보호책임자를 지정해야 한다.

③ 개인정보처리자는 100명 이상의 개인정보가 유출되었을 경우에는 전문기관(행정안전부, 한국인터넷진흥원)에 5일 이내 신고를 하고 서면 등의 방법과 함께 홈페이지에 정보주체가 알아보기 쉽도록 7일 이상 게시하여 통지한다.

④ 소상공인의 경우 사업주 또는 대표자가 개인정보처리자에 해당하므로 따로 지정하지 않아도 된다.

⑤ 개인정보처리자는 만 14세 미만 아동의 개인정보를 처리하기 위하여 그 법정대리인의 동의를 받기 위해 법정대리인의 성명, 연락처를 법정대리인의 동의 없이 해당 아동으로부터 직접 수집할 수 있다.

09 표면장력은 서로 같은 물질끼리 잡아당기는 힘으로 화장품에서 안정성에 문제가 발생하면 표면장력이 높은 물질들은 빠르게 분리가 일어난다. 20℃에서 물에 대한 표면장력은 72.8dyne/cm이다. 물의 표면장력과 가장 가까운 물질은 무엇인가?

① 에탄올
② 피마자오일
③ 호호바오일
④ 글리세린
⑤ 올레익애씨드

10 비이온계면활성제의 특징에 대한 설명으로 볼 수 없는 것은?

① 에틸렌옥사이드에 의한 물과의 수소결합으로 친수성을 가진다.
② 피부에 대하여 이온계면활성제보다 안전성이 높아 피부의 자극도가 낮다.
③ 물과의 수소결합으로 전하를 갖고 있는 계면활성제이다.
④ 에멀젼 제품 및 스킨케어 제품에 주로 사용된다.
⑤ 솔비탄라우레이트, 솔비탄팔미테이트, 솔비탄세스퀴올리에이트, 폴리솔베이트20 등이 있다.

11 다음은 계면활성제의 HLB값을 나타낸 것이다. 그 설명으로 바르지 않은 것은?

| 보기 |

계면활성제	HLB값
A	2.1
B	5.7
C	12.6
D	17.8

① A는 C보다 친유성 성질을 가지고 있다.
② A는 기포를 제거하는 소포제로 사용된다.
③ D는 가용화제로 적합하다.
④ W/O 유화에 B보다 C가 적합하다.
⑤ W/O 유화제는 O/W 유화제보다 끈적이거나 고형이다.

12 다음 보기의 원료에 대한 설명으로 옳지 않은 것은?

| 보기 |

글리세린, 폴리에틸렌글라이콜, 하이알루로닉애씨드, 판테놀, 프로필렌글라이콜

① 보기에 있는 원료들은 보습제에 속하는 원료들로 피부를 촉촉하고 부드럽게 만들어준다.
② 글리세린은 분자 내에 하이드록시기 3개를 갖는 다가알코올로 폴리올류에 속한다.
③ 하이알루로닉애씨드는 분자가 큰 고분자화합물에 속하며 점성이 있다.
④ 판테놀은 비타민 B_5 성분으로 보습, 진정, 육모제 등에 쓰인다.
⑤ 프로필렌글라이콜은 보습제 중 밀폐제에 해당한다.

13 다음 화장품 유효성에 대한 설명 중 옳지 않은 것을 고르시오.

① 나이아신아마이드, 알부틴은 화학적 작용을 통해 미백효과를 나타낸다.
② 티타늄디옥사이드와 징크옥사이드는 물리적 작용을 통해 자외선을 차단하는 기능을 한다.
③ 계면활성제는 화학적 특성을 기반으로 한 효과를 나타내는 특징을 가진다.
④ 향은 심리적 유효성을 기반으로 한다.
⑤ 염색제는 화학적 유효성을 기반으로 효과를 나타낸다.

14 화장수에 대한 설명으로 옳지 않은 것을 고르시오.

① 수렴화장수는 약산성으로 피부 pH를 조절하며, 세균으로부터 피부를 보호하고 소독해주는 작용을 한다.

② 세정용 화장수는 가벼운 색조 화장을 지우는 데 사용하며, 피부를 청결하게 하거나 오염을 제거하는 데 사용된다.

③ 다층화장수는 2층 이상의 층을 이루는 화장수로 사용 시 흔들어 사용하며 수분과 유분에 의한 보습감을 동시에 느낄 수 있다.

④ 화장수는 가용화 공정을 통한 투명한 성상이 일반적이나, 최근에는 일정량의 오일 성분을 O/W형으로 유화하여 불투명한 성상을 갖기도 한다.

⑤ 유연화장수는 피부 각질층에 수분과 보습성분을 공급해주며 피지나 발한을 억제하는 기능을 가지고 있다.

15 화장품에 사용하는 비타민에 대한 설명으로 옳은 것은?

① 비타민 A의 유도체 중 레티놀, 레틴알데하이드, 레티노익애씨드는 수용성 유도체 물질이다.

② 레티놀, 레틴알데하이드 및 레티노익애씨드는 상호전환될 수 있으나, 레티노익애씨드로 전환되는 과정은 비가역적이다.

③ 비타민 C 성분은 열에 강하고 쉽게 산화되지 않는 높은 안정성을 가진다.

④ 아스코빌스테아레이트는 수용성화 한 비타민 C 유도체이다.

⑤ 비타민 E의 8가지 이성체 중 생물학적으로 가장 활동적인 성분은 베타−토코페롤이다.

16 화장품 안전기준 등에 관한 규정에서 화장품에 사용 시 사용한도가 존재하는 원료로만 짝지어진 것은?

① 징크피리치온, 나이아신아마이드

② 히드로퀴논, 벤잘코늄클로라이드

③ 부틸메톡시디벤조일메탄, 메칠이소치아졸리논

④ 살리실릭애씨드, 알부틴

⑤ 트리클로산, 붕산

17 다음 원료 중 금속이온봉쇄제를 고르시오.

① 살리실릭애씨드
② 알지닌
③ 비에이치티
④ 다이소듐이디티에이
⑤ 티이에이

18 착향제 성분 중 알레르기 유발 물질에 해당하는 성분은?

① 쿠마린
② 디하이드로쿠마린
③ 헥사쿠마린
④ 헥사하이드로쿠마린
⑤ 7-에톡시-4-메칠쿠마린

19 다음 보기의 전성분 중 알레르기 유발 물질을 모두 고른 것은?

┤ 보기 ├

전성분 : 정제수, 글리세린, 부틸렌글라이콜, 카프릴릴글라이콜, ㉠ 벤질살리실레이트, 티타늄디옥사이드, ㉡ 1,2-헥산다이올, ㉢ 메틸2-옥티노에이트, ㉣ 알파-아이소메틸아이오논, ㉤ 소듐하이알루로네이트, ㉥ 폴리소르베이트-60, 향료

① ㉠, ㉡, ㉢
② ㉠, ㉣
③ ㉢, ㉣, ㉤
④ ㉣, ㉤
⑤ ㉠, ㉢, ㉣

20 다음 중 원료의 품질성적서로서 인정받을 수 없는 것을 고르시오.

① 책임판매업자의 원료에 대한 자가품질검사 성적서
② 대한화장품협회의 '원료공급자의 검사결과 신뢰기준 자율규약' 기준에 적합한 원료업체의 자가품질검사 성적서
③ 원료업체의 원료에 대한 공인검사기관 성적서
④ 책임판매업자의 원료에 대한 공인검사기관 성적서
⑤ 맞춤형화장품판매업자의 원료에 대한 자가품질검사 성적서

21 화장품의 함유 성분별 사용할 때의 주의사항 표시 문구가 올바르게 짝지어진 것은?

① 스테아린산아연이 함유된 파우더 : 신장질환이 있는 사람은 사용 전에 의사, 약사, 한의사와 상의할 것
② 살리실릭애씨드가 함유된 샴푸 : 만 3세 이하 영유아에게는 사용하지 말 것
③ 알루미늄이 함유된 데오도런트 : 사용 시 흡입되지 않도록 주의할 것
④ 벤잘코늄클로라이드 함유된 폼클렌저 : 눈에 접촉을 피하고 눈에 들어갔을 때는 즉시 씻어낼 것
⑤ IPBC가 함유된 바디클렌저 : 만 3세 이하 영유아에게는 사용하지 말 것

22 위해화장품의 회수절차에 대한 설명으로 볼 수 없는 것은?

① 회수의무자는 폐기신청서에 회수계획서사본, 회수확인서사본을 첨부하여 지방식품의약품안전처장에게 제출한다.
② 회수의무자는 관계 공무원의 참관하에 환경관련법령에서 정하는 바에 따라 폐기한다.
③ 회수의무자는 폐기확인서를 작성하여 2년간 보관하여야 한다.
④ 회수계획을 통보받은 자는 회수대상화장품을 회수의무자에게 반품하고, 회수확인서를 작성하여 회수의무자에게 송부한다.
⑤ 회수 종료 후 회수종료신고서에는 폐기계획서만을 첨부하여 지방식품의약품안전청장에게 제출하여야 한다.

23 다음 중 위해등급이 바르게 이어진 것을 모두 고른 것은?

| 보기 |

㉠ 식품형태의 화장비누는 나등급이다.

㉡ 메탄올이 3% 함유된 향수는 다등급이다.

㉢ 녹농균 1,000개/g(mL)가 검출된 로션은 나등급이다.

㉣ 일반용기에 담긴 네일 리무버는 나등급이다.

㉤ 1mm 크기의 미세플라스틱이 들어있는 무스타입 클렌저는 나등급이다.

① ㉠, ㉡

② ㉠, ㉢

③ ㉠, ㉣

④ ㉡, ㉢

⑤ ㉠, ㉤

24 다음 중 위해화장품의 위해등급이 전혀 다른 것은?

① 의약품으로 잘못 인식할 우려가 있게 기재표기한 화장품

② 기능성을 나타나게 하는 주원료의 함량이 기준치에 부적합한 화장품

③ 병원미생물에 오염된 화장품

④ 전부 또는 일부가 변패된 화장품

⑤ 안전용기ㆍ포장 등에 위반되는 화장품

25 맞춤형화장품의 혼합 및 소분에 사용되는 내용물 및 원료를 사용하여 만든 맞춤형화장품을 고르시오.

① 로션 반제품에 보존제로서 살리실릭애씨드 0.5%를 넣었다.

② 다마스크장미꽃수와 정제수를 혼합하여 토너를 만들었다.

③ 에탄올에 라벤더 향료를 추가하여 향수로 만들었다.

④ 대용량 구강청결제를 소용량으로 소분하였다.

⑤ 로션 반제품에 적색2호를 넣어 핑크색 로션을 만들었다.

26 〈보기 1〉의 품질성적서에 대한 〈보기 2〉 설명 중 내용이 옳은 것의 개수를 고르시오.

─────────┤보기 1├─────────

- 원료명 : 아보카도 혼합오일
- 입고일자 : 2020.11.15.
- 시험일자 : 2020.11.15.
- 판정일자 : 2020.11.15.
- 성분 : 아보카도오일 97%, 로즈힙씨오일 2%, 풍나무발삼오일 0.6%, 토코페롤 0.4%

〈품질성적서〉

시험항목	시험기준	결과
성상	투명한 연노랑 액제	투명한 연노랑 액제
향취	약간의 특이취	약간의 특이취
비중	0.900~0.920	0.921
굴절률	1.465~1.470	1.467
납	20μg/g 이하	10μg/g
수은	1μg/g 이하	2μg/g
비소	10μg/g 이하	8μg/g
총호기성생균수	1,000개/mL 이하	147개/mL

─────────┤보기 2├─────────

ⓐ 수은 외 다른 중금속들은 유통화장품 안전관리 기준에 부합하지 않는다.

ⓑ 화장품 제조 시 위 원료의 함량을 35%까지 늘려 사용할 수 있다.

ⓒ 비중이 기준치를 0.001 초과하므로 재작업을 필히 실시해야 한다.

ⓓ 사용제한원료가 2가지 이상 혼합된 복합성분이다.

ⓔ 시험일자와 판정일자 간의 문제가 있어 입고처에 문의를 해봐야 하는 사항이다.

① 1개

② 2개

③ 3개

④ 4개

⑤ 5개

27 유기농 화장품에 사용할 수 없는 원료로 짝지어진 것은?

① 안나토, 라놀린, 피토스테롤
② 테트라소듐글루타메이트이아세테이트, 디알킬카보네이트, 이소프로필알코올
③ 디알킬디모늄클로라이드, 소듐벤조에이트, 살리실릭애씨드
④ 앱솔루트, 콘크리트, 레지노이드
⑤ 베타인, 잔탄검, 이소프로필알코올

28 화장품의 안정성시험에 대한 설명으로 옳지 않은 것은?

① 가속시험은 온도 40±2℃ / 상대습도 75±5% 조건하에서 시행된다.
② 장기보존시험의 시험측정주기는 6개월 이상이다.
③ 가혹시험은 검체의 특성 및 시험조건에 따라 시험할 롯트를 적절히 정한다.
④ 개봉 후 안정성 시험은 계절별 연평균온도, 습도의 조건하에서 시행된다.
⑤ 가혹시험은 온도 25±2℃ / 상대습도 60±5% 조건하에서 시행된다.

29 작업장의 차압관리에 대한 설명으로 옳지 못한 것은?

① 공기조절기를 설치하면 작업장의 실압을 관리하고, 외부와의 차압을 일정하게 유지하도록 한다.
② 낮은 작업실의 공기가 높은 등급으로 흐르지 못하도록 어느 정도의 공기압차가 존재해야 한다.
③ 2급지보다 4급지의 실압을 높여 외부 먼지가 작업장으로 유입되지 않도록 설계한다.
④ 온습도에 민감한 제품의 경우에는 온습도를 유지할 수 있도록 관리하는 체계를 갖춰야 한다.
⑤ 온도는 1~30℃, 습도는 80% 이하로 관리한다.

30 화장품을 제작하는 작업소의 기준으로 올바른 것은?

① 제조하는 화장품의 종류, 제형에 따라 반드시 구획되어 있어 교차오염의 우려를 없애야 한다.
② 외부와 연결된 창문은 반드시 열려 환기가 가능하도록 설치해야한다.
③ 수세실은 생산구역 내에, 그리고 화장실은 생산구역 밖에 설치한다.
④ 바닥, 벽, 천장은 가능한 매끄러운 표면을 지닐 수 있도록 한다.
⑤ 작업소 중 생산라인 위주로만 조명을 설치하도록 한다.

31 CGMP 작업장 청정도 등급에 따른 낙하균, 부유균의 관리 기준으로 옳은 것은?

① 2등급은 낙하균 : 30개/hr 또는 부유균 : 20개/m³ 이하로 관리한다.
② 2등급은 낙하균 : 10개/hr 또는 부유균 : 20개/m³ 이하로 관리한다.
③ 3등급은 낙하균 : 20개/hr 또는 부유균 : 200개/m³ 이하로 관리한다.
④ 1등급은 낙하균 : 30개/hr 또는 부유균 : 20개/m³ 이하로 관리한다.
⑤ 1등급은 낙하균 : 10개/hr 또는 부유균 : 20개/m³ 이하로 관리한다.

32 다음 방충의 대책 중에서 적절하지 못한 것은?

① 개방할 수 있는 창문을 만들지 않는다.
② 배기구, 흡기구에 필터를 단다.
③ 실내압을 외부보다 높게 설정한다.
④ 벽, 천장, 창물, 파이프 구멍을 골판지로 틈이 없도록 막는다.
⑤ 창문은 차광처리해두며 야간에 빛이 밖으로 새어나가지 않도록 한다.

33 작업장 세정제 종류별 특성과 성분이 올바르게 이어진 것은?

	세정제 종류	특 성	종 류
①	금속이온봉쇄제	세정제의 기포 안정화	칼슘카보네이트, 클레이
②	유기폴리머	세정효과를 강화	셀룰로오스 유도체
③	연마제	살균작용, 색상개선	소듐트리포스페이트
④	용 제	세정효과를 강화	셀룰로오스 유도체
⑤	계면활성제	세정제의 주요성분	알데하이드류, 페놀유도체

34 화장품에 사용되는 보존제를 선택할 때에 고려해야 할 사항으로 보기 어려운 것은?

① 넓은 pH의 범주에서 효과를 발휘해야 한다.
② 낮은 농도에서의 광범위한 효과를 발휘해야 한다.
③ 균에 대한 작용 효과가 짧은 시간 작용해야 한다.
④ 미생물이 존재하는 물 파트에서 충분한 농도를 유지할 수 있는 적절한 오일/물 분배계수를 가져야 한다.
⑤ 다양한 저항성균에 대한 항균 및 생성억제, 사멸시키는 효과가 있다.

35 다음 보기에서 설명하는 소독제의 종류는 무엇인가?

┤ 보기 ├

- 사용법 : 200ppm, 30분
- 특징 및 장단점
  - 찬물에 쉽게 용해된다.
  - 단독으로 사용해야 한다.
  - 금속을 부식시킨다.
  - pH가 산성에서 알카리성으로 증가 시 효과가 감소한다.

① 가성가리
② 가성소다
③ 페 놀
④ 염소계 소독제
⑤ 과산화수소

36 미생물 한도 기준에서 영유아 제품류의 총호기성생균수 검출 기준은?

① 50개/g(mL) 이하
② 100개/g(mL) 이하
③ 500개/g(mL) 이하
④ 1,000개/g(mL) 이하
⑤ 5,000개/g(mL) 이하

37 낙하균 검사에 관한 설명으로 옳지 않은 것은?

① Koch법이라고도 하며, 실내외를 불문하고 대상 작업장에서 평판배지 위에 일정 시간 자연 낙하시켜 측정하는 방법이다.
② 깨끗한 청정구역의 경우 30분 이하 노출하여 측정한다.
③ 측정 높이는 바닥에서 측정하는 것이 원칙이지만, 그렇지 못할 경우 바닥으로부터 20~30cm 높은 위치에서 측정할 수 있다.
④ 복도 등 칸막이 등으로 구분만 된 곳은 공기의 진입, 유통, 정체 등의 상태를 고려하여 전체 환경을 대표한다고 생각되는 장소를 선택한다.
⑤ 작은방의 경우 5개소를 측정한다.

38 화장품 원료의 품질관리와 보관에 대한 설명으로 옳지 않은 것은?

① 원료보관실에 입고 전 검체를 채취해 품질검사를 실시한다.

② 설정된 보관기한이 지나면 재평가시스템을 통해 사용할 수 있다.

③ 품질 확인 후 바로 생산실에 입고하여 사용한다.

④ 원료와 포장재가 재포장될 경우, 원래의 용기와 동일하게 표시되어야 한다.

⑤ 제조번호가 없을 경우, 관리번호를 부여하여 보관하여야 한다.

39 화장품제조업자 〈보기〉의 원료를 보관, 관리하는 방법을 올바르게 설명한 것은?

┤ 보기 ├

- 보관온도 : 1~4℃
- 보관조건 : 직사광선을 피하여 서늘한 공간에 보관
- 제조일자 : 2022.1.13.
- 사용기한 : 2024.1.12.

① 보관온도 이하로 보관하는 것은 상관없다.

② 별도의 정해진 습도 조건이 없으므로 높은 습도의 공간에서 보관해도 무방하다.

③ 냉장고에 보관한 원료의 경우 유통기한과 상관없이 사용할 수 있다.

④ 원료의 사용기한이 지나면 보관하지 않고 곧바로 폐기한다.

⑤ 원료를 보관하는 냉장고는 문제가 발생하지 않도록 정기적으로 점검해야 한다.

40 포장재의 입출고 관리 및 품질관리 기준으로 옳지 못한 것은?

① 사용기한 및 보관기간을 결정하기 위한 문서화된 시스템을 확립하고 사용기한을 준수하는 보관기간을 설정한다.

② 포장재 입고절차 중 육안확인 시 물품에 결함이 있을 경우에는 입고를 보류하고 격리보관 및 폐기, 또는 포장재 공급업자에게 반송하여야 한다.

③ 입고 시 구매요구서, 자재 공급업체 성적서 및 현품이 서로 일치하여야 한다. 필요한 경우 운송 관련 자료를 추가적으로 확인할 수 있다.

④ 사용기한 내에서 자체적인 재시험 기간 설정 및 준수를 하고 보관기간 경과 시 자체적인 재평가시스템으로 평가한다.

⑤ 시험 중인 제품 및 부적합품은 각각 '시험중', '부적합'을 표시하여 같은 구역에 보관한다.

41 CGMP 포장지시서에 들어갈 항목으로 보기 어려운 것?

① 파렛트 포장단위

② 포장재 리스트

③ 포장 공정

④ 포장 생산 수량

⑤ 포장 설비명

42 다음 〈보기〉의 얌스 아이크림의 품질성적서에 대한 설명으로 옳은 것은?

┤ 보기 ├

- 제품명 : 얌스 아이크림
- 제조번호 : 231105
- 제조날짜 : 2023.09.15.
- 유통기한 : 2025.09.14.

〈품질성적서〉

시험항목	결과
성상	백색 크림제
향취	무향
비중	1.05
pH	6.15
납	23μg/g
수은	0.7μg/g
비소	7μg/g
포름알데하이드	1,020μg/g
총호기성생균수	127개/mL

① 납 함량은 유통화장품 안전관리 기준 등에 관한 규정에 적합하다고 볼 수 있다.

② 총호기성생균수 기준인 500개/g(mL) 이하이므로 기준에 적합하다.

③ 포름알데하이드가 기준 내 합격이지만 해당 제품에서 방출될 수 있는지 여부를 확인해야 한다.

④ 해당 아이크림의 니켈 함량 기준은 35μg/g 이하이다.

⑤ 수은은 유통화장품 안전관리기준 등에 관한 규정에 적합하다.

43 다음 중 산성에 녹는 물질 및 금속산화물 제거를 위한 화학적 세척제인 무기산과 약산성 세척제를 모두 고른 것은?

┤ 보기 ├

⊙ 염 산
ⓒ 황 산
ⓒ 탄산나트륨
ⓔ 수산화칼륨
ⓜ 구연산

① ㉠, ㉡, ㉪
② ㉠, ㉡, ㉢
③ ㉡, ㉢
④ ㉢, ㉣, ㉪
⑤ ㉣, ㉪

44 작업장 소독제의 요구조건으로 옳지 못한 것은?

① 5분 이내의 짧은 처리에도 효과를 보여야 한다.
② 불쾌한 냄새가 남더라도 사용 농도에서 독성이 없어야 한다.
③ 소독 전에 존재하던 미생물을 최소한 99.9% 이상 사멸시켜야 한다.
④ 비용적으로 경제적이어야 한다.
⑤ 광범위한 항균 스펙트럼을 가져야 한다.

45 제조 탱크의 세척 및 소독 방법으로 옳은 것은?

① 세척제 없이 스펀지로 내용물을 닦아 없애고 상수로 씻어낸다.
② 상수를 탱크의 90%까지 채우고 70℃로 가온한다.
③ 뚜껑은 70% 알코올로 소독한 후 UV 소독한 수건으로 닦아준다.
④ 70% 알코올을 부어 소독한 후 알코올이 마르도록 뚜껑을 열어둔 채 말린다.
⑤ 정제수로 2차 세척 후 UV 소독한 수건으로 두 번 닦아 물기를 완전히 제거한다.

46 설비 세척제의 유형별로 제거 물질과 종류가 옳게 짝지어진 것은?

	유 형	제거물질(오염물질)	종 류
①	약산성 세척제	수용성 금속	초 산
②	중성 세척제	기름, 지방	수산화암모늄
③	약알칼리성, 알칼리성 세척제	기름, 지방, 금속	초 산
④	부식성 알칼리성 세척제	찌든 기름의 가수분해 시 효과	약한 계면활성제 용액
⑤	무기산	찌든 기름	탄산나트륨

47 화장품 제조를 위한 작업자의 위생관리에 대한 내용으로 올바른 것은?

① 작업모는 공기 유통을 차단하며, 기타 이물이 나오면 안 된다.
② 제조실에 입실 후에 준비된 사물함에서 작업복을 착용한다.
③ 작업복은 1인 1벌을 기준으로 지급한다.
④ 작업복은 주 2회 세탁을 원칙으로 한다.
⑤ 작업복의 입실 시 전용 신발로 갈아신지 않아도 된다.

48 보관용 검체채취에 대한 설명으로 옳지 못한 것은?

① 제품의 검체채취란 제품 시험용 및 보관용 검체를 채취하는 일이며, 제품규격에 따라 충분한 수량이어야 한다.
② 완제품의 보관용 검체는 적절한 보관조건하에 지정된 구역 내에서 제조단위별로 제조일로부터 3년간 보관하여야 한다.
③ 검체채취란 원료, 포장재, 벌크제품, 반제품, 완제품 등의 시험용 검체를 채취하는 것이다.
④ 검체채취는 자격을 갖춘 담당자(품질관리부서)에 의해 특별한 장비를 사용하는 입증된 방법에 따라 수행되어야 한다.
⑤ 보관용 검체를 보관하는 목적은 제품의 사용 중에 발생할지도 모르는 "재검토작업"에 대비하기 위해서다. 재검토작업은 품질상에 문제가 발생하여 재시험이 필요할 때 또는 발생한 불만에 대체하기 위하여 품질 이외의 사항에 대한 검토가 필요하게 될 때이다. 보관용 검체는 재시험이나 불만 사항의 해결을 위하여 사용한다.

49 150g 나이트크림에 대한 품질성적서이다. 성적서에 대한 설명으로 옳은 것은?

┤ 보기 ├

- 제품명 : 얌스 나이트크림
- 제조번호 : 221009
- 제조날짜 : 2022.05.14.
- 유통기한 : 2024.05.13.

〈품질성적서〉

시험항목	결 과
성 상	백색 크림제
향 취	없 음
내용량	140g
비 중	1.02
pH	6.07
납	7μg/g
수 은	6μg/g
비 소	17μg/g
진 균	324개/mL
세 균	564개/mL

① 내용량의 경우 유통화장품 안전관리 기준을 충족한 상태이다.
② 납의 함량의 경우 유통화장품 안전관리 기준을 초과하였다.
③ 미생물한도 기준에 적합하지 않은 제품이다.
④ 수은의 함량의 경우 유통화장품 안전관리 기준을 충족한다.
⑤ 나이트크림의 경우 위해화장품이다.

50 개발한 새로운 원료 Z를 넣어 제조한 화장품으로 기능성화장품 심사를 받으려고 준비해야 하는 행동으로 옳지 않은 것은?

제출서류	내용
기원 및 개발 경위에 관한 자료	지난 9월 ○○연구소에서 ●●으로부터 미백에 도움을 줄 수 있는 새로운 원료 Z를 추출하는 데 성공하여 … (이하생략)
안전성에 관한 자료	단회투여독성시험자료, … (이하생략)
유효성 또는 기능에 관한 자료	효력시험자료, 인체적용시험자료
기준 및 시험방법에 관한 자료	KFCC방법

① 인체첩포시험은 국내·외 대학 또는 전문 연구기관에서 진행되었다.
② 안점막자극시험은 동물대체시험법으로 대체하여 실험을 실시하였다.
③ 인체적용시험을 의뢰하기 전에 원료 Z에 대한 안전성을 확보하였다.
④ 효력 시험 자료는 국내·외 대학 또는 전문 연구기관에서 시험한 것으로 당해 기관의 장이 발급한 자료로 준비하였다.
⑤ Z원료는 직접적인 검출이 쉽지 않아 원료 Z의 구성성분인 A를 기준으로 실험하였다.

51 다음 중 저장 및 시험 온도가 올바르게 짝지어진 것은?

① 상온 : 20~30℃
② 미온 : 10~20℃
③ 냉소 : 1~10℃
④ 미온탕 : 30~40℃의 물
⑤ 온탕 : 100℃의 물

52 다음 설비를 이용하여 만드는 제품으로 바르게 짝지어진 것은?

─────┤ 보기 ├─────

리본믹서, 헨셀믹서, 아토마이저, 3단롤밀

① 아이라이너, 아이크림, 아이섀도우
② 선크림, 아이크림
③ 로션, 파운데이션
④ 립글로스, 립스틱, 립밤
⑤ 아이섀도우, 파우더팩트

53 다음 〈보기〉를 우수화장품 제조 및 품질관리기준(CGMP)에 따른 기준일탈 제품의 처리방법을 순서로 나열한 것은?

┤ 보기 ├

㉠ 측정이 틀림없음을 확인
㉡ 시험, 검사 측정에서 불합격 결과 나옴
㉢ 기준일탈의 처리
㉣ 격리보관
㉤ 기준일탈의 조사
㉥ 재작업 및 폐기처분, 반품
㉦ 기준일탈 제품에 불합격 라벨 첨부
㉧ 품질보증책임자의 승인

① ㉠ – ㉡ – ㉢ – ㉣ – ㉤ – ㉥ – ㉦ – ㉧
② ㉠ – ㉡ – ㉤ – ㉢ – ㉣ – ㉦ – ㉧ – ㉥
③ ㉡ – ㉤ – ㉠ – ㉢ – ㉦ – ㉣ – ㉧ – ㉥
④ ㉡ – ㉠ – ㉧ – ㉢ – ㉤ – ㉣ – ㉦ – ㉥
⑤ ㉡ – ㉠ – ㉢ – ㉧ – ㉣ – ㉤ – ㉥ – ㉦

54 다음은 우수화장품 제조 및 품질관리기준(CGMP) 제2조에 따른 용어의 정의이다. 올바르게 연결되지 않은 것은?

① "교정"이란 규정된 조건하에서 측정기기나 측정시스템에 의해 표시되는 값과 표준기기의 참값을 비교하여 이들의 오차가 허용범위 내에 있음을 확인하고, 허용범위를 벗어날 경우 허용범위 내에 들도록 조정하는 것을 말한다.
② "재작업"이란 적합판정 기준을 벗어난 완제품·벌크제품 또는 반제품을 재처리하여 품질이 적합한 범위에 들어오도록 하는 작업을 말한다.
③ "감사"는 직원, 회사 또는 조직을 대신하여 작업을 수행하는 사람, 회사 또는 외부 조직을 말한다.
④ "공정관리"란 제조공정 중 적합판정기준의 충족을 보증하기 위하여 공정을 모니터링하거나 조정하는 모든 작업을 일컫는다.
⑤ "제조단위" 또는 "뱃치"란 하나의 공정이나 일련의 공정으로 제조되어 균질성을 갖는 화장품의 일정한 분량을 말한다.

55 우수화장품 제조 및 품질관리기준(CGMP)에서 자재의 재포장관리 준수사항으로 적절한 것은?

① 포장재가 재포장될 경우 원래의 용기와 동일하게 표시하지 않아도 된다.
② 포장재의 보관기한이 지나면 무조건 폐기해야 한다.
③ 사용기한을 공급처에서 받지 못하면 직접 보관기한 설정이 가능하다.
④ 가장 최근에 들어온 포장재가 먼저 출고되어야 한다.
⑤ 시험 중인 자재와 불합격품은 함께 보관해도 된다.

56 포장재의 보관 관리기준에 대한 설명으로 올바르지 못한 것은?

① 포장재가 재포장될 때 새로운 용기에는 동일한 라벨링이 있어야 한다.
② 포장재의 용기는 밀폐되어 있어야 하고 바닥과 떨어져 보관되어야 한다.
③ 포장재는 정기점검을 하지 않아도 되나, 선입선출을 해야 한다.
④ 도난, 분실, 변질 등의 문제가 발생하지 않도록 작업자 외에는 보관소의 출입을 제한한다.
⑤ 재평가시스템을 통해 보관기한이 지난 경우 사용하지 않도록 규정한다.

57 포장재의 소재별 분류와 특징이 옳게 짝지어진 것은?

① 금속은 얇아도 충분한 강도가 있으며 충격에 강하고, 가스 등을 투과시키지 않는다.
② 유리는 표면에 흠집이 잘 생기고 오염되기 쉬우며, 강도가 금속에 비해 약하고 가스나 수증기 등의 투과성이 있어 용제에 약한 단점이 있다.
③ 플라스틱은 유지, 유화제 등 화장품 원료에 대해 내성이 크고, 수분, 향료, 에탄올, 기체 등이 투과되지 않는다.
④ 금속은 세정, 건조, 멸균의 조건에서도 잘 견딘다.
⑤ 유리는 가공이 쉽고, 자유로운 착색이 가능하며, 투명성이 좋고, 가볍고 튼튼하다.

58 인체세포, 조직배양액의 안전성 확보를 위하여 반드시 작성, 보존하여야 하는 자료로 볼 수 없는 것은?

① 안점막자극 시험자료
② 3차피부자극 시험자료
③ 피부감작성 시험자료
④ 인체첩포 시험자료
⑤ 피부광감작성 시험자료

59 분말이나 과립제품의 혼합상태가 분리될 때에 수행하는 시험과 시험방법이 바르게 연결된 것은?

① 가속시험-진동시험
② 장기보존시험-물리적 충격시험
③ 장기보존시험-기계-물리적 충격시험
④ 개봉 후 안정성 시험-온도 사이클링 시험
⑤ 가혹시험-진동시험

60 맞춤형화장품판매업자의 결격사유에 해당되는 것은?

① 정신질환자(다만, 전문의가 화장품제조업자로서 적합하다고 인정하는 사람은 제외)
② 피성년후견인 또는 파산선고를 받고 3년이 지나 복권된 자
③ 마약 중독자(마약류 관리에 관한 법률 제2조 제1호)
④ 법 제24조에 따라 영업등록이 취소되거나 영업소가 폐쇄된 날로부터 3년이 지난 자
⑤ 화장품법 또는 보건범죄 단속에 관한 특별조치법을 위반하여 금고 이상의 형을 선고받고 그 집행이 끝나지 아니하거나 그 집행을 받지 아니하기로 확정되지 아니한 자

61 맞춤형화장품판매업의 신고에 대한 사항 중 옳은 것을 모두 고른 것은?

┤ 보기 ├

㉠ 신고 시 맞춤형화장품조제관리사의 자격증 사본과 세부평면도, 시설 명세서를 지참해야 한다.
㉡ 맞춤형화장품 신고서에는 맞춤형화장품조제관리사 정보가 들어가지 않는다.
㉢ 건축물관리대장의 건축물 용도는 1종, 2종 근린생활시설, 판매시설, 업무시설에 해당해야 한다.
㉣ 영업지가 아닌 곳에서 영업 시 별도의 신청 없이 한 달 범위 내에서 영업을 할 수 있다.
㉤ 맞춤형화장품 판매업 신고 시 맞춤형화장품조제관리사는 2인 이상도 신고를 할 수 있다.

① ㉠, ㉡, ㉢
② ㉠, ㉢, ㉤
③ ㉠, ㉣, ㉤
④ ㉡, ㉢, ㉤
⑤ ㉢, ㉣, ㉤

62 보기 중 맞춤형화장품조제관리사가 한 행동 중 옳은 것을 모두 고른 것은?

┤ 보기 ├

㉠ 내용물 기준 500g 제품의 내용량을 시험하여 각각 495g, 498g, 490g이 측정되어 화장품을 판매하였다.

㉡ 고객에게 받은 내용물에 추가 원료를 혼합하여 조제하였다.

㉢ 같은 책임판매업자에게 받은 다른 두 종류의 내용물을 혼합하여 조제하였다.

㉣ A책임판매업자에게 공급받은 내용물과 B책임판매업자에게 공급받은 원료를 혼합하여 조제하였다.

㉤ 고객에게 립스틱 베이스에 원하는 색소를 넣어 립스틱을 조제하도록 하고 옆에서 관리감독하였다.

① ㉠, ㉡, ㉢
② ㉠, ㉡, ㉣
③ ㉠, ㉢, ㉣
④ ㉡, ㉢, ㉤
⑤ ㉡, ㉣, ㉤

63 모발의 성장주기에 대한 설명으로 옳지 못한 것은?

① 성장기에 모모세포는 모유두에서 영양공급을 받아 세포분열을 한다.
② 퇴행기에 모유두에서 밀려 올라가기 시작하여 분리가 시작된다.
③ 퇴행기의 기간은 3~6년이며 이 기간 동안 모유두는 쉬게 된다.
④ 휴지기에 해당하는 모발의 수는 전체 모발의 약 10%에 해당되며 휴지기에 들어선 후 약 3~4개월은 두피에 머무르다가 차츰 자연스럽게 빠지게 된다.
⑤ 휴지기에는 모낭과 모유두가 완전히 분리되고 모낭도 더욱더 위축되어 모근은 위쪽으로 더 밀려 올라가 모발이 빠지게 된다.

64 멜라닌 색소의 침착을 방지하기 위한 화장품 사용 방법으로 옳지 못한 것은?

① 멜라닌의 이동을 억제하는 나이아신아마이드가 함유된 화장품을 사용한다.
② 자외선차단 기능이 있는 자외선차단제품을 사용한다.
③ 각질 탈락속도가 빨라지면 각질형성세포의 분열 주기가 빨라져 멜라닌 과립의 전달이 충분히 이뤄지지 않은 상태에서 각질형성세포가 위로 올라가므로 AHA성분이 함유된 화장품을 사용한다.
④ 멜라노좀을 분해시켜 사멸시키는 히드로퀴논이 첨가된 화장품을 사용한다.
⑤ 티로신 효소작용 억제 및 도파의 산화를 억제해주는 비타민 C 유도체가 들어간 화장품을 사용한다.

65 피부의 진피에 대한 설명으로 바른 것은?

① 진피는 표피 두께의 4~5배 정도이고 표피와 피하지방 사이에 존재하며, 전체의 50%를 차지하고 있다.

② 진피의 기질에는 세라마이드, 포화지방산, 콜라겐이 많이 함유되어 있다.

③ 콜라겐과 엘라스틴이 존재한다.

④ 멜라닌형성세포가 멜라닌을 합성하는 층이다.

⑤ 진피의 망상층에는 촉각세포인 머켈세포가 있다.

66 맞춤형화장품의 내용물 및 원료보관 방법으로 보기 어려운 것은?

① 원료보관소는 내용물이 완전 폐색된 구역으로 청정도 등급을 4등급으로 관리한다.

② 내용물 및 원료가 입고되면 품질성적서를 작성하여 보관한다.

③ 원료보관소에는 환기장치를 설치한다.

④ 원료보관실은 품질 저하를 방지하기 위하여 적절한 실내 온도를 유지해야 한다.

⑤ 사용기한을 확인한 후 관련 기록을 보관하고, 사용기한이 지난 내용물 및 원료는 폐기한다.

67 다음 중 콜로이드 상태에 대한 설명으로 적절한 것은?

① 거품은 고체가 액체 속에 퍼져있는 것

② 분산은 기체가 액체 속에 퍼져있는 경우

③ 유화는 액체가 액체 속에 미세한 입자로 퍼져있는 것

④ 가용화는 기체에 분산된 액체

⑤ 에어로졸은 액체에 분산된 기체

68 A, B, C의 대화를 보고 B와 C의 화장품 영업의 종류를 각각 옳게 연결한 것은?

---| 대화 |---

A : 요즘 K-Beauty에 대한 관심이 높아지면서 한국화장품의 수출액 규모가 계속 증가하고 있고, 많은 전문
가들이 한국의 화장품에 대한 미래가 좋다고 평가하고 있대! 나도 한번 화장품 사업에 도전을 해볼까 고
민하는 중이야.

B : 전문가들이 화장품 시장이 좋다고 평가를 하고 있다고? 그 사람들은 아마 수치로만 판단을 해서 그런 결
과가 나왔을 수도 있어. 하지만 내가 요즘 화장품을 소분해서 판매하는 입장에서는 코로나19 때문에 다
들 마스크를 쓰느라 화장품에 대한 수요가 줄었어... 그 타격으로 고객도 많이 줄어서 너무 힘들어. 시작
하려면 잘 알아보고 하도록 해.

C : 나는 한국의 화장품에 대한 해외 관심이 높아졌다고 해서 이 기회를 이용해 화장품의 원료 수출을 염두하
고 연구 중에 있어. 지금은 다양한 지역의 특산물들을 토대로 독자적인 화장품 원료에 대한 개발 마무리
단계야.

B : 직접 원료를 개발하고 수출을 준비 중이라니! 멋지다! 개발하는 원료 중에 좋은 게 있으면 우리 매장에도
납품을 부탁할게!

C : 그래, 원료개발이 완료되면 말해줄게. 힘들지만 우리 모두 힘내자.

	B	C
①	화장품제조업	화장품제조업
②	화장품제조업	화장품책임판매업
③	화장품책임판매업	맞춤형화장품판매업
④	맞춤형화장품판매업	화장품제조업
⑤	맞춤형화장품판매업	화장품책임판매업

69 두피의 구조에 대한 설명으로 볼 수 없는 것은?

① 두피의 피하조직은 얇은 지방층을 가지고 있다.

② 두피의 외피에는 동맥, 정맥, 신경들이 분포되어 있다.

③ 두개골을 둘러싼 근육과 연결된 신경조직을 두개피라고 칭한다.

④ 진피층에는 머리카락을 통해 감각을 느낄 수 있도록 조밀하게 신경이 분포되어 있다.

⑤ 두피는 피부의 일부분이며, 혈관, 모낭, 피지선이 많이 분포되어 있다.

70 피부 구조에 대한 설명으로 옳은 것은?

① 피부 표면의 얇은 줄 사이의 움푹한 곳을 피부결이라 칭한다.
② 한공은 땀구멍이 아니다.
③ 모공은 피부 소릉의 구멍이다.
④ 소구와 소릉의 높이가 차이날수록 피부가 거친 편이다.
⑤ 상피조직은 표피와 진피가 있다.

71 피부 표피에 대한 설명으로 맞는 것은?

① 인종별로 멜라닌 양의 차이는 없다.
② 표피의 세포간지질 주성분으로는 세라마이드, 콜라겐, 포화지방산이 있다.
③ 랑게르한스 세포와 머켈세포는 표피의 기저층에 있다.
④ 멜라닌형성세포 돌기를 통해 멜라닌은 표피상층으로 올라간다.
⑤ 멜라닌색소는 자외선으로부터 피부를 보호한다.

72 진피층에 대한 설명으로 올바르지 못한 것은?

① 진피층에는 모세혈관이 다량 분포되어 있다.
② 결합섬유인 교원섬유와 탄력섬유가 그물모양으로 잘 짜여져 있고 그 결합섬유 사이의 기질인 무코다당체가 수분 보유력이 좋아야 한다.
③ 섬유아세포에서 교원섬유와 탄력섬유를 합성하여 생성한다.
④ 진피에는 대식세포와 비만세포가 존재한다.
⑤ 진피층에서는 멜라닌세포가 합성하여 멜라닌을 생성한다.

73 맞춤형화장품조제관리사가 할 수 있는 업무로 적절한 것은?

① 직접 수입한 화장품 내용물에 원료를 2가지 이상 혼합하였다.
② 백화점에서 구매한 대용량 제품을 소분하였다.
③ 백화점에서 구매한 수입 화장품을 소분하였다.
④ 책임판매업자에게 납품받은 내용물과 내용물을 혼합하였다.
⑤ 대용량 손소독제를 소분하였다.

74 화장품 혼합 시 안정성을 감소시키는 요인으로 볼 수 없는 것은?

① 유화 공정 시 온도가 너무 낮으면 O/W 상이 바뀌어 미셀의 형상이 불안정해진다.

② 가용화 또는 유화 공정 시 투입되는 온도가 지나치게 높을 경우 유화제의 HLB가 바뀌면서 상이 바뀌어 불안정한 상이 형성되어 안정성에 문제가 생길 수 있다.

③ 교반기의 RPM속도가 느린 경우 유화 입자가 커서 성상 및 점도가 달라지고 안정성에 문제가 발생하고 점 증제 및 분산제의 분산이 어려워 덩어리가 생길 수 있다.

④ 휘발성 원료의 경우 유화 공정 시 혼합 직전에 투입하고, 고온에서 안정성이 떨어지는 원료의 경우 냉각 공정 중에 별도 투입하여야 한다.

⑤ 유화제품의 경우 기포가 다량 발생하므로 진공 상태에서 기포를 제거하지 않으면 제품의 점도, 비중에 영 향을 미치며 산패의 원인이 되기도 하여 안정성에 문제가 발생할 수도 있다.

75 관능평가에 사용되는 표준품에 해당하지 않는 것은?

① 제품 표준견본
② 벌크제품 표준견본
③ 라벨 부착 위치견본
④ 반제품 표준견본
⑤ 용기 포장재 표준견본

76 맞춤형화장품의 특성을 분석하기 위해 사용하는 도구들로 짝지어진 것은?

① 디지털발란스, 광학현미경,
② pH미터, 경도계, 광학현미경
③ 광학현미경, 온도계, 오버헤드스터러
④ 핫플레이트, 호모믹서, 오버헤드스터러
⑤ 광학현미경, 호모믹서

77 맞춤형화장품 표시기재 사항 중 생략이 가능한 표시 내용을 〈보기〉에서 고른 것은?

┤ 보기 ├

㉠ 바코드

㉡ 만 3세 이하의 영유아용 제품의 보존제 함량

㉢ 화장품에 천연 또는 유기농으로 표시 · 광고하려는 경우에는 원료의 함량

㉣ 내용물이 수입화장품인 경우에는 제조국의 명칭, 제조회사명 및 그 소재지

㉤ 인체세포, 조직 배양액이 들어있는 경우 그 함량

① ㉠, ㉣

② ㉠, ㉢, ㉤

③ ㉡, ㉣

④ ㉡, ㉢, ㉣

⑤ ㉢, ㉣

78 다음 중 화장품 바코드에 대한 설명으로 옳은 것은?

① 화장품 판매업소를 통하지 않고 폐쇄된 유통경로를 이용하는 경우에는 자체 바코드를 사용 가능하다.

② 화장품 바코드는 반드시 백과 흑의 막대 조합으로만 표시한다.

③ 내용량이 15g 이하인 제품의 용기에는 생략 가능하나 견본품 등 비매품에도 바코드를 기입해야 한다.

④ 화장품 바코드 표시는 국내에서 화장품을 제조하는 화장품제조업자가 한다.

⑤ 표준 바코드 표시는 유통비용을 다소 증가시킬 수 있지만 거래의 투명성을 확보하기 위한 목적으로 사용되고 있다.

79 시행규칙 [별표4] 화장품 포장의 표시기준 및 표시방법에서 화장품 제조에 사용된 성분에 대한 설명으로 옳지 못한 것을 고르시오.

① 혼합원료는 혼합된 개별 성분의 명칭을 기재 · 표시한다.

② 화장품 제조에 사용된 함량이 많은 것부터 기재 · 표시한다. 다만, 1% 이하로 사용된 성분, 착향제 또는 착색제는 순서에 상관없이 기재 · 표시할 수 있다.

③ 글자의 크기는 6포인트 이상으로 한다.

④ 산성도(pH)조절 목적으로 사용되는 성분은 그 성분을 표시하는 대신 중화반응에 따른 생성물질로 기재 · 표시할 수 있고, 비누화반응을 거치는 성분은 비누화반응에 따른 생성물로 기재 · 표시할 수 있다.

⑤ 색조화장품 제품류, 눈화장용 제품류, 두발염색용 제품류 또는 손발톱용 제품류에서 호수별로 착색제가 다르게 사용된 경우 '±' 또는 '+/−'의 표시 다음에 사용된 모든 착색제 성분을 함께 기재 · 표시할 수 있다.

80 다음 〈보기〉의 내용은 모간부의 구조에 대한 내용이다. 각 구조에 해당되는 내용으로 알맞게 짝지은 것은?

─────────────── 보기 ───────────────

㉠ 모발의 굵기에 따라 있는 것도 있고, 없는 것도 있다.

㉡ 물고기의 비늘처럼 사이사이 겹쳐 놓은 것과 같은 구조로 친유성의 성격이 강하다.

㉢ 육각형 모양의 죽은 세포가 밀려 올라가 판상으로 둘러쌓인 형태의 세포이다.

㉣ 모발의 85~90%를 차지한다.

㉤ 한랭지 서식의 동물에는 털의 약 50%를 차지하여 보온의 역할을 한다.

㉥ 친수성의 성격이 강하며 퍼머와 염색제가 작용하는 부분이다.

㉦ 핵이 없는 편평세포로 모발 전체의 10~15%를 차지한다.

㉧ 멜라닌 색소를 함유하고 있다.

	모수질	모피질	모표피
①	㉠, ㉡, ㉤	㉢, ㉥, ㉦	㉣, ㉧
②	㉠, ㉥, ㉧	㉡, ㉤	㉢, ㉣, ㉦
③	㉠, ㉤	㉣, ㉥, ㉧	㉡, ㉢, ㉦
④	㉡, ㉢	㉣, ㉤, ㉥	㉠, ㉦, ㉧
⑤	㉣, ㉤	㉠, ㉢, ㉦	㉡, ㉥

81 다음은 화장품법 제14조의3(인증의 유효기간)에 관한 내용이다. 빈칸에 들어갈 내용을 순서대로 적으시오.

① 제14조의2(천연화장품 및 유기농화장품에 대한 인증) 제1항에 따른 인증의 유효기간은 인증을 받는 날로부터 (㉠)년으로 한다.

② 인증의 유효기간을 연장 받으려는 자는 유효기간 만료 (㉡)일 전에 총리령으로 정하는 바에 따라 연장 신청을 하여야 한다.

_____

_____

_____

82 다음 화장품법 제8조(화장품 안전기준 등)에 관한 내용 중 빈칸에 들어갈 용어를 보기에서 모두 찾아 적으시오.

> 식품의약품안전처장은 (   ) 등과 같이 특별히 사용상의 제한이 필요한 원료에 대해 그 사용기준을 지정하여 고시하여야 하며, 사용기준이 지정 · 고시된 원료 외의 (   ) 등은 사용할 수 없다.

| 보기 |
> 자외선차단제, 기능성원료, 색소, 가용화제, 향료, 알칼리제, 산화방지제, 계면활성제, 비타민, 천연원료, 석유화학원료, 변성제, 허용기타원료, 보존제

_____
_____
_____

83 다음 빈칸에 들어갈 용어는?

> 중대한 (   )
> • 사망을 초래하거나 생명을 위협하는 경우
> • 입원 또는 입원기간의 연장이 필요한 경우
> • 지속적 또는 중대한 불구나 기능 저하를 초래하는 경우
> • 선천적 기형 또는 이상을 초래하는 경우
> • 기타 의학적으로 중요한 상황

_____
_____
_____

84 다음 〈보기〉에서 화장품에 속하지 않는 제품 2가지는 무엇인가?

| 보기 |

구중청량제, 아이섀도, 페이스파우더, 에센스, 애프터셰이브로션, 헤어오일베이스코트, 클렌징워터, 마사지크림, 영유아용 샴푸, 버블배스, 액체비누, 향수, 치아미백제, 탈염탈색제, 바디페인팅 제품, 마스카라, 목욕용 소금류, 염모제, 헤어토닉

_____

_____

_____

85 다음 보기에서 설명하는 성분을 보기에서 2가지를 찾아 적으시오.

피부자극이 적고 피부 안전성이 높기 때문에 유화제, 가용화제, 분산제, 습윤제 등의 용도로 대부분의 기초화장용 제품류에서 사용된다.

| 보기 |

소듐라우레스-3 카복실레이트, 소듐라우릴설페이트, 폴리솔베이트20, 세테아디모늄클로라이드, 코카미도프로필베타인, 암모늄라우릴설페이트, 베헨트라이모늄클로라이드, 소듐코코암포아세테이트, 솔비탄팔미테이트, 다이스테아릴다이모늄클로라이드

_____

_____

_____

86 다음 보기에서 설명하고 있는 색소의 종류를 적으시오.

타르색소의 나트륨, 칼륨, 알루미늄, 바륨, 칼슘, 스트론튬 또는 지르코늄염을 기질에 흡착, 공침 또는 단순한 혼합이 아닌 화학적 결합에 의하여 확산시킨 색소를 말한다.

_____

_____

_____

87 다음 빈칸에 들어갈 용어를 한글로 적으시오.

손, 발의 피부를 연화하기 위하여 사용되는 것을 목적으로 하는 (   )제제의 핸드크림 및 풋크림

㉠. 눈, 코 또는 입 등에 닿지 않도록 주의하여 사용할 것

㉡. 프로필렌글라이콜을 함유하고 있으므로 이 성분에 과민하거나 알레르기 병력이 있는 사람은 신중히 사용할 것(프로필렌글라이콜 함유제품만 표시한다)

_____

_____

_____

88 다음은 화장품 사용할 때의 주의사항이다. 빈칸에 들어갈 용어를 순서대로 적으시오.

• 샴 푸

　㉠. 눈에 들어갔을 때에는 즉시 씻어낼 것

　㉡. 사용 후 물로 씻어내지 않으면 탈모 또는 (　㉠　)의 원인이 될 수 있으므로 주의할 것

• (　㉡　)를 사용하는 에어로졸 제품[무스의 경우 ㉠~㉢]의 사항은 제외한다.

　㉠. 같은 부위에 연속해서 3초 이상 분사하지 말 것

　㉡. 가능하면 인체에서 20cm 이상 떨어져 사용할 것

　㉢. 눈 주위 또는 점막 등에 분사하지 말 것. 다만, 자외선차단제의 경우 얼굴에 직접 분사하지 말고 손에
　　 덜어 얼굴에 바를 것

　㉣. 분사가스는 직접 흡입하지 않도록 주의할 것

---

89 다음은 법 제10조(화장품의 기재사항)에 대한 내용이다. 빈칸에 들어갈 내용을 적으시오.

화장품의 1차 포장 또는 2차 포장에는 총리령으로 정하는 바에 따라 다음 각 호의 사항을 기재·표시하여야
한다. 다만, 내용량이 소량인 화장품의 포장 등 총리령으로 정하는 포장에는 (　㉠　), 화장품 책임판매업자
및 맞춤형화장품판매업자의 상호, 가격, (　㉡　)와 사용기한 또는 개봉 후 사용기간을 기재할 경우에는 제조
연월일을 병행 표기하여야 한다.

---

90 CGMP 4대 기준서 중 다음 각 호의 사항이 포함되어야 하는 기준서는 무엇인가?

> ㉠ 작업원의 건강관리 및 건강상태의 파악, 조치방법
> ㉡ 작업원의 수세, 소독방법 등 위생에 관한 사항
> ㉢ 작업실 등의 청소방법 및 청소주기
> ㉣ 작업복장의 규격, 세탁방법 및 착용규정
> ㉤ 청소상태의 평가방법
> ㉥ 곤충, 해충이나 쥐를 막는 방법 및 점검 주기
> ㉦ 제조시설의 세척 및 평가

91 다음 ○○화장품의 전성분 중 자외선차단을 목적으로 사용된 성분과 그 성분의 최대 사용함량(%)을 적으시오.

> 정제수, 에칠헥실메톡시신나메이트, 글리세린, 부틸렌글라이콜, 세테아릴알코올, 카프릴/카프릴릭트라이글리세라이드, 비즈왁스, 나이아신아마이드, 1,2-헥산다이올, 살리실릭애씨드, 토코페릴아세테이트, 실리카, 폴리솔베이트80, 다이소듐이디티에이, 아데노신, 알란토인, 향료, 황색산화철

92 사용할 때의 주의사항으로 다음 내용을 추가하여 개별 기재, 표시해야 하는 성분과 제품유형을 순서대로 적으시오.

> 가. 다음과 같은 사람(부위)에는 사용하지 마십시오.
>   (1) 생리전후, 산전, 산후, 병후의 환자
>   (2) 얼굴, 상처, 부스럼, 습진, 짓무름, 기타의 염증, 반점 또는 자극이 있는 피부
>   (3) 유사 제품에 부작용이 나타난 적이 있는 피부
>   (4) 약한 피부 또는 남성의 수염 부위
> 나. 이 제품을 사용하는 동안 다음의 약이나 화장품을 사용하지 마십시오.
>   (1) 땀발생억제제, 향수, 수렴로션은 이 제품 사용 후 24시간 후에 사용하십시오.

_____

_____

_____

93 다음 빈칸에 공통으로 들어갈 단어를 영어로 적으시오.

> 최소지속형즉시흑화량은 (   )를 사람의 피부에 조사한 후 2~24시간의 범위 내에, 조사영역의 전 영역에 희미한 흑화가 인식되는 최소 자외선 조사량을 말한다. (   )은 진피까지 도달하여 색소침착 및 콜라겐을 손상시키는 자외선으로, 320~400nm의 파장을 가지고 있다.

_____

_____

_____

94 다음 빈칸에 들어갈 용어는 무엇인가?

> 천연보습인자를 구성하는 수용성의 아미노산은 (   )이 상층으로 이동함에 따라서 각질층 내의 단백분해효소에 의해 분해된 것이다.

95 다음 빈칸에 들어갈 용어를 한글로 적으시오.

> 남성형 탈모는 모낭에 존재하는 효소와 반응해 전환된 안드로겐 그룹 호르몬인 (   )물질이 원인으로, 이는 모발의 뿌리인 모낭에 작용해 모발의 성장을 억제하여 모발이 점점 얇아지고 빠지는 대머리 증상을 유발한다.

96 다음 빈칸에 들어갈 용어들을 〈보기〉에서 찾아 순서대로 적으시오.

> • 크로스컷트 : 화장품 용기 소재인 유리, 금속, 플라스틱의 유기 또는 무기 코팅막 또는 도금층의 (㉠) 측정
> • 감압누설 : 액상 내용물을 담는 용기의 마개, 펌프, 패킹 등의 (㉡) 측정

─────┤ 보기 ├─────

> 안전성, 안정성, 밀폐성, 기밀성, 밀착성, 접착성, 광택성, 적합성, 탄력성, 유효성, 변화성, 기능성, 위해성, 유해성, 정확성, 완전성, 위험성, 사용성, 심미성, 친유성, 가용성, 부착성, 취약성, 균등성, 내열성, 저항성, 흡착성, 보온성, 부식성, 감작성

97 화장품 사용할 때의 주의사항에서 아래 〈보기〉의 사항의 개별 기재 주의사항을 추가해야 하는 화장품의 제품 유형을 법령용어로 적으시오.

┤ 보기 ├

털을 제거한 직후에는 사용하지 말 것

---

98 다음 사항을 포함하는 기준서를 보기에서 찾아 적으시오.

항목	상세내용
제조공정	작업소의 출입제한, 공정검사의 방법
시설 및 기구	시설 및 주요설비의 정기적인 점검방법
원자재	시험결과 부적합품에 대한 처리방법
완제품	입·출하 시 승인판정의 확인방법

┤ 보기 ├

제품표준서, 제조기록서, 제조관리기준서, 제품절차서, 제조위생관리기준서, 포장지시서, 생산계획서, 품질관리서, 제조세부내역서, 제조계획서, 제품관리기준서, 시험표준서, 제조공정서

---

99 다음 내용 중 빈칸에 공통으로 들어갈 용어를 적으시오.

> • 광고 내용과 관련이 있고 과학적이고 객관적인 방법에 의한 자료로서 (   )과 재현성이 확보되어야 한다.
> • 국내외 대학 또는 화장품 관련 전문 연구기관(제조 및 영업부서 등 다른 부서와 독립적인 업무를 수행하는 기업 부설 연구소 포함)에서 시험한 것으로서 기관의 장이 발급한 자료여야 한다.
> • 시험기관에서 마련한 절차에 따라 시험을 실시했다는 것을 증명하기 위해 문서화된 (   ) 보증업무를 수행한 자료여야 한다.

_____

_____

_____

100 다음 빈칸에 들어갈 용어를 순서대로 적으시오.

> 왁스는 고급지방산에 (㉠)이 결합된 에스테르 화합물이다. 크림의 사용감을 높여주거나 립스틱의 (㉡)를 높이기 위해 사용된다.

_____

_____

_____

_____

 선다형

01 화장품법에서 규정하는 화장품으로 옳은 것은?

① 땀띠 완화를 목적으로 사용하는 칼라민 로션
② 성 윤활 작용을 목적으로 사용하는 질 보습용 젤
③ 입안의 청량감을 목적으로 사용하는 마우스 워시
④ 머리카락을 풍성하게 보이기 위하여 사용하는 흑채
⑤ 피부재생, 주름개선을 목적으로 피부 내에 주사하는 물광 주사

02 화장품 법령에 따라 영업을 등록하거나 신고해야 하는 대상과 내용이 바르게 짝지어진 것은?

	등록/신고 대상	내 용
①	화장품제조업	화장품 원료를 제조하는 경우
②	화장품제조업	1차 포장이 완료된 화장품을 수입해서 2차 포장공정을 하는 경우
③	화장품책임판매업	온라인사이트에서 수입대행형 거래를 목적으로 화장품을 알선·수여하는 경우
④	맞춤형화장품판매업	고형비누를 단순 소분하여 판매하는 경우
⑤	맞춤형화장품판매업	매장에서 상담을 통해 소비자의 피부 상태에 적합한 직접 조제하지 않은 완제품을 판매하는 경우

03 개인정보 보호법에서 보호하는 개인정보로 옳지 않은 것은?

① 생년월일

② 맞춤형화장품조제관리사 자격증 번호

③ 개인정보의 일부를 삭제하여 추가 정보 없이는 특정 개인을 알아볼 수 없도록 처리된 정보

④ 사망자, 단체, 기업의 정보 또는 과학적 연구, 공익적 기록 보존을 위한 목적의 가명 정보

⑤ "A의 부친 B께서 사망하셨습니다"라는 부고 기사

04 동물실험을 실시한 화장품을 유통, 판매할 수 있는 경우로 옳지 않은 것은?

① 보습 기능이 있는 신규 원료를 개발하려는 경우

② 화장품 수출을 위하여 중국 법령에 따라 동물 실험이 필요한 경우

③ 약사법에 따라 동물 실험을 실시하여 개발된 의약품 원료를 화장품의 제조에 사용하는 경우

④ 새로운 보존제의 사용 기준을 지정하기 위해 검토하는 경우

⑤ 동물대체시험법이 존재하지 않는 경우

05 화장품 안전기준 등에 관한 규정에 따른 사용 금지 원료로 옳지 않은 것은?

① 니트로스아민류

② 미녹시딜 유도체

③ 벤조일퍼옥사이드

④ 비타민 K_1

⑤ 피리딘-2-올 1-옥사이드

06 화장품법에서 규정하는 기능성화장품으로 옳은 것은?

① 모발의 색상을 영구적으로 변화시키는 헤어스프레이

② 여드름성 피부에 사용하기 적합한 에센스

③ 튼살로 인한 붉은 선을 엷게 하는 데 도움을 주는 바디크림

④ 아토피성 피부로 인한 가려움 증상을 완화시켜 주는 로션

⑤ 물리적으로 제모를 제거하는 제모 스트립

07 개인정보 보호법에 따른 고객의 개인정보 관리 방법으로 옳은 것은?

① 고객의 성명, 전화번호, 생년월일 등이 저장된 컴퓨터의 백신 프로그램 이용 기한이 만료되었으나, 이를 연장하지 않았다.

② 고객이 본인의 개인정보 열람을 요구하였으나 화장품판매업소 운영자는 업소 운영에 중대한 지장을 초래한다는 이유로 열람을 거절하였다.

③ 고객에게 매월 화장품 3종을 추천하고, 그중 고객이 선택한 화장품을 배송해주는 서비스를 제공하고 있는데, 고객이 화장품 추천 메일 수신을 거부하는 경우 서비스 이용 계약 해지 여부와 관계없이 화장품 추천 메일을 발송할 수 없다.

④ 탈퇴한 고객의 개인정보제공동의서를 손으로 찢어 종량제 봉투에 넣어 폐기하였다.

⑤ 고객의 개인정보가 온라인 클라우드 서비스에 저장되어 있는 경우 개인정보를 파기할 때 클라우드 서버에 저장된 파일을 삭제할 뿐만 아니라 클라우드에 접속한 컴퓨터, 휴대폰, 태블릿 등 일체의 전자기기에 저장되지 않았는지 확인하고 삭제하여야 한다.

08 화장품에 사용되는 원료의 친수성의 크기를 비교한 것으로 옳지 않은 것은?

① 1-부탄올 > 부틸렌글라이콜
② 글리세린 > 1-프로판올
③ 비타민 C > 비타민 E
④ 아세틱애씨드 > 팔미틱애씨드
⑤ 에탄올 > 세틸알코올

09 화장품에 사용되는 원료와 배합 목적이 바르게 짝지어진 것은?

	원료	배합목적
①	다이소듐이디티에이	세정제
②	레시틴	비이온계면활성제
③	벤토나이트	밀폐제
④	카보머	점증제
⑤	트라이에탄올아민	가용화제

10 화장품 보존제에 대한 설명으로 옳지 않은 것은?

① 무기설파이트 및 하이드로젠설파이트류의 사용한도는 유리 SO_2로 0.5%이다.

② 메틸파라벤의 화학명은 메틸파라하이드록시벤조익애씨드이다.

③ 살리실릭애씨드는 샴푸를 제외한 영유아용 제품에는 보존제로 사용할 수 없다.

④ 1,2-헥산다이올은 보습성을 지닌 보존제로 사용된다.

⑤ 페녹시에탄올은 보존제로서 최대 사용함량은 1.0%이다.

11 화장품의 효과에 대한 설명으로 옳지 않은 것은?

① 피부의 거칢을 개선하고 피부결을 가다듬는다.

② 피부의 번들거림 또는 결점을 감추어 준다.

③ 두피 및 두발을 깨끗하게 세정함으로써 비듬과 가려움을 개선한다.

④ 땀 발생 억제를 통한 액취를 방지한다.

⑤ 물리적, 화학적 방식으로 체모를 제거한다.

12 기초화장품 제품류 중 크림에 대한 설명으로 옳은 것은?

① O/W형 크림, W/O형 크림, 필오프타입 등으로 나눌 수 있다.

② 피부 표면층에 부착된 피지, 각질층의 딱지, 땀의 잔여물 등을 제거하는 화장품 유형이다.

③ 유화 타입의 O/W형 크림은 산뜻한 사용감을 주는 친수성 크림이다.

④ 내수성이 요구되는 제품에 주로 활용되는 유형은 O/W/O형 크림이다.

⑤ 2개의 상보다 더 많은 상으로 구성된 크림은 안정성이 좋고 제조하기 편하며 상품성이 높다.

13 〈보기〉의 (   ) 안에 공통으로 들어갈 원료와 그 예가 바르게 짝지어진 것은?

┤ 보기 ├

화장품법에 따르면 식품의약품안전처장은 화장품에 사용할 수 없는 원료를 지정하여 고시하여야 한다. (   ) 등과 같이 특별히 사용상의 제한이 필요한 원료에 대하여는 그 사용 기준을 지정하여 고시하여야 하며, 사용 기준이 지정 고시된 원료 외의 (   ) 등은 사용할 수 없다.

① 색소 – 카민
　보존제 – 벤질알코올
　자외선차단제 – 벤조페논-3
② 색소 – 트로메타민
　보존제 – 포믹애씨드
　자외선차단제 – 부틸메톡시디벤조일메탄
③ 색소 – 칼슘설페이트
　보존제 – 클로페네신
　자외선차단제 – 부틸옥틸살리실레이트
④ 색소 – 페녹시에탄올
　향료 – 리날룰
　보존제 – 드로메트리졸
⑤ 향료 – 아밀신남알
　보존제 – 구아이아줄렌
　자외선차단제 – 에틸헥실글리세린

14 〈보기〉는 향료 중 알레르기 유발물질 표시 지침에 따른 함량 산출 방법이다. (   ) 안에 들어갈 말로 옳은 것은?

┤ 보기 ├

해당 알레르기 유발성분이 제품의 (   )에서 차지하는 함량의 비율로 계산한다.

① 향료량
② 내용량
③ 정제수량
④ 기능성 성분 함량
⑤ 정제수량을 제외한 내용량

15 화장품 향료 중 알레르기 유발성분을 표시하는 방법으로 옳지 않은 것은?

① 향료에 속해 있으나, 별도 지정된 25종의 알레르기 유발성분은 전성분표시 방법을 적용한다.

② 알레르기 유발성분임을 전성분에는 표시 및 기재하여야 한다. "사용할 때의 주의사항"에는 기재하지 않아도 된다.

③ 내용량 10mL(g) 초과 50mL(g) 이하인 제품의 경우, 포장에 알레르기 유발성분 전성분표시를 하지 않아도 된다.

④ 천연오일 또는 식물 추출물에 함유된 알레르기 유발성분도 표시해야 한다.

⑤ 온라인상의 전성분표시 사항에서 알레르기 유발성분 기재를 생략할 수 있다.

16 화장품의 함유 성분과 그에 따른 사용할 때의 주의사항으로 옳은 것을 〈보기〉에서 모두 고른 것은?

───────────────┤ 보기 ├───────────────

㉠ 과산화수소 생성물질 함유 제품 : 눈에 접촉을 피하고 눈에 들어갔을 때는 즉시 씻어내야 한다.

㉡ 카민 함유 제품 : 만 3세 이하 어린이의 기저귀가 닿는 부위에는 사용하지 말아야 한다.

㉢ 실버나이트레이트 함유 제품 : 경미한 발적, 피부 건조, 화끈감, 가려움이 보고된 예가 있다.

㉣ 벤잘코늄클로라이드 함유 제품 : 눈에 접촉을 피하고 눈에 들어갔을 때는 즉시 씻어내야 한다.

㉤ 스테아린산아연 함유제품 사용 시 흡입되지 않도록 주의해야 한다.

① ㉠, ㉡, ㉢   ② ㉠, ㉡, ㉤

③ ㉠, ㉣, ㉤   ④ ㉡, ㉢, ㉣

⑤ ㉢, ㉣, ㉤

17 퍼머넌트웨이브용 제품 및 헤어스트레이트너 제품(에어로졸 또는 사용 중 공기 유입이 차단되는 제품 제외)을 사용할 때의 주의사항으로 옳은 것은?

① 만 3세 이하의 영유아에게는 사용하지 말 것

② 땀 발생 억제제, 향수, 수렴, 로션은 이 제품 사용 후 24시간 후에 사용할 것

③ 섭씨 15도 이하의 어두운 장소에 보관하고 개봉한 제품은 7일 이내에 사용할 것

④ 사용 후 물로 씻어내지 않으면 탈모 또는 탈색의 원인이 될 수 있으므로 주의할 것

⑤ 부종, 홍반, 가려움, 피부염, 광과민반응, 중증의 화상 및 수포 등의 증상이 나타날 수 있으므로 이러한 경우 이 제품의 사용을 즉각 중지하고 의사 또는 약사와 상의할 것

18 〈보기〉는 위해화장품의 회수 계획 및 회수 절차에 대한 내용이다. (   ) 안에 들어갈 숫자로 옳은 것은?

┤ 보기 ├

- 화장품을 회수하거나 회수하는 데에 필요한 조치를 하려는 영업자(이하 "회수의무자"라 한다)는 해당 화장품에 대하여 즉시 판매 중지 등의 필요한 조치를 하여야 하고, 회수대상 화장품이라는 사실을 안 날로부터 (㉠)일 이내에 회수계획서에 다음 서류를 첨부하여 지방식품의약품안전청장에게 제출하여야 한다.
- 회수의무자는 회수대상 화장품의 판매자, 그 밖에 해당 화장품을 업무상 취급하는 자에게 방문, 우편, 전화, 전보, 전자우편, 팩스 또는 언론매체를 통한 공고 등을 통하여 회수계획을 통보하여야 하며, 통보 사실을 입증할 수 있는 자료를 회수종료일로부터 (㉡)년간 보관하여야 한다.

	㉠	㉡
①	5	2
②	5	3
③	7	2
④	7	5
⑤	10	1

19 화장품 원료로 사용되는 왁스에 대한 옳은 설명을 〈보기〉에서 모두 고른 것은?

┤ 보기 ├

㉠ 피부 표면에서 수분 증발을 억제하는 성질을 갖는다.
㉡ 화학적으로 극성이 높은 물질에 해당하며, 친수성 제품의 보조 유화제로 사용된다.
㉢ 고급지방산을 기반으로 하는 에스테르 화합물이다.
㉣ 분자 내 실록산 결합(-Si-O-Si-)을 포함하고 있다.
㉤ 사이클로메티콘은 대표적인 왁스 성분이다.
㉥ 고급지방산과 고급알코올의 화합물이다.

① ㉠, ㉡, ㉢

② ㉠, ㉢, ㉥

③ ㉡, ㉢, ㉤

④ ㉡, ㉣, ㉥

⑤ ㉣, ㉤, ㉥

20 화장품 안전기준 등에 관한 규정에 따른 사용상의 제한이 필요한 원료가 아닌 것을 〈보기〉에서 모두 고른 것은?

┤ 보기 ├

㉠ 나이아신아마이드
㉡ 베타인살리실레이트
㉢ 우레아
㉣ 제라니올
㉤ 토코페롤

① ㉠, ㉢
② ㉠, ㉣
③ ㉡, ㉣
④ ㉡, ㉤
⑤ ㉢, ㉤

21 맞춤형화장품판매업자가 소비자에게 판매할 수 있는 화장품을 〈보기〉에서 모두 고른 것은?

┤ 보기 ├

㉠ 화장품책임판매업자가 제공한 원료에 맞춤형화장품조제관리사가 혼합한 원료를 조제한 제품
㉡ 제조된 벌크 제품에 보존제가 포함된 원료를 혼합한 제품
㉢ 수입된 향료와 국내 자생식물추출물을 혼합하여 만든 맞춤형화장품
㉣ 수입된 벌크제품에 기능성 고시원료를 혼합하여 기능성 심사를 받은 최종 맞춤형화장품
㉤ 수입된 화장품의 내용물을 단순 소분한 제품
㉥ 홍보, 판매 촉진 등을 위하여 소비자가 시험, 사용하도록 제조한 화장품을 소분한 제품

① ㉠, ㉡, ㉢
② ㉠, ㉢, ㉣
③ ㉡, ㉣, ㉤
④ ㉢, ㉤, ㉥
⑤ ㉣, ㉤, ㉥

22 맞춤형화장품판매업자가 준수사항을 지키지 않은 행동을 〈보기〉에서 모두 고른 것은?

┤ 보기 ├

㉠ 혼합·소분 전에 사용되는 내용물 또는 원료에 대한 품질성적서를 확인하였다.

㉡ 혼합·소분 시 일회용 장갑을 착용하여 손을 소독하거나 세정하는 과정을 생략하였다.

㉢ 맞춤형화장품 판매장 시설 기구를 정기적으로 점검하여 보건위생상 위해가 없도록 관리하였다.

㉣ 최신 트렌드에 따라 맞춤형화장품을 미리 혼합·소분하여 보관 및 관리하였다.

㉤ 혼합·소분 전에 사용기한 또는 개봉 후 사용기간을 확인하고, 1년을 초과하지 않는 범위에서 사용기한을 설정하였다.

① ㉠, ㉡

② ㉠, ㉢

③ ㉡, ㉣

④ ㉢, ㉤

⑤ ㉣, ㉤

23 〈보기〉는 화장품 표시 기재 사항의 일부이다. 〈보기〉의 내용 중 화장품법령에 따른 위반사항 및 1차 위반에 대한 행정처분으로 옳은 것은?

┤ 보기 ├

• 전성분 : 정제수, 에탄올, 향료, 리모넨, 아이소유제놀, 글리세린, 베타인, 레시틴, 토코페릴아세테이트, 디에칠렌글라이콜, 녹색201호, 청색1호

• 용량 : 150mL

• 제조번호 : 202204ABC

• 해외제조원 : 퓨리안사

• 화장품책임판매업자 : 양스코스메틱사

• 사용법 : 외출 시 귀 뒤 또는 손목에 분사하십시오.

① 사용법에 기재한 사항은 표현 금지 내용이므로 판매업무정지에 해당한다.

② 사용금지 원료인 디에칠렌글라이콜이 함유되었으므로 판매업무정지에 해당한다.

③ 알레르기 유발성분인 아이소유제놀이 함유되었으므로 판매업무정지에 해당한다.

④ 제조번호를 통하여 제조일자 확인이 어려우므로 판매업무정지에 해당한다.

⑤ 배합금지 원료인 녹색201호가 함유되어 있으므로 판매업무정지에 해당한다.

24 사용한도 성분과 그 원료로 옳지 않은 것은?

	사용한도 성분	원 료
①	보존제	살리실릭애씨드, 에칠렌옥사이드
②	보존제	징크피리치온, 트리클로산
③	염모제	레조시놀, 피크라민산
④	자외선차단제	에칠헥실메톡시신나메이트, 에칠헥실살리실레이트
⑤	자외선차단제	티타늄디옥사이드, 징크옥사이드

25 안정성시험 종류 중 장기보존시험 및 가속시험에 해당하는 시험 항목이 바르게 짝지어진 것은?

	시험종류	시험항목
①	물리적시험	에테르 가용성 검화물, 증발 잔류물, 유화상태
②	미생물학적 시험	보존력, 미생물한도
③	용기적합성 시험	용기의 제품 흡수, 부식, 화학적 반응 적합성 평가
④	일반시험	균등성, 사용감, 시험물 가용성 성분
⑤	화학적 시험	융점, pH, 유화상태, 에탄올 가용성 성분

26 화장품법 및 화장품법 시행규칙에 따른 화장품의 위해성 등급이 나머지 넷과 다른 하나로 옳은 것은?

① 맞춤형화장품판매업자 A는 병원미생물에 오염된 화장품을 고객에게 판매하였다.

② 맞춤형화장품판매업자 B는 사용기한 또는 개봉 후 사용기간(병행표기된 제조연월일 포함)을 위조, 변조한 화장품을 고객에게 판매하였다.

③ 맞춤형화장품판매업자 C는 헤어스트레이트너 내용물에 퀴닌 원료를 혼합하여 고객에게 판매하였다.

④ 맞춤형화장품판매업자는 맞춤형화장품조제관리사 E가 퇴사하여, 맞춤형화장품조제관리사가 입사할 때까지 D가 고객의 피부상태에 맞춰 맞춤형화장품을 판매하였다.

⑤ 화장품책임판매업 등록을 준비중인 F는 시장의 반응을 테스트하기 위해서 등록 전에 해외 화장품을 현지에서 구매하여 국내에서 유통, 판매하였다.

27 폼클렌저 실험 시 사용한 지방산을 80% 중화하는 경우, 중화제인 수산화칼륨이 내용물전체에서 차지하는 비율로 옳은 것은?

지방산 종류	산 가	사용함량(%)
A	300	5.0
B	250	6.0
C	200	10.0

폼클렌저 실험에 사용한 지방산 종류, 시성치(산가) 및 함량(%)

① 1.0%

② 2.0%

③ 3.0%

④ 4.0%

⑤ 5.0%

28 우수화장품 제조 및 품질관리기준에 따라 화장품 제조 건물 및 시설이 위생관리를 위해 갖추어야 할 조건을 〈보기〉에서 모두 고른 것은?

보기

㉠ 작업장은 미생물 오염 방지를 위해 멸균된 상태로 관리해야 한다.
㉡ 출입구는 해충, 곤충의 침입에 대비하도록 적절히 보호해야 한다.
㉢ 배수관은 냄새의 제거와 역류가 가능하도록 설계해야 한다.
㉣ 외부와 연결된 창문은 환기를 위해 열리는 구조여야 한다.
㉤ 바닥은 먼지 발생을 최소화하고 청소가 용이해야 한다.

① ㉠, ㉢

② ㉠, ㉣

③ ㉡, ㉢

④ ㉡, ㉤

⑤ ㉣, ㉤

29 제조에 사용하는 설비 및 도구의 세척, 소독에 대한 설명으로 옳은 것은?

① 세척 후 육안 판정 장소를 그림으로 제시하는 것은 바람직하지 않다.
② 세척 판정은 육안으로 확인하거나, 천으로 문질러 부착물로 확인한다.
③ 계면활성제를 설비 세척 세제로 사용하는 것을 권장한다.
④ 설비의 보존을 위해 가급적 분해하지 않고 세척한다.
⑤ 소독은 보통 에탄올이나 차가운 물을 사용한다.

30 제조소 내 모든 직원이 준수하여야 하는 위생관리 기준 및 절차의 내용으로 옳지 않은 것은?

① 직원의 건강상태 확인
② 직원의 작업 중 주의사항
③ 직원의 작업 시 복장
④ 직원의 제한구역 출입 현황 확인
⑤ 직원에 의한 제품의 오염 방지에 관한 사항

31 작업장 내 직원의 위생 유지를 위한 세정, 소독제에 대한 옳은 설명을 〈보기〉에서 모두 고른 것은?

┤ 보기 ├

㉠ 작업자의 손을 소독하기 위한 비누는 고형비누보다 액체비누를 권장한다.
㉡ 손세정제로 에탄올 70%가 주로 사용된다.
㉢ 손소독제는 물 없이도 손소독이 가능하며 의약외품으로 분류된다.
㉣ 글리세린을 주성분으로 한 소독제를 직접 만들어 사용해도 된다.
㉤ 작업복 등은 목적과 오염도에 따라 세탁을 하고, 필요에 따라 소독한다.

① ㉠, ㉡
② ㉠, ㉣
③ ㉡, ㉢
④ ㉢, ㉤
⑤ ㉣, ㉤

32 화장품 제조 시 사용되는 설비, 도구, 기기 등의 오염 물질을 제거 또는 소독하는 방법으로 옳은 것은?

① 설비 세척의 유효기간은 제조 설비 및 도구에 동일하게 적용한다.

② 세척 후, 설비 장치에 잔존한 세척제는 제품에 악영향을 미치므로, 육안으로 확인하고 바로 제거한다.

③ 위험성이 다소 있더라도 화장품 잔여물과 세척제가 설비 장치에 잔존하지 않도록 강한 유기용제로 세척
   한다.

④ 증기 세척은 고온의 수증기를 발생하여 설비 장치를 부식시킬 수 있으므로 적절한 세척 방법이 아니다.

⑤ 설비 세척은 유효기간을 설정하고, 세척 후에는 반드시 '판정' 결과를 식별할 수 있도록 표기해야 한다.

33 화장품 제조 시 사용되는 설비기구의 위생 기준으로 옳은 것은?

① 설비는 사용 목적보다 설비 세척 및 위생관리의 용이성을 고려하여 설치한다.

② 사용하지 않는 설비는 건조한 상태로 유지하여 다른 오염으로부터 보호하도록 한다.

③ 설비 위치는 제품의 품질에 대한 영향보다 원자재나 작업자의 동선을 우선적으로 고려하여 정한다.

④ 청소를 쉽게 하기 위하여 노출된 배관은 벽에 붙여서 설치한다.

⑤ 세척제, 윤활제는 청소, 위생 처리 또는 유지작업 동안에 사용되는 소모품에 포함시키지 않는다.

34 원료 및 내용물의 변질 방지를 위한 방법으로 옳지 않은 것은?

① 반제품은 품질이 변하지 않도록 적절한 용기에 넣어 지정된 장소에서 보관해야 하며 명칭 또는 확인코드,
   제조번호, 완료된 공정명, 보관 조건(필요한 경우)을 표시해야 한다.

② 반제품의 최대 보관기한을 설정해야 하며, 최대 보관기한이 가까워진 제품은 완제품으로 제조하기 전에
   품질 이상, 변질 여부 등을 확인해야 한다.

③ 원료의 시험용 검체는 오염되거나 변질되지 않도록 채취하고, 남은 원료는 원상태에 준하는 포장을 해야
   하며, 검체가 채취되었음을 표시해야 한다.

④ 벌크 제품을 재사용하기 위해서는 차광용기를 이용하여 기존의 보관 환경과 동일한 조건에서 보관하고,
   제조 지시량에 따라 사용한다.

⑤ 개봉할 때마다 변질 및 오염이 발생할 가능성이 있기 때문에 벌크 제품의 재보관과 재사용 반복을 피하며
   여러 번 재보관하는 벌크 제품은 조금씩 나누어서 보관한다.

35 원료품질성적서로 인정할 수 없는 것은?

① 화장품제조업자의 원료에 대한 자가품질검사성적서

② 화장품책임판매업자의 원료에 대한 자가품질검사성적서

③ 원료업체의 원료에 대한 공인검사기관성적서

④ 맞춤형화장품판매업자의 원료에 대한 자가품질검사성적서

⑤ 화장품책임판매업자의 원료에 대한 공인검사기관성적서

36 우수화장품 제조 및 품질관리기준(CGMP)에 따른 원료 입고 관리에 대한 설명으로 옳지 않은 것은?

① 입고된 원료와 포장재는 '시험중', '적합', '부적합'에 따라 각각의 구분된 공간에 별도로 보관되어야 한다.

② 원자재 용기에 제조번호가 없는 경우 '부적합' 처리하여 반품한다.

③ 혼동을 방지할 수 있는 시스템이 없는 경우 '부적합' 처리된 원료와 포장재를 보관하는 공간은 잠금장치를 추가할 수도 있다.

④ 원자재의 입고 시 구매 요구서, 원자재 공급업체 성적서 및 현품이 서로 일치하는지 확인한다.

⑤ 한 번에 입고된 원료와 포장재는 제조 단위별로 각각 구분하여 관리한다.

37 우수화장품 제조 및 품질관리기준(CGMP)에 따른 원자재 및 완제품의 출고 관리에 대한 설명으로 옳지 않은 것은?

① 원자재는 시험 결과 '적합' 판정된 것만을 선입선출 방식으로 출고하여야 한다.

② 완제품은 시험 결과 '적합'으로 판정되고 품질보증부서 담당자가 출고 승인한 것만을 출고하여야 한다.

③ 출고할 제품은 원자재, 부적합품 및 반품된 제품과 구획된 장소에서 보관하여야 한다.

④ 정해진 보관 기간이 경과된 원자재 및 반제품은 재평가하여 품질 기준에 적합한 경우 제조에 사용할 수 있다.

⑤ 사용기한이 짧은 원자재의 경우, 앞서 입고된 원자재보다 먼저 출고할 수 있다.

38 화장품의 원료 입고를 위한 절차에 대한 설명으로 옳지 않은 것은?

① 입고된 원료 뱃치가 적합판정된 기존 뱃치와 동일함이 확인되어 입고 시험이 면제되었다.

② 입고된 원료의 시험용 검체를 원료공급자로부터 직접 전달받았다.

③ 원료 입고 시 공급업체 성적서 결과가 모두 '적합'으로 확인되어 입고 시험을 면제하였다.

④ '시험중' 라벨이 붙어있는 원료의 시험결과에서 '적합' 판정을 받아, '적합' 표시를 '시험중' 표시 위에 부착하였다.

⑤ '적합' 판정을 받은 원료를 시험 중 보관공간에서 적합원료 보관소로 이동하였다.

39 원자재 용기 및 시험기록서의 필수기재사항을 〈보기〉에서 모두 고른 것은?

┤ 보기 ├

㉠ 원자재 공급자가 정한 제품명

㉡ 원자재 공급자명

㉢ 원자재 출고일

㉣ 원자재 보관소

㉤ 원자재 제조국

① ㉠, ㉡

② ㉠, ㉢

③ ㉡, ㉣

④ ㉢, ㉣

⑤ ㉢, ㉤

40 포장재에 대한 옳은 설명을 〈보기〉에서 모두 고른 것은?

---| 보기 |---

⊙ 화장품 제조 시 사용된 원료, 용기, 포장재 표시 재료, 첨부 문서 등을 원자재라 한다.

⊙ 적합판정이 내려지면 포장재는 적합판정 보관소로 이송한다.

⊙ 원료와 포장재는 화장품 제조(판매)업자가 정한 기준에 따라서 품질을 입증할 수 있는 검출 자료를 시험을 통해 확인해야 한다.

⊙ 포장재 선적 용기에 대하여 확실한 표기 오류, 용기 손상, 봉인 파손 등을 육안으로 검사한다.

⊙ 외부로부터 반입되는 포장재는 관리를 위해 표시해야 하며 재질별로 분리하여 관리해야 한다.

① ㄱ, ㄴ, ㄷ   ② ㄱ, ㄴ, ㄹ

③ ㄱ, ㄹ, ㅁ   ④ ㄴ, ㄷ, ㅁ

⑤ ㄷ, ㄹ, ㅁ

41 포장재의 출고관리에 대한 설명으로 옳은 것은?

① 불출된 포장재만이 사용되고 있음을 확인하기 위한 적절한 시스템이 확립되어야 한다.

② 품질 책임자만이 포장재의 불출 절차를 수행할 수 있다.

③ 뱃치에서 취한 검체가 일부 합격 기준에 부합하면 뱃치가 불출될 수 있다.

④ 포장재는 불출되기 전까지는 사용을 금지하기 위한 특별한 격리 절차가 필요하지 않다.

⑤ 불출된 포장재는 객관적 관리를 위하여 전자시스템으로 확인하여야 한다.

42 화장품 제조소의 청정도 기준에 대한 옳은 설명을 〈보기〉에서 모두 고른 것은?

---| 보기 |---

⊙ 화장품 내용물이 노출되는 작업실은 청정도 3등급으로 관리한다.

⊙ 미생물 클린 벤치는 헤파 필터를 사용한다.

⊙ 청정도 3등급은 차압으로 청정 공기 순환을 관리한다.

⊙ 청정도 2등급은 시간당 10회 이상 공기 순환을 한다.

⊙ 청정도 4등급은 차압관리를 하고 관찰 결과를 기록한다.

① ㄱ, ㄴ, ㄷ   ② ㄱ, ㄴ, ㄹ

③ ㄴ, ㄷ, ㄹ   ④ ㄴ, ㄷ, ㅁ

⑤ ㄷ, ㄹ, ㅁ

43 제조소 방충 체제 유지 관리를 위탁하는 외부업체에 대한 관리 사항으로 옳은 내용을 〈보기〉에서 모두 고른 것은?

┤ 보기 ├

⊙ 외부업체 선정 시 적합성 여부를 조사하고 평가한다.
ⓒ 방충, 방서 모니터링 보고서를 수령하여 검토한다.
ⓒ 이상 발생 시 외부업체에서 자체적으로 처리한다.
ⓔ 사용 약제 정보 등을 수령하여 유해성 여부를 평가한다.
ⓜ 외부업체에서 관리하므로 내부적으로 점검 항목을 추가할 수 없다.

① ⊙, ⓒ, ⓒ
② ⊙, ⓒ, ⓔ
③ ⓒ, ⓒ, ⓔ
④ ⓒ, ⓒ, ⓜ
⑤ ⓒ, ⓔ, ⓜ

44 작업장 내 직원의 소독을 위한 소독제에 대한 설명으로 옳은 것은?

① 소독제는 일반 미생물을 사멸시키기 위해 인체의 피부, 점막의 표면이나 기구, 환경의 소독을 목적으로 사용하는 화학 물질의 총칭이다.
② 알코올은 세포벽을 파괴함으로써 소독 효과가 나타난다.
③ 흐르는 깨끗한 물에 손을 적신 후 비누를 충분히 사용해야 하며, 뜨거운 물은 피부염 발생 위험이 증가하므로 미지근한 물을 사용해야 한다.
④ 소독제를 선택할 때는 잔류성, 부식성, 사용자와 제조사의 경제성 등을 고려해야 한다.
⑤ 소독 전에 존재하던 미생물을 최소한 99.0% 이상 사멸시키는 소독제를 사용해야 한다.

45 〈보기〉는 화장품 제조 설비, 기구의 세척 및 소독관리표준서의 일부이다. (   ) 안에 들어갈 숫자의 총합으로 옳은 것은?

─┤ 보기 ├─

세척방법	소독방법
제조탱크, 저장탱크	믹서, 펌프, 필터, 카트리지 필터
상수를 탱크의 (㉠)%까지 채우고, (㉡)℃로 가온한다.	(㉢)% 에탄올에서 꺼내어 필터를 통과한 깨끗한 공기로 건조하거나 UV로 처리한 수건이나 부직포 등을 이용하여 닦아낸다.

① 200
② 210
③ 220
④ 230
⑤ 235

46 〈보기〉는 화장품 설비 소독에 사용하는 계면활성제에 대한 내용이다. (   ) 안에 들어갈 말로 옳은 것은?

─┤ 보기 ├─

성 분	(㉠)암모늄 화합물
사용농도	200ppm(제조사 추천 농도)
장 점	• 세정작용 • 우수한 효과 • (㉡) 없음 • (㉢)에 용해되어 단독사용 가능 • 무향, 높은 안정성
단 점	• (㉣)에 효과 없음 • 경수, (㉤)세정제에 의해 불활성화됨

	㉠	㉡	㉢	㉣	㉤
①	3급	잔류성	알코올	분생자	양이온
②	3급	부식성	물	분생자	양이온
③	4급	잔류성	알코올	포 자	음이온
④	4급	부식성	물	포 자	음이온
⑤	4급	부식성	알코올	분생자	양이온

47 화장품 제조 탱크에 대한 옳은 설명을 〈보기〉에서 모두 고른 것은?

┤ 보기 ├

㉠ 탱크는 공정 단계 및 미완성된 포뮬레이션 과정에서 보관용 원료를 저장하기 위해 사용되는 용기로, 스테인리스 스틸 재질이 선호된다.

㉡ 탱크 재질이 세제 및 소독제와 반응할 수 있으므로 화학코팅제로 내부 표면을 마감처리하여 세척 유지관리 시 이물질이 스며들지 않도록 관리한다.

㉢ 가열과 냉각을 하도록 또는 압력과 진공 조작을 할 수 있도록 만들어져야 하며, 재질이 제품에 해로운 영향을 미쳐서는 안 된다.

㉣ 주형 물질 또는 거친 표면은 제품이 잘 뭉치지 않아 청소 관리가 용이하고, 미생물 또는 교차오염 방지가 가능하여 추천된다.

㉤ 모든 용접 및 결합 부위는 가능한 한 매끄럽고 평면을 유지해야 하며, 외부 표면의 코팅은 제품에 대해 저항력이 있어야 한다.

① ㉠, ㉡
② ㉠, ㉢
③ ㉡, ㉣
④ ㉡, ㉤
⑤ ㉢, ㉤

48 동일한 성분이지만 원료 제조업체에 따라 품질 보증 기간 및 표시 방법이 다른 경우, 보관 라벨 정보를 확인하여 먼저 사용해야 하는 원료로 옳은 것은?

	제조일자	사용기한	입고일	개봉일	개봉후 사용기간
①	2022.05.03.	2024.05.02.	2023.03.02.	2023.03.15.	없 음
②	2022.06.01.	2024.05.31.	2023.03.02.	없 음	없 음
③	2022.06.10.	없 음	2023.03.02.	2023.03.15.	개봉일로부터 12개월
④	2022.08.01.	2024.07.31.	2023.03.02.	2023.03.15.	없 음
⑤	2022.08.01.	2025.07.31.	2023.03.02.	없 음	개봉일로부터 12개월

49 내용물에 대한 폐기 요청을 받은 후의 절차에 대한 설명으로 옳지 않은 것은?

① 기준일탈을 확인하기 위해 '재시험 중' 라벨을 부착하여 보관하였다.

② 기준일탈 조사 결과 재사용이 가능하다는 결과를 확인하여 '적합' 라벨을 재부착하였다.

③ 관능시험을 진행한 결과 제조 시 확인되지 않았던 색으로 변색되어 '불합격' 라벨을 부착하였다.

④ 기준일탈 조사 결과 부적합 결과를 확인한 내용물에 '폐기' 라벨을 부착 후 원래 보관하던 보관소에 적재하였다.

⑤ 불합격 결정이 난 원료에 '폐기' 라벨을 부착 후 따로 보관하고 규정에 따라 신속하게 폐기하였다.

50 폐기 기준 및 절차에 대한 옳은 내용을 〈보기〉에서 모두 고른 것은?

──┤ 보기 ├──

㉠ 원자재, 벌크 제품 및 완제품이 적합 판정 기준을 만족하지 못할 경우 기준일탈제품으로 지정한다.

㉡ 기준일탈제품이 발생했을 때는 미리 정한 절차를 따라 확실한 처리를 하고, 실시한 내용물은 모두 삭제한다.

㉢ 기준일탈제품에 대한 원인조사를 실시하는 권한 소유자는 제조 책임자에게 있다.

㉣ 기준일탈제품은 폐기하는 것이 가장 바람직하지만, 폐기하면 큰 손해가 되는 경우에 재작업을 고려한다.

㉤ 충전량이 기준에 못미치는 부적합에 대해서는 재작업을 실시할 수 없다.

① ㉠, ㉡, ㉤

② ㉠, ㉢, ㉣

③ ㉠, ㉢, ㉤

④ ㉡, ㉢, ㉣

⑤ ㉡, ㉣, ㉤

51 포장재를 보관할 때 고려해야 할 사항을 〈보기〉에서 모두 고른 것은?

──┤ 보기 ├──

㉠ 물건의 특징 및 특성에 맞게 보관 취급하여 특수한 보관 조건은 적절하게 준수하여 모니터링한다.

㉡ 포장재의 용기는 밀폐되어 청소와 검사가 용이하도록 충분한 간격으로 바닥에 보관한다.

㉢ 포장재가 재포장될 경우 신규 표시 방법을 도입한다.

㉣ 불합격 판정을 받은 포장재는 사용하지 않도록 관리한다.

㉤ 포장재의 용기는 물질과 뱃치 정보를 확인할 수 있는 표시를 부착해야 한다.

① ㉠, ㉡, ㉢

② ㉠, ㉡, ㉤

③ ㉠, ㉣, ㉤

④ ㉡, ㉢, ㉣

⑤ ㉢, ㉣, ㉤

52 원료를 입고 및 보관하는 적합한 방법을 〈보기〉에서 모두 고른 것은?

| 보기 |

㉠ 재평가 방법을 확립해 두었기 때문에 보관기한이 지난 원료를 재평가해서 사용하였다.

㉡ 원료 인도 문서에 표기된 제조번호의 포장에 표기된 제조번호가 달라 원료의 고유번호인 CAS번호를 제조번호로 대체하였다.

㉢ 구매요구서보다 적은 양의 원료가 입고되어 창고 내 입고 보류 보관 장소에 원료를 잠시 보관하였다.

㉣ 검체를 채취한 원료에 '시험중' 라벨을 부착한 후 입고 진행 중인 원료를 보관하는 곳에 보관하였다.

㉤ UV필터 원료를 기밀용기에 담아 원료 보관에 적합한 보관소에 보관하였다.

① ㉠, ㉡, ㉢　　　　　　　　　　② ㉠, ㉡, ㉤
③ ㉠, ㉢, ㉣　　　　　　　　　　④ ㉡, ㉣, ㉤
⑤ ㉢, ㉣, ㉤

---

53 맞춤형화장품판매업에서 조제 가능한 사례로 옳은 것은?

① 스킨로션 내용물에 트러블 피부를 위한 아젤라산을 0.1% 혼합하여 고객에게 제공하였다.

② 바디로션 내용물에 고급스러운 향취가 오래 유지되도록 착향제인 로즈케톤-4을 0.02% 혼합하여 고객에게 제공하였다.

③ 헤어샴푸 내용물에 구매한 혼합원료(알로에베라잎추출물 99.9%+인디고페라엽가루 0.1%)를 혼합하여 고객에게 제공하였다.

④ 헤어샴푸 내용물에 구매한 혼합원료(하이알루로닉애씨드 1.0%+징크피리치온 0.4%+정제수 98.6%)를 혼합하여 고객에게 제공하였다.

⑤ 스킨크림 내용물에 비타민 성분인 토코페롤을 2.0% 혼합하여 사용감이 우수한 제형으로 조제하여 고객에게 제공하였다.

---

54 맞춤형화장품판매업의 변경신고에 대한 설명으로 옳지 않은 것은?

① 맞춤형화장품판매업자를 변경하는 경우 변경신고를 해야 한다.

② 맞춤형화장품판매업소의 상호 또는 소재지를 변경하는 경우 변경신고를 해야 한다.

③ 맞춤형화장품조제관리사를 변경하는 경우 변경신고를 해야 한다.

④ 맞춤형화장품판매업 변경신고서는 맞춤형화장품판매업소의 소재지를 관할하는 지방식품의약품안전청장에게 제출해야 한다.

⑤ 맞춤형화장품판매업자는 변경신고 후 맞춤형화장품판매업 신고대상과 신고필증의 뒷면에 각각의 변경 사항을 적어야 한다.

55 〈보기1〉은 규격에 적합한 원료 A의 품질성적서이다. 맞춤형화장품조제관리사가 원료를 사용 관리한 내용 중 잘못된 행동을 〈보기2〉에서 모두 고른 것은?

┤보기 1├

구성성분 : a 70%, b 20%, c 10%

성 상	백색의 액
냄 새	특이취
pH(25℃)	6.8
굴절률(20℃)	1.340～1.431
니 켈	100μg/g
비 소	40μg/g
총호기성생균수	600cfu/g
보관조건	20～25℃, 광차단
사용기한	제조일로부터 12개월
포장단위	20kg, PET

┤보기 2├

㉠ 스킨케어 제품에 원료를 15% 혼합하였다.
㉡ 한 달간 사용할 원료를 투명 용기에 소분하여 맞춤형화장품 조제실의 선반에 두었다.
㉢ 원료 용기 라벨의 원료명이 품질성적서의 원료명과 동일한지 확인하였다.
㉣ 원료 입고 후 소분하여 15개월간 사용할 예정이다.
㉤ 물휴지의 내용물에 원료 A만을 10% 희석하여 혼합하였다.

① ㉠, ㉡, ㉢
② ㉠, ㉡, ㉣
③ ㉠, ㉣, ㉤
④ ㉡, ㉢, ㉤
⑤ ㉢, ㉣, ㉤

56 화장품법에 따라 맞춤형화장품판매업 신고를 할 수 없는 사람으로 옳은 것은?

① 파산선고를 받고 복권된 자

② 화장품책임판매업을 등록하지 않고 해당 업을 영위하였다는 이유로 징역 1년형이 확정된 뒤, 복역을 마치고 출소한 자

③ 광고업무정지 처분을 받은 날로부터 1년이 지난 자

④ 난치병으로 맞춤형화장품판매업을 영위하기 곤란한 자

⑤ 허위로 맞춤형화장품판매업을 신고한 사실이 적발되어 영업소가 폐쇄된 날로부터 6개월이 지난 자

57 맞춤형화장품판매업자가 준수해야 할 사항을 〈보기〉에서 모두 고른 것은?

| 보기 |

ㄱ 제조번호, 개봉 후 사용기간, 판매일자 및 판매량이 포함된 맞춤형화장품 판매내역서를 작성하고 보관한다.

ㄴ 맞춤형화장품 사용과 관련된 중대한 유해사례 등 부작용 발생 시 지체 없이 책임판매업자에게 보고한다.

ㄷ 맞춤형화장품 원료 목록 보고를 한 후에 내용물 또는 원료에 대한 품질성적서를 확인한다.

ㄹ 맞춤형화장품 판매 시 사용한 내용물 원료의 특성과 사용할 때의 주의사항을 소비자에게 설명한다.

ㅁ 혼합·소분 전에 제품을 담을 포장용기의 오염여부를 확인한다.

① ㄱ, ㄴ, ㄷ

② ㄱ, ㄷ, ㄹ

③ ㄱ, ㄹ, ㅁ

④ ㄴ, ㄷ, ㅁ

⑤ ㄴ, ㄹ, ㅁ

58 화장품법에 따른 기능성화장품의 피부 및 모발의 기능 개선 항목으로 옳지 않은 것은?

① 건조함

② 감 염

③ 갈라짐

④ 빠 짐

⑤ 각질화

59 기능성화장품 기준 및 사용방법에 따른 닥나무추출물의 기능성시험에 사용되는 효소로 옳은 것은?

① 콜라게네이즈
② 엘라스티네이즈
③ 카복시펩티데이즈
④ 타이로시네이즈
⑤ 아미노펩티데이즈

60 관능평가를 위해 사용하는 표준품에 대한 옳은 설명을 〈보기〉에서 모두 고른 것은?

┤ 보기 ├

⊙ 제품 표준견본 : 성상, 냄새, 사용감에 대한 표준
ⓒ 충전, 위치견본 : 내용물을 제품 용기에 충전할 때의 액면 위치에 대한 표준
ⓒ 용기 · 포장재 표준견본 : 용기 · 포장재 외관 검사에 사용하는 합격품 한도를 나타내는 표준
ⓔ 라벨 부착 위치견본 : 완제품의 라벨 부착 위치에 대한 표준
ⓜ 색소 원료 표준견본 : 색소의 색상, 성상, 냄새 등에 대한 표준

① ㉠, ㉡
② ㉠, ㉢
③ ㉡, ㉣
④ ㉢, ㉤
⑤ ㉣, ㉤

61 맞춤형화장품조제관리사가 혼합 및 소분 장소를 관리하기 위한 방법으로 옳은 것은?

① 화장품을 혼합 · 소분하기 위한 설비 및 가구의 세척은 일반 주방세제(0.5%), 50% 에탄올을 사용한다.
② 설비 및 기구는 제품 변경 시 또는 작업완료 후 세척하며, 설비를 1주일 이상 사용하지 않고 밀폐되지 않은 상태로 방치한 경우 세척한다.
③ 사용하는 설비 및 기구마다 절차서를 작성하고 위생상태 판정은 사후 관리하는 것을 원칙으로 한다.
④ 혼합 · 소분 장비 및 도구를 자외선 살균기를 이용하여 관리할 경우 장비 및 도구별로 층층이 쌓아 구분하여 보관한다.
⑤ 점검책임자가 육안으로 세척 상태를 점검하고, 그 결과를 점검표에 기록하여 보관한다.

62 맞춤형화장품조제관리사가 혼합 및 소분한 화장품에 대한 설명으로 옳은 것은?

① 화장품책임판매업자가 소비자에게 그대로 유통, 판매할 목적으로 제조 또는 수입한 화장품

② 판매의 목적이 아닌 제품의 홍보, 판매 촉진 등을 위하여 미리 소비자가 시험, 사용하도록 제조 또는 수입한 화장품

③ 품질 유지를 위한 보존제를 내용물에 혼합하여 판매한 맞춤형화장품

④ 개인의 기호에 따라 선호하는 향에 맞는 화장품을 판매하기 위해 내용물에 향료를 혼합한 화장품

⑤ 기능성 고시원료를 별도로 구매하여 내용물에 혼합한 화장품

63 일반 화장품의 효능으로 옳은 것은?

① 피부 주름 개선

② 화학적 체모 제거

③ 탈모 증상의 완화

④ 일시적 모공 수축

⑤ 피부장벽의 기능을 회복하여 가려움 등 개선

64 메이크업 파우더의 내용물 규격서를 통해 확인할 수 있는 항목으로 옳지 않은 것은?

① 굴절률

② 색 상

③ 미생물

④ pH

⑤ 향 취

65 화장품의 1차 포장에 반드시 기재해야 하는 표시 사항으로 옳은 것은?

① 영업자의 상호

② 제조국의 명칭

③ 내용물의 용량 또는 중량

④ 식품의약품안전처장이 배합 한도를 고시한 화장품의 원료

⑤ 기능성화장품의 경우 "기능성화장품"이라는 글자 또는 도안

66 우수화장품 제조관리 기준의 원료 및 내용물의 재고 파악을 위한 절차서에 대한 설명으로 옳지 않은 것은?

① 작성, 업데이트, 철회, 배포되고 분류되어야 한다.

② 수기는 쉽게 수정할 수 있으므로 반드시 전자 문서로 관리하여야 한다.

③ 폐기된 문서가 사용되지 않음을 확인할 수 있는 근거를 마련한다.

④ 유효기간이 만료된 경우, 작업 구역으로부터 회수하여 폐기한다.

⑤ 사용 전 승인된 자에 의해 승인되어야 하고, 서명과 날짜가 반드시 필요하다.

67 화장품 원료의 보관 장소 및 보관 방법에 대한 설명으로 옳은 것은?

① 원료는 바닥이나 벽과 밀착하여 보관하며 틈이 없게 관리한다.

② 원료의 보관 장소는 냉동과 상온 두 가지로 구분하여 보관한다.

③ 원료는 용이하게 관리될 수 있도록 분리하여 보관하지 않는다.

④ 위험물인 경우 옥외의 위험물 취급 장소에 별도로 보관한다.

⑤ 원료 출고 시에는 가장 마지막에 입고한 원료부터 출고한다.

68 화장품 안전기준 등에 관한 규정에 따라 제조가 가능한 화장품을 〈보기〉에서 모두 고른 것은?

┤ 보기 ├

㉠ 헥사메칠렌테트라아민이 0.1% 함유된 제품

㉡ 2,4-디클로로벤질알코올이 0.1% 함유된 샴푸

㉢ 글루타랄이 0.1% 포함된 에어로졸 스프레이 제품

㉣ 소듐라우로일사코시네이트가 0.1% 포함된 바디크림 제품

㉤ 아이오도프로피닐부틸카바메이트가 0.01% 포함된 데오도런트 제품

① ㉠, ㉡

② ㉠, ㉢

③ ㉡, ㉤

④ ㉢, ㉣

⑤ ㉣, ㉤

69 보기의 빈칸에 들어갈 용어로 올바른 것은?

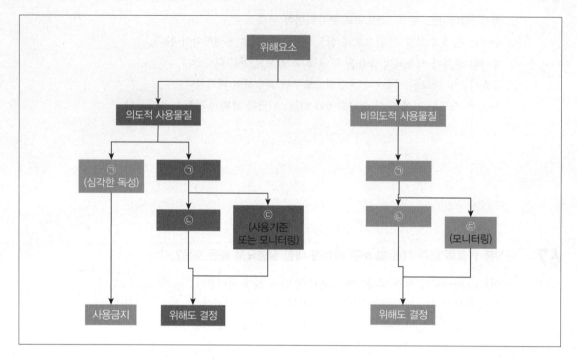

	㉠	㉡	㉢
①	노출평가	위험성 확인	위험성 결정
②	위험성 확인	노출평가	위험성 결정
③	위험성 확인	위험성 결정	노출평가
④	위험성 결정	노출평가	위험성 확인
⑤	위험성 결정	위험성 확인	노출평가

70 기능성화장품 심사에 관한 규정에서 정하는 독성시험법 중 1차피부자극시험에 대한 설명으로 옳은 것은?

① 투여경로 : 경구 또는 비경구 투여

② 투여방법 : 24시간 개방 또는 폐쇄 첩포

③ 피부 : 아무런 처치를 하지 않은 원래의 건강한 피부

④ 관찰 : 투여 후 6, 12, 24시간마다 투여부위 육안 관찰

⑤ 투여 농도 및 용량 : 단일농도 투여 시 0.1mL(액체) 또는 0.1g(고체)

71 〈보기〉에서 설명하는 피부 반응 평가로 옳은 것은?

┤ 보기 ├

- 일반적으로 Maximization Test를 사용한다.
- 시험동물 : 기니피그를 원칙적으로 1군당 5마리 이상 사용한다.
- 시험 실시 요령 : Adjuvant 사용 여부에 따라 2개 단계로 분리한다.
- 대표적 시험 방법으로 Freund's Complete Adjuvant Test 등을 포함한다.

① 감작성
② 광독성
③ 유전 독성
④ 점막 자극
⑤ 단회 투여 독성

72 화장품의 내용물에 혼합할 수 있는 원료로 옳지 않은 것은?

① 품질 유지를 위해 다마스크장미꽃수추출물에 소듐벤조에이트 0.7%가 보존제로 함유된 원료(사용 후 씻어 내지 않는 제품에 3.0% 배합)
② 다마스크장미꽃오일과 만수국꽃오일 2.0%가 혼합된 천연오일(사용 후 씻어내지 않는 제품에 1.0% 배합)
③ 제형의 가시적인 시원함(청색제형)을 위해 정제수에 청색1호 0.1%가 용해된 혼합원료(사용 후 씻어내지 않는 제품에 0.2% 배합)
④ 소합향나무발삼오일 100%(사용 후 씻어내지 않는 제품에 0.5% 배합)
⑤ 보존제로서 벤질알코올 100%(사용 후 씻어내지 않는 제품에 0.9% 배합)

73 맞춤형화장품조제관리사가 판매한 제품의 표시사항과 행동으로 옳은 것은?

① 미백과 주름 개선의 이중기능성화장품에 대한 "기능성화장품"의 표시를 2차 포장에 표시하였다.
② 맞춤형화장품의 제품명은 1차 포장의 재질이 유리이므로 1차 포장 라벨에서 생략하였다.
③ 맞춤형화장품의 조제일자는 2차 포장 라벨에만 기재하였다.
④ 맞춤형조제관리사가 혼합 · 소분한 제품 일부를 매장 테스터용으로 용기에 담아 화장품의 명칭과 조제일, 사용기한만 표시하여 매장에 비치하여 소비자가 사용하게 하였다.
⑤ 대용량 A 크림을 화장품책임판매업자로부터 공급받아 소비자가 요구한 알로에추출물을 5% 혼합 · 소분하여 판매할 때 제품명을 "알로에 A 크림"으로 표기하고 전성분에 그 함량을 표기하지 않았다.

74 화장품 혼합 시 제형의 안정성을 감소시키는 요인으로 옳지 않은 것은?

① 고온 안정성이 낮은 원료를 혼합 초기에 투입
② 유화 제조 시 발생된 기포
③ 믹서의 회전 속도로 원료 용해 시간 증가
④ 가용화 공정 중 전상온도 이상의 온도 변화
⑤ 유성 타입의 휘발성 원료의 경우 유화 공정 시 혼합 직전에 투입

75 기능성화장품 기준 및 시험방법에 따른 일반 시험법에 대한 설명으로 옳은 것은?

① 비타민 A 정량법은 원자흡광광도법에 따라 정량하는 방법이다.
② 액상의 화장품 원료의 형광을 관찰할 때에는 백색 배경을 사용한다.
③ 냄새 시험 규정이 따로 없는 한 10g을 100mL 비커에 취하여 시험한다.
④ 액성을 산성, 알칼리성 또는 중성으로 나타낸 것은 따로 규정이 없는 한 리트머스지를 써서 검사한다.
⑤ 화장품 원료의 시험은 따로 규정이 없는 한 실온에서 실시한다.

76 화장품 안전기준 등에 관한 규정에 따라 판매할 수 있는 화장품으로 옳은 것은?

① 벤질알코올이 2% 함유된 로션
② 징크피리치온이 0.5% 함유된 데이크림
③ 6-히드록시인돌이 1% 함유된 산화염모제
④ 만수국아재비꽃추출물이 0.1% 함유된 에센스
⑤ 벤조페논-4가 5% 함유된 자외선차단 크림

77 화장품법에 따라 〈보기〉의 화장품을 고객에게 판매할 때 1차 포장 또는 2차 포장에 반드시 기재해야 하는 사항으로 옳지 않은 것은?

┤ 보기 ├

- 제품명 : ○○로즈오일 콜롱
- 용량 : 100mL
- 제조국 : 프랑스
---

① 바코드
② 장미꽃 오일의 함량
③ 사용할 때의 주의사항
④ 프랑스 현지 제조원 주소
⑤ 화장품 제조에 사용된 모든 성분

78 맞춤형화장품조제관리사가 대용량의 폼클렌저를 소분하여 판매하려고 한다. 해당 폼클렌저의 용기는 광택이 없고, 수분 투과가 적은 특성을 가져야 한다. 해당 폼클렌저의 1차 포장재의 종류로 적합한 것은?

① 고밀도 폴리에틸렌(HDPE)
② 저밀도 폴리에틸렌(LDPE)
③ 폴리프로필렌(PP)
④ 폴리스티렌(PS)
⑤ 폴리염화비닐(PVC)

79 맞춤형화장품조제관리사가 수행하는 내용물의 입고 및 보관에 대한 옳은 설명을 〈보기〉에서 모두 고른 것은?

---| 보기 |---

㉠ 화장품책임판매업자로부터 로션 내용물을 10kg 구입하였다.

㉡ 도착한 내용물은 1차 포장으로 이루어져있으며, 화장품책임판매업자가 발행한 품질성적서를 확인하였다.

㉢ 제조 시 사용되는 칭량 장치를 이용해서 내용물의 중량을 측정하여 표시된 용량이 맞는지 확인하였다.

㉣ 소비자를 위해 미리 깨끗한 용기에 소분하고 새로 라벨링을 하였다.

㉤ 고객에게 로션제품을 판매한 후, 로션 내용물을 판매한 화장품책임판매업자에게 판매내역서를 보고해야한다.

① ㉠, ㉡, ㉢

② ㉠, ㉡, ㉣

③ ㉠, ㉢, ㉤

④ ㉡, ㉣, ㉤

⑤ ㉢, ㉣, ㉤

80 자외선에 의한 피부의 반응 및 측정에 대한 설명으로 옳은 것은?

① 최소홍반량은 UVB를 사람의 피부에 조사한 후 16~24시간의 범위 내에 조사한 전 영역에서 홍반을 나타낼 수 있는 최소한의 자외선 조사량이다.

② UVA 차단지수 측정은 최소지속형즉시흑화량으로 판정하며, 290nm 이하의 파장을 제거한 인공태양광조사기를 광원으로 한다.

③ 자외선차단지수의 95% 신뢰구간은 자외선차단지수(SPF)의 ±25% 이내이어야 하며, 이 조건에 적합하지 않으면 시험 조건을 재설정하여 다시 시험한다.

④ 자외선 A 차단지수(SPF)가 8 이상 16 미만인 경우 등급은 PA++로 표시하며 차단효과는 높은 편이다.

⑤ Fitzpatrick의 피부유형 3에 해당하는 사람은 UVB에 의해 보통으로 붉어지고 중간정도로 검게 되며, 최소홍반량은 60~80mJ/cm^{2}이다.

81 〈보기〉는 화장품법의 일부이다. (   ) 안에 들어갈 해당 법령에 기재된 용어를 기입하시오.

| 보기 |

이 법은 화장품의 제조, 수입, (㉠), (㉡) 등에 관한 사항을 규정함으로써 국민 보건 향상과 화장품 산업의 발전에 기여함을 목적으로 한다.

82 〈보기〉는 천연화장품 및 유기농화장품의 기준에 관한 규정에서 정하는 사용할 수 있는 원료에 대한 설명의 일부이다. (   ) 안에 들어갈 해당 법령에 기재된 용어를 순서대로 기입하시오.

| 보기 |

(㉠) 원료는 천연화장품 및 유기농화장품의 제조에 사용할 수 없다. 다만, 천연화장품 또는 유기농화장품의 품질 또는 안전을 위해 필요하나 따로 자연에서 대체하기 곤란한 허용 기타원료, 허용 (㉠)원료는 5% 이내에서 사용할 수 있다. 이 경우에도 (㉡) 부분은 2%를 초과할 수 없다.

83 〈보기〉는 화장품법 시행규칙의 일부로, 영유아 또는 어린이가 사용할 수 있는 화장품임을 표시, 광고하려는 경우 미리 작성해야 하는 안전성 자료의 보관기간에 대한 내용이다. (   ) 안에 들어갈 해당 법령에 기재된 용어와 숫자를 순서대로 기입하시오.

┤ 보기 ├

화장품의 (㉠)에 사용기한을 표시하는 경우 영유아 또는 어린이가 사용할 수 있는 화장품임을 표시, 광고한 날부터 마지막으로 제조, 수입된 제품의 사용기한 만료일 이후 (㉡)년까지의 기간. 이 경우 제조는 화장품의 제조번호에 따른 제조일자를 기준으로 하며, 수입은 통관일자를 기준으로 한다.

---

84 〈보기〉의 (   ) 안에 들어갈 용어를 한글로 기입하시오.

┤ 보기 ├

장벽대체제는 각질층 내 가장 함량이 높은 각질세포간 지질 성분을 사용할 수 있다. 대표적인 세 가지로 세라마이드, (   ), 자유지방산이 있다.

---

85 〈보기〉에서 설명하는 얼굴의 부위를 한글로 기입하시오.

┤ 보기 ├

• 다른 피부와 달리 각질층이 얇고 피지 분비량이 매우 낮아 쉽게 거칠어진다.
• 이 부위에 사용하는 제품은 윤기, 광택, 색 부여, 윤곽 강조 등 사용목적에 따라 여러 가지 제형으로 구분된다.
• 아이오도프로피닐부틸카바메이트를 원료로 하는 제품은 사용할 수 없는 부위이다.

86 〈보기〉는 화장품 안전기준 등에 관한 규정에 따른 화장품의 종류별로 적합한 미생물 한도값이다. (   ) 안에 들어갈 해당 법령에 기재된 숫자를 순서대로 기입하시오.

---| 보기 |---

- 영유아용 제품류 및 눈화장용 제품류의 총호기성 생균수 : (㉠)개/g(mL) 이하
- 물휴지의 세균 및 진균수 : 각각 (㉡)개/g(mL) 이하

---

87 〈보기〉는 계면활성제와 관련된 유화와 분산에 대한 설명이다. (   ) 안에 들어갈 용어를 순서대로 기입하시오.

---| 보기 |---

서로 성질이 다른 두 액체(물과 오일)에 계면활성제를 처리 후 교반하게 되면 물과 오일 사이의 (㉠)이/가 낮아져서 물과 오일의 한쪽이 연속상(분산매)이 되고 다른 한쪽이 미세한 다수의 액적(분산질)으로 연속상에 분산되어 유지하고 있는 상태가 된다. 어떤 물질이 특정한 범위의 크기(1nm~ 1μm 정도)를 가진 입자가 되어 다른 물질 속에 분산된 상태를 총칭해서 (㉡)이라고 한다.

88 〈보기〉는 자외선차단 기능성화장품에 대한 시험성적서이다. 기준에 적합하지 않은 시험항목을 2개 골라 그대로 기입하시오.

| 보기 |

순 번	시험항목	시험기준	시험결과
1	pH	유통화장품안전관리 기준에 따름	9.0
2	내용량	표시량 150mL	143g
3	점 도	700~1200ops	1100ops
4	비 중	0.995~1.015	1.010
5	총호기성생균수	유통화장품안전관리기준에 따름	$1.01*10^3$개/g(mL)
6	에칠헥실메톡시신나메이트 함량	표시함량 7.0%	6.5%
7	납	유통화장품안전관리기준에 따름	1μg/g
8	수 은	유통화장품안전관리기준에 따름	0.01mg/kg

89 〈보기〉는 자료 제출이 생략되는 기능성화장품의 종류 중 피부를 곱게 태워주거나 자외선으로부터 피부를 보호하는 데 도움을 주는 제품의 성분 및 함량을 나타낸 표이다. (   ) 안에 들어갈 숫자를 순서대로 기입하시오.

| 보기 |

성분명	최대함량(%)
벤조페논-8	3
시녹세이트	5
벤조페논-3	(㉠)
비스에칠헥실옥시페놀메톡시페닐트리아진	(㉡)

90 〈보기〉는 화장품법 시행규칙에 따른 기능성화장품의 범위 중 일부이다. (   ) 안에 들어갈 해당 법령에 기재된 용어를 기입하시오.

┤ 보기 ├

피부장벽(피부의 가장 바깥쪽에 존재하는 (   )의 표피를 말한다)의 기능을 회복하여 가려움 등의 개선에 도움을 주는 화장품

_____

_____

_____

91 〈보기〉는 화장품법 시행규칙에 따른 안전성에 관한 자료 내용이다. (   ) 안에 들어갈 해당 법령에 기재된 용어를 기입하시오.

┤ 보기 ├

(   )은/는 접촉 피부염의 원인을 파악하기 위해 원인 추정 물질을 몸에 붙여 반응을 조사하는 시험을 말한다.

_____

_____

_____

92 〈보기〉는 화장품법의 일부이다. (   ) 안에 들어갈 해당 법령에 기재된 용어를 기입하시오.

┤ 보기 ├

화장품책임판매업자 및 맞춤형화장품판매업자는 화장품을 판매할 때에는 어린이가 화장품을 잘못 사용하여 인체에 위해를 끼치는 사고가 발생하지 않도록 (   )을/를 사용하여야 한다.

_____

_____

_____

93 〈보기〉는 화장품 향료 중 알레르기 유발물질 표시 지침에 대한 내용이다. (   ) 안에 들어갈 용어를 순서대로 한글로 기입하시오.

보기

원료명	함량(g)
에틸트라이실록세인	10.0
사이클로메티콘	2.0
리날룰	0.005
하이드록시시트로넬올	0.005
쿠마린	0.0007
파네솔	0.0005

• 위의 표는 75g의 향수 제품에 포함된 원료의 일부이다. 이 중 알레르기 유발성분 표시대상인 성분은 (㉠)이다.
• 화장품책임판매업자는 알레르기 유발성분이 기재된 제조증명서나 (㉡)을/를 구비하여야 하며, 알레르기 유발성분이 제품에 포함되어 있음을 입증하는 제조사에서 제공한 신뢰성 있는 자료를 보관하여야 한다.

---

94 〈보기〉는 화장품법 시행규칙의 일부이다. (   ) 안에 들어갈 해당 법령에 기재된 용어를 기입하시오.

보기

공통사항

가. 화장품 사용 시 또는 사용 후 (㉠)에 의하여 사용 부위가 붉은 반점, 부어오름, 또는 가려움증 등의 이상 증상이나 부작용이 있는 경우 전문의 등과 상담할 것
나. 상처가 있는 부위 등에는 사용을 자제할 것
다. 보관 및 취급 시 주의사항
  1) (㉡)이/가 닿지 않는 곳에 보관할 것
  2) (㉠)을/를 피해서 보관할 것

95 맞춤형화장품조제관리사가 화장품책임판매업체로부터 받은 립스틱 또는 선스틱의 단단한 정도를 측정하려고 할 때, 사용할 수 있는 장비명을 기입하시오.

_____

_____

_____

96 〈보기〉는 화장품법 시행규칙에 따른 화장품 표시 · 광고의 범위 및 준수사항에 대한 내용이다. (   ) 안에 들어갈 해당 법령에 기재된 용어를 기입하시오.

┤ 보기 ├

(   )의 가공품이 함유된 화장품임을 표현하거나 암시하는 표시 · 광고를 하지 말 것

_____

_____

_____

97 〈보기〉는 화장품 안전기준 등에 관한 규정에 따른 사용상의 제한이 필요한 원료 중 산화염모제에 사용할 때의 상한 농도이다. (   ) 안에 들어갈 숫자를 순서대로 기입하시오.

┤ 보기 ├

성분명	상한농도(%)
p-니트로-o-페닐렌디아민	1.5
니트로-p-페닐렌디아민	3.0
톨루엔-2,5-디아민	(㉠)
2-아미노-4-니트로페놀	2.5
5-아미노-o-크레솔	1.0
5-아미노-6-클로로-o-크레솔	(㉡)

_____

_____

_____

98 〈보기〉의 ( ) 안에 들어갈 숫자를 순서대로 기입하시오.

┤ 보기 ├

자외선으로부터 피부를 보호하는 데 도움을 주는 기능성화장품의 주성분은 대부분 사용상의 제한이 필요한 원료이다. 이들 성분 중 부틸메톡시디벤조일메탄의 사용한도는 (㉠)%이다. 다만, 제품의 변색방지를 목적으로 그 사용 농도가 (㉡)% 미만인 것은 자외선차단 제품으로 인정하지 않는다.

---

99 〈보기〉는 화장품법 시행규칙에 따른 책임판매 후 안전관리기준이다. ( ) 안에 들어갈 해당 법령에 기재된 용어를 순서대로 기입하시오.

┤ 보기 ├

용어의 정리

가. "안전관리 정보"란 화장품의 품질, 안전성, 유효성, 그밖에 적정 사용을 위한 정보를 말한다.

나. "(㉠) 업무"란 화장품책임판매 후 안전관리 업무 중 정보 수집 검토, 및 그 결과에 따른 필요한 조치에 관한 업무를 말한다.

2. (㉠) 업무에 관련된 조직 및 인원

화장품책임판매업자는 (㉡)을/를 두어야 하며, (㉠)업무를 적정하고 원활하게 수행할 능력을 갖는 인원을 충분히 갖추어야 한다.

100 〈보기〉에서 설명하는 특성을 모두 갖는 원료 2가지를 한글로 기입하시오.

| 보기 |

- 천연화장품 및 유기농화장품의 기준에서 정하는 미네랄 유래 원료이다.
- 천연화장품 또는 유기농화장품을 제조하는 작업장의 제조 설비에 사용하는 세척제이다.
- 손톱, 표피 용해 목적에 한해 5% 이하로 사용한다.
- 고급지방산과 혼합하여 비누를 형성한다.

_____

_____

_____

기출복원문제

01 다음 중 기능성화장품이 아닌 것은?

① 멜라닌색소가 침착하는 것을 방지하여 기미 · 주근깨 등의 생성을 억제하는 미백크림

② 여드름성 피부를 완화하는 데 도움을 주는 폼클렌저

③ 피부에 탄력을 주어 피부의 주름을 완화 또는 개선하는 기능을 가진 앰플

④ 여드름성 피부를 위한 스킨로션

⑤ 튼살로 인한 흉터를 제거하는 데 도움을 주는 크림

02 다음은 화장품법의 천연, 유기농화장품 인증과 관련된 조항이다. 이 조항에 대한 설명으로 옳지 않은 것은?

> **제14조의 3(인증의 유효기간)**
> • 인증의 유효기간은 인증을 받은 날로부터 (㉠)년으로 한다.
> • 인증의 유효기간을 연장받으려는 자는 유효기간 만료 (㉡)일 전에 총리령으로 정하는 바에 따라 연장신청을 하여야 한다.

① ㉠에 들어갈 숫자는 3이다.

② ㉡에 들어갈 숫자는 90이다.

③ 맞춤형화장품 판매업자도 해당 인증을 받을 수 있다.

④ 인증기관의 장은 식품의약품안전처장의 승인을 받아 결정한 수수료를 신청인으로부터 받을 수 있다.

⑤ 인증을 한 인증기관이 폐업, 업무정지 또는 그밖에 사유로 연장신청이 어려운 경우에는 다른 기관에 신청할 수 있다.

03 화장품의 유형과 제품군이 올바르게 연결된 것은?

① 목욕용 제품류 : 영유아 목욕용 제품류
② 두발용 제품류 : 헤어 틴트
③ 눈화장용 제품류 : 아이메이크업 리무버
④ 색조 화장용 제품류 : 아이섀도
⑤ 기초화장용 제품류 : 메이크업 픽서티브

04 인체에 적용하는 다양한 제품 중 "화장품법(법률 제18448호, 2021.8.17. 일부개정)"에서 정하는 화장품의 유형인 것을 고르면?

① 패밀리레스토랑에서 제공하는 물휴지
② 눈썹의 숱이 많고 길어 보이기 위해 판매하는 인조 속눈썹
③ 타투를 가리기 위한 바디용 파운데이션
④ 체취 제거용 제품
⑤ 손소독제

05 맞춤형화장품 판매업자의 변경신고 방법에 대한 설명으로 틀린 것은?

① 변경신고를 하는 경우에는 변경사유가 발생한 날로부터 한다.
② 변경사유가 발생한 날로부터 15일 이내에 해야 한다.
③ 다만 행정구역 개편에 따른 소재지 변경의 경우에는 90일 이내에 한다.
④ 맞춤형화장품판매업 신고필증과 해당서류(전자문서 포함)를 첨부한다.
⑤ 새로운 소재지를 관할하는 지방식약청장에게 제출하여야 한다.

06 다음은 화장품법에 따른 안전용기, 포장을 사용하여야 할 품목에 대한 설명이다. 괄호 안에 들어갈 숫자로 알맞게 짝지어진 것은?

> • 천연화장품 : 중량 기준으로 천연 함량이 전체 제품에서 (　)% 이상으로 구성되어야 한다.
> • 유기농화장품 : 유기농 함량이 전체 제품에서 (　)% 이상이어야 하며, 유기농 함량을 포함한 천연 함량이 전체 제품에서 (　)% 이상으로 구성되어야 한다.

① 95, 10, 95
② 90, 5, 95
③ 85, 10, 90
④ 100, 10, 90
⑥ 90, 10, 90

07 화장품의 안정성시험에 대한 설명으로 옳지 않은 것은?

① 개봉 후 안정성시험은 모든 제품 유형에 필수적으로 수행되며 주로 제품의 미생물학적 안정성과 유효성분의 변화를 관찰하는 데 중심을 둔다.
② 미생물 한도시험은 정상적으로 제품 사용 시 미생물 증식억제하는 능력이 있음을 증명하는 시험 및 필요할 때 기타 특이적 시험을 통해 미생물에 대한 안정성을 평가
③ 화장품의 모든 안정성 시험은 동일한 시험항목으로 구성되어 있지 않다.
④ 용기적합성 시험은 제품과 용기 사이에 대한 상호작용(용기의 제품 흡수, 부식, 화학적 반응)에 대한 적합성 평가
⑤ 가혹시험의 시험항목은 제품의 보존 기간 중 제품의 안전성이나 기능성에 영향을 확인할 수 있는 품질관리상 중요한 항목 및 분해 산물의 생성 유무를 확인한다.

08 다음은 화장품 책임판매업자가 수입한 화장품에 대해 적거나 첨부한 수입관리기록서를 작성·보관해야 하는 사항 중 일부이다. 빈칸에 들어갈 말은?

제조 및 판매증명서. 다만, (　　) 제12조 제2항에 따른 통합 공고상의 수출입 요건 확인기관에서 제조 및 판매증명서를 갖춘 화장품 책임판매업자가 수입한 화장품과 같다는 것을 확인받고, 제6조 제2항 제2호 가목, 다목, 또는 라목의 기관으로부터 화장품 책임판매업자가 정한 품질관리기준에 따른 검사를 받아 그 시험성적서를 갖추어 둔 경우에는 이를 생략할 수 있다.

① 자유무역서
② 화장품 무역법
③ 통관무역법
④ 대외무역법
⑤ 무역보험법

09 다음은 화장품 책임판매업자의 수입 화장품과 관련된 준수사항이다. 다음 중 옳지 않은 것은?

① 수입화장품에 대한 품질검사를 하지 아니하려는 경우에는 식약처장이 정하는 바에 따라 식약처장에게 수입화장품의 제조업자에 대한 현지실사를 신청해야 한다. 수입화장품 제조업자 현지실사 및 판정에 필요한 소요비용은 식약처의 최종결재를 받아 식약처 실사 예산에서 부담한다.
② 수입화장품 제조회사의 품질관리 기준이 우수화장품 제조관리 기준과 같은 수준 이상이라고 인정되지 않아 인정이 취소된 경우에는 품질검사를 하여야 한다.
③ 수입한 화장품에 대해서는 제조국, 제조회사명, 제조회사의 소재지를 적은 수입관리기록서를 작성 및 보관해야 한다.
④ 제조번호별로 품질검사를 철저히 한 후 유통시켜야 한다.
⑤ 제조국 제조회사의 품질관리기준이 국가 간 상호 인증되었거나, 식약처장이 고시하는 우수한 화장품 제조관리기준과 같은 수준 이상이라고 인정되는 경우에는 국내에서 품질검사를 하지 않을 수 있다.

10 다음 중 화장품법 시행규칙 제8조 책임판매관리자의 자격기준에 근거하여 옳은 설명은?

① 화장비누 제조 시 식약처장이 정하여 고시하는 전문교육과정을 이수한 사람은 책임판매관리자 자격이 있다.

② 화장품 제조 또는 품질관리 업무에 1년 미만 종사한 경력이 있는 사람은 책임판매관리자가 될 수 있다.

③ 전문대 유전공학을 전공한 사람은 화장품 제조 또는 품질관리 업무에 2년 이상 종사한 경력이 있어야 책임판매관리자 자격이 주어진다.

④ 전문대 건강간호학을 전공한 사람이 약학 관련 과목을 20학점 이상 이수하거나 화장품 제조 또는 품질관리 업무에 1년 이상 종사한 경력이 있으면 책임판매관리자의 자격이 주어진다.

⑤ 의약품을 취급하는 약사는 화장품과 의약품에 대해 혼용할 우려가 있어 책임판매관리자가 될 수 없다.

11 다음 중 1년 이하 징역 또는 1천만 원 이하 벌금형에 해당되지 않는 것은?

① 실증자료를 제출하지 않고 표시광고를 한 자

② 위해화장품 회수, 회수계획을 보고하지 않은 영업자

③ 화장품 용기에 담은 내용물을 소분하여 판매한 자

④ 견본품을 판매한 자

⑤ 영유아, 어린이용 안전성 자료 작성보관과 안전용기 포장을 하지 않은 자

12 다음에서 손해배상 청구금액이 알맞은 것은?

> 정보 주체는 개인정보처리자의 고의 또는 과실로 인해 개인정보가 분실, 도난, 유출, 위조, 변조 또는 훼손된 경우 (   ) 이하의 범위에 상당한 금액을 손해액으로 하여 배상을 청구할 수 있다. 이 경우 해당 개인정보처리자는 고의 또는 과실이 없음을 입증하지 아니하면 책임을 면할 수 없다.

① 50만 원

② 100만 원

③ 300만 원

④ 500만 원

⑤ 1,000만 원

13 다음은 화장품법 시행령 제15조 민감정보 및 고유식별 정보의 처리 규정에 대한 설명이다. 이 규정을 통해 처리할 수 없는 사무는?

> **제15조(민감정보 및 고유식별정보의 처리)**
>
> 식품의약품안전처장(제14조에 따라 식품의약품안전처장의 권한을 위임받은 자 또는 법 제3조의4 제3항에 따라 자격시험 업무를 위탁받은 자를 포함한다)은 다음 각 호의 사무를 수행하기 위하여 불가피한 경우 개인정보 보호법 제23조에 따른 건강에 관한 정보, 같은 법 시행령 제18조 제2호에 따른 범죄경력자료에 해당하는 정보, 같은 영 제19조 제1호 또는 제4호에 따른 주민등록번호 또는 외국인등록번호가 포함된 자료를 처리할 수 있다.

① 화장품제조업 또는 화장품 책임판매업의 등록 및 변경
② 폐업 등의 신고에 관한 사무
③ 다른 법률로 규정된 업무를 이행하기 위한 사무
④ 맞춤형화장품조제관리사 자격시험 관련 사무
⑤ 기능성화장품 심사 관련 사무

14 개인정보의 파기 방법이 잘못된 것은?

① 개인정보가 불필요하게 되었을 때에는 지체 없이 개인정보를 파기해야 함
② 다른 법령에 의해 보존해야 하는 경우는 그에 따라야 함
③ 보존하는 개인정보 또는 개인정보 파일은 분리 저장·관리
④ 문서로 된 정보의 파기 시 수정테이프, 마커 등으로 정보를 가림
⑤ 전자파일은 복원 불가능하도록 영구히 삭제함

15 다음은 화장품 원료로 사용되는 물질에 대한 설명이다. 설명에 해당하는 물질로 옳은 것은?

> • 탄화수소 사슬이 긴 물질
> • 알칼리와 비누를 형성함

① 고급알코올
② 고급지방산
③ 왁스
④ 에스테르
⑤ 다당류

16 양이온 계면활성제인 것은?

① 암모늄라우릴설페이트
② 알킬디메틸암모늄클로라이드
③ 코카미도프로필베타인
④ 글리세릴모노스테아레이트
⑤ 하이드로제네이트레시틴

17 계면활성제의 피부 자극 순서를 맞게 나타낸 것은?

① 양이온성 > 음이온성 > 비이온성 > 양쪽성
② 양이온성 > 음이온성 > 양쪽성 > 비이온성
③ 양쪽성 > 양이온성 > 음이온성 > 비이온성
④ 음이온성 > 양이온성 > 양쪽성 > 비이온성
⑤ 비이온성 > 양쪽성 > 음이온성 > 양이온성

18 계면활성제가 가지고 있는 친유기와 친수기의 성질 및 사용량의 비율 등 상대적 조건에 따라 결정되는 친유성 또는 친수성 정도의 표현지수를 (   )라 한다. 괄호 안에 알맞은 단어는?

① HLB
② 미 셀
③ 콜로이드
④ 분산제
⑤ 유화제

19 다음과 같은 증상을 가진 고객에게 맞춤형화장품조제관리사가 고객에게 필요한 성분을 올바르게 짝지은 것은?

> 고객 : 요즘 얼굴이 많이 칙칙해지고 거뭇하며 주름도 늘어난 것 같아요. 그런데 저는 얼굴이 민감해서 화장
> 품을 잘못 쓰면 오돌토돌한 피부 발진같이 알레르기가 올라올 때도 있어요.

┤ 보기 ├

> 나이아신아마이드, 레티놀, 리모넨, 신남알, 쿠마린, 드로메트리졸, 파네솔, 징크옥사이드, 닥나무추출물, 알
> 부틴, 아스코빌글루코사이드, 아데노신

① 드로메트리졸, 아데노신, 징크옥사이드
② 아데노신, 드로메트리졸, 파네솔
③ 아스코빌글루코사이드, 나이아신아마이드, 징크옥사이드
④ 아스코빌글루코사이드, 드로메트리졸, 파네솔
⑤ 닥나무추출물, 레티놀, 쿠마린

20 색소의 명칭과 이에 해당하는 설명이 옳은 것은?

① 타르색소 : 석탄의 콜타르, 그 중간생성물에서 유래되었거나 무기합성에서 얻은 색소 및 그 레이크, 염, 혼합물
② 순색소 : 색소를 용이하게 사용하기 위해 혼합되는 성분
③ 안료 : 타르색소를 기질에 흡착, 단순혼합이 아닌 화학적 결합으로 확산시킨 색소
④ 기질 : 레이크 제조 시 순색소를 확산시키는 목적으로 사용되는 물질로 나트륨, 칼륨, 알루미늄 등의 단일 또는 혼합물을 사용한다.
⑤ 레이크 : 타르색소의 나트륨, 칼륨, 알루미늄, 바륨, 칼슘 등을 기질에 확산시켜서 만듦

21 자외선 차단 성분은 (   ) 목적으로 사용되기도 하는데, 그 사용농도가 (   ) 미만인 것은 자외선 차단 제품으로 인정하지 않는다. 괄호 안에 들어갈 단어는?

① 착향, 5%
② 방부제, 5%
③ 착향, 10%
④ 변색방지, 0.5%
⑤ 변색방지, 1%

22 "우수화장품 제조 및 품질관리기준"(식품의약품안전처 고시 2024.8.22. 일부개정)에서 정하는 시험용 검체의 용기에 기재해야 할 사항은?

① 원료 또는 원료리스트, 관리번호, 검체 제조일자
② 명칭 또는 확인코드, 시험지시번호, 검체 채취일자
③ 명칭 또는 확인코드, 제조번호, 검체 채취일자
④ 원료 또는 원료리스트, 제조번호, 검체 제조일자
⑤ 원료 또는 원료리스트, 관리번호, 검체 채취일자

23 검체의 채취 및 보관에 대한 설명이다. 괄호 안에 들어갈 알맞은 용어를 순서대로 옳은 것은?

> 완제품의 보관용 검체는 적절한 보관조건 하에 지정된 구역 내에서 (   )별로 사용기한까지 보관하여야 한다. 다만, (   )을 기재하는 경우에는 제조일로부터 (   )년간 보관하여야 한다.

① 판매단위, 개봉 후 사용기간, 3
② 판매단위, 개봉 후 사용기간, 1
③ 판매단위, 사용기한, 1
④ 제조단위, 개봉 후 사용기간, 3
⑤ 제조단위, 개봉 후 사용기간, 1

24 화장품에 사용상의 제한이 필요한 원료 중 IPBC의 사용량이 순서대로 알맞게 짝지어진 것은?

> IPBC는 사용 후 씻어내는 제품에 (㉠), 사용 후 씻어내지 않는 제품에 (㉡), 다만, 데오도런트에 배합할 경우는 (㉢) 사용한도이다. 입술에 사용되는 제품, 에어로졸(스프레이에 한함), 바디로션 및 바디크림에는 사용금지이며 영유아용 제품류 또는 만 13세 이하 어린이가 사용할 수 있음을 특정하여 표시하는 제품에는 사용금지(목욕용 제품, 샤워젤류, 샴푸 제외)이다.

① 0.01%, 0.001%, 0.0075%
② 0.02%, 0.01%, 0.0075%
③ 0.03%, 0.02%, 0.005%
④ 0.05%, 0.01%, 0.005%
⑤ 0.05%, 0.02%, 0.0075%

25 보기는 "화장품 안전기준 등에 관한 규정" 일부에서 정하는 사용상의 제한이 필요한 원료의 일부로, 다음 중 맞춤형화장품 유형에 상관없이 제품에 사용가능한 사용한도 0.5% 함량인 성분은?

> 디하이드로아세틱애씨드, 살리실릭애씨드, 벤조익애씨드, 벤질알코올, 클로로부탄올, 소듐하이드록시메칠아미노아세테이트, 소르빅애씨드, 클로로자이레놀, 페녹시이소프로판올, 포믹애씨드, 프로피오닉애씨드, 피록톤올아민

① 살리실릭애씨드, 클로로자이레놀, 포믹애씨드, 프로피오닉애씨드
② 소듐하이드록시메칠아미노아세테이트, 소르빅애씨드, 페녹시이소프로판올, 피록톤올아민
③ 디하이드로아세테이트, 벤질알코올, 클로로부탄올, 소르빅애씨드
④ 디하이드로아세테이트, 벤조익애씨드, 벤질알코올, 피록톤올아민
⑤ 벤조익애씨드, 클로로부탄올, 소듐하이드록시메칠아미노아세테이트

26 다음 화장품 유형별 주의사항에 해당하는 화장품 제품류는?

> 가) 다음과 같은 사람(부위)에는 사용하지 마십시오.
> (1) 생리 전후, 산전, 산후, 병후의 환자
> (2) 얼굴, 상처, 부스럼, 습진, 짓무름, 기타의 염증, 반점 또는 자극이 있는 피부
> (3) 유사 제품에 부작용이 나타난 적이 있는 피부
>
> (1) 땀발생억제제(Antiperspirant), 향수, 수렴로션(Astringent Lotion)은 이 제품 사용 후 24시간 후에 사용하십시오.
> (2) 자극감이 나타날 수 있으므로 매일 사용하지 마십시오.
> (3) 눈에 들어가지 않도록 하며 눈 또는 점막에 닿았을 경우 미지근한 물로 씻어내고 붕산수(농도 약 2%)로 헹구어 내십시오.
> (4) 이 제품을 10분 이상 피부에 방치하거나 피부에서 건조시키지 마십시오.

① 외음부세정제
② 염모제
③ 탈염 · 탈색제
④ 체취방지용
⑤ 치오글라이콜릭애씨드 함유한 제모제

27 화장품 함유 성분별 주의사항 중 다음에 해당하는 것은?

> 햇빛에 대한 피부의 감수성을 증가시킬 수 있으므로 자외선 차단제를 함께 사용할 것(씻어내는 제품 및 두발
> 용 제품은 제외한다)

① 0.5퍼센트 이상의 AHA가 함유된 제품
② 카민 함유 제품
③ 코치닐추출물 함유 제품
④ 폴리에톡실레이티드레틴아마이드 0.2% 이상 함유 제품
⑤ 실버나이트레이트 함유 제품

28 다음 보기에서 "화장품 사용할 때의 주의사항 및 알레르기 유발성분 표시"에 관한 규정에 따라 소비자에게
반드시 안내하여야 할 주의사항으로 옳지 않은 것은?

─┤ 보기 ├─

이 제품은 염모제 기능성 화장품으로 몇가지 주의사항이 필요합니다.
우선 ㉠ 출산 후, 염증, 염증의 회복중인 분, 그밖에 신체에 이상이 있는 분은 사용하지 마십시오. ㉡ 염색 48
시간 전에는 팔 안쪽이나 귀 뒤쪽 피부에 패치테스트를 실시하여 주시고, ㉢ 48시간 이내에 이상이 발생하지
않는다면 눈썹이나 속눈썹 염모에 사용하여도 무방합니다. ㉣ 염모 시에는 환기가 잘 되는 곳에서 사용하시
고 ㉤ 혼합한 염모액을 밀폐된 용기에 보관하지 말 것. ㉥ 염모 후에 신체 이상을 느끼는 분은 의사와 상담하
십시오.

① ㉠, ㉡
② ㉠, ㉢
③ ㉡, ㉢
④ ㉢, ㉤
⑤ ㉣, ㉥

29 다음은 어떤 제품의 주의사항인가?

- 화장품 사용 시 또는 사용 후 직사광선에 의하여 사용 부위가 붉은 반점, 부어오름, 또는 가려움증 등의 이상 증상이나 부작용이 있는 경우 전문의 등과 상담할 것
- 상처가 있는 부위 등에는 사용을 자제할 것
- 어린이의 손이 닿지 않는 곳에 보관할 것
- 직사광선을 피해서 보관할 것
- 눈에 들어갔을 때는 즉시 씻어낼 것
- 사용 후 물로 씻어내지 않으면 탈모 또는 탈색의 원인이 될 수 있으므로 주의할 것

---

① 팩
② 외음부 세정제
③ AHA 제품
④ 염모제
⑤ 모발용 샴푸

30 다음은 염모제의 패치 테스트 순서에 대한 설명이다. 옳지 않은 것을 고르시오.

① 48시간 이내에 이상이 발생하지 않는다면 바로 염모를 실시한다.
② 테스트 부위의 관찰은 테스트액을 바른 후 30분, 그리고 48시간 후 총 2회를 반드시 실시한다.
③ 제품 소량을 취해 정해진 용법대로 혼합하여 실험액을 준비한다.
④ 실험액을 앞서 세척한 부위에 손바닥 크기로 바르고 자연건조시킨 후 그대로 48시간 방치한다.
⑤ 팔의 안쪽 또는 귀 뒤쪽 머리카락이 난 주변의 피부를 비눗물로 잘 씻고 탈지면으로 가볍게 닦는다.

31 화장품의 함유 성분별 사용 시의 주의사항 표시에 대한 설명으로 옳은 것은?

① 스테아린산아연 함유 제품(기초화장품 제품류 중 파우더 제품에 한함) : 특별히 주의할 사항은 없다.
② 과산화수소 및 과산화수소 생성물질 함유 제품 : 눈에 접촉을 피하고 눈에 들어갔을 때 즉시 씻어낼 것
③ 부틸파라벤, 프로필파라벤, 이소부틸파라벤 또는 이소프로필파라벤 함유 제품 : 만 3세 이하 어린이에게는 사용하지 말 것
④ 살리실릭애씨드 및 그 염류 함유 제품 : 만 14세 이하 어린이에게는 사용하지 말 것
⑤ 포름알데하이드 0.05% 이상 검출된 제품 : 만 3세 이하 어린이의 기저귀가 닿는 부위에 사용하지 말 것

32 다음은 주근깨가 고민인 나현과 맞춤형화장품조제관리사 민제의 대화이다. 다음 중 옳은 것은?

---| 대화 |---

민제 : 고객님, 피부 상태부터 측정해 드리겠습니다.

나현 : 요즘 피부가 상당히 건조하고 주근깨가 올라오는 것 같아요.

민제 : 평균 고객님의 연령 대비 유수분이 많이 부족하시네요. 색소침착도도 10%가 증가했어요. 글리세린이 많이 함유된 베이스에 아스코빅애씨드를 혼합해 조제해 드릴게요.

(20일 후)

나현 : 이 제품을 20일 동안 꾸준히 사용했는데 피부가 처음에는 하얘지더니 나중에는 파래졌어요. 만지면 따가워요.

민제 : 증상이 심각하시네요. 정말 죄송합니다. 조치를 취하겠습니다.

〈맞춤형화장품의 성분 분석 의뢰 결과서〉

시험항목	시험결과
글리세린	102%
아스코빅애씨드	98%
납	5μg/g
수 은	10μg/g
포름알데하이드	1800μg/g

① 위의 성분 분석 의뢰 결과서에서 포름알데하이드가 기준치보다 높게 나왔으므로 유통화장품 안전관리 기준에 부적합하다.

② 아스코빅애씨드는 맞춤형화장품조제관리사가 혼합할 수 있는 원료가 아니다.

③ 위의 성분 분석 의뢰 결과서에 따르면 맞춤형화장품 판매업자는 사전에 품질성적서를 적절히 확인하지 않은 것으로 보이므로 품질관리에 전적으로 책임이 있다.

④ 위의 성분 분석 의뢰표에 의거하면 위 화장품은 유통화장품 안전관리 기준에 적합하다.

⑤ 해당 맞춤형화장품 판매업자는 위의 화장품 사용과 관련해 중대한 부작용이 발생하였으므로 10일 이내에 식약처장에게 보고해야 한다.

33 다음 〈품질성적서〉는 화장품 책임판매업자로부터 수령한 맞춤형화장품의 시험 결과이고, 〈보기〉는 2중 기능성화장품 제품의 전성분 표시이다. 이를 바탕으로 맞춤형화장품조제관리사 A가 고객에게 할 수 있는 상담으로 옳은 것은?

〈품질성적서〉

시험항목	시험결과
아데노신	105%
아스코빌글루코사이드	95%
납	18μg/g
수 은	불검출
프탈레이트류	불검출

┤ 보기 ├

정제수, 부틸렌글라이콜, 글리세린, 1,2-헥산다이올, 스테아릴알코올, 디메치콘, 카보머, 솔비탄올리에이트, 스쿠알란, 올리브오일, 스위트아몬드오일, 아보카도오일, 페녹시에탄올, 아데노신, 아스코빌글루코사이드, 호호바오일, 일랑일랑오일, 알로에꽃추출물, 닥나무추출물, 하이알루로닉애씨드

① 고객 : 이 제품이 납이 검출된 것 같은데 사용 가능한가요?
　A : 죄송합니다. 판매 금지 후 즉시 회수 조치를 하도록 하겠습니다.
② 고객 : 이 제품은 전성분표를 보니 보존제 무첨가 제품인가 봐요?
　A : 저희는 보존제를 사용하지 않는 판매업소이므로 안심하시고 사용하셔도 됩니다.
③ 고객 : 요즘 주름 때문에 고민이 많습니다. 이 제품은 주름 개선에 도움이 되나요?
　A : 네, 이 제품은 주름뿐 아니라 미백기능도 있는 기능성 화장품입니다.
④ 고객 : 이 제품은 아데노신이 105%나 들어있네요? 100%보다 좋은 건가요?
　A : 네, 아데노신이 100% 넘게 함유된 제품으로, 미백에 특히 효과적입니다.
⑤ 고객 : 이 제품에는 자외선 차단 효과가 있나요?
　A : 네, 2중기능성 화장품으로 자외선 차단 효과가 있습니다.

34 위해화장품의 등급 분류 시 "가" 등급에 해당하는 화장품은?

① 병원성 미생물에 오염된 화장품
② 화장품에 사용할 수 없는 원료를 사용한 화장품
③ 전부 또는 일부가 변패된 화장품
④ 사용기한을 위조 또는 변조한 화장품
⑤ 안전용기 포장에 위반되는 화장품

35 다음은 화장품법 시행규칙 제14조의3 위해화장품의 회수계획 및 회수절차에 관한 설명이다. 다음 중 틀린 것은?

① 회수의무자가 회수계획서를 제출하는 경우 안전용기, 포장에 부적합한 화장품은 회수 기간을 회수를 시작한 날로부터 30일 이내로 기재한다.
② 지방식약청장은 제출된 회수계획이 미흡하다고 판단되는 경우에는 해당 회수의무자에게 그 회수계획의 보완을 명할 수 있다.
③ 회수의무자는 제출기한까지 회수계획서의 제출이 곤란하다고 판단되는 경우에는 지방식품의약품안전청장에게 그 사유를 밝히고 제출기한 연장을 요청할 수 있다.
④ 화장품을 회수하거나 회수하는 데에 필요한 조치를 하려는 영업자인 회수의무자는 해당 화장품에 대하여 즉시 판매중지 등의 필요한 조치를 하여야 하고, 회수대상 화장품이라는 사실을 안 날로부터 5일 이내에 회수계획서 및 기타서류를 첨부해 지방식약청장에게 제출해야 한다.
⑤ 회수의무자는 회수대상 화장품의 판매자, 그 밖에 해당 화장품을 업무상 취급하는 자에게 방문, 우편, 전화, 전보, 전자우편, 팩스 또는 언론매체를 통한 공고 등을 통하여 회수계획을 통보하여야 하며, 통보사실을 입증할 수 있는 자료를 회수시작일로부터 2년간 보관하여야 한다.

36 다음 중 화장품법 시행규칙 제28조에 따라 위해화장품의 공표명령과 관련해 일반일간신문에 게재해야 하는 내용으로 옳은 것은?

> ㉠ 회수사유
> ㉡ 반품금액
> ㉢ 공표일
> ㉣ 회수방법
> ㉤ 화장품 영업자의 생년월일
> ㉥ 사용기한

① ㉠, ㉡, ㉢
② ㉠, ㉣, ㉤
③ ㉡, ㉢, ㉥
④ ㉡, ㉣, ㉤
⑤ ㉠, ㉣, ㉥

37 화장품법 시행규칙 제14조의2 회수대상 화장품의 기준 및 위해성 등급에 관한 내용이다. 회수 대상 화장품에 속하는 것을 모두 고른 것은?

> ㉠ 화장품의 일부가 변패했거나 병원미생물에 오염된 화장품
> ㉡ 유통화장품 안전관리 기준 중 내용량의 기준에 부합하지 않는 화장품
> ㉢ 이물이 혼입되었거나 부착된 제품 중 보건위생상 위해를 발생할 우려가 있는 화장품
> ㉣ 용기나 포장이 과하여 제품의 포장이 환경오염의 우려가 있는 화장품
> ㉤ 어린이가 화장품을 잘못 사용하여 인체에 위해를 끼치는 사고가 발생할 수 있음에도 불구하고 안전용기, 포장을 사용하지 않는 화장품

① ㉠, ㉢, ㉤
② ㉡, ㉣, ㉤
③ ㉠, ㉡, ㉢
④ ㉠, ㉢, ㉣
⑤ ㉡, ㉢, ㉤

38 다음 중 제조 및 품질관리 적합성을 보증하기 위한 4대 기준서에 해당하지 않는 것은?

① 원료관리기준서
② 제품표준서
③ 품질관리기준서
④ 제조관리기준서
⑤ 제조위생관리기준서

39 다음 중 기준서가 다른 것은?

① 작업원의 건강관리 및 건강상태
② 작업복장의 규격, 세탁방법
③ 작업실 등의 청소 방법 및 청소주기
④ 제조시설의 세척 및 평가방법
⑤ 제조공정관리에 대한 사항

40 괄호 안에 들어갈 단어를 순서대로 옳게 나열한 것은?

> • (   ) : 선, 그물망, 줄 등으로 충분한 간격을 두어 착오나 혼동이 일어나지 않도록 되어 있는 상태
> • (   ) : 동일 건물 내에서 벽, 칸막이, 에어커튼(Air Curtain) 등으로 교차오염 및 외부 오염물질의 혼입이 방지될 수 있도록 되어 있는 상태
> • (   ) : 별개의 건물로 되어 있고 충분히 떨어져 공기의 입구와 출구가 간섭받지 아니한 상태

① 분리, 구획, 구분
② 분리, 구분, 구획
③ 구분, 구획, 분리
④ 구분, 분리, 구획
⑤ 구획, 구분, 분리

41 작업장의 낙하균 측정방법 중 옳지 않은 것은?

① 진균용 : 사브로 포도당 한천배지

② 세균용 : 대두카제인 소화 한천배지

③ 측정 위치는 벽에서 30cm 떨어진 곳, 바닥에서 20~30cm 높이

④ 청정도가 낮은 시설은 30분 이상, 청정도 높은 시설은 측정시간 단축

⑤ 1시간 이상 노출 시 배지 성능이 저하되므로 예비시험으로 적당 노출시험 결정할 것

42 작업장에서 사용하는 세제로 옳지 않은 것은?

① 계면활성제 – 세정제의 주요성분 – 알킬에톡시레이트

② 용제 – 계면활성제의 세정효과 촉진 – 벤질알코올

③ 유기폴리머 – 세정제 잔류성 강화 – 셀룰로오스 유도체

④ 연마제 – 살균, 색상개선 – 활성염소

⑤ 금속이온봉쇄제 – 입자 오염에 효과적 – 소듐트리포스페이트

43 소독제의 조건 및 선택 시 고려할 사항으로 옳지 않은 것은?

> ㉠ 항균 스펙트럼의 범위
>
> ㉡ 내성균의 출현 빈도
>
> ㉢ 오일에 대한 용해성
>
> ㉣ 미생물을 최소한 95% 이상 사멸
>
> ㉤ 대상 미생물의 종류와 수를 고려해야 함
>
> ㉥ 법 규제 및 소요 비용

① ㉠, ㉡

② ㉠, ㉢

③ ㉡, ㉥

④ ㉢, ㉣

⑤ ㉢, ㉤

44 소독제의 유형과 장단점으로 옳은 것을 모두 고르시오.

> ㉠ 염소유도체 - 찬물에 용해되어 단독 사용 가능 - 빛과 온도에 예민함
>
> ㉡ 양이온 계면활성제 - 탈취 작용 - 포자에 효과 없음
>
> ㉢ 양이온 계면활성제 - 부식성 없음 - 경수, 음이온 세정제에 의해 불활성화됨
>
> ㉣ 알코올 - 빠른 건조 - 화재, 폭발 위험
>
> ㉤ 염소유도체 - 우수한 효과 - 세균 포자에 효과 없음
>
> ㉥ 페놀 - 탈취 작용 - 높은 가격

① ㉠, ㉢, ㉣, ㉥

② ㉠, ㉣, ㉤, ㉥

③ ㉡, ㉢, ㉣, ㉤

④ ㉡, ㉣, ㉤, ㉥

⑤ ㉠, ㉡, ㉢, ㉤

45 다음 직원과 방문객의 위생관리 규정 중 옳지 않은 것은?

① 방문객과 훈련받지 않은 직원은 생산, 관리보관 구역으로 들어가면 반드시 동행한다.

② 안전위생의 교육훈련을 받지않은 사람들이 생산, 관리, 보관구역으로 출입하는 경우 출입 전에 '교육훈련'을 실시한다.

③ 생산, 관리, 보관구역 출입 시에 꼭 기록서를 작성하지 않아도 된다.

④ 제조구역별 접근권한이 없는 작업원 및 방문객은 가급적 제조, 관리 및 보관구역 내에 들어가지 않도록 한다.

⑤ 방문객은 적절한 지시에 따라야 하며, 필요한 보호 설비를 구비한다.

46 설비별 재질 및 특성이 옳지 않은 것은?

① 필터는 내용물과 반응하지 않는 스테인레스스틸 및 비반응성 섬유이다.

② 여과는 모든 여과조건 하에서 생기는 최고 압력들을 고려해야 한다.

③ 호스 부속품과 호스는 작동의 전반적인 범위의 온도와 압력에 적합하여야 하고 제품에 적합한 제재로 건조되어야 한다.

④ 파이프 시스템 설계는 생성되는 최소의 압력을 고려해야 한다.

⑤ 칭량기는 계량적 눈금의 노출된 부분들은 칭량 작업에 간섭하지 않는다면 보호적인 피복제로 칠해질 수 있다.

47 다음은 설비 및 기구의 세척제의 유형이다. 괄호 안에 옳지 않은 것은?

유 형	pH	예 시	장단점
무기산과 약산성 세척제	(㉠)~5.5	• 강산 : 염산, 황산, 인산 • 초산 : 구연산	• 산성에 녹는 물질 • (㉡) 산화물 제거에 효과적 • 독성, 환경 및 취급 문제
중성 세척제	5.5~8.5	약한 계면활성제	• 용해나 유화에 의한 제거 • 낮은 독성 및 (㉢)
약알칼리, 알칼리 세척제	8.5~12.5	수산화암모늄, 탄산나트륨, 인산나트륨	• 알칼리는 (㉣) • 가수분해를 촉진
(㉤) 알칼리 세척제	12.5~(㉢-14)	수산화나트륨, 수산화칼륨	• 오염물질의 가수분해 시 효과 좋음 • 독성 주의. (㉤)

① ㉠ 0.2
② ㉡ 비금속
③ ㉢ 14
④ ㉣ 비누화
⑤ ㉤ 부식성

48 원료 용기 및 시험기록서의 필수기재 사항으로 옳지 않은 것은?

① 공급자가 정한 제품명
② 원자재 공급자명
③ 수령일자
④ 포장 단위
⑤ 공급자가 부여한 제조번호 또는 관리번호

49 원자재 입고 관리에 대한 설명 중 옳지 않은 것은?

① 제조업자는 원자재 공급자에 대한 관리감독을 적절히 수행하여 입고관리가 철저히 이루어지도록 하여야 한다.

② 원자재 입고 절차 중 육안 확인 시 물품에 결함이 있을 경우, 바로 원자재 공급업자에게 반송하여야 한다.

③ 입고된 원자재는 "적합", "부적합", "검사 중" 등으로 상태를 표시하여야 한다. 다만, 동일 수준의 보증이 가능한 다른 시스템이 있다면 대체할 수 있다.

④ 외부로부터 반입되는 모든 포장재는 관리를 위해 표시해야 하며 필요한 경우 포장 외부를 깨끗이 청소한다.

⑤ 원자재의 입고 시 구매 요구서, 원자재 공급업체 성적서 및 현품이 서로 일치하여야 한다. 필요한 경우 운송 관련 자료를 추가적으로 확인할 수 있다.

50 품질에 문제가 있거나 회수 · 반품된 제품의 폐기 또는 재작업 여부는 누구에 의해 승인되어야 하는가?

① 제조업자

② 화장품 책임판매업자

③ 책임판매관리자

④ 품질보증책임자

⑤ 생산책임자

51 포장재의 폐기 절차로 옳은 것은?

㉠ 기준 일탈 포장재에 부적합 라벨 부착

㉡ 인 계

㉢ 폐기물 대장 기록

㉣ 폐기물 보관소로 운반하여 분리수거 확인

㉤ 폐기물 수거함에 분리수거 카드 부착

㉥ 격리 보관

---

① ㉠ - ㉡ - ㉢ - ㉣ - ㉤ - ㉥

② ㉠ - ㉢ - ㉥ - ㉣ - ㉤ - ㉡

③ ㉠ - ㉡ - ㉤ - ㉣ - ㉥ - ㉢

④ ㉠ - ㉣ - ㉡ - ㉤ - ㉢ - ㉥

⑤ ㉠ - ㉥ - ㉤ - ㉣ - ㉢ - ㉡

52 다음 화장품 용기 중 기체 또는 미생물 침투를 방지하는 용기는?

① 밀폐용기

② 기밀용기

③ 밀봉용기

④ 차광용기

⑤ 일회용기

53 용기 종류 중 유리병 관련 시험으로 체크할 사항으로 올바르지 않은 것은?

① 유리병 표면 알칼리 용출량

② 유리병의 내부압력

③ 감압누설

④ 유리병의 열 충격

⑤ 크로스커트

54 리필 용기 선택 및 재사용에 대한 설명으로 옳지 않은 것은?

① 내용물을 공급하는 화장품 책임판매업자로부터 소분 장치 또는 소분(리필) 용기에 대한 세척 및 살균 · 소독 방법 등을 안내받는다.

② 화장품 책임판매업자로부터 해당 내용물에 적용 가능한 용기 재질 등 정보를 사전에 확인한다.

③ 소비자 제공용기는 제품 품질에 영향이 있으므로 절대 사용하지 않는다

④ 판매장 전용용기를 이용하는 경우, 내용물을 공급하는 화장품 책임판매업자로부터 소분(리필) 용기와 내용물 간의 적합성 검토 결과를 제공받아 확인한다.

⑤ 판매장에서 별도로 용기를 70% 에탄올로 소독하거나 UV 살균 · 건조 등 처리할 수 있다.

55 안전용기·포장 대상 품목으로 옳은 것은?

① 개별포장당 메틸 살리실레이트를 5퍼센트 이상 함유하는 액체 상태의 제품

② 아세톤을 함유하는 일회용 네일 에나멜 리무버

③ 어린이용 오일 개별포장 당 탄화수소류를 10퍼센트 이상 함유하고 액체 상태의 분무용기 제품

④ 압축 분무용기 제품

⑤ 방아쇠로 작동되는 분무용기 제품

56 보습 크림 검액 0.1mL를 채취하여 두 배지에 도말하여 검사한 결과 평균 세균 수 40개/mL, 진균 수 35개/mL 가 검출되었다. 미생물 한도 기준 적합 여부와 총 호기성 생균 수는?

① 75cfu, 적합

② 750cfu, 적합

③ 750cfu, 부적합

④ 7500cfu, 적합

⑤ 7500cfu, 부적합

57 미생물 시험 종류가 다른 것은?

① 낙하균 측정법

② Andersen Sampler법

③ 린스 정량법

④ Impinger Sampler법

⑤ Slit to Agar Sampler법

58 다음 맞춤형화장품조제관리사 B씨와 고객 A씨의 대화 중 맞춤형화장품 판매업 가이드라인에 따라 적절하지 않은 것은?

① A : 요즘 들어 피부에 트러블이 올라옵니다. 트러블과 미백에 도움 되는 성분으로 화장품을 조제해 주세요.
　 B : 병풀추출물이 함유된 맞춤형화장품 베이스에 나이아신아마이드를 혼합하여 조제해 드릴게요.
② A : 최근 주름이 갑자기 생긴 기분이에요. 주름 개선과 피부 보습을 모두 챙길 수 있는 화장품을 조제해 주세요.
　 B : 아데노신이 함유된 내용물에 글리세린을 넣어 조제해 드리겠습니다.
③ A : 저는 대서양 사의 ○○수분크림이 참 좋은데 용량이 많아서 사용기한을 넘기고 사용하는 경우가 있습니다. 이 제품을 소분해 주세요.
　 B : 고객님, 죄송하지만 소비자에게 유통, 판매하기 위해 판매되는 화장품의 내용물은 맞춤형화장품의 내용물이 될 수 없습니다.
④ A : 제 피부타입을 측정해 제게 맞는 맞춤형화장품을 조제해 주세요.
　 B : 경피수분손실량이 높아졌네요. 보습에 도움이 되는 알란토인이 함유된 프랑스 수입 맞춤형화장품용 벌크를 소분해 드릴게요.
⑤ A : 제가 요새 피부가 거칠어졌어요. 그리고 화장품에 향긋한 향이 났으면 좋겠어요.
　 B : 색소 침착도가 20% 늘었군요. 나이아신아마이드가 함유된 내용물에 리모넨을 넣어 더 향기롭게 조제해 드리겠습니다.

59 다음은 맞춤형화장품 판매업체에서의 맞춤형 화장품 조제와 관련한 내용이다. 이에 옳은 것은?

> 맞춤형화장품 판매업체 A는 고객의 주문 내용물 B에 원료 C를 추가하여 혼합한 맞춤형화장품 D를 제공하고 있다. 그런데 혼합원료인 C를 직접 혼합하여 사용하지 않고 다른 업체에서 구입하여 사용하고 있으며, 자체 개발한 원료 E와 기존 혼합원료 두 가지만을 혼합한 제품 F의 출시를 고려하고 있다.

① 다른 업체에서 제공받은 원료 C를 사용하는 행위는 맞춤형화장품 판매업체 A의 업무 범위를 벗어난다.
② A는 자체 개발한 원료임에도 불구하고 B, C만을 혼합한 맞춤형화장품 F는 조제할 수 없다.
③ 제공받은 원료 C와 자체 개발한 원료 E만을 혼합하여 판매하였다.
④ 내용물 B에 원료 C, E를 혼합하여 판매하였다.
⑤ A가 고체 형태의 세안용 비누를 소분하여 판매하는 제품은 맞춤형 화장품에 해당한다.

60 맞춤형화장품 판매업자의 준수사항으로 옳지 않은 것은?

① 혼합·소분에 사용되는 내용물, 원료의 내용 및 특성을 소비자에게 설명한다.

② 맞춤형화장품 사용 시 주의사항을 소비자에게 설명한다.

③ 혼합·소분 시 일회용 장갑을 낀 상태로도 손을 소독한다.

④ 사용기한이 지난 내용물 및 원료는 폐기한다.

⑤ 맞춤형화장품 조제에 사용하고 남은 내용물 및 원료는 밀폐를 위한 마개를 사용하는 등 비의도적인 오염을 방지한다.

61 맞춤형화장품조제관리사에 대한 설명으로 옳지 않은 것은?

① 부정한 방법으로 시험에 합격하여 자격이 취소된 경우, 취소된 날로부터 2년간 응시 자격이 박탈된다.

② 매년 1회 보수교육을 받아야 한다.

③ 제조, 수입된 화장품의 내용물을 소분하는 업무에 종사하는 사람이다.

④ 제조 또는 수입된 화장품의 내용물에 다른 화장품의 내용물이나 식품의약품안전처장이 정하는 원료를 추가하여 혼합하는 사람이다.

⑤ 고객의 개인별 피부 특성이나 색, 향 등의 기호를 반영하여 화장품을 조제할 수 있다.

62 맞춤형화장품 판매업의 종류와 범위로 올바른 것은?

① 고형비누 등 총리령으로 정한 화장품의 내용물 단순 소분 또한 포함된다.

② 원료와 원료를 혼합하여 판매 가능하다.

③ 벌크제품이 아닌 화장품 완제품에 원료를 넣어 판매할 수 있다.

④ 제조 또는 수입된 화장품의 내용물을 소분한 화장품을 판매할 수 있다.

⑤ 홍보, 판매 촉진 등을 위해 미리 소비자가 시험, 사용하도록 제조한 화장품도 판매할 수 있다.

63 다음은 맞춤형화장품조제관리사를 취득한 맞춤형화장품 판매업자 A씨의 행위이다. 옳은 것을 모두 고르면?

> ㉠ A는 화장품 책임판매업자가 혼합 또는 소분의 범위를 정해준 대로 그 범위 내에서만 혼합 또는 소분하였다.
>
> ㉡ A는 맞춤형화장품 판매 시 소비자에게 혼합 소분에 사용된 원료의 내용 및 특징에 맞춤형화장품 사용할 때의 주의사항을 설명하였다.
>
> ㉢ A는 2023년 6월에 맞춤형화장품조제관리사 시험에 합격한 뒤 최초 교육을 받지 않고 2024년 5월부터 맞춤형화장품조제관리사로 근무하였다. 이후 보수교육을 2025년 5월에 받을 예정이다.
>
> ㉣ A는 맞춤형화장품 부작용 발생사례를 한달 후에 식품의약품안전처장에게 보고하였다.
>
> ㉤ A는 혼합, 소분 전에 내용물 또는 원료에 대한 품질성적서를 확인하는 것을 생략했다.

① ㉠, ㉡, ㉢

② ㉠, ㉡, ㉤

③ ㉡, ㉢, ㉣

④ ㉡, ㉣, ㉤

⑤ ㉢, ㉣, ㉤

64 다음 빈칸에 올바르게 연결된 단어는?

> • 맞춤형화장품 판매관리 시에는 식별번호, 판매일자, 판매량, 사용기한 또는 개봉 후 사용기간을 포함하는 (   )을/를 작성, 보관하여야 한다.
>
> • 혼합 또는 소분에 사용되는 내용물 및 원료와 사용 시 주의사항에 대하여 (   )에게 설명해야 한다.

① 거래명세서, 소비자

② 거래명세서, 소비자감시원

③ 판매내역서, 소비자

④ 판매내역서, 소비자감시원

⑤ 품질성적서, 소비자

65 다음에서 나열한 맞춤형화장품조제관리사의 행위 중 옳은 것을 모두 고르면?

> ㉠ 전성분에 있는 성분 중 한 가지를 제품 명칭의 일부로 사용하고 함량을 기재하였으며, 고객에게 해당 성분의 효과에 대해 설명하였다
> ㉡ 천연 또는 유기농 화장품에 사용된 천연·유기농 원료의 함량을 포장에 기재하였다.
> ㉢ 매장에서 판매되고 있는 로션 제품에 맞춤형화장품조제관리사가 기능성화장품 고시 성분인 나이아신아마이드 2%로 혼합하고 미백 기능성화장품으로 표기하여 판매하였다.
> ㉣ 인체 세포 조직 배양액을 사용하고 유효성에 대해 고객에게 설명한 후 성분명만 포장에 기재하였다.
> ㉤ 만 3세 이하의 영유아용 로션에 살리실릭애씨드를 보존제로 사용하고 그 함량을 기재하여 제공하였다.

① ㉠, ㉡
② ㉠, ㉢
③ ㉡, ㉣
④ ㉢, ㉤
⑤ ㉢, ㉣

66 다음 중 피부의 흡수작용으로 볼 수 없는 것은?

① 흡수 경로는 표피를 통한 흡수, 모낭의 피지선으로의 흡수가 있다.
② 온도가 낮으면 신경 활동이 낮아져 혈관수축이 유발되어 혈관에서 피부를 통한 열 발산 방지 효과가 나타난다.
③ 피부를 통하여 여러 가지 물질들이 체내로 흡수 가능하다.
④ 지용성 물질과 수용성 물질에 있어 피부 흡수에 대한 차이가 발생한다.
⑤ 피부의 다양한 상태 변화에 따라 물질의 피부 흡수력은 달라진다.

67 피부에 대한 설명으로 가장 적절한 것은?

① 신체 기관 중에서 작은 기관에 해당한다.
② 총면적이 성인 기준 $1.5 \sim 2.5 m^2$이다.
③ 물, 단백질, 지질, 탄수화물, 비타민, 미네랄 등으로 구성되어 있다.
④ 피부 속으로 들어갈수록 pH는 산성에 가깝다.
⑤ 표피, 진피로만 구성되어 있다.

68 땀샘의 종류에는 아포크린샘과 에크린샘이 있다. 에크린샘에 대한 설명 중 틀린 것은?

① 실뭉치 모양으로 진피 깊숙이 위치해있다.
② 입술, 음부, 손톱 제외한 전신에 분포되어 있다.
③ 겨드랑이, 유륜, 배꼽 주 등 부분적으로 분포한다.
④ 체온유지, 노폐물을 배출한다.
⑤ 무색무취이다.

69 모낭구조에 대한 설명 중 옳지 않은 것은?

① 모표피는 물고기의 비늘처럼 사이사이 겹쳐 놓은 것과 같은 구조로 친유성의 성격이 강하다.
② 모소피의 가장 안쪽에 있는 엔도큐티클은 시스틴 함량이 적고 알칼리성에 약하다.
③ 과산화수소는 모피질 속의 멜라닌색소를 파괴하여 탈색의 역할을 한다.
④ 모피질은 친수성의 성격이 강하며 퍼머와 염색제가 작용하는 부분이다.
⑤ 모수질은 육각형 모양의 죽은 세포가 밀려 올라가 판상으로 둘러싸인 형태의 세포이다.

70 다음에서 공통적으로 설명하는 모발의 부분은?

> • 모낭과 함께 모근이 존재한다.
> • 모모세포와 함께 모발의 생장과 형성의 핵심 부분인 모구를 구성한다.
> • 모근 아래에 위치하며 모발에 혈액을 공급하여 영양분을 제공한다.
> • 모발의 성장과 건강을 지원하는 중요한 부분이다.
> • 모모세포는 이부분을 둘러싸고 있듯이 존재하며 세포 분열과 각화를 통해 위쪽으로 만들게 된다.

① 모유두
② 모표피
③ 내모근초
④ 모모세포
⑤ 모구부

71 모발의 색상을 변화시키는 탈염, 탈색, 염색에 대한 설명 중 옳은 것은?

① 모수질에 존재하는 멜라닌색소의 파괴를 통해 전체적인 모발의 탈색이 나타난다.

② 과산화수소는 모표피를 손상시켜 염료 등이 모발 속으로 잘 스며드는 역할을 한다.

③ 암모니아는 색소를 파괴하는데, 머리카락 속의 멜라닌 색소를 파괴하여 두발이 가진 원래의 색을 지워 주는 역할을 한다.

④ 탈색제는 머리카락 본연의 보호하는 층을 뚫고 들어가 멜라닌색소를 파괴하고, 다른 염료의 색상을 넣은 과정을 거친다.

⑤ 염색약을 두발에 잘 도포한 후 충분한 시간을 두는 것은 멜라닌색소의 파괴와 그 안에 염료가 자리를 잡을 수 있는 충분한 시간을 주기 위한 것이다.

72 관능평가에 사용되는 표준품에 대한 설명으로 옳은 것은?

① 용기 포장재 한도견본 : 용기 포장재 외관검사에 사용하는 합격품 한도를 나타내는 표준

② 제품 표준견본 : 원료의 색상, 성상, 냄새 등에 관한 표준

③ 벌크제품 표준견본 : 향, 성상, 색상 등에 관한 표준

④ 라벨 부착 위치견본 : 완제품의 개별포장에 관한 표준

⑤ 용기 포장재 표준견본 : 완제품의 라벨 부착 위치에 관한 표준

73 화장품 기재 사항 중 1차 포장에 반드시 기재해야 할 사항으로 옳은 것은?

> ㉠ 가격
> ㉡ 제조번호
> ㉢ 내용물 중량
> ㉣ 화장품의 명칭
> ㉤ 사용기한 또는 개봉 후 사용기간

① ㉠, ㉡, ㉢

② ㉡, ㉢, ㉤

③ ㉢, ㉣, ㉤

④ ㉡, ㉣, ㉤

⑤ ㉠, ㉢, ㉣

74 다음 중 내용량이 10mL 초과 50mL 이하 또는 중량이 10g 초과 50g 이하 화장품의 포장인 경우, 기재표시를 생략할 수 없는 성분으로 옳은 것은?

> ㉠ 타르색소
> ㉡ 샴푸와 린스에 함유된 인산염
> ㉢ 금 박
> ㉣ AHA
> ㉤ 식품의약품안전처 고시 배합성분
> ㉥ 정제수

① ㉠, ㉡, ㉢, ㉣
② ㉠, ㉡, ㉤, ㉥
③ ㉠, ㉣, ㉤, ㉥
④ ㉠, ㉡, ㉢, ㉤
⑤ ㉠, ㉢, ㉣, ㉤

75 다음 중 화장품 표시광고에 대한 준수사항으로 옳지 않은 것은?

① 배타성을 띤 "최고" 또는 "최상" 등의 절대적 표현의 표시광고를 하지 말 것
② 저속하거나 혐오감 주는 표현, 도안, 사진 등을 이용한 표시광고를 하지 말 것
③ 사실과 다르거나 소비자가 잘못 인식할 우려가 있는 표시광고, 또는 소비자를 속이거나 소비자가 속을 우려가 있는 표시광고를 하지 말 것(부분적으로 사실이라고 인정되는 경우 예외)
④ 국제적 멸종 위기종의 가공품이 함유된 화장품임을 표현, 암시하는 표시광고
⑤ 외국과의 기술제휴를 하지 않고 외국과의 기술제휴 등 표시광고

76 제형의 안정성에 영향을 미치는 요인 및 안정성에 대한 설명으로 옳지 않은 것은?

① 원료 투입 순서에 따라 용해 상태 불량, 침전, 부유물 등이 발생할 수 있으며 안정성이 달라진다.

② 고온에서 안정성이 떨어지는 원료가 있을 경우 믹서의 회전 속도를 늦춰 열 발생을 억제한다.

③ 유화 제품 제조 시 발생하는 미세한 기포를 제거하지 못하면 제품의 비중, 점도, 안정성 등에 영향을 미칠 수 있다.

④ 원료 용해 시 용해 시간이 길어지거나 폴리머 분산 시 수화가 어려워져 덩어리가 생겨 메인 믹서로 이송 시 필터를 막아 이송을 어렵게 할 수 있다.

⑤ 휘발성 원료의 경우 유화 공정 시 혼합 직전에 투입한다.

77 유화제 등을 넣어 유성성분과 수성성분을 균질화하여 점액상으로 만든 것을 무엇이라 하는가?

① 침적마스크제

② 액 제

③ 크림제

④ 겔 제

⑤ 로션제

78 보기에서 설명하는 화장품 제조에 활용되는 기술로 옳은 것은?

> • 좁은 의미로 고체가 액체 속에 퍼져있는 현상에 국한하여 사용된다.
> • 화장품에서 고체입자와 액체에 적용시킨 파운데이션, 마스카라 아이라이너가 있다.
> • 이러한 제품의 제조 시 고체입자의 입자 간의 고체입자를 대체 혼합시키기 위해 사용한다.

① 유 화

② 연 화

③ 분 산

④ 첨 가

⑤ 가용화

79 다음에서 설명하는 유화 기기는 무엇인가?

> • 크림이나 로션 타입의 제조에 주로 사용된다.
> • 터빈형의 회전날개를 원통으로 둘러싼 구조이다.
> • 균일하고 미세한 유화입자가 만들어진다.

① 아지믹서
② 디스퍼형
③ 아토마이저
④ 프로펠러형
⑤ 호모믹서

80 다음 중 충진기 종류와 제품의 연결이 옳지 않은 것은?

① 카톤 충진기 – 페이스 파우더
② 파우치 충진기 – 견본품, 일회용 샘플
③ 액체 충진기 – 스킨로션, 토너, 앰플
④ 피스톤 충진기 – 샴푸, 린스, 컨디셔너 등 대용량
⑤ 튜브 충진기 – 폼 클렌징, 선크림

81 다음 빈칸에 들어갈 용어를 적으시오.

안전성 정보의 (㉠) 보고

화장품 안전성 정보를 알게 된 때에는 그 정보를 알게 된 날로부터 15일 이내에 식품의약품안전처장에게 보고하여야 한다.

안전성 정보의 (㉡) 보고

화장품책임판매업자 및 맞춤형화장품판매업자는 보고 되지 아니한 화장품의 안전성 정보를 식품의약품안전처장에게 보고하여야 한다.

---

82 다음 빈칸에 들어갈 숫자를 적으시오.

개인정보처리자는 만 ( )세 미만 아동의 개인정보를 처리하기 위하여 그 법정대리인의 동의를 받기 위해 법정대리인의 성명, 연락처를 법정대리인의 동의 없이 해당 아동으로부터 직접 수집할 수 있다.

---

83 다음은 안정성 시험 중 어떤 시험인가?

> 제품의 유통 조건을 고려하여 적절한 온도, 습도, 시험기간 및 측정시기를 설정하여 시험한다. 예를 들어 실온보관 화장품의 경우 온도 25±2℃/상대습도 60±5% 또는 30±2℃/상대습도 66±5%로, 냉장보관 화장품의 경우 5±3℃로 실험할 수 있다.

84 다음 빈칸에 들어갈 단어는?

> 식품의약품안전처장은 영업자, 판매자가 행한 광고에 (   ) 자료가 필요하다고 인정하는 경우, 관련 자료의 제출을 요청할 수 있다.

85 다음 빈칸 ㉠, ㉡의 숫자를 더하시오.

> • 화장품 책임판매업자는 천연·유기농화장품 인증자료를 구비하고 제조일(수입은 통관일)로부터 3년 또는 사용기한 경과 후 (㉠)년 중 긴 기간 동안 보존해야 한다.
> • 책임판매관리자 자격 기준 중 전문대학 졸업자(이공계 또는 향장학, 화장품 과학, 한의학, 한약학과)는 화장품 제조 또는 품질관리 업무 경력 (㉠)년 이상이어야 한다.
> • 상시근로자 수가 (㉡)인 이하인 경우 책임판매관리자의 자격을 갖춘 화장품 책임판매업자가 책임판매관리자 직무를 수행할 수 있다.

86 안정성 시험항목 중 빈칸에 해당하는 시험은?

> • 가혹 시험 중 기계, 물리적 시험의 일부이며, 분말 또는 과립 제품의 혼합상태가 깨지거나 분리 발생 여부를 판단하기 위해 수행된다.
> • 기계 물리적 시험은 기계, 물리적 충격시험, (   )을/를 통한 분말 제품의 분리도 시험 등, 유통, 보관, 사용조건에서 제품특성상 필요한 시험을 일컫는다.

---

87 다음 빈칸에 들어갈 숫자를 적으시오.

> 천연, 유기농화장품 중 자연에서 대체하기 곤란한 원료로 보존제 및 변성제, 천연 유래와 석유화학 부분 포함 원료가 이에 해당하며, 원료조성 비율은 (   )% 이내여야 한다.

---

88 다음 보기의 공통된 성분은 무엇인가?

> • 착향제 성분 중 알레르기 유발 물질 중 하나
> • 사용 제한이 있는 보존제

---

89 다음 보기에서 설명하는 화장품 성분은 무엇인가?

> • 지용성 비타민이며 식물성 기름에서 분리되는 천연 산화방지제이다.
> • 알파–, 베타–, 감마–, 델타 등의 이성체를 가진다.
> • 화장품에는 (   )의 에스터가 널리 사용된다.
> • 제품 내 배합 시 항산화 성분을 가지는 성분이다.

90 다음 빈칸에 적합한 비율은?

> 메칠클로로이소치아졸리논과 메칠이소치아졸리논 혼합물(염화마그네슘과 질산마그네슘 포함)의 사용한도는
> 사용 후 씻어내는 제품에 0.0015%(메칠클로로이소치아졸리논 : 메칠이소치아졸리논 = (   ) : (   ) 비율
> 의 혼합물)

91 다음 빈칸에 들어갈 숫자를 적으시오.

> • 포름알데하이드 (   )% 이상 검출된 제품
> • 포름알데하이드 성분에 과민한 사람은 신중히 사용할 것

92 임산부가 사용할 수 없는 성분을 보기에서 고르시오.

┤ 대화 ├

고객 : 현재 임신 6개월 차인데요, 피부가 얼룩덜룩해지는 것 같아 화장품을 추천받고 싶습니다.

조제관리사 : 피부 상태를 먼저 측정해 보겠습니다.

(피부 상태 측정 후)

고객 : 아, 그리고 최근 백탁 현상이 없는 자외선차단제를 사용했더니 얼굴 붉어짐이 생겼습니다.

조제관리사 : 고객님께 보습기능, 미백기능, 자외선 차단제 기능이 함유된 제품을 조제해 드릴게요.

┤ 보기 ├

㉠ 몸에 뿌리는 티타늄디옥사이드 함유 에어로졸 제품

㉡ 모발용 샴푸

㉢ 히알루론산 크림

㉣ 알부틴 함유 팩

㉤ 징크옥사이드가 함유된 자외선차단제

㉥ 나이아신아마이드가 함유된 로션

㉦ 멋내기 염모제

㉧ 외음부 세정제

---

93 다음 보기에서 설명하는 것은 무엇인가?

┤ 보기 ├

분자구조 내 극성인 하이드록시기(-OH)를 2개 이상 가지고 있는 유기화합물을 총칭하며 종류로는 글리세린, 프로필렌글라이콜, 부틸렌글라이콜 등이 있다. 극성인 하이드록시기의 2개 이상 존재로 물과 결합이 가능하며 보습제로 사용된다.

94 다음 빈칸에 들어갈 단어는?

> 화장수의 제조방법은 일반적으로 (　　) 기술을 이용해 제조하고 있으며, 수용성 성분들을 정제수에 용해시켜 수상을 만들고, 유연제, 방부제, 향료 등 계면활성제 (　　)와/과 함께 용해시켜 수상에 서서히 첨가하면서 혼합교반하여 제조한다.

95 다음 화장품 사용 시 주의사항 중에서 빈칸에 들어갈 숫자는?

> ┤ 보기 ├
>
> • 퍼머넌트 웨이브 및 헤어스트레이트너 제품은 섭씨 (　　)℃ 이하 어두운 장소 보관하며, 색이 변하거나 침전 시 사용하지 말 것
> • 개봉한 제품은 (　　)일 이내에 사용할 것(에어로졸, 공기 차단 제품은 제외)

96 다음 빈칸에 들어갈 용어를 적으시오.

> **독성시험법**
> 독성시험 대상물질의 특성, (　　) 등을 고려하여 독성시험 항목 및 방법 등을 선정한다.

97 다음 빈칸에 들어갈 용어를 적으시오.

효력시험에 관한 자료
심사 대상 효능을 뒷받침하는 성분의 효력에 대한 비임상시험자료로서 효과발현의 (   )이 포함되어야 하며
국내외 대학 또는 전문 연구기관에서 시험한 것으로 당해 기관의 장이 발급한 자료가 해당된다.

98 다음 시험성적서를 보고 내용량의 최솟값을 g으로 나타내면? (정수로 나타낼 것. 소수점 자리에서 반올림 하시오)

시험항목	시험기준	시험결과
성 상	1	적 합
pH	5.5	적 합
비 중	1.1	적 합
점 도	0.980~1.040	적 합
수 은	0.01	적 합
납	0	적 합
디옥산	10	적 합
내용량	내용량 97% 이상(150mL)	
총 호기성 생균 수	100	적 합

99 다음 빈칸에 들어갈 용어를 적으시오.

• 세포( ) : 어떠한 세포가 다른 특징을 갖는 세포로 변화하는 것을 말한다.
• 표피는 주요 구성세포인 각질형성세포의 ( )에 따라 가장 하부인 기저층에서 유극층, 과립층, 투명층, 가장 상부인 각질층으로 구성된다.
• 각질형성세포에서의 ( ) 과정은
(1) 세포 분열
(2) 유극세포에서 피부장벽 단백질의 합성과 정비
(3) 과립세포에서의 자기분해
(4) 각질세포에서의 재구축으로 4단계에 걸쳐서 일어난다.

___

100 다음 빈칸에 들어갈 단어를 적으시오.

피부 최외각 표면을 구성하는 주요성분은 거친 섬유성 단백질인 ( )이고, 털과 손톱에도 이 성분이 포함되어 있다. 모발의 성장기 단계는 딱딱한 ( )이/가 모낭 안에서 만들어지고, 성장기의 수명은 3~6년이다. 전체 모발(10~15만 모)의 약 88%를 차지하고 한 달에 1.2~1.5cm 정도 자란다.

___

교육이란 사람이 학교에서 배운 것을
잊어버린 후에 남은 것을 말한다.

-알버트 아인슈타인-

기출복원문제 정답 및 해설

1	2	3	4	5	6	7	8	9	10
①	④	⑤	①	③	⑤	①	④	①	②
11	12	13	14	15	16	17	18	19	20
①	④	③	⑤	②	⑤	⑤	①	⑤	③
21	22	23	24	25	26	27	28	29	30
③	③	①	⑤	②	④	③	⑤	③	③
31	32	33	34	35	36	37	38	39	40
①	④	①	①	②	④	①	④	①	②
41	42	43	44	45	46	47	48	49	50
④	②	⑤	⑤	①	⑤	③	③	⑤	②
51	52	53	54	55	56	57	58	59	60
②	⑤	②	①	①	④	③	③	④	⑤
61	62	63	64	65	66	67	68	69	70
①	①	③	①	④	②	③	⑤	③	④
71	72	73	74	75	76	77	78	79	80
④	①	④	②	①	①	⑤	①	④	③
81	⊙ 인체 세정용, ⓒ 튼살				82	90일			
83	기초화장용 제품류				84	⊙ 전파, ⓒ 유효성			
85	⊙ 질병, ⓒ 치료, ⓒ 의약품				86	20			
87	⊙ 3.5, ⓒ 글라이콜릭애씨드, ⓒ 락틱애씨드				88	알로에베라추출물, 세틸피리디늄클로라이드, 프로피오닉애씨드			
89	과산화수소				90	글리세린			
91	징크피리치온				92	⊙ 24, ⓒ 징크옥사이드, ⓒ 티타늄디옥사이드			
93	⊙ 아세톤, ⓒ 메틸살리실레이트				94	⊙ 3.0, ⓒ 9.0, ⓒ 물			
95	해설참조				96	경피수분손실량(TEWL)			
97	필라그린				98	탈 모			
99	⊙ 지방세포, ⓒ 섬유아세포				100	⊙ 4, ⓒ 8			

01

답 ①

물, 미네랄 또는 미네랄유래 원료는 유기농 함량 비율 계산에 포함하지 않는다. 물은 제품에 직접 함유되거나 혼합원료의 구성요소일 수 있다.

02

답 ④

⊙ "유기농원료"란 다음의 어느 하나에 해당하는 화장품 원료를 말한다.

- 친환경농어업 육성 및 유기식품 등의 관리·지원에 관한 법률에 따른 유기농 수산물 또는 이를 이 고시에서 허용하는 물리적 공정에 따라 가공한 것
- 외국 정부(미국, 유럽연합, 일본 등)에서 정한 기준에 따른 인증기관으로부터 유기농수산물로 인정받거나 이를 이 고시에서 허용하는 물리적 공정에 따라 가공한 것
- 국제유기농업운동연맹(IFOAM)에 등록된 인증기관으로부터 유기농원료로 인증받거나 이를 이 고시에서 허용

하는 물리적 공정에 따라 가공한 것

ⓒ "식물원료"란 식물(해조류와 같은 해양식물, 버섯과 같은 균사체를 포함한다) 그 자체로서 가공하지 않거나 이 식물을 가지고 이 고시에서 허용하는 물리적 공정에 따라 가공한 화장품 원료를 말한다.

03 답 ⑤

p-하이드록시벤조익애씨드, 그 염류 및 에스텔류는 단일성분일 때 0.4%, 혼합사용일 때 0.8%의 사용한도가 있는 보존제로 천연화장품과 유기농화장품에는 사용이 불가능하다.

04 답 ①

- 바디클렌저 – 인체 세정용
- 헤어 틴트 – 두발 염색용
- 아이크림 – 기초화장용
- 디퓨저 – 화장품의 유형에 해당 안 됨

05 답 ③

① "유해사례"란 화장품의 사용 중 발생한 바람직하지 않고 의도되지 아니한 징후, 증상 또는 질병을 말하며, 당해 화장품과 반드시 인과관계를 가져야 하는 것은 아니다.

② "실마리 정보"란 유해사례와 화장품 간의 인과관계 가능성이 있다고 보고된 정보로서 그 인과관계가 알려지지 아니하거나 입증자료가 불충분한 것을 말한다.

④ 화장품책임판매업자는 중대한 유해사례의 화장품 안전성 정보를 알게 된 날로부터 15일 이내에 식품의약품안전처장에게 신속보고 하여야 한다.

⑤ 화장품책임판매업자는 신속보고 되지 아니한 화장품의 안전성 정보를 매 반기 종료 후 1월 이내에 식품의약품안전처장에게 정기보고 하여야 한다.

06 답 ⑤

화장품 사용 시에 일어날 수 있는 오염 등을 고려한 사용기한을 설정하기 위하여 장기간에 걸쳐 물리·화학적, 미생물학적 안정성 및 용기적합성을 확인하는 시험이다. 개봉 전 시험항목과 미생물한도시험, 살균보존제, 유효성분시험을 수행한다. 다만, 개봉할 수 없는 용기로 되어있는 제품(스프레이 등), 일회용 제품 등은 개봉 후 안정성시험을 수행할 필요가 없다.

07 답 ①

최소지속형즉시흑화량

UVA를 사람의 피부에 조사한 후 2~24시간의 범위 내에, 조사영역의 전 영역에 희미한 흑화가 인식되는 최소 자외선 조사량을 말한다.

분류	파장
UVA	• 320~400nm의 장파장, 진피까지 도달하여 색소침착 및 콜라겐 손상 • 유리, 구름 등으로 차단이 안 됨
UVB	• 290~320nm의 중파장, 표피 및 진피의 상부까지 침투 • 색소침착, 일광화상 및 홍반발생, 피부암 유발 가능성
UVC	200~290nm의 단파장, 대기에서 대부분 차단되며 피부암을 유발

08 답 ④

개인정보 보호법 시행령 제29조(영업양도 등에 따른 개인정보 이전의 통지)

① 법 제27조 제1항 각 호 외의 부분과 같은 조 제2항 본문에서 "대통령령으로 정하는 방법"이란 서면 등의 방법을 말한다.

② 법 제27조 제1항에 따라 개인정보를 이전하려는 자(이하 이 항에서 "영업양도자 등"이라 한다)가 과실 없이 제1항에 따른 방법으로 법 제27조 제1항 각 호의 사항을 정보주체에게 알릴 수 없는 경우에는 해당 사항을 인터넷 홈페이지에 30일 이상 게재하여야 한다. 다만, 인터넷 홈페이지에 게재할 수 없는 정당한 사유가 있는 경우에는 다음 각 호의 어느 하나의 방법으로 법 제27조 제1항 각 호의 사항을 정보주체에게 알릴 수 있다.

1. 영업양도자 등의 사업장 등의 보기 쉬운 장소에 30일 이상 게시하는 방법

2. 영업양도자 등의 사업장 등이 있는 시·도 이상의 지역을 주된 보급지역으로 하는 「신문 등의 진흥에 관한 법률」 제2조 제1호 가목·다목 또는 같은 조 제2호에 따른 일반일간신문·일반주간신문 또는 인터넷신문에 싣는 방법

09
답 ①

② 1천 명 이상의 정보주체에 관한 개인정보가 유출된 경우에는 전문기관(행정안전부, 한국인터넷진흥원)에 5일 이내 신고를 하고 서면 등의 방법과 함께 인터넷 홈페이지에 정보주체가 알아보기 쉽도록 7일 이상 게시하여야 한다. 다만, 인터넷 홈페이지를 운영하지 아니하는 개인정보처리자의 경우에는 서면 등의 방법과 함께 사업장 등의 보기 쉬운 장소에 법 제34조 제1항 각 호의 사항을 7일 이상 게시하여야 한다.

③ 글씨의 크기는 최소한 9포인트 이상으로 다른 내용보다 20% 이상 글씨를 크게 작성하여 알아보기 쉽게 한다.

④ 개인정보를 보존해야 하는 경우, 해당 부분만 따로 보관하고 나머지는 파기한다.

⑤ 공공기관에서 법령 등에 의한 업무수행을 위해서 정보주체의 동의 없이 개인정보 수집이 가능하다.

※ 해당 문제는 법령 개정으로 인하여 출제 당시와 일부 내용이 변경되어 변경된 해설도 확인하시기 바랍니다.

② 1천 명 이상의 정보주체에 관한 개인정보가 유출된 경우에는 72시간 이내에 보호위원회 또는 한국인터넷진흥원에 신고를 하고 정보주체에게 서면 등의 방법을 통해 해당 사실을 알려야 한다. 다만, 정보주체의 연락처를 알 수 없는 경우 등 정당한 사유가 있는 경우 해당 사항을 인터넷 홈페이지에 30일 이상 게시하여야 한다(인터넷 홈페이지를 운영하지 아니하는 경우 사업장 등의 보기 쉬운 장소에 30일 이상 게시하여야 한다).

③ 글씨의 크기, 색깔, 굵기 또는 밑줄 등을 통하여 그 내용이 명확히 표시되도록 할 것, 동의 사항이 많아 중요한 내용이 명확히 구분되기 어려운 경우에는 중요한 내용이 쉽게 확인될 수 있도록 그 밖의 내용과 별도로 구분하여 표시할 것

10
답 ②

천연유래 계면활성제
라우릴글루코사이드, 코코글루코사이드, 소듐코코일애플아미노산, 레시틴, 사포닌 등

11
답 ㄱ, ㄹ, ㅁ

덱스판테놀은 탈모 증상의 완화에 도움을 주며, 살리실릭애씨드는 여드름성 피부 완화에, 시녹세이트는 피부를 곱게 태워주거나 자외선으로부터 피부를 보호하는 데 도움을 주는 성분이다.

12
답 ④

㉠ 레티놀(1IU = 0.1g = 0.0001mg, 1μg = 0.001mg)
2500IU × 0.3 = 750μg = 0.75mg = 0.00075g
따라서 50g의 제품에는 0.0375g 사용해야 한다.
1g = 1000mg, 1mg = 1000μg

㉡ 알부틴 1~2.5g

㉢ 마그네슘아스코빌포스페이트 1.5g

㉣ 폴리에톡실레이티드레틴아마이드 0.025~0.1g

㉤ 아데노신 0.02g

㉥ 닥나무추출물 1g

㉦ 아스코빌테트라이소팔미테이트 1g

㉧ 나이아신아마이드 1~2.5g

㉨ 알파-비사보롤 0.25g

13
답 ③

아데노신은 주름개선에 도움을 주는 성분이며 최대함량은 0.04%, 톨루엔-2.5-디아민의 최대함량은 2.0%, 아스코빌글루코사이드의 최대함량은 2.0%, 치오글리콜산 80%는 체모를 제거하는 기능을 가진 성분이다.

14
답 ⑤

샴푸를 제외한 살리실릭애씨드 함유 제품은 영유아 및 어린이가 사용할 수 없다.

15
답 ②

① "타르색소"라 함은 화장품에 사용할 수 있는 색소 중 콜타르, 그 중간생성물에서 유래되었거나 유기합성하여 얻은 색소 및 그 레이크, 염, 희석제와의 혼합물을 말한다.

③ "레이크"라 함은 타르색소의 나트륨, 칼륨, 알루미늄, 바륨, 칼슘, 스트론튬 또는 지르코늄염을 기질에 흡착, 공침 또는 단순한 혼합이 아닌 화학적 결합에 의하여 확산시킨 색소를 말한다.

④ "기질"이라 함은 레이크 제조 시 순색소를 확산시키는 목적으로 사용되는 물질을 말하며 알루미나, 브랭크휙스, 크레이, 이산화티탄, 산화아연, 탤크, 로진, 벤조산알루미늄, 탄산칼슘 등의 단일 또는 혼합물을 사용한다.

⑤ "희석제"라 함은 색소를 용이하게 사용하기 위하여 혼합되는 성분을 말하며, 화장품 안전기준 등에 관한 규정(식품의약품안전처 고시) 별표 1의 원료(화장품에 사용할 수 없는 원료)는 사용할 수 없다.

16 답 ⑤

에이치시 녹색 NO.1은 사용할 수 없는 원료이다.

17 답 ⑤

㉠ 비이온계면활성제, ㉡ 점증제, ㉢ 폴리올류의 보습제, ㉣ 보존제

18 답 ①

① 프로피오닉애씨드는 사용상 제한이 있는 원료 중 보존제로서 사용한도가 0.9%이다.

19 답 ⑤

살리실릭애씨드 0.5%, 소르빅애씨드 0.6%, 벤질알코올 1.0%(두발염색용제품에 용제로 사용할 경우 10%), 트리클로산 0.3%, 프로피오닉애씨드 및 그 염류 0.9%, 페녹시에탄올 1.0%, 글루타랄 0.1%

20 답 ③

페녹시에탄올과 쿼터늄-15(0.2%)는 사용상 제한이 있는 보존제에 해당한다.

21 답 ③

소듐라우로일사코시네이트는 사용상의 제한이 필요한 원료 중 보존제이다. 사용한도는 없으나 사용 후 씻어내는 제품에만 허용된다(기타 제품에는 사용금지).

22 답 ③

㉠ 히알루론산, 세라마이드는 피부 보습력 향상에 도움을 주는 성분이다.
㉡ 벤질알코올은 보존제로써 사용상 제한이 있는 성분이므로 맞춤형화장품에 배합할 수 없다.
㉢ 쿠민열매추출물(열매오일)은 알레르기 유발물질이 아니며 사용 후 씻어내지 않는 제품에 쿠민오일로서 0.4% 이하의 사용 제한이 있는 원료이다.
㉣ 페루발삼은 사용할 수 없는 원료이다. 다만, 추출물 또는 증류물로서 0.4% 이하인 경우에는 사용할 수 있다.
㉤ 적색 102호는 영유아 및 어린이 사용금지 색소이다.

23 답 ①

• 메탄올은 화장품에는 사용할 수 없는 원료이지만 원료인 에탄올과 이소프로필알콜의 변성제로 5%까지 사용이 가능하다.

• 땅콩오일, 추출물 및 유도체는 원료 중 땅콩 단백질의 최대 농도는 0.5ppm을 초과하면 안 된다.

24 답 ⑤

⑤ 내용량 10mL(g) 초과 50mL(g) 이하인 소용량 화장품의 경우 착향제 구성성분 중 알레르기 유발성분의 표시는 생략이 가능하나 해당 정보는 홈페이지 등에서 확인할 수 있도록 해야 한다. 단, 소용량 화장품일지라도 표시 면적이 확보되는 경우에는 해당 알레르기 유발성분을 표시하는 걸 권장한다.
① 식물의 꽃, 잎, 줄기 등에서 추출한 에센셜오일이나 추출물이 착향의 목적으로 사용되었거나 또는 해당 성분이 착향제의 특성이 있는 경우에는 알레르기 유발성분을 표시 · 기재하여야 한다.
② 사용 후 씻어내는 제품(샴푸, 린스, 바디클렌저 등)에는 0.01% 초과, 사용 후 씻어내지 않는 제품(토너, 로션, 크림 등)에는 0.001% 초과 함유하는 경우에 알레르기 성분명을 전성분명에 표시해야 한다.
③ 책임판매업자 홈페이지, 온라인 판매처 사이트에서도 알레르기 유발성분을 표시해야 한다.
④ 해당 알레르기 유발성분을 제품에 표시하는 경우 원료목록 보고에도 포함하여야 한다.

25 답 ②

벤질살리실레이트, 벤질알코올, 제라니올은 알레르기 유발성분이다.

26 답 ④

머스크케톤은 알레르기 유발성분에 해당하지 않는다.

28 답 ⑤

향료의 함량 : 100 × (2.5/100) = 2.5g

성분명	계산식	표시여부
벤질벤조에이트	2.5 × (0.05/100) = 0.00125g 0.00125 ÷ 100 × 100 = 0.00125%	표시한다.
리모넨	2.5 × (0.002/100) = 0.00005g	표시하지 않는다.
유제놀	2.5 × (0.2/100) = 0.005	표시한다.
헥실신남알	2.5 × (0.03/100) = 0.00075	표시하지 않는다.

아이소 유제놀	2.5 × (0.04/100) = 0.001	표시하지 않는다.
메틸 2-옥티 노에이트	2.5 × (0.01/100) = 0.00025	표시하지 않는다.

29 답 ③

퍼머넌트 웨이브 제품 및 헤어 스트레이트너 제품의 개별 주의사항
- 두피, 얼굴, 눈, 목, 손 등에 약액이 묻지 않도록 유의하고, 얼굴 등에 약액이 묻었을 때에는 즉시 물로 씻어낼 것
- 특이체질, 생리 또는 출산 전후이거나 질환이 있는 사람 등은 사용을 피할 것
- 머리카락의 손상 등을 피하기 위하여 용법·용량을 지켜야 하며, 가능하면 일부에 시험적으로 사용하여 볼 것
- 섭씨 15도 이하의 어두운 장소에 보존하고, 색이 변하거나 침전된 경우에는 사용하지 말 것
- 개봉한 제품은 7일 이내에 사용할 것(에어로졸 제품이나 사용 중 공기유입이 차단되는 용기는 표시하지 아니한다)
- 제2단계 퍼머액 중 그 주성분이 과산화수소인 제품은 검은 머리카락이 갈색으로 변할 수 있으므로 유의하여 사용할 것

30 답 ③

외음부 세정제
- 정해진 용법과 용량을 잘 지켜 사용할 것
- 만 3세 이하 영유아에게는 사용하지 말 것
- 임신 중에는 사용하지 않는 것이 바람직하며, 분만 직전의 외음부 주위에는 사용하지 말 것
- 프로필렌글라이콜을 함유하고 있으므로 이 성분에 과민하거나 알레르기 병력이 있는 사람은 신중히 사용할 것(프로필렌글라이콜 함유 제품만 표시한다)

31 답 ①

㉠ 제조번호
㉡ 사용기한 또는 개봉 후 사용기간(병행 표기된 제조연월일을 포함한다)
㉢ 회수사유

32 답 ④

㉠ 회수대상 화장품이라는 사실을 안 날로부터 5일 이내에 회수계획서를 지방식품의약품안전청장에게 제출하여야 한다.
㉡ 해당 위해화장품을 업무상 취급하는 자에게 방문, 우편, 전화, 전보, 전자우편, 팩스 또는 언론매체를 통한 공고 등을 통하여 회수계획을 통보하여야 하며, 통보 사실을 입증할 수 있는 자료를 회수종료일부터 2년간 보관하여야 한다.
㉢ 맞춤형화장품판매업자는 회수대상 화장품이라는 사실을 인지한 후 5일 이내에 해당 사항에 대하여 식품의약품안전처장에게 보고한다.
㉣ 병원미생물에 오염된 화장품은 위해등급 다등급이다.

33 답 ①

CGMP 3대 요소
인위적인 과오의 최소화, 미생물 오염 및 교차오염으로 인한 품질저하 방지, 고도의 품질관리체계 확립

34 답 ①

피부 외상 혹은 질병이 있는 직원은 소분·혼합 작업을 하지 않아야 한다.

35 답 ②

① 차아염소산나트륨은 락스를 희석한 것으로 손소독의 목적으로는 적당하지 않다.
작업장 내 직원의 소독을 위한 손 소독제의 종류
알코올 70%, 클로르헥시딘디글루코네이트, 아이오다인과 아이오도퍼, 클로록시레놀, 헥사클로로펜, 4급 암모늄화합물, 트리클로산, 일반비누

36 답 ④

호수는 강화된 식품등급의 고무 또는 네오프렌, 폴리에칠렌, 폴리프로필렌, 나일론 소재의 호수를 사용한다.

37 답 ①

㉢ 파이프는 청소가 용이하도록 벽에 붙이지 않고 고정해야 한다.
㉣ 염산은 부식이 강하여 청소 소독제로 적당하지 않다.
㉥ 사용하지 않는 연결 호스와 부속품은 청소 등 위생관리를 하며, 건조한 상태로 유지하고 먼지, 얼룩 또는 다른 오염으로부터 보호해야 한다.

ⓞ 소독제를 선택할 때에는 사용농도에 독성이 없고 제품이나 설비 기구 등에 반응을 하지 않으며, 불쾌한 냄새가 남지 않아야 하고 5분 이내에도 효과를 볼 수 있는 광범위한 항균기능을 가져야 한다.

38

답 ④

㉣ 모든 제조 관련 설비는 승인된 자만이 접근 · 사용하여야 한다.

㉥ 유지관리 작업이 제품의 품질에 영향을 주어서는 안 된다.

39

답 ①

구매요구서는 해당 부서에서 요구한 요청사항이고, 거래명세서는 판매하는 업체에서 발행하는 문서이다.

40

답 ②

원자재 용기 및 시험기록서에 필수적으로 기재할 사항은 수령일자, 원자재 공급자가 정한 제품명, 원자재 공급자명, 공급자가 부여한 제조번호 또는 관리번호이다.

41

답 ④

여러 번 사용하게 될 벌크제품의 경우 개봉 시마다 변질 및 오염이 발생한 가능성이 있기 때문에 여러 번 재보관하여 재사용을 반복하는 것을 피한다. 따라서, 여러 번 사용하는 벌크제품의 경우 소량씩 나누어서 보관하고 재보관의 횟수를 줄인다.

43

답 ⑤

원료와 포장재가 재포장될 때, 새로운 용기에는 원래와 동일한 라벨링이 있어야 한다. 원료의 경우 원래 용기와 같은 물질 혹은 적용할 수 있는 다른 대체 물질로 만들어진 용기를 사용하는 것이 중요하다.

44

답 ⑤

정해진 보관기간이 경과된 원자재 및 반제품은 재평가하여 품질기준에 적합한 경우 제조에 사용할 수 있다.

45

답 ①

글자의 크기는 5포인트 이상으로 한다.

46

답 ⑤

비의도적 유래물질	검출허용한도(μg/g)
수 은	1μg/g 이하
카드뮴	5μg/g 이하
안티몬	10μg/g 이하
비 소	10μg/g 이하
니 켈	10μg/g 이하. 눈 화장용 제품은 35μg/g 이하, 색조 화장용 제품은 30μg/g 이하
납	20μg/g 이하. 점토를 원료로 사용한 분말제품은 50μg/g 이하
디옥산	100μg/g 이하
프탈레이트류(디부틸프탈레이트, 부틸벤질프탈레이트 및 디에칠헥실프탈레이트에 한함)	총합으로서 100μg/g 이하
메탄올	0.2(v/v)% 이하, 물휴지는 0.002%(v/v) 이하
포름알데하이드	2000μg/g 이하, 물휴지는 20μg/g 이하

47

답 ③

46번 해설과 같다.

48

답 ③

㉠ 총호기성생균수는 영유아용 제품류 및 눈 화장용 제품류의 경우 500개/g(mL) 이하

㉡ 색조 화장용 제품의 니켈은 30μg/g 이하

㉥ 비소는 10μg/g 이하

㉦ 디옥산은 100μg/g 이하

49

답 ⑤

㉢ 납 : 20μg/g 이하

㉤ 포름알데하이드 : 20μg/g 이하
메탄올 : 20μg/g 이하

51
답 ②

- 총호기성생균수는 영유아용 제품류 및 눈 화장용 제품류의 경우 500개/g(mL) 이하
- 물휴지의 경우 세균 및 진균수는 각각 100개/g(mL) 이하
- 기타 화장품의 경우 1000개/g(mL) 이하
- 대장균, 녹농균, 황색포도상구균은 불검출

53
답 ②

치오글라이콜릭애씨드 또는 그 염류를 주성분으로 하는 냉2욕식 퍼머넌트 웨이브용 제품

- 제1제 : 이 제품은 치오글라이콜릭애씨드 또는 그 염류를 주성분으로 하고, 불휘발성 무기알칼리의 총량이 치오글라이콜릭애씨드의 대응량 이하인 액제이다. 단, 산성에서 끓인 후의 환원성물질의 함량이 7.0%를 초과하는 경우에는 초과분에 대하여 디치오디글라이콜릭애씨드 또는 그 염류를 디치오디글라이콜릭애씨드로서 같은 양 이상 배합하여야 한다. 이 제품에는 품질을 유지하거나 유용성을 높이기 위하여 적당한 알칼리제, 침투제, 습윤제, 착색제, 유화제, 향료 등을 첨가할 수 있다.
- 제2제
  - 브롬산나트륨 함유제제 : 브롬산나트륨에 그 품질을 유지하거나 유용성을 높이기 위하여 적당한 용해제, 침투제, 습윤제, 착색제, 유화제, 향료 등을 첨가한 것이다.
  - 과산화수소 함유제제 : 과산화수소 또는 과산화수소에 그 품질을 유지하거나 유용성을 높이기 위하여 적당한 침투제, 안정제, 습윤제, 착색제, 유화제, 향료 등을 첨가한 것이다.

54
답 ①

점도가 빽빽한 크림형태의 제형은 점도가 30,000 이상이다.

55
답 ①

- "일탈"이란 제조 또는 품질관리 활동 등의 미리 정하여진 기준을 벗어나 이루어진 행위를 말한다.
- "기준일탈"이란 규정된 합격판정 기준에 일치하지 않는 검사, 측정 또는 시험결과를 말한다.

56
답 ④

품질보증책임자의 승인이 끝난 후 재작업을 실시한다.

57
답 ③

㉠ 기준일탈이 된 경우는 규정에 따라 책임자에게 보고한 후 조사하여야 한다. 조사결과는 책임자에 의해 일탈, 부적합, 보류를 명확히 판정하여야 한다.

㉡ 시험용 검체의 용기에는 다음 사항을 기재하여야 한다.
- 명칭 또는 확인코드 - 필수
- 제조번호 또는 제조단위 - 필수
- 검체채취 날짜 - 필수
- 가능한 경우 검체채취 지점(Point)

58
답 ③

완제품에 부여된 특정 제조번호는 벌크제품의 제조번호와 동일할 필요는 없지만, 완제품에 사용된 벌크 뱃치 및 양을 명확히 확인할 수 있는 문서가 존재해야 한다.

59
답 ④

㉠ 포장재 수급 담당자는 생산계획과 포장 계획에 따라 포장에 필요한 포장재의 소요량 및 재고량을 파악한 다음, 부족분 또는 소요량에 대한 포장재 생산에 소요되는 기간 등을 파악하여 적절한 시기에 포장재가 입·출고될 수 있도록 관리하여야 한다.

㉢ 제조지시서는 생산계획에 따라 벌크제품, 1차 제품 또는 2차 제품을 어느 일정 일시까지 일정 수량을 생산할 것을 지시하는 서식이다. 제품명, 생산수량, 제조일자, 포장 단위, 작업자, 작업상의 주의사항 등이 기재되어 있다.

㉤ 포장재에는 많은 재료가 포함된다. 1차 포장재, 2차 포장재, 각종 라벨, 봉함 라벨까지 포장재에 포함된다. 라벨에는 제품 제조번호 및 기타 관리번호를 기입하므로 실수방지가 중요하여 라벨은 포장재에 포함하여 관리하는 것을 권장한다.

60
답 ⑤

버니어 캘리퍼스를 이용하여 외관 치수를 확인한다(바깥지름, 안지름, 깊이, 두께 등).

61
답 ①

운송을 위해 사용되는 외부박스(택배박스)는 2차 포장재에 포함되지 않는다.

63 답 ③

이미 심사 또는 보고서 제출이 완료된 기능성화장품 및 원료는 혼합·소분이 가능하다.

64 답 ①

소비자의 피부상태나 선호도 등을 확인하지 아니하고 맞춤형화장품을 미리 혼합·소분하여 보관하거나 판매하면 안 된다.

66 답 ②

원료와 원료를 혼합한 화장품은 제조에 해당하며, 소비자용 완제품은 소분하여 판매할 수 없다.

69 답 ③

① 원료 + 원료의 혼합은 제조에 해당하므로 맞춤형화장품이 아니다.

70 답 ④

제품의 1차, 2차 포장에 표기되어 있으므로 별도의 문서 제공은 하지 않아도 되며, 소비자에게는 직접설명을 해야 한다.

71 답 ④

멜라닌형성 세포의 수는 인종에 따라 차이가 없고 멜라닌색소의 종류와 양에 의해 피부색이 결정된다.

72 답 ①

ⓒ 멜라닌색소가 형성되는 층이다. → 기저층
ⓔ 물의 침투에 대한 방어막 역할과 피부 내부로부터의 수분이 증발되는 것을 막아준다. → 과립층
ⓜ 피부의 퇴화가 시작되는 층에 해당한다. → 과립층

73 답 ④

㉠ 멜라닌이 각질형성세포로 이동하는 것을 막아준다. – 나이아신아마이드
㉡ 티로신 효소작용 및 도파의 산화를 억제한다. – 비타민 C 유도체
㉢ 남성호르몬인 테스토스테론이 DHT로 전환되어 탈모가 발생한다. – 5알파 환원효소
㉣ MMP는 교원섬유와 탄력섬유를 분해한다. – 아연이온

74 답 ②

닥나무추출물은 수용성의 성격을 가지고 있는 원료이며 티로시나아제 단백질효소 또한 수용성의 성격을 가지고 있다.
이 원료는 닥나무 및 동속식물(뽕나무과)의 줄기 또는 뿌리를 에탄올 및 에칠아세테이트로 추출하여 얻은 가루 또는 그 가루의 2w/v% 부틸렌글리콜용액이다. 이 원료에 대하여 기능성 시험을 할 때 타이로시네이즈(티로시나아제) 억제율은 48.5~84.1%이다.

75 답 ①

모발 관련 제품의 특징
• 암모니아는 모표피(모소피)의 시스틴을 손상시켜 염료와 과산화수소가 모피질 속으로 잘 스며들 수 있도록 하는 역할을 한다.
• 과산화수소는 모피질 속의 멜라닌색소를 파괴하여 머리카락의 색을 없애주는 탈색의 역할을 한다.
• 염모제는 보호층인 모소피를 침투하여 멜라닌색소를 탈색하고 다른 염료의 색상으로 염색한다. 염색약을 두발에 도포한 후 시간을 두는 것은 멜라닌색소의 파괴와 다른 염료가 자리를 잡을 수 있는 충분한 시간을 주기 위해서이다.

76 답 ①

관능평가에 사용되는 표준품의 종류
• 제품 표준견본 : 완제품의 개별포장에 관한 표준(화장품의 완제품 표준)
• 벌크제품 표준견본 : 성상, 냄새, 사용감에 관한 표준
• 라벨 부착 위치견본 : 완제품의 라벨 부착 위치에 관한 표준
• 충진 위치견본 : 내용물을 제품용기에 충진할 때의 액면위치에 관한 표준
• 색소원료 표준견본 : 색소의 색조에 관한 표준
• 원료 표준견본 : 원료의 색상, 성상, 냄새 등에 관한 표준
• 향료 표준견본 : 향, 색상, 성상 등에 관한 표준
• 용기·포장재 표준견본 : 용기·포장재의 검사에 관한 표준
• 용기·포장재 한도견본 : 용기·포장재 외관검사에 사용하는 합격품 한도를 나타내는 표준

77 답 ⑤

멜라닌의 양을 측정한다.

78 답 ①

① · ② 화장품의 기재사항은 총리령으로 정하는 바에 따라 한글로 기재 · 표시해야 하며 한자 또는 외국어와 함께 적을 수 있다.

③ 내용량이 50mL(g) 이하인 경우 전성분 표시를 생략할 수 있다.

④ 견본품이나 비매품에는 화장품의 명칭, 화장품책임판매업자 또는 맞춤형화장품판매업자의 상호, 가격, 제조번호와 사용기한 또는 개봉 후 사용기간(개봉 후 사용기간을 기재할 경우에는 제조연월일을 병행 표기하여야 한다)만을 기재 · 표시할 수 있다. 따라서 전성분의 표시 생략이 가능하다.

79 답 ④

- 가장 많은 원료인 정제수, 알로에베라를 제외한 상위랭킹 3~4가지 원료를 먼저 환산하여 계산한다.
- 겹치는 원료는 합을 먼저 구한다.

베이스 C 성분명	함 량	40%
정제수	75.4	30.16
부틸렌글라이콜	5.0	2.0
소듐하이알루로네이트	5.0	2.0
시어버터	3.0	1.2
올리브오일	2.0	0.8
세틸알코올	1.5	0.6
PEG-40 스테아레이트	2.0	0.8
토코페릴아세테이트	0.2	0.08
글리세린	3.0	1.2
세라마이드	2.0	0.8
벤질알코올	0.5	0.2
포타슘소르베이트	0.4	0.16
합 계	100	40

베이스 D 성분명	함 량	60%
정제수	60.8	36.48
알로에베라	20.0	12.0
소듐하이알루로네이트	2.5	1.5
올리브오일	3.0	1.8
호호바씨오일	1.5	0.9
부틸렌글라이콜	3.0	1.8
감초뿌리추출물	5.0	3.0
PEG-40스테아레이트	2.0	1.2
세틸알코올	1.0	0.6
토코페릴아세테이트	0.3	0.18
벤질알코올	0.5	0.3
포타슘소르베이트	0.4	0.24
합 계	100	60

혼합 맞춤형화장품

정제수	66.64
알로에베라	12.0
부틸렌글라이콜	3.8
소듐하이알루로네이트	3.5
감초뿌리추출물	3.0
올리브오일	2.6
PEG-40스테아레이트	2.0
시어버터	1.2
세틸알코올	1.2
글리세린	1.2
토코페릴아세테이트	0.26
세라마이드	0.8
호호바씨오일	0.9
벤질알코올	0.5
포타슘소르베이트	0.4
합 계	100

80

답 ③

- 로션제 : 유화제 등을 넣어 유성성분과 수성성분을 균질화하여 점액상으로 만든 것
- 액제 : 화장품에 사용되는 성분을 용제 등에 녹여서 액상으로 만든 것
- 크림제 : 유화제 등을 넣어 유성성분과 수성성분을 균질화하여 반고형상으로 만든 것
- 침적마스크제 : 액제, 로션제, 크림제, 겔제 등을 부직포 등의 지지체에 침적하여 만든 것
- 겔제 : 액체를 침투시킨 분자량이 큰 유기분자로 이루어진 반고형상
- 에어로졸제 : 원액을 같은 용기 또는 다른 용기에 충전한 분사제(액화기체, 압축기체 등)의 압력을 이용하여 안개모양, 포말상 등으로 분출하도록 만든 것
- 분말제 : 균질하게 분말상 또는 미립상으로 만든 것을 말하며, 부형제 등을 사용할 수 있음

83

답 기초화장용 제품류

기초화장용 제품류
수렴 · 유연 · 영양 화장수(Face Lotions), 마사지크림, 에센스 오일, 파우더, 바디 제품, 팩, 마스크, 눈 주위 제품, 로션, 크림, 손 · 발의 피부 연화 제품, 클렌징 워터, 클렌징 오일, 클렌징 로션, 클렌징 크림 등 메이크업 리무버

84

답 ㉠ 전파, ㉡ 유효성

- "유해사례(Adverse Event/Adverse Experience, AE)"란 화장품의 사용 중 발생한 바람직하지 않고 의도되지 아니한 징후, 증상 또는 질병을 말하며, 당해 화장품과 반드시 인과관계를 가져야 하는 것은 아니다.
- "중대한 유해사례(Serious AE)"는 유해사례 중 다음의 어느 하나에 해당하는 경우를 말한다.
  - 사망을 초래하거나 생명을 위협하는 경우
  - 입원 또는 입원기간의 연장이 필요한 경우
  - 지속적 또는 중대한 불구나 기능저하를 초래하는 경우
  - 선천적 기형 또는 이상을 초래하는 경우
  - 기타 의학적으로 중요한 상황
- "실마리 정보(Signal)"란 유해사례와 화장품 간의 인과관계 가능성이 있다고 보고된 정보로서 그 인과관계가 알려지지 아니하거나 입증자료가 불충분한 것을 말한다.
- "안전성 정보"란 화장품과 관련하여 국민보건에 직접 영향을 미칠 수 있는 안전성 · 유효성에 관한 새로운 자료, 유해사례 정보 등을 말한다.

87

답 ㉠ 3.5, ㉡ 글라이콜릭애씨드, ㉢ 락틱애씨드

과일산(AHA)
- 시트릭애씨드(구연산, Citric Acid, 감귤류)
- 글라이콜릭애씨드(글리콜산, Glycolic Acid, 사탕수수)
- 말릭애씨드(말산, Malic Acid, 사과산)
- 락틱애씨드(젖산, Lactic Acid, 쉰우유)
- 만델릭애씨드(만델릭산, Mandelic Acid, 아몬드)
- 타타릭애씨드(주석산, Tartaric Acid, 적포도주)

88

답 알로에베라추출물, 세틸피리디늄클로라이드, 프로피오닉애씨드

영유아 및 어린이가 사용 가능한 화장품은 보존제성분과 함량을 표시해야 하며 화장품의 명칭에 성분명을 기재한 경우에도 함량을 표시해야 한다.
- 세틸피리디늄클로라이드 : 0.08% 사용한도의 보존제
- 프로피오닉애씨드 및 그 염류 : 프로피오닉애씨드로서 0.9% 사용한도의 보존제

92

답 ㉠ 24, ㉡ 징크옥사이드(산화아연), ㉢ 티타늄디옥사이드(이산화티탄)

240분 ÷10분 = 24
"자외선차단지수(Sun Protection Factor, SPF)"라 함은 UVB를 차단하는 제품의 차단효과를 나타내는 지수로서 자외선차단제품을 도포하여 얻은 최소홍반량을 자외선차단제품을 도포하지 않고 얻은 최소홍반량으로 나눈 값이다.

95

답 할랄(Halal)

- 할랄 : 이슬람 율법인 샤리아에 따라 허용한 것을 의미
- 코셔 : 유대교의 율법에 따른 것
- 비건 : 동물성분을 사용하지 않고 식물성분만 사용
※화장품 표시 · 광고를 위한 인증 · 보증기관의 신뢰성 인정에 관한 규정에 대한 내용이었지만 (2024.07.09.) 화장품 인증제도의 민간 자율 운영을 위해 화장품 인증 · 보증기관의 신뢰성 인정 절차를 폐지함에 따라 규정이 폐지되었습니다.

96

답 경피수분손실량(TEWL)

경피수분손실량(Transepidermal Water Loss, TEWL)
각질층을 통해서 대기 중으로 빠져나가는 수분의 양을
의미한다. 즉 피부로부터 증발 및 발산하는 수분량을 측
정함으로써 피부장벽의 상태를 알 수 있다. 피부장벽기능
(Skin Barrier Function)의 이상은 과도한 수분량의 손실
로 피부의 건조를 유발할 수 있다. 건조한 피부나 손상된
피부는 정상인에 비해 높은 값을 나타낸다.

99

답 ⊙ 지방세포, ⓒ 섬유아세포

- 피하지방층의 지방세포
  - 피하지방층은 진피에서 내려온 섬유가 엉성하게 결
    합되어 형성된 망상조직으로 그 사이사이에 벌집모
    양으로 많은 수의 지방세포들이 자리 잡고 있다.
  - 이 지방세포들은 피하지방을 생산하여 몸을 따뜻하
    게 보호하고 수분을 조절하는 기능과 함께 탄력성을
    유지하여 외부의 충격으로부터 몸을 보호하는 기능
    을 한다.
- 섬유아세포(Fibroblast)
  - 타원형의 핵을 가지며 편평하고 길쭉한 모양의 세포
    질은 미토콘드리아 · 골지체 · 중심체 · 소지방체 등
    을 포함한다.
  - 교원섬유, 탄력섬유를 합성하며 세포간질의 기질인
    다당류 생산에도 관여한다. 피브로넥틴(Fibronectin),
    피브릴린(Fibrillin), 프로테오글리칸(Proteoglycans,
    PG), 글리코사미노글루칸(Glycosaminoglycan,
    GAG) 등은 섬유아세포에 의해 생성된다.
- 대식세포(Macrophage), 비만세포(Mast Cell)
  - 진피에는 섬유아세포 외에 대식세포와 비만세포가
    존재한다.
  - 대식세포는 면역을 담당하는 백혈구의 한 유형으로
    세포 찌꺼기 및 미생물 암세포, 비정상적인 단백질
    등을 소화 · 분해하는 식작용(Phagocytosis)이 있다.
    대식세포의 세포질에는 리소좀이 있으며, 파고좀과
    융합해 효소를 방출하여 이물을 소화하는 식작용을
    한다.
  - 비만세포는 동물 결합조직에 널리 분포하며 염증반
    응에 중요한 역할을 담당한다. 히스타민과 세로토
    닌, 헤파린 등을 생성하는 백혈구의 일종이다. 혈액
    응고저지, 혈관의 투과성, 혈압 조절 기능과 알레르
    기 반응에도 관여한다.

기출복원문제 정답 및 해설

1	2	3	4	5	6	7	8	9	10
②	③	⑤	④	⑤	⑤	①	④	⑤	②
11	**12**	**13**	**14**	**15**	**16**	**17**	**18**	**19**	**20**
②	③	④	①	③	⑤	②	②	②	③
21	**22**	**23**	**24**	**25**	**26**	**27**	**28**	**29**	**30**
①	③	③	②	②	②	③	⑤	⑤	④
31	**32**	**33**	**34**	**35**	**36**	**37**	**38**	**39**	**40**
②	③	③	⑤	①	③	④	②	③	③
41	**42**	**43**	**44**	**45**	**46**	**47**	**48**	**49**	**50**
④	④	②	③	③	③	②	①	⑤	②
51	**52**	**53**	**54**	**55**	**56**	**57**	**58**	**59**	**60**
③	③	④	③	①	④	⑤	④	②	⑤
61	**62**	**63**	**64**	**65**	**66**	**67**	**68**	**69**	**70**
④	②	③	③	①	①	④	④	④	①
71	**72**	**73**	**74**	**75**	**76**	**77**	**78**	**79**	**80**
②	②	③	④	③	④	④	②	③	⑤

81	㉠ 5, ㉡ 2	82	안정성
83	개 수	84	원료 목록
85	광물성	86	가용화
87	치오글라이콜릭애씨드	88	㉠ 0.005, ㉡ 0.001
89	색 소	90	㉠ 0.5, ㉡ 10
91	살리실릭애씨드, IPBC	92	㉠ 첨가제, ㉡ 10
93	교 정	94	재작업
95	㉠ 판매일자, ㉡ 판매량	96	진 피
97	㉠ 케라틴, ㉡ 피지	98	㉠ 모수질, ㉡ 모표피(모소피)
99	㉠ 함량, ㉡ 방향	100	㉠ 15, ㉡ 2

01
답 ②

피부에 침착된 멜라닌색소의 색을 엷게 하여 피부의 미백에 도움을 주는 기능을 가진 화장품은 "질병의 예방 및 치료를 위한 의약품이 아님"이라는 문구를 반드시 표시해야 하는 기능성 제품에 해당하지 않는다.

02
답 ③

㉢ 미네랄오일은 광물성오일이다.

㉤ 마그네슘스테아레이트는 색소에서 부형제, 벌킹제로 사용되며 비수성 점도증가제로 사용되기도 한다.

03
답 ⑤

천연화장품 및 유기농화장품의 용기와 포장에 폴리염화비닐(Polyvinyl chloride), 폴리스티렌폼(Polystyrene foam)을 사용할 수 없다.

04
답 ④

① 물티슈(인체 세정용), 클렌징 워터(기초화장용)
② 클렌징 크림(기초화장용), 바디클렌저(인체 세정용)
③ 외음부 세정제(인체 세정용), 세이빙 폼(면도용)
⑤ 샴푸(두발용 제품류), 버블 배스(목욕용)

05
답 ⑤

화장품제조업을 등록하려는 자가 갖추어야 하는 시설
• 제조작업을 하는 다음의 시설을 갖춘 작업소
  – 쥐·해충 및 먼지 등을 막을 수 있는 시설
  – 작업대 등 제조에 필요한 시설 및 기구
  – 가루가 날리는 작업실은 가루를 제거하는 시설
• 원료·자재 및 제품을 보관하는 보관소
• 원료·자재 및 제품의 품질검사를 위하여 필요한 시험실
• 품질검사에 필요한 시설 및 기구

06
답 ⑤

ⓛ 화장품책임판매업자가 아닌 책임판매관리자 및 맞춤형화장품조제관리사는 화장품의 안전성 확보 및 품질관리에 관한 교육을 매년 받아야 한다.
ⓒ 수입된 화장품을 유통·판매하는 영업으로 화장품책임판매업을 등록한 자가 수입화장품에 대한 품질검사를 하지 아니하려는 경우에는 식품의약품안전처장이 정하는 바에 따라 식품의약품안전처장에게 수입화장품의 제조업자에 대한 현지실사를 신청하여야 한다. 현지실사에 필요한 신청절차, 제출서류 및 평가방법 등에 대하여는 식품의약품안전처장이 정하여 고시한다.
ⓔ 다음의 어느 하나에 해당하는 성분을 0.5퍼센트 이상 함유하는 제품의 경우에는 해당 품목의 안정성시험 자료를 최종 제조된 제품의 사용기한이 만료되는 날로부터 1년간 보존할 것
  • 레티놀(비타민 A) 및 유도체
  • 아스코빅애시드(비타민 C) 및 그 유도체
  • 토코페롤(비타민 E)
  • 과산화화합물
  • 효 소

07
답 ①

다음의 어느 하나에 해당하는 성분을 0.5퍼센트 이상 함유하는 제품의 경우에는 해당 품목의 안정성시험 자료를 최종 제조된 제품의 사용기한이 만료되는 날로부터 1년간 보존해야 한다.

• 레티놀(비타민 A) 및 유도체
• 아스코빅애시드(비타민 C) 및 그 유도체
• 토코페롤(비타민 E)
• 과산화화합물
• 효 소

08
답 ④

생물학적 유효성이란 생물학적 특성(웹 미백에 도움, 주름개선에 도움 등)을 기반으로 한 효과이다. 따라서 미백에 도움을 주는 효능을 가지는 나이아신아마이드 생물학적 유효성 예이다.

09
답 ⑤

⑤ 자외선차단지수(SPF) 10 이하 제품의 경우에는 "자외선차단지수(SPF), 내수성 자외선차단지수(SPF, 내수성 또는 지속내수성) 및 자외선 A차단등급(PA) 설정의 근거자료"의 자료 제출을 면제한다.
① 현재 「화장품법」 제4조에서 기능성화장품 심사 신청 또는 보고서 제출은 화장품제조업자, 화장품책임판매업자 또는 총리령으로 정하는 대학·연구소 등만 할 수 있도록 규정하고 있어 맞춤형화장품판매업자는 기능성화장품 심사 신청 또는 보고서 제출을 할 수 없다.
② 기능성화장품 심사를 받은 자 간에 심사를 받은 기능성화장품에 대한 권리를 양도·양수하여 심사를 받으려는 경우에는 첨부서류를 갈음하여 양도·양수계약서를 제출할 수 있다.
③ 안전성에 관한 자료는 비임상시험관리기준에 따라 시험한 자료여야 한다. 다만, 인체첩포시험 및 인체누적첩포시험은 국내·외 대학 또는 전문 연구기관에서 실시하여야 하며, 관련분야 전문의사, 연구소 또는 병원 기타 관련기관에서 5년 이상 해당 시험 경력을 가진 자의 지도 및 감독하에 수행·평가되어야 한다.
④ 유효성 또는 기능에 관한 자료 중 인체적용시험자료를 제출하는 경우 효력시험자료 제출을 면제할 수 있다. 다만, 이 경우에는 효력시험자료의 제출을 면제받은 성분에 대해서는 효능·효과를 기재·표시할 수 없다.

10
답 ②

• 소비자화장품 감시원으로 위촉받고자 하는 자 및 소비자화장품감시원을 대상으로 한 교육내용
  – 소비자화장품감시원의 임무 및 활동요령

- 화장품 안전관리 정책방향 및 주요업무 계획
- 직무범위별 기본 요령
- 관할 지역 내 화장품 안전관리 관련 현안사항 및 대책
- 기타 화장품 관련 법령 및 제도 등
• 소비자화장품감시원으로 위촉받고자 하는 자는 교육과정을 최소 4시간 이상 이수하여야 함

11
답 ②

개인정보처리자는 정보주체의 개인정보를 제3자에게 제공(공유를 포함)하기 위해 정보 주체의 동의를 받을 때에는 다음의 사항을 정보주체에게 알려야 한다. 변경하는 경우에도 이를 알리고 동의를 받아야 한다.
• 개인정보를 제공받는 자
• 개인정보를 제공받는 자의 개인정보 이용목적
• 제공하는 개인정보의 항목
• 개인정보를 제공받는 자의 개인정보 보유 및 이용기간
• 동의를 거부할 권리가 있다는 사실 및 동의거부에 따른 불이익이 있는 경우에는 그 불이익의 내용

12
답 ③

• 개인정보는 목적 내에서 정당하게 최소 수집이 원칙이므로 해당 이용목적 내에서 반드시 필요한 정보만 수집해야 한다.
• ㉠의 경우 이벤트 알림을 보내기 위한 최소한의 개인정보인 이름, 연락처, 생년월일을 수집하고, ㉡의 경우도 맞춤형화장품조제 및 맞춤형 정보 제공을 하기 위해 필요한 최소정보인 피부의 상태에 대한 정보를 수집하는 것이 적합하다.
• ㉠ 개인정보, ㉡ 민감정보

13
답 ④

④ 코카마이드디이에이는 비이온계면활성제이며 코카미도프로필베타인은 양쪽성계면활성제이다. 모든 성분의 함량이 높은 순서대로 전성분 표기되었으므로 해당 제품에는 비이온계면활성제가 양쪽성계면활성제보다 더 많이 들어있다.
① 클로페네신의 사용한도는 0.3%이며, 페녹시에탄올의 사용한도 1.0이다. 사용상의 제한이 필요한 원료가 최대 사용한도로 사용되었으므로 소듐클로라이드는 해당 제품에 0.3~1.0% 포함되어 있다. 또한 소듐하이드록사이드를 함유하므로 최종 제품의 pH는 11 이하여야 한다.

14
답 ①

① 소듐라우릴설페이트 : 음이온계면활성제
② 코카마이드MEA : 비이온계면활성제
③ 알킬디메틸암모늄클로라이드 : 양이온계면활성제
④ 베헨트라이모늄클로라이드 : 양이온계면활성제
⑤ 폴리솔베이트60 : 비이온계면활성제

15
답 ③

칼슘카보네이트(탄산칼슘)는 체질안료이지만, 세제, 치약에서는 연마제로 사용된다.

16
답 ⑤

나이아신아마이드, 아데노신, 에칠헥실살리실레이트의 제제의 함량기준은 90% 이상이다.
• 나이아신아마이드 2% ×0.9 = 1.8%
• 아데노신 0.04% ×0.9 = 0.036%
• 에칠헥실살리실레이트 4.9% ×0.9 = 4.41%
따라서 기능성 원료는 상기 계산 결과 값의 이상이어야 한다.

17
답 ②

알부틴 로션제(Arbutin Lotion)
이 기능성화장품은 정량할 때 표시량의 90.0% 이상에 해당하는 알부틴($C_{12}H_{16}O_7$: 272.25)을 함유한다.
• 제법 : 이 기능성화장품은 알부틴을 주성분(기능성 성분)으로 하는 로션제이다. 이 제품은 안정성 및 유용성을 높이기 위해 안정제, 습윤제, 유화제, 보습제, pH 조절제, 착색제, 착향제 등을 첨가할 수 있다.
• 확인시험 : 정량법의 검액에서 얻은 주피크의 유지시간은 표준액에서 얻은 주피크의 유지시간과 같다.
• pH : 기준치 ±1.0(2→30)(다만, pH 범위는 3.0~9.0이다)
• 히드로퀴논 : 이 기능성화장품 약 1g을 정밀하게 달아 이동상을 넣어 분산시킨 다음 10mL로 하고 필요하면 여과하여 검액으로 한다. 따로 히드로퀴논 표준품($C_6H_6O_2$) 약 10mg을 정밀하게 달아 이동상을 넣어 녹여 100mL로 한 액 1mL를 정확하게 취한 후, 이동상을 넣어 정확하게 1000mL로 한 액을 표준액으로 한다. 검액 및 표준액 각 20μl씩 가지고 다음 조작조건으로 액체크로마토그래프법에 따라 시험할 때 검액의 히드로퀴논 피크는 표준액의 히드로퀴논 피크보다 크지 않다(1ppm).

18

ⓑ 레티닐팔미테이트는 지용성 주름개선 성분이지만 자료제출이 생략되는 함량은 기능성 성분으로 90% 이상 들어가야 하므로 9,000IU/g 이상 들어가야 한다.

㉠ 아데노신은 수용성 주름개선 성분이며 자료제출이 생략되는 함량은 0.04% 이하이다.

㉡ 아스코빌테트라이소팔미테이트는 지용성 미백 성분이지만 자료제출이 생략되는 함량은 2% 이하이다.

㉢ 티타늄디옥사이드는 자외선차단 기능성 성분이며 자료제출이 생략되는 함량은 25% 이하이다.

㉣ 소듐하이알루로네이트는 기능성 성분이 아닌 보습 성분이다.

- 지용성 주름개선 성분 : 레티놀, 레티닐팔미테이트, 폴리에톡실레이티드, 레틴아마이드
- 수용성 주름개선 성분 : 아데노신
- 지용성 미백성분 : 유용성감초추출물, 알파-비사보롤, 아스코빌테트라이소팔미테이트
- 수용성 미백성분 : 닥나무추출물, 알부틴, 에칠아스코빌에텔, 아스코빌글루코사이드, 마그네슘아스코빌포스페이트, 나이아신아마이드

19

㉠ 비타민 A는 레티노이드(Retinoid)로 알려진 지용성 물질군으로 레티놀(Retinol), 레틴알데하이드(Retinaldehyde) 및 레티노익애씨드(Retinoic acid)의 3가지 형태가 있다. 이들은 상호전환될 수 있으나, 레티노익애씨드로 전환되는 과정은 비가역적이다.

㉢ 천연 상태의 비타민 E인 토코페롤은 수산기가 붙어있는 원료로 불안정한 상태로써 쉽게 산화되어 분해되기 때문에 토코페롤의 에스터 형태인 토코페릴아세테이트가 화장품에 많이 사용된다.

㉣ 비타민이란 생체의 정상적인 발육과 영양을 유지하는데 미량으로 필수적인 유기화합물을 총칭한다.

20

① '타르색소'라 함은 화장품에 사용할 수 있는 색소 중 콜타르, 그 중간생성물에서 유래되거나 유기합성하여 얻은 색소 및 그 레이크, 염, 희석제와의 혼합물을 말한다.

② '기질'이라 함은 레이크 제조 시 순색소를 확산시키는 목적으로 사용되는 물질을 말하며, 알루미나, 브랭크휙스, 크레이, 이산화티탄, 산화아연, 탈크, 로진, 벤조산알루미늄, 탄산칼슘 등의 단일 또는 혼합물을 사용한다.

④ 유기 안료는 구조 내에서 가용기가 없고 물, 오일에 용해하지 않는 유색 분말이다.

⑤ 일반적으로 안료는 레이크보다 착색력, 내광성이 높아 립스틱, 브러쉬 등의 메이크업 제품에 널리 사용된다.

21

㉡ 황색산화철 : 착색안료

㉣ 옥시염화비스머스 : 진주광택안료

㉤ 티타늄디옥사이드 : 백색안료

무기안료

체질안료	탈크, 카올린, 마이카, 탄산칼슘, 탄산마그네슘, 무수규산
착색안료	황색산화철, 흑색산화철, 적색산화철
백색안료	티타늄디옥사이드, 산화아연

22

자료제출이 생략되는 옥토크릴렌의 최대함량은 10%, 시녹세이트의 최대함량은 5.0%, 벤질알코올의 사용한도는 1.0%이다. 따라서 로즈힙꽃오일 함량의 범위는 1.0~5.0%이다.

23

③ 안정화제, 보존제 등 원료 자체에 들어있는 부수 성분으로서 그 효과가 나타나게 하는 양보다 적은 양이 들어있는 성분은 기재·표시를 생략할 수 있다.

① 광물성 유지 및 왁스류는 화학적으로 불활성이며 변질 또는 산패의 우려가 없다.

② 1% = 10,000ppm이므로 1% ×0.45 = 10,000ppm ×0.45 = 4,500ppm이다.

④ 페녹시에탄올은 보존제로써 사용한도가 1.0%이다

⑤ 아이크림은 씻어내지 않는 제품이므로 0.001% 초과 함유하는 경우에 알레르기 성분명을 전성분에 표시해야 한다. 따라서 리날룰만 전성분에 표시하면 된다.

24

㉠ 사용할 때의 공통 주의사항이다.

㉣ 고압가스를 사용하지 않는 분무형 자외선차단제의 주의사항이다.

㉤ 가능한 한 인체에서 0.2m 이상 떨어져서 사용할 것이 옳은 주의사항이다.

25 답 ②

원료명	사용한도	비 고
메칠이소치아졸리논	사용 후 씻어내는 제품에 0.0015% (단, 메칠클로로이소치아졸리논과 메칠이소치아졸리논 혼합물과 병행 사용금지)	기타 제품에는 사용금지
살리실릭애씨드 및 그 염류	살리실릭애씨드로서 0.5%	영유아용 제품류 또는 만 13세 이하 어린이가 사용할 수 있음을 특정하여 표시하는 제품에는 사용금지 (다만, 샴푸는 제외)
징크피리치온	사용 후 씻어내는 제품에 0.5%	기타 제품에는 사용금지
벤제토늄클로라이드	0.1%	점막에 사용되는 제품에는 사용금지
트리클로카반 (트리클로카바닐리드)	0.2% (다만, 원료 중 3,3',4,4'-테트라클로로아조벤젠 1ppm 미만, 3,3',4,4'-테트라클로로아족시벤젠 1ppm 미만 함유하여야 함)	

26 답 ②

ⓒ 위해도 결정(Risk Characterization)은 위해요소 및 이를 함유한 화장품의 사용에 따른 건강상 영향을 인체노출 허용량(독성기준값) 및 노출수준을 고려하여 사람에게 미칠 수 있는 위해의 정도와 발생빈도 등을 정량적으로 예측하는 과정이다.

ⓔ 위험에 대한 충분한 정보가 부족한 경우는 위해평가가 불필요한 경우이다.

ⓜ 피부로 노출된 경우의 전신노출량(SED) 산출 시 피부흡수율은 문헌에 보고된 값이나 실험값 중 신뢰성 있는 값을 선택하여 적용한다. 다만, 자료가 없는 경우 보수적으로 50%로 적용할 수 있다.

28 답 ⑤

ⓐ 개인별 화장품 사용에 관한 편차를 고려하여 일반적으로 일어날 수 있는 최대 사용환경에서 화장품 성분을 위해평가한다.

ⓛ 화장품 성분의 안전성은 노출조건에 따라 달라질 수 있다. 노출조건은 화장품의 형태, 농도, 접촉 빈도 및 기간, 관련 체표면적, 햇빛의 영향 등에 따라 달라질 수 있다.

ⓒ 제품에 대한 위해평가는 개개 제품에 따라 다를 수 있으나 일반적으로 화장품의 위험성은 각 원료성분의 독성자료에 기초한다. 과학적 관점에서 모든 원료성분에 독성자료가 필요한 것은 아니다. 현재 활용 가능한 자료가 우선적으로 검토될 수 있다.

29 답 ⑤

① 회수계획서 첨부서류는 해당 품목의 제조·수입기록서 사본, 판매처별 판매량·판매일 등의 기록, 회수사유를 적은 서류가 해당한다.

② 병원미생물에 오염된 화장품은 위해성 등급 다등급에 해당한다.

③ 책임판매관리자를 두지 않고 판매한 화장품은 위해성 등급에 해당하지 않는다.

④ 회수계획량의 4분의 1 이상 3분의 1 미만을 회수했을 때, 행정처분기준이 업무정지 또는 품목의 제조·수입·판매 업무정지인 경우에는 정지처분기간의 2분의 1 이하의 범위에서 경감한다.

30 답 ④

ⓛ 디페닐아민은 사용할 수 없는 원료이므로 위해성 등급 가등급에 해당한다. 따라서 회수를 시작한 날부터 15일 이내 회수를 종료해야 한다.

ⓔ 탄저균은 병원미생물이다. 병원미생물에 오염된 경우 위해성 등급 다등급에 해당한다.

ⓐ 회수계획량의 3분의 1 이상을 회수한 경우 행정처분기준이 업무정지 또는 품목의 제조·수입·판매 업무정지인 경우에는 정지처분기간의 3분의 2 이하의 범위에서 경감한다.

ⓒ 내용량의 기준을 위반한 화장품은 위해성 화장품에 해당하지 않는다. 다만 기능성화장품의 기능성 성분 함량 부족 시 유효성의 문제로 인해 위해성 등급 다등급에 해당한다.

ⓜ 1mg = 1000μg이므로 0.032mg = 32μg이다. 아이섀도는 눈 화장용 제품으로서 유통화장품 안전관리기준 35μg/g 이하를 충족하므로 위해성 화장품이 아니다.

31

답 ②

㉠ 제품표준서의 사항

㉢ · ㉤ 제조관리기준서의 사항

㉥ 제조위생관리기준서의 사항

품질관리기준서의 포함 사항

- 다음 사항이 포함된 시험지시서
  - 제품명, 제조번호 또는 관리번호, 제조연월일
  - 시험지시번호, 지시자 및 지시연월일
  - 시험항목 및 시험기준
- 시험검체 채취방법 및 채취 시의 주의사항과 채취 시의 오염 방지대책
- 시험시설 및 시험기구의 점검(장비의 교정 및 성능점검 방법)
- 안정성시험
- 완제품 등 보관용 검체의 관리
- 표준품 및 시약의 관리
- 위탁시험 또는 위탁 제조하는 경우 검체의 송부방법 및 시험결과의 판정방법
- 그 밖에 필요한 사항

32

답 ③

제조관리기준서의 포함 사항

- 제조공정관리에 관한 사항
  - 작업소의 출입제한
  - 공정검사의 방법
  - 사용하려는 원자재의 적합판정 여부를 확인하는 방법
  - 재작업방법
- 시설 및 기구 관리에 관한 사항
  - 시설 및 주요 설비의 정기적인 점검방법
  - 작업 중인 시설 및 기기의 표시방법
  - 장비의 교정 및 성능점검 방법
- 원자재 관리에 관한 사항
  - 입고 시 품명, 규격, 수량 및 포장의 훼손 여부에 대한 확인방법과 훼손되었을 경우 그 처리방법
  - 보관장소 및 보관방법
  - 시험결과 부적합품에 대한 처리방법
  - 취급 시의 혼동 및 오염 방지대책
  - 출고 시 선입선출 및 칭량된 용기의 표시사항
  - 재고관리
- 완제품 관리에 관한 사항
  - 입 · 출하 시 승인판정의 확인방법
  - 보관장소 및 보관방법
  - 출하 시의 선입선출방법

- 위탁제조에 관한 사항
  - 원자재의 공급, 반제품, 벌크제품 또는 완제품의 운송 및 보관 방법
  - 수탁자 제조기록의 평가방법

33

답 ③

환기만 하는 방식과 센트럴 방식을 겹친 "팬 코일+에어컨 방식"은 비용적으로 바람직한 방식이다. 공기의 온 · 습도, 공중미립자, 풍량, 풍향기류를 일련의 덕트를 사용해서 제어하는 "센트럴 방식"이 가장 화장품에 적합한 공기 조절이지만, 많은 설비 투자와 유지비용을 수반한다.

34

답 ⑤

청정도 등급	1	2	3	4
대상 시설	청정도 엄격관리	화장품 내용물이 노출되는 작업실	화장품 내용물이 노출 안 되는 곳	일반 작업실 (내용물 완전폐색)
해당 작업실	Clean bench	제조실, 성형실, 충전실, 내용물 보관소, 원료 칭량실, 미생물 시험실	포장실	포장재 보관소, 완제품 보관소, 관리품 보관소, 원료보관소, 갱의실, 일반시험실
청정 공기 순환	20회/hr 이상 또는 차압관리	10회/hr 이상 또는 차압관리	차압관리	환기장치
구조 조건	Pre-filter, Med-filter, HEPA-filter, Clean bench/ Booth, 온도조절	Pre-filter, Med-filter, (필요시 HEPA-filter), 분진발생실 주변 양압, 제진시설	Pre-filter 온도조절	환기 (온도조절)
관리 기준	낙하균 : 10 개/hr 또는 부유균 : 20 개/m²	낙하균 : 30 개/hr 또는 부유균 : 200개/m²	갱의, 포장재의 외부 청소 후 반입	
작업 복장	작업복, 작업모, 작업화	작업복, 작업모, 작업화	작업복, 작업모, 작업화	

35 답 ①

① 모든 제조업소는 CGMP의 품질관리 기준을 따라야 하지만, CGMP 인증을 의무적으로 취득할 의무는 없다.

② 제품 품질과 안전성에 악영향을 미칠지도 모르는 건강 조건을 가진 직원은 원료, 포장, 제품 또는 제품 표면에 직접 접촉을 금지한다.

③ 손을 대상으로 하는 세정 제품으로는 고형 타입의 비누와 액상 타입의 핸드워시(Hand Wash), 물을 사용하지 않고 세정감을 주는 핸드새니타이저(Hand Sanitizer)가 있다.

④ 물로 헹군 후 손이 재오염되지 않도록 종이 타월(일회용 타월) 또는 드라이어를 이용하여 손을 건조시켜야 한다.

⑤ 2급지 작업실의 상부 작업자는 반드시 방진복을 착용하고 작업장을 입실해야 한다.

36 답 ③

ⓔ 에탄올의 최적 살균농도는 70~80%이다.

ⓐ 소독 전에 존재하던 미생물을 최소한 99.9% 이상 사멸시켜야 한다.

소독제의 조건	소독제 선택 시 고려할 사항
• 사용기간 동안 활성 유지 • 경제적이어야 함 • 사용농도에서 독성이 없어야 함 • 제품이나 설비와 반응하지 않아야 함 • 불쾌한 냄새가 남지 않아야 함 • 광범위한 항균 스펙트럼 보유 • 5분 이내의 짧은 처리에도 효과 구현 • 소독 전에 존재하던 미생물을 최소한 99.9% 이상 사멸 • 쉽게 이용할 수 있어야 함	• 대상 미생물의 종류와 수 • 항균 스펙트럼의 범위 • 미생물 사멸에 필요한 작용시간, 작용의 지속성 • 물에 대한 용해성 및 사용방법의 간편성 • 적용 방법(분무, 침적, 걸레질 등) • 부식성 및 소독제의 향취 • 적용 장치의 종류, 설치 장소 및 사용하는 표면의 상태 • 내성균의 출현 빈도 • pH, 온도, 사용하는 물리적 환경 요인의 약제에 미치는 영향 • 잔류성 및 잔류하여 제품에 혼입될 가능성 • 종업원의 안전성 고려 • 법 규제 및 소요 비용

37 답 ④

① 설계 고려 대상은 설비의 작업부분과 제품이 접촉하는 것을 최소화하여 설비가 제대로 움직이지 않게 하는 것과 미생물 생장을 돕는 원인일 수 있는 제품 오염을 방지하는 수단이 포함되어야 한다.

② 탱크의 구성 재질은 제품(포뮬레이션 또는 원료 또는 생산공정 중간생산물)과의 반응으로 부식되거나 분해를 초래하는 반응이 있어서는 안 된다. 현재 대부분 원료와 포뮬레이션에 대해 스테인리스스틸은 탱크의 제품에 접촉하는 표면 물질로 일반적으로 선호한다. 구리는 화학 반응성이 제법 큰 편으로 녹이 잘 슨다.

③ 파이프 시스템에는 플랜지(이음새)를 붙이거나 용접된 유형의 위생처리 파이프시스템이 있다.

⑤ 믹서를 고르는 방법 중 일반적인 접근은 실제 생산 크기의 뱃치 생산 전에 시험적인 정률증가(Scale-up) 기준을 사용하는 뱃치들을 제조하는 것이다.

38 답 ②

ⓛ 제조 및 품질관리에 필요한 설비 등은 사용목적에 적합하고, 청소가 가능하며, 필요한 경우 위생 · 유지관리가 가능하여야 한다. 자동화시스템을 도입한 경우도 또한 같다.

ⓔ 수세실과 화장실은 접근이 쉬워야 하나 생산구역과 분리되어 있어야 한다.

ⓜ 바닥, 벽, 천장은 가능한 청소하기 쉽게 매끄러운 표면을 지니고 소독제 등의 부식성에 저항력이 있어야 한다.

39 답 ③

ⓛ 물리적 소독제로서 온수, 스팀은 습기가 다량 발생하며 고에너지를 소비한다. 설비 소독 시 직열의 방법은 설비나 파이프에 효과적이나 일반적으로 사용하는 방법은 아니다.

ⓒ 흰 천을 사용할지 검은 천을 사용할지는 설비의 종류를 따른 것이 아닌, 전회제조물 종류로 정하면 된다.

ⓜ 린스 액의 최적정량방법은 HPLC법이나, 잔존물의 유무를 판정하는 것이면 박층 크로마토그래피법(TLC)에 의해 간편 정량이 가능하다.

40
답 ③

① 원료가 재포장될 때, 새로운 용기에는 원래와 동일한 라벨링이 있어야 한다.

② 원료의 용기는 밀폐되어 청소와 검사가 용이하도록 충분한 간격으로 바닥과 떨어진 곳에 보관되어야 한다.

④ 보관기한이 규정되어 있지 않은 원료는 품질부분에서 적절한 보관기한을 정할 수 있다. 물질의 정해진 보관기한이 지나면, 무조건 폐기하는 것이 아닌 해당 물질을 재평가하여 사용 적합성을 결정하는 단계가 있어야 한다(원료의 최대 보관기한을 설정하는 것이 바람직함).

⑤ 원료의 최소 보관기한이 아닌 최대 보관기한을 설정하는 것이 바람직하다.

41
답 ④

ⓒ 표준작업절차서의 원본 문서는 품질보증부서에서 보관하여야 하며, 사본은 작업자가 접근하기 쉬운 장소에 비치·사용하여야 한다.

ⓔ 원료의 수급기간을 고려하여 최소 발주량을 설정해 원료발주공문(구매요청서)으로 발주한다. 원료의 사용기한은 화장품의 사용기한과 관련이 있기 때문이다.

42
답 ④

① 완제품 보관 검체는 제품이 가장 안정한 조건에서 보관한다.

② 제품 검체채취는 품질관리부서가 실시하는 것이 일반적이다. 제품시험 및 그 결과 판정은 품질관리 부서의 업무다. 제품시험을 책임지고 실시하기 위해서도 검체채취를 품질관리부서 검체채취 담당자가 실시한다. 원재료 입고 시에 검체채취라면 다른 부서에 검체채취를 위탁하는 것도 가능하나 제품 검체채취는 품질관리부서 검체채취 담당자가 실시한다. 불가피한 사정이 있으면 타 부서에 의뢰할 수는 있다.

③ 시험용 검체는 보존기간을 정해 놓는다. 일반적으로는 제품시험이 종료되고 그 시험결과가 승인되면 폐기한다. 시험 시에 여러 번 개봉된 검체는 각종 오염이 발생할 가능성이 있으므로 장기간 보존해도 의미가 없다.

⑤ 시험용 검체의 용기에는 명칭 또는 확인코드, 제조번호, 검체채취 일자를 기재하여야 한다.

43
답 ②

ⓖ 포장재란 화장품의 포장에 사용되는 모든 재료를 말하며, 운송을 위해 사용되는 외부 포장재는 제외한 것이다.

ⓒ 입고된 포장재는 검사 중, 적합, 부적합에 따라 각각의 구분된 공간에 별도로 보관되어야 한다.

44
답 ③

③ 원료와 포장재의 용기는 밀폐되어, 청소와 검사가 용이하도록 충분한 간격으로, 바닥과 떨어진 곳에 보관되어야 한다.

45
답 ③

시험결과 납과 수은이 규정에 적합하지 않다.

영유아용 제품류 안전기준

· pH : 3.0~9.0
· 납 : 20μg/g 이하
· 비소 : 10μg/g 이하
· 수은 : 1μg/g 이하
· 디옥산 : 100μg/g 이하
· 총호기성생균수 : 500개/g(mL) 이하

46
답 ③

ⓖ 외음부 세정제는 만 3세 이하의 영유아가 사용할 수 없다.

ⓒ 해당 제품에 폴리에톡실레이티드레틴아마이드가 0.2% 이상에 해당하지 않으므로 주의사항은 표기하지 않는다.

ⓒ 알부틴은 2% 이하로 함유되어 있으므로 사용 시 주의사항을 표기하지 않아도 된다.

ⓜ 해당 제품의 총호기성생균수는 세균수와 진균수를 더한 값이다. 따라서 총호기성생균수 = 460 + 585 = 1,045개/g(mL)이다. 미생물 한도 기준은 기타 화장품의 경우 1,000개/g(mL) 이상이므로 유통화장품 안전관리 기준에 적합하지 아니한 화장품이다. 또한 납 함량 20μg/g 이하에 위배되므로 위해성 등급 나등급에 해당한다. 위해성 등급 나등급 화장품은 1개 이상의 전국 일반일간신문 게재, 해당 영업자의 인터넷 홈페이지에 게재, 식품의약품안전처의 인터넷 홈페이지에 모두 게재해야 한다.

47

⊙ 로션의 미생물한도는 총호기성생균수 1,000개/g(mL)
이므로 적합하다.
- 로션 제품의 세균수(개/mL) : 10 ×10 ÷ 0.2 = 500
- 로션 제품의 진균수(개/mL) : 6 ×10 ÷ 0.2 = 300
- ∴ 총호기성생균수 = 세균수 + 진균수 = 500 + 300
  = 800(개/mL)

ⓔ 탤크를 함유한 파우더 제품은 점토를 원료로 사용한
분말제품이다. 납의 경우 35ppm = 35μg이므로 해당
제품의 납의 허용한도 50μg 이하에 적합하다. 비소의
경우 0.0012% = 12μg이므로 비소의 허용한도 10μg
이하를 벗어났다. 따라서 해당제품은 부적합하다.

ⓒ 포름알데하이드 0.05% 이상 검출된 제품에 사용 시
주의사항을 표기해야 한다. 1μg = 0.0001%이므로,
60μg = 0.0060%이다. 0.05% 이하의 수치로 사용 시
주의사항을 표기하지 않아도 된다.

ⓒ 폼클렌저는 씻어내는 제품으로 pH 기준이 적용되지
않는다. 또한 안티몬의 경우 1μg = 1ppm이므로 6μg
= 6ppm이다. 안티몬의 기준은 10μg 이하이므로 적
합하다. 디옥산의 경우 1mg = 1000μg이므로
0.01mg = 10μg이다. 디옥산의 기준은 100μg 이하
이므로 적합하다. 따라서 해당 폼클렌저는 적합판정을
내려야 한다.

ⓜ 1μg = 0.0001%(v/v)이므로 1,000μg = 0.1%(v/v)이
다. 따라서 메탄올 검출한도 0.2(v/v)% 이하를 충족하
므로 적합하다.

48

답 ①

황색포도상구균시험에는 보겔존슨한천배지 또는 베어드
파카한천배지를 사용한다.

50

답 ②

② 절대점도를 같은 온도의 2액체의 밀도로 나눈값을 운
동점도라 말하고, 그 단위로는 스톡스 또는 센티스톡
스를 쓴다.

51

답 ③

세포 또는 조직에 대한 품질 및 안전성 확보에 필요한 정
보를 확인할 수 있도록 다음의 내용을 포함한 세포·조
직 채취 및 검사기록서를 작성·보존하여야 한다.
- 채취한 의료기관 명칭
- 채취 연월일
- 공여자식별번호
- 공여자의 적격성 평가 결과
- 동의서
- 세포 또는 조직의 종류, 채취방법, 채취량, 사용한 재료
  등의 정보

52

답 ③

재작업은 그 대상이 다음을 모두 만족한 경우에 할 수
있다.
- 변질·변패 또는 병원미생물에 오염되지 아니한 경우
- 제조일로부터 1년이 경과하지 않았거나 사용기한이 1년
  이상 남아있는 경우

53

답 ④

① 작업 환경이 생산 환경 관리에 관련된 문서에 제시하
는 기준치를 벗어났을 경우 - 중대한 일탈
② 관리 규정에 의한 관리 항목 (생산 시의 관리 대상 파
라미터의 설정치 등)에 있어서 설정된 기준치로부터
벗어난 정도가 10% 이하이고 품질에 영향을 미치지
않는 것이 확인되어 있을 경우 - 중대하지 않은 일탈
③ 관리 규정에 의한 관리 항목(생산 시의 관리 대상 파
라미터의 설정치 등)보다도 상위 설정(범위를 좁힌)의
관리 기준에 의거하여 작업이 이루어진 경우 - 중대
하지 않은 일탈
⑤ 생산 작업 중 설비·기기의 고장, 정전 등의 이상이
발생하였을 경우 - 중대한 일탈

56

답 ④

미네랄오일 스쿠알란은 모두 탄화수소류이다. 로션은 에
멀션 타입의 제품이므로 안전용기·포장 대상이 아니다.

57

답 ⑤

맞춤형화장품의 유해사례가 보고되면 즉시 식품의약품안
전처장에게 보고해야 한다.

58

답 ④

파산선고를 받고 복권되지 아니한 자, 화장품법 제24조
에 따라 등록이 취소되거나 영업소가 폐쇄된 날부터 1년
이 지나지 아니한 자는 맞춤형화장품조제관리사의 결격
사유가 아니다.

59 답 ②

㉠ "세포성장을 촉진", "얼굴 윤곽개선, V라인"은 의약품으로 잘못 인식할 우려가 있는 표시 또는 광고로써 금지표현이다.

㉡·㉢ 실증자료 제출 시 가능

㉣ 기능성화장품(탈모증상완화) 심사받은 자료 또는 실증자료 제출 시 가능

60 답 ⑤

⑤ $(192 \div 200) \times 100 = 96\%$, $(194 \div 200) \times 100 = 97\%$. 제품 6개를 추가 시험하여 총 9개의 평균 내용량이 표기량에 대하여 97% 이상이므로 적합하다.

① 안전용기·포장은 식품의약품안전처장이 아닌 산업통상자원부장관이 고시한다.

② 유통화장품 중 액상 제품의 pH 기준은 물을 포함하지 않는 제품과 사용한 후 곧바로 물로 씻어내는 제품에는 적용하지 않는다.

③ 메탄올은 에탄올 및 이소프로필알콜의 변성제로서만 알코올 중 5%까지 사용 가능하다.

④ $(240 \div 250) \times 100 = 96\%$. 내용량이 97% 이하이므로 유통화장품의 안전관리 기준에 적합하지 않다.

61 답 ④

㉠ 맞춤형화장품조제관리사 자격을 취득한 맞춤형화장품판매업자는 하나의 매장에서 맞춤형화장품조제관리사 업무를 동시에 수행할 수 있다. 또한 맞춤형화장품판매업자는 판매장마다 맞춤형화장품조제관리사를 고용해야 한다.

62 답 ②

㉤ 맞춤형화장품에는 식품의약품안전처장이 고시한 기능성화장품의 효능·효과를 나타내는 원료의 혼합이 원칙적으로 금지되어 있다. 다만, 맞춤형화장품판매업자에게 내용물 등을 공급하는 화장품책임판매업자가 사전에 해당 원료를 포함하여 기능성화장품 심사를 받거나 보고서를 제출한 경우에는 맞춤형화장품조제관리사가 기 심사받거나 보고서를 제출한 조합·함량의 범위 내에서 해당 원료를 혼합할 수 있다.

㉠ 맞춤형화장품조제관리사는 원료와 원료를 혼합할 수 없다.

㉡ 벤질알코올은 사용상 제한이 있는 원료(보존제)이므로 맞춤형화장품조제관리사가 이를 혼합할 수 없다.

㉢ 손님이 가져온 로션제품은 시중 유통 중인 제품이므로

맞춤형화장품 혼합·소분의 용도로 사용할 수 없다.

㉣ 소비자의 피부상태나 선호도 등을 확인하지 아니하고 맞춤형화장품을 미리 혼합·소분하여 보관하거나 판매하면 안 된다. 또한 화장비누(고체 형태의 세안용 비누)를 단순 소분한 화장품은 맞춤형화장품이 아니다.

㉤ 에이치시 녹색1호는 사용할 수 없는 원료(사용금지 원료)이다.

㉥ 현행 화장품법령상 화장품의 내용물과 원료는 화장품책임판매업자만 수입할 수 있으므로(표준통관예정 보고를 하여야 함) 맞춤형화장품에 사용될 내용물과 원료를 수입하는 경우 수입 단계에서부터 화장품책임판매업자가 공급하여야 한다.

63 답 ③

② 맞춤형화장품조제관리사는 사용한도가 있는 보존제를 맞춤형화장품에 첨가할 수 없다.

64 답 ③

W/O 형태의 유화 제품 제조 시 수상의 투입 속도를 빠르게 할 경우 제품의 제조가 어렵거나 안정성이 극히 나빠질 가능성이 있다.

65 답 ①

혼합원료는 혼합된 개별 성분의 명칭을 기재·표시한다.

66 답 ①

소합향나무(Liquidambar Orientalis)발삼오일 및 추출물은 사용한도가 0.6%인 사용상의 제한이 있는 원료이므로 맞춤형화장품에 사용할 수 없다.

67 답 ④

제품의 1차, 2차 포장에 표기되어 있으므로 별도의 문서 제공은 하지 않아도 되며, 소비자에게는 직접설명을 해야 한다.

68 답 ④

㉡ 한선(땀샘)에는 아포크린선(대한선)과 에크린선(소한선)이 있다. 아포크린선은 겨드랑이, 유두 주변, 배꼽, 생식기, 서혜부, 항문 등 특정 부위에 분포해 있으며 모낭과 연결되어 있어 모공을 통해 피지와 섞여 함께 배출된다(아포크린선이 피지를 분비하는 것이 아니다). 에크린선은 입술, 생식기, 손톱을 제외한 전신에 분포해 있으며 손바닥, 발바닥, 이마에 특히 많이 분포해 있다. 에크린선은 표피의 땀구멍을 통해 분비된다.

② 천연 보습인자는 피부 내에 존재하는 피지의 친수성 부분을 의미하며 피부의 수분량을 조절하여 피부건조를 방지하는 중요한 역할을 한다. 천연 보습인자는 습도가 낮은 상황에서도 수분을 유지하려는 능력이 뛰어나다. 주요 구성물질은 아미노산(40%), 피롤리돈 카프본산염(12%), 젖산염(12%), 요소, 염소, 나트륨, 칼륨, 칼슘, 암모니아, 인산염 등이 있다. 표피지질(세포간지질)은 각질 세포의 사이사이를 메워주는 역할을 하는 성분으로서 이러한 지질성분의 함량 변화는 피부를 건조하게 하는 원인 중 하나이다. 지질은 세포와 세포사이를 더 단단하게 결합하고 수분손실을 막기 위해 라멜라(Lamella)구조를 이루고 있다. 표피지질 구성성분은 세라마이드(50%), 포화지방산(30%), 콜레스테롤(15%), 콜레스테릴 에스테르 등으로 구성되어 있어서 피부장벽 기능을 회복하고 유지하는 데 중요한 역할을 한다. 정상적인 지질층의 구성은 각질세포의 정상적인 분열, 분화와 밀접한 관계가 있다.

69   답 ④

① 모표피는 물고기의 비늘처럼 사이사이 겹쳐 놓은 것과 같은 구조로 친유성의 성격이 강하고 모피질을 보호하는 화학적 저항성이 강한 큐티클층이다. 모소피는 단단한 케라틴으로 만들어져 마찰에 약하고 자극에 의해 쉽게 부러지는 성질이 있다.

② 휴지기에는 모낭과 모유두가 완전히 분리되고 모낭도 더욱더 위축되어 모근은 위쪽으로 더 밀려 올라가 모발이 빠지게 된다. 휴지기의 기간은 약 2~3개월이며, 이 기간 동안 모유두는 쉬게 된다. 휴지기에 해당하는 모발의 수는 전체 모발의 약 10%에 해당하며, 휴지기에 들어선 후 약 3~4개월은 두피에 머무르다가 차츰 자연스럽게 빠지게 된다. 휴지기 상태의 모발이 약 20% 이상이 되어 탈모되는 수가 많아질 때는 그 원인을 파악해서 더이상 탈모가 진행되지 않도록 두피 및 모발관리를 해야 한다.

③ 모소피의 가장 안쪽에 있는 친수성의 내표피는 시스틴 함량이 적고 알칼리성에 약하다. 내표피는 접착력이 있는 세포막복합체(CMC, Cell Membrane Complex)로 인접한 모표피를 밀착시키는 기능을 한다.

⑤ 엑소큐티클은 2황화결합(-S-S-)이 많은 비결정질의 케라틴층으로 시스틴이 많이 포함되어 있고 친수성이다. 단백질 용해성의 물질에 대한 저항성은 강하지만 시스틴결합을 절단하는 물질에는 약해서 퍼머넌트 웨이브의 작용을 받기 쉽다.

70   답 ①

관능평가 종류	평가방법
소비자에 의한 평가	• 맹검 사용시험(Blind Use Test) : 제품의 정보를 제공하지 않는 제품 사용 시험 • 비맹검 사용시험(Concept use Test) : 제품의 정보를 제공하고 제품에 대한 인식 및 효능이 일치하는지를 조사하는 시험
전문가 패널에 의한 평가	품 평
정확한 관능기준을 가지고 교육을 받은 전문가 패널의 도움을 얻어 실시하는 평가	• 의사의 감독하에서 실시하는 시험 • 그 외 전문가(준의료진, 미용사 등) 관리하에 실시하는 평가

71   답 ②

세포간지질은 세라마이드(50%), 포화지방산(30%), 콜레스테롤(15%), 콜레스테릴에스테르 등으로 구성되어 있어서 피부장벽 기능을 회복하고 유지하는 데 중요한 역할을 한다.

72   답 ②

© 화장품책임판매업자가 기능성 심사를 받은 화장품베이스와 락토바실러스 용해물은 맞춤형화장품 조제에 사용이 가능하다.

㉠ "항균"이라는 표시·광고 표현은 인체 세정용 제품에 한하며, 실증자료(인체 적용시험 자료)를 제출해야 가능하다.

㉡ 무화과나무잎엡솔루트는 사용금지 원료이다.

㉢ 메탄올의 검출 허용한도는 물휴지의 경우 0.002%(v/v) 이하여야 한다.

73   답 ③

③ 맞춤형화장품 판매 시 다음의 사항을 소비자에게 설명할 것
  • 혼합·소분에 사용된 내용물·원료의 내용 및 특성
  • 맞춤형화장품 사용 시의 주의사항

① 책임판매관리자 및 맞춤형화장품조제관리사는 종사한 날로부터 6개월 이내 최초교육을 받아야 한다. 다만, 자격시험에 합격한 날이 종사한 날 이전 1년 이내이면 최초교육을 받은 것으로 본다. 미영씨는 자격증 취득 후 1년 이내 종사하였으므로 최초 교육을 받을 필요가 없다.

④ 맞춤형화장품판매업자는 총리령으로 정하는 바에 따라 맞춤형화장품에 사용된 모든 원료의 목록을 매년 1회 식품의약품안전처장에게 보고하여야 한다.

74   답 ④

- 금지표현
  - A병원 홍길동 원장이 추천하는 : 화장품법 제13조 제1항 제4호를 위반한 표현이다
  - 항염증 에센스 : 화장품법 제13조 제1항 제1호를 위반한 표현이다.
  - 코스메슈티컬 기능성화장품 : 화장품법 제13조 제1항 제1호를 위반한 표현이다.
- 실증자료 필요
  - 피부과에서 테스트 완료한 제품
  - 여드름성 피부에 사용 적합한 클렌징로션
  - 4無(메틸, 에틸, 프로필, 부틸 파라벤) 영유아용 로션

75   답 ③

① 핫플레이트(Hotplate) : 랩히터(Lab Heater)라고도 함. 내용물 및 특정 성분 온도를 올릴 때 사용
② 스파츌라(Spatula) : 내용물 및 특정 성분의 소분 시 사용
④ 오버헤드스터러(Overhead Stirrer) : 아지믹서, 프로펠러믹서, 분산기라고도 함. 봉의 끝부분에 다양한 모양의 회전 날개가 붙어 있고, 내용물에 내용물을 또는 내용물에 특정 성분을 혼합 및 분산 시 사용하며 점증제를 물에 분산 시 사용
⑤ 광학현미경 : 유화된 내용물의 유화입자의 크기를 관찰할 때 사용

76   답 ④

종합제품으로서 복합합성수지재질, 폴리비닐클로라이드 재질 또는 합성섬유재질로 제조된 받침접시 또는 포장용 완충재를 사용한 제품의 포장공간비율은 20% 이하로 한다.

77   답 ④

ⓐ 제조연월일(2021.05.30.)로부터 12개월 후는 2022. 05.29.이고, 개봉일(2022.02.24.)로부터 5개월 후는 2022. 07. 23.이다. 개봉 후 사용기한은 전체 사용기간 이후가 될 수 없기 때문에 이 제품의 사용기한은 22. 05. 29.이다.

ⓔ 제조연월일(2021.07.18.)로부터 24개월 후는 2023. 07.17.이고, 개봉일(2021.08.11.)로부터 11개월 후는 2022.07.10.이다. 개봉 후 사용기한이 전체 사용기간 안에 있으므로 이 제품의 사용기한은 22.07.10.이다.
ⓒ 제조연월일(2021.03.23.)로부터 17개월 후는 2022. 08.22.
ⓐ 제조연월일(2021.08.07.)로부터 18개월 후는 2023. 02.06.
ⓑ 제조연월일(2020.10.12.)로부터 29개월 후는 2023. 03.11.

78   답 ②

10mL(g) 이하 소용량 또는 비매품의 1차 포장 또는 2차 포장 표기 내용
- 화장품의 명칭
- 화장품책임판매업자 및 맞춤형화장품판매업자의 상호
- 가격(견본품, 비매품)
- 제조번호와 사용기한 또는 개봉 후 사용기간(개봉 후 사용기간의 경우 제조연월일 병기)

79   답 ③

① 안전용기 · 포장은 성인이 개봉하기는 어렵지 아니하나, 만 5세 미만의 어린이가 개봉하기는 어렵게 된 것이어야 한다.
② 일회용 제품, 용기 입구 부분이 펌프 또는 방아쇠로 작동되는 분무용기 제품, 압축분무용기 제품(에어로졸 제품 등)은 안전용기 · 포장의 대상이 아니다.
④ 자원의 절약과 재활용촉진에 관한 법률 제14조(분리배출 표시)에 따라 폐기물의 재활용을 촉진하기 위하여 분리수거 표시를 하는 것이 필요한 제품 · 포장재로서 대통령령으로 정하여 제품 · 포장재의 제조자 등은 환경부장관이 정하여 고시하는 지침(분리배출에 관한 지침)에 따라 그 제품 · 포장재에 분리배출 표시를 하여야 한다.
⑤ 화장품법 제10조(화장품의 표시) 규정, 분리배출에 관한 지침(환경부 고시) 제5조에 따라 외포장된 상태로 수입되는 화장품의 경우 용기 등의 기재사항과 함께 분리배출 표시를 할 수 있다(분리배출 표시의 기준일은 제품의 제조일로 적용).

80   답 ⑤

⑤ 내용량이 50mL(50g)을 초과하면 반드시 전성분 표시를 해야 하며, 만 3세 이하의 영유아용 제품류 및 만

4세 이상부터 만 13세 이하까지의 어린이가 사용할 수 있는 제품임을 특정하여 표시·광고하는 화장품의 경우 보존제의 사용함량을 표시해야 한다.

① 15mL 및 15g 이하의 화장품, 비매품, 견본품은 바코드 표시를 생략할 수 있다.

③ 내용량 10mL(g) 초과 50 mL(g) 이하인 소용량 화장품의 경우 착향제 구성성분 중 알레르기 유발성분은 기존 규정과 동일하게 표시·기재를 위한 면적이 부족한 사유로 생략이 가능하나 해당 정보는 홈페이지 등에서 확인할 수 있도록 해야 한다. 또한 소용량 화장품일지라도 표시 면적이 확보되는 경우에는 해당 알레르기 유발성분을 표시하는 것을 권장한다.

④ 방향용 제품은 성분명을 제품 명칭의 일부로 사용하더라도 그 성분명과 함량을 적지 않아도 된다.

91 답 **살리실릭애씨드, 아이오도프로피닐부틸카바메이트**

화장품의 함유 성분별 사용 시의 주의사항 표시문구

대상제품	표시문구
과산화수소 및 과산화수소 생성물질 함유 제품	눈에 접촉을 피하고 눈에 들어갔을 때는 즉시 씻어낼 것
벤잘코늄클로라이드, 벤잘코늄브로마이드 및 벤잘코늄사카리네이트 함유 제품	눈에 접촉을 피하고 눈에 들어갔을 때는 즉시 씻어낼 것
스테아린산아연 함유 제품 (기초화장품 제품류 중 파우더 제품에 한함)	사용 시 흡입되지 않도록 주의할 것
살리실릭애씨드 및 그 염류 함유 제품(샴푸 등 사용 후 바로 씻어내는 제품 제외)	만 3세 이하 영유아에게는 사용하지 말 것
실버나이트레이트 함유 제품	눈에 접촉을 피하고 눈에 들어갔을 때는 즉시 씻어낼 것
아이오도프로피닐부틸카바메이트(IPBC) 함유 제품(목욕용 제품, 샴푸류 및 바디클렌저 제외)	만 3세 이하 영유아에게는 사용하지 말 것
알루미늄 및 그 염류 함유 제품(체취방지용 제품류에 한함)	신장질환이 있는 사람은 사용 전에 의사, 약사, 한의사와 상의할 것
알부틴 2% 이상 함유 제품	알부틴은 인체적용시험자료에서 구진과 경미한 가려움이 보고된 예가 있음
카민 함유 제품	카민 성분에 과민하거나 알레르기가 있는 사람은 신중히 사용할 것
코치닐추출물 함유 제품	코치닐추출물 성분에 과민하거나 알레르기가 있는 사람은 신중히 사용할 것
포름알데하이드 0.05% 이상 검출된 제품	포름알데하이드 성분에 과민하거나 알레르기가 있는 사람은 신중히 사용할 것
폴리에톡실레이티드레틴아마이드 0.2% 이상 함유 제품	폴리에톡실레이티드레틴아마이드는 인체적용시험자료에서 경미한 발적, 피부건조, 화끈감, 가려움, 구진이 보고된 예가 있음.
부틸파라벤, 프로필파라벤, 이소부틸파라벤 또는 이소프로필파라벤 함유 제품(영유아용 제품류 및 기초화장품 제품류(만 3세 이하 영유아가 사용하는 제품) 중 사용 후 씻어내지 않는 제품에 한함)	만 3세 이하 영유아의 기저귀가 닿는 부위에는 사용하지 말 것

100 답 ㉠ 15, ㉡ 2

샴푸는 두발 세정용 제품이므로 포장 공간 비율은 15% 이하이고, 포장 횟수는 2차 포장까지 가능하다.

제품의 종류		기 준	
단위제품	품 목	포장 공간 비율	포장 횟수
단위제품	인체 세정용	15% 이하	2차 포장 이내
	두발 세정용	15% 이하	2차 포장 이내
	그 밖에 화장품 (방향용 제품 포함, 향수 제외)	10% 이하	2차 포장 이내
	향 수	–	2차 포장 이내
종합제품	전품목	25% 이하	2차 포장 이내
종합제품 (완충받침대 사용)	전품목	20% 이하	2차 포장 이내

기출복원문제 정답 및 해설

제5회

1	2	3	4	5	6	7	8	9	10
①	①	④	②	①	④	③	⑤	⑤	④
11	12	13	14	15	16	17	18	19	20
②	④	②	⑤	④	①	③	②	③	③
21	22	23	24	25	26	27	28	29	30
①	②	⑤	①	③	④	①	③	③	③
31	32	33	34	35	36	37	38	39	40
④	④	③	①	①	②	⑤	①	①	③
41	42	43	44	45	46	47	48	49	50
②	①	④	①	⑤	①	⑤	②	⑤	②
51	52	53	54	55	56	57	58	59	60
⑤	⑤	③	⑤	②	⑤	②	④	⑤	①
61	62	63	64	65	66	67	68	69	70
②	①	①	③	①	③	②	③	⑤	④
71	72	73	74	75	76	77	78	79	80
⑤	⑤	③	③	④	①	④	③	②	②

81	유해사례				82	㉠ 1, ㉡ 3			
83	27				84	식 품			
85	위 해				86	㉠ 분산, ㉡ 가용화			
87	㉠ 레티닐팔미테이트, ㉡ 토코페릴아세테이트				88	㉠ 10, ㉡ 3.5			
89	㉠ 0.05, ㉡ 0.2				90	탈염·탈색제			
91	피크라민산, 피로갈롤				92	제품표준서			
93	㉠ 겔제, ㉡ 밀봉용기				94	㉠ 제조번호, ㉡ 식별번호			
95	실 증				96	㉠ 유멜라닌, ㉡ 페오멜라닌			
97	비 듬				98	비누화			
99	㉠ 1, ㉡ 향료				100	포타슘소르베이트			

01

탑 ①

제거, 효과 등의 표현을 사용할 수 없다.
- 피부에 멜라닌색소가 침착하는 것을 방지하여 기미·주근깨 등의 생성을 억제함으로써 피부의 미백에 도움을 주는 기능을 가진 화장품
- 피부에 침착된 멜라닌색소의 색을 엷게 하여 피부의 미백에 도움을 주는 기능을 가진 화장품

- 피부에 탄력을 주어 피부의 주름을 완화 또는 개선하는 기능을 가진 화장품
- 강한 햇볕을 방지하여 피부를 곱게 태워주는 기능을 가진 화장품
- 자외선을 차단 또는 산란시켜 자외선으로부터 피부를 보호하는 기능을 가진 화장품
- 모발의 색상을 변화[탈염·탈색을 포함한다]시키는 기능을 가진 화장품. 다만, 일시적으로 모발의 색상을 변화시키는 제품은 제외한다.

- 체모를 제거하는 기능을 가진 화장품. 다만, 물리적으로 체모를 제거하는 제품은 제외한다.
- 탈모 증상의 완화에 도움을 주는 화장품. 다만, 코팅 등 물리적으로 모발을 굵게 보이게 하는 제품은 제외한다.
- 여드름성 피부를 완화하는 데 도움을 주는 화장품. 다만, 인체 세정용 제품류로 한정한다.
- 피부장벽(피부의 가장 바깥쪽에 존재하는 각질층의 표피)의 기능을 회복하여 가려움 등의 개선에 도움을 주는 화장품
- 튼살로 인한 붉은 선을 엷게 하는 데 도움을 주는 화장품

02
답 ①

두발 염색용 제품류
- 헤어 틴트(Hair Tints)
- 헤어 컬러스프레이(Hair Color Sprays)
- 염모제
- 탈염 · 탈색용 제품
- 그 밖의 두발 염색용 제품류

03
답 ④

④ 헤어 컨디셔너
- 두발에 윤기를 주고 손상된 두발을 보호해 주며 두발에 수분, 유분을 공급하여 두발을 건강하게 유지시켜주기 위하여 사용되는 것을 목적으로 하는 제품
- 두발용 제품은 두피와 두발의 건강을 위해 청결하고 아름답게 유지하는 목적으로 사용되는 화장품임. 일반적인 두발 관리에 있어서 세정을 위한 샴푸와 린스를 사용하고 세정 후 정발(Conditioning, 흐트러진 두발을 정돈하고 유연하게 함) 효과 및 두피와 두발에 영양 효과를 주기 위해 사용됨. 헤어 컨디셔너는 사용 방법에 따라 사용 후 씻어내는 제품과 사용 후 씻어내지 않는 제품으로 구별할 수 있음
① 포마드 : 두발에 윤기를 주어 정발 효과를 주기 위하여 사용되는 것으로써 포마드상의 제품으로 두발용 제품류에 속하는 제품
② 헤어 토닉 : 두피를 청량하게 하고 두피 및 두발을 건강하게 유지시켜주기 위하여 사용되는 것을 목적으로 하는 제품
③ 린스 : 두발 세정 후에 사용하여 두발에 유연성을 주고 자연스러운 윤기를 주기 위하여 사용되는 두발 세정용 화장품으로서 정전기 발생을 방지하며 정발을

용이하게 하여 두피 및 두발을 건강하게 유지시켜주는 두발용 제품류에 속하는 제품
⑤ 헤어 그루밍에이드 : 두발에 유분, 광택, 매끄러움, 유연성, 정발 효과 등을 주기 위하여 사용되는 것을 목적으로 하는 제품

04
답 ②

치아미백제, 손 소독제, 구강청결제, 식염수, 액취 방지용 데오도런트는 의약외품이다. 체취 방지용 데오도런트가 화장품에 해당한다.

05
답 ①

화장품의 생산실적 또는 수입실적(연 1회, 다음 해 2월말까지), 화장품의 제조과정에 사용된 원료의 목록(유통판매전선보고) 등을 식품의약품안전처장에게 보고하여야 한다. 이 경우 원료의 목록에 관한 보고는 화장품의 유통 · 판매 전에 하여야 한다.

06
답 ④

모발이 굵어진다는 표현과 코스메슈티컬스, 메디슨, 드럭이라는 표현은 사용할 수 없다. 코스메슈티컬스는 미국 펜실베니아 의대 교수 알버트 클링맨에 의해 제안된 기능성화장품 관련 용어이지만, 의약품으로 오인할 수 있는 표현이며 위반 시 행정처분은 다음과 같다.

위반내용		1차 처분	2차 처분	3차 처분
화장품의 표시 · 광고 시 준수사항을 위반한 경우	표시 위반	해당품목 판매업무 정지 3개월	해당품목 판매업무 정지 6개월	해당업무 판매업무 정지 9개월
	광고 위반	해당품목 광고업무 정지 3개월	해당품목 광고업무 정지 6개월	해당품목 광고업무 정지 9개월

07
답 ③

천연화장품, 유기농화장품을 인증받을 때는 민감정보와 고유식별정보를 동의 없이 불가피하게 자료를 처리하지 않는다.

08

답 ⑤

수탁자를 관리 감독할 의무는 위탁자에게 있으므로 위탁자의 잘못이다.

위탁자는 업무 위탁으로 인하여 정보주체의 개인정보가 분실·도난·유출·위조·변조 또는 훼손되지 아니하도록 수탁자를 교육하고, 처리 현황 점검 등 대통령령으로 정하는 바에 따라 수탁자가 개인정보를 안전하게 처리하는지를 감독하여야 한다(개인정보 보호법 제26조 제4항).

09

답 ⑤

피부장벽 대체재 : 각질층의 세포간지질의 성분으로 손상된 피부장벽을 개선시키는 성분으로 컨디셔닝제(기타)로 분류된다. 세라마이드, 콜레스테롤, 지방산 등

10

답 ④

㉠ 소듐라우릴설페이트는 세정력과 거품 형성이 우수하여 화장품에서 인체 세정용 제품(바디클렌저, 샴푸, 폼클렌저 등)으로 활용된다.

㉢ 아이오도프로피닐부틸카바메이트(IPBC)은 입술에 사용되는 제품, 에어로졸(스프레이에 한함) 제품, 바디로션 및 바디 크림에는 사용금지이다. 영유아용 제품류 또는 만 13세 이하 어린이가 사용할 수 있음을 특정하여 표시하는 제품에는 사용금지(목욕용 제품, 샤워젤류 및 샴푸류는 제외)이다.

㉤ 피그먼트 녹색7호, 피그먼트 적색5호, 피그먼트 자색23호는 화장비누에만 사용 가능한 색소이다.

11

답 ②

분류	특성	종류
음이온 계면 활성제	세정력과 거품 형성이 우수하여 화장품에서 인체 세정용 제품으로 활용된다. 바디클렌저, 샴푸, 폼클렌저 등에 사용된다.	소듐라우릴설페이트(SLS), 소듐라우레스설페이트(SLES), 암모늄라우릴설페이트(ALS)
금속 이온 봉쇄제	수용액에 함유된 금속이온(칼슘이온, 마그네슘이온 등)의 작용을 억제하여 세정제의 기포를 안정화하고 물 때의 형성을 막으며 에멀전 제품의 안정성을 높여준다.	디소듐이디티에이(Disodium EDTA), 테트라소듐이디티에이(Tetrasodium EDTA)
양이온 계면 활성제	양이온은 음이온 성격인 세균에 흡착하는 성질로 인해 살균제로도 사용된다. 알킬기의 분자량이 큰 경우에 흡착성이 커서 헤어 린스 등의 유연제 및 대전 방지제로 사용된다.	세테아디모늄클로라이드(C16), 다이스테아릴다이모늄클로라이드(C18), 베헨트라이모늄클로라이드(C22)
피부 컨디셔닝제	피부에 변화를 주는 보습제 성분이다.	미네랄오일, 에스터오일, 실리콘오일, 시어버터, 실크아미노산, 아이비고도열매추출물, 이삭물수세미추출물, 세라마이드 등

12

답 ④

식품의약품안전처장이 고시한 자료제출을 생략할 수 있는 미백기능성화장품의 성분 및 함량은 다음과 같다.

성분명	함량
닥나무추출물	2%
알부틴	2~5%
에칠아스코빌에텔	1~2%
유용성감초추출물	0.05%
아스코빌포스페이드	2%
마그네슘아스코빌포스페이트	3%
나이아신아마이드	2~5%
알파-비사보롤	0.5%
아스코빌테트라이소팔미테이트	2%

13

답 ②

• 체질안료
  – 색상에는 영향을 주지 않으며 착색안료의 희석제로서 색조를 조정하고 제품의 전연성, 부착성 등 사용 감촉과 제품의 제형화 역할을 한다.
  – 종류 : 마이카, 탈크, 카올린 등의 점토 광물과 무수규산, 탄산칼슘 등
• 착색안료
  – 화장품에 색상을 부여하는 역할을 하는 안료이다. 색이 선명하지는 않으나 빛과 열에 강하여 변색이 잘되지 않는다.

– 종류 : 적색산화철, 흑색산화철, 황색산화철
• 백색안료
  – 피부의 커버력을 조절하는 역할을 하는 안료이다.
  – 종류 : 티타늄디옥사이드, 징크옥사이드
• 진주광택안료
  – 색상에 진주광택을 주며 금속 광채를 부여하기 위해서 사용되는 특수한 광학적 효과를 갖는 안료이다.
  – 종류 : 운모에 티타늄디옥사이드를 코팅한 티타네이티드마이카 등

14 답 ⑤

라우릴글루코사이드는 천연계면활성제(비이온)이다.
점증제
• 화장품의 점도조절제로 사용되는 원료는 대부분 수용성 고분자 물질이다. 이러한 점증제는 액제의 점도를 높이거나 유화제품의 점증을 높여주어 안정성을 좋게 한다.
• 천연물질 : 식물에서 추출한 구아검, 아라비아검, 로커스트빈검, 카라기난과 미생물에서 추출한 잔탄검, 덱스트란, 동물에서 추출한 젤라틴, 콜라겐 등이 있다. 피부를 부드럽게 하는 사용감이 있어 액제의 점증제로 많이 사용된다. 하지만 미생물에 오염되기 쉽고 물성이 쉽게 변하고 안전성이 떨어지는 경우가 많아 액제, 샴푸에 사용 시 주의를 해야 한다.
• 반합성 천연 고분자 물질 : 메틸셀룰로오스, 에틸셀룰로오스, 카복시 메틸셀룰로오스 등이 있다. 이러한 셀룰로오스 유도체들은 비교적 안정성이 우수하고 사용성이 용이하여 화장품에 대부분 사용되고 있다.
• 합성 점증제 : 소듐아크릴레이트폴리머, 카보머, 폴리쿼터늄, 폴리아크릴레이트, 카복시비닐폴리머 등이 있다.

15 답 ④

④ 트라이에탄올아민 : 알칼리제, pH 조절제
① 글리세린 : 보습제
② 시트릭애씨드 : pH 조절제
③ 아세틱애씨드 : 산성제, pH 조절제
⑤ 다이소듐이디티에이 : 금속이온봉쇄제

16 답 ①

백탁현상이 일어나는 원료는 징크옥사이드, 티타늄디옥사이드이다.

17 답 ③

사용한도는 다음과 같다.

성 분	사용한도
소합향나무추출물	0.6%
풍나무추출물	0.6%
천수국꽃추출물	사용할 수 없음
로즈케톤-3	0.02%
암모니아	6%

18 답 ②

MCT : 표준명칭은 카프릴릭, 카프릭트라이글리세라이드이다. 이 원료는 카프릴릭과 카프릭애씨드 및 글리세린의 혼합 트라이에스터이며, 착향제, 용제, 피부컨디셔닝제(수분차단제)로 사용되는 오일이다.

19 답 ③

• 엠디엠하이단토인(0.2%), 클로로펜(0.1%)은 사용상의 제한이 필요한 보존제이다.
• 니트로메탄, 히드로퀴논, 글리사이클아미드, 천수국꽃추출물, 목향뿌리오일, 디클로로펜은 사용금지원료이다.
• 무기나이트라이트(실버나이트라이트는 속눈썹, 염색 4%까지)

20 답 ③

쿼터늄-15의 사용한도는 0.2%이다

21 답 ①

ⓒ 벤질알코올 : 1.0%(다만, 두발 염색용 제품류에 용제로 사용할 경우에는 10%)
㉠ 벤조익애씨드 : 산으로서 0.5%(다만, 벤조익애씨드 및 그 소듐염은 사용 후 씻어내는 제품에는 산으로서 2.5%)
ⓒ 벤잘코늄클로라이드 : 사용 후 씻어내는 제품에 벤잘코늄클로라이드로서 0.1%, 기타 제품에 벤잘코늄클로라이드로서 0.05%

22 답 ②

① 메칠클로로이소치아졸리논과 메칠이소치아졸리논의 혼합물 : 사용 후 씻어내는 제품에 0.0015%
③ 헥세티딘 : 사용 후 씻어내는 제품에 0.1%

④ 소듐라우로일사코시네이트 : 사용 후 씻어내는 제품
에 허용
⑤ 징크피리치온 : 사용 후 씻어내는 제품에 0.5%

23   답 ⑤

① 천수국꽃추출물 : 사용할 수 없는 화장품 원료
② 트리클로카반 : 보존제로서 사용한도 0.2%(다만, 원
료 중 3,3',4,4'-테트라클로로아조벤젠 1ppm 미만,
3,3',4,4'-테트라클로로아족시벤젠 1ppm 미만 함유
하여야 함). 기능성화장품의 유효성분으로서 사용 후
씻어내지 않는 제품에 2.5%
③ 만수국꽃추출물 : 자외선을 이용한 태닝을 목적으로
하는 제품에 사용금지
④ 꽃송이이끼추출물 : 피부컨디셔닝제(보습제)로 사용
되며 사용 제한 없음

24   답 ①

영유아용 제품류 또는 만 13세 이하 어린이가 사용할 수
있음을 특정하여 표시한 제품에는 사용금지이나 샴푸는
제외이다.

25   답 ③

치오글라이콜릭애씨드(치오글리콜산) 사용한도
• 퍼머넌트웨이브용 및 헤어스트레이트너 제품 11%
• 가온2욕식 헤어스트레이트너 제품은 5%
• 발열2욕식 퍼머넌트웨이브용 제품 19%
• 제모용 제품 5%(자료제출)
• 염모제 1%
• 사용 후 씻어내는 두발용 제품류 2%
• 위 용도 외 사용금지
※ 크림제의 경우만 〈기준 및 시험방법에 관한 자료〉 제
출이 생략된다.

26   답 ④

④는 사용할 수 없는 원료로 가등급에 해당한다. 나머지
는 다등급이다.
위해성 가등급
• 사용할 수 없는 원료를 사용한 화장품
• 사용상 제한이 필요한 원료를 사용한도 이상으로 사용
한 화장품
• 사용기준이 지정·고시된 원료 외의 보존제, 색소, 자
외선차단제 등을 사용한 화장품

27   답 ①

①은 나등급이다. 나머지는 다등급이다.
위해성 나등급
• 안전용기·포장 등에 위반되는 화장품
• 유통화장품 안전관리 기준에 적합하지 아니한 화장품
(내용량 및 기능성 원료 함량부족 제외)
• 식품의 형태·냄새·색깔·크기·용기 및 포장 등을
모방하여 섭취 등 식품으로 오용될 우려가 있는 화장품

28   답 ③

위해평가는 다음의 확인·결정·평가 등의 과정을 거쳐
실시한다.
• 위해요소의 인체 내 독성을 확인하는 위험성 확인 과정
• 위해요소의 인체노출 허용량을 산출하는 위험성 결정
과정
• 위해요소가 인체에 노출된 양을 산출하는 노출평가 과정
• 인체에 미치는 위해 영향을 판단하는 위해도 결정 과정

29   답 ③

품질에 영향을 줄 수 있는 장치는 주기적으로 점검할 수
있도록 일간, 주간 점검을 실시하는 것이 원칙이다.

30   답 ③

필터의 종류와 특징

구 분	특 징
PRE 필터, PRE BAG 필터	• HEPA, MEDIUM 등의 전처리용 • 대기 중 먼지 등 인체에 해를 미치는 미립자(10~30μm)를 제거 • 압력손실이 낮고 고효율로 Dust 포집량이 큼 • 툴 또는 세제로 세척하여 사용 가능하며 경제적임(재사용 2~3회) • 두께 조정과 재단이 용이하여 교환 또는 취급이 쉬움 • Bag type은 처리용량을 4배 이상 높일 수 있음
MEDIUM 필터, MEDIUM BAG 필터	• 2~10μm 입자 제거 • 포집효율 95%를 보증하는 중·고성능 Filter • Clean Room 정밀기계공업 등에 있어 Hepa Filter 전처리용 • 공기정화, 산업공장 등에 있어 최종 Filter로 사용

	• Frame은 P/Board or G/Steel 등으로 제작되어 견고 • Bag type은 먼지 보유용량이 크고, 수명이 깊 • Bag type은 포집효율이 높고, 압력손실이 적음
HEPA 필터	• 사용온도 최고 250℃에서 0.3μm 입자들 99.97% 이상 • 포집성능을 장시간 유지할 수 있음 • 필름, 의약품 등의 제조 Line에 사용 • 반도체, 의약품 Clean Oven에 사용

31 답 ④

청정도 기준

등급	해당작업실	청정공기순환	관리기준
1	클린벤치	20회/hr 이상 또는 차압관리	낙하균 : 10개/hr 또는 부유균 : 20개/m³
2	제조실 성형실 충전실 내용물보관소 원료칭량실 미생물시험실	10회/hr 이상 또는 차압관리	낙하균 : 30개/hr 또는 부유균 : 200개/m³
3	포장실	차압관리	갱의, 포장재의 외부 청소 후 반입
4	포장재보관소 완제품보관소 관리품보관소 원료보관소 갱의실 일반시험실	환기장치	

32 답 ④

제조설비별 재질 및 특성

시설	재질	특성
탱크	• 스테인리스#304 • 스테인리스#316(부식에 강함)	• 미생물학적으로 민감하지 않은 물질 또는 제품에는 유리로 안을 댄 강화유리섬유 폴리에스터와 플라스틱으로 안을 댄 탱크를 사용할 수 있다. • 퍼옥사이드 같은 민감한 물질·제품은 탱크제작 전문가들 또는 물질 공급자와 함께 탱크의 구성물질과 생산하고자 하는 내용물이 서로 적용가능한지에 대해 상의하여야 한다. • 기계로 만들고 광을 낸 표면이 바람직하다. • 주형물질(Cast Material) 또는 거친 표면은 제품이 뭉치게 되어 깨끗하게 청소하기가 어려워 미생물 또는 교차오염 문제를 일으킬 수 있어 주형물질은 화장품에 추천되지 않는다. • 모든 용접, 결합은 가능한 한 매끄럽고 평면이어야 한다. • 외부표면의 코팅은 제품에 대한 저항력(Product-Resistant)이 있어야 한다.
호스	• 강화된 식품 등급의 고무 또는 네오프렌, 타이곤(Tygon) 또는 강화 타이곤(Tygon), 폴리에칠렌 또는 폴리프로필렌, 나일론의 제재 사용한다. • 호스 부속품과 호스는 작동의 전반적인 범위의 온도와 압력에 적합하여야 하고 제품에 적합한 제재로 건조되어야 한다. • 호스 구조는 위생적인 측면이 고려되어야 한다.	호스 설계와 선택은 적용 시의 사용 압력·온도범위를 고려해야 안전하다.
혼합과 교반	• 전기화학적인 반응을 피하기 위해서 믹서의 재질이 믹서를 설치할 모든 젖은 부분 및 탱크와의 공존이 가능한지를 확인해야 한다. • 대부분의 믹서는 봉인(Seal)과 개스킷에 의해서 제품과의 접촉으로부터 분리되어 있는 내부패킹과 윤활제를 사용한다. • 정기적인 유지관리와 점검은 봉함, 개스킷, 패킹이 유지되는지 그리고 윤활제가 새서 제품을 오염시키지 않는지 확인하기 위해 수행되어야 한다.	혼합기를 작동시키는 사람은 회전하는 샤프트와 잠재적인 위험 요소를 생각하여 안전한 작동 연습을 적절하게 훈련받아야 한다. 이동 가능한 혼합기는 사용할 때 적절하게 고정되어야 한다.

이송 파이프	• 유리, 스테인리스스틸 #304 또는 #316, 구리, 알루미늄 등으로 구성되어 있다. • 전기화학반응이 일어날 수 있기 때문에 다른 제재의 사용을 최소화하기 위해 파이프시스템을 설치할 때 주의해야 한다. • 어떤 것들은 개스킷, 파이프도료, 용접봉 등을 사용한다. • 이것들은 물질의 적용 가능성을 위해 평가되어야 한다. • 유형 #304와 #316 스테인리스스틸에 추가해서, 유리, 플라스틱, 표면이 코팅된 폴리머가 제품에 접촉하는 표면에 사용된다.	• 파이프 시스템 설계는 생성되는 최고의 압력을 고려해야 한다. • 사용 전, 시스템은 정수압적으로 시험되어야 한다.
필터, 여과기 그리고 체	• 화장품 산업에서 선호되는 반응하지 않는 재질은 스테인리스스틸 및 비반응성 섬유이다. • 대부분 원료와 처방에 대해 스테인리스#316은 제품의 제조를 위해 선호된다. • 여과 매체 🔲 체, 가방(Bag), 카트리지 그리고 필터는 효율성, 청소의 용이성, 처분의 용이성 그리고 제품의 적합성에 전체 시스템의 성능에 의해 선택하여 평가하여야 한다.	시스템 설계는 모든 여과 조건하에서 생기는 최고 압력들을 고려해야 한다.

34

답 ①

① 일반적으로 작은 방을 측정하는 경우에는 약 5개소 (사방 모서리, 정중앙)를 측정한다.

35

답 ①

• 물리적 소독제 : 스팀, 온수, 직열
• 화학적 소독제 : 염소계 소독제(차아염소산나트륨, 차아염소산칼륨, 차아염소산리튬 200ppm), 양이온계면 활성제(4급 암모늄화합물 200ppm), 페놀, 인산, 에탄올, 아이소프로판올, 과산화수소, 계면활성제 등

36

답 ②

소독제의 조건
• 사용기간 동안 활성 유지
• 경제적이어야 함
• 사용농도에서 독성이 없어야 함
• 제품이나 설비와 반응하지 않아야 함
• 불쾌한 냄새가 남지 않아야 함
• 광범위한 항균 스펙트럼 보유
• 5분 이내의 짧은 처리에도 효과 구현
• 소독 전에 존재하던 미생물을 최소한 99.9% 이상 사멸
• 쉽게 이용할 수 있어야 함

37

답 ⑤

화학적 소독제의 장단점

유 형	장 점	단 점
염소 유도체	• 우수한 효과 • 사용 용이 • 찬물에 용해되어 단독으로 사용 가능	• 향, pH 증가 시 효과 감소 • 금속 표면과의 반응성으로 부식됨 • 빛과 온도에 예민함 • 피부 보호 필요
양이온 계면 활성제	• 세정 작용 • 우수한 효과 • 부식성 없음 • 물에 용해되어 단독 사용 가능 • 무향, 높은 안정성	• 포자에 효과 없음 • 중성/약알칼리에서 가장 효과적 • 경수, 음이온 세제에 의해 불활성화됨
알코올	• 세척 불필요 • 사용 용이 • 빠른 건조 • 단독 사용	• 세균 포자에 효과 없음 • 화재, 폭발 위험 • 피부 보호 필요
페 놀	• 세정 작용 • 우수한 효과 • 탈취 작용	• 조제하여 사용 세척 필요함, 고가 • 용액상태로 불안정 (2~3시간 이내 사용) • 피부 보호 필요
인 산	• 스테인리스에 좋음 • 저렴한 가격 • 낮은 온도에서 사용 • 접촉 시간 짧음	• 알칼리성 조건하에서는 효과가 적음 • 피부 보호 필요
과산화 수소	유기물에 효과적	• 고농도 시 폭발성 • 반응성 있음 • 피부 보호 필요

38
답 ①

작업장 내 직원의 소독을 위한 소독제의 종류
- 알코올(Alcohol)
- 클로르헥시딘디글루코네이트(Chlorhexidinediglu-
conate)
- 아이오다인과 아이오도퍼(Iodine&Iodophors)
- 클로록시레놀(Chloroxylenol)
- 헥사클로로펜(Hexachlorophene, HCP)
- 4급 암모늄화합물(Quaternary Ammonium Compounds)
- 트리클로산(Triclosan)
- 일반비누

39
답 ①

제형의 안정성을 감소시키는 요인
- 원료를 투입 혼합하는 순서가 바뀌면 외상과 내상의
상태가 달라질 수 있으며 또한 불안정한 미셀이 형성
될 수 있어 분리현상이 잘 일어난다. 기타 첨가물 및
휘발성 있는 원료나 향료는 냉각 후(45℃ 전후)에 투입
해야 한다.
- 교반기의 RPM 속도가 느린 경우 유화입자가 커서 성
상 및 점도가 달라지고 안정성에 문제가 발생하고 점증
제 및 분산제의 분산이 어려워 덩어리가 생길 수 있다.
- 가용화 또는 유화 공정 시 투입되는 온도가 지나치게
높을 경우 유화제의 HLB가 바뀌면서 상이 바뀌어 불
안정한 상이 형성되어 안정성에 문제가 생길 수 있으
며 산패의 원인이 될 수 있다.
- 유화제품의 경우 기포가 다량 발생하므로 진공상태에
서 기포를 제거하지 않으면 제품의 점도, 비중에 영향
을 미치며 산패의 원인이 되기도 하여 안정성에 문제
가 발생할 수도 있다.

40
답 ③

③ 데시게이터는 비누 건조함량 측정 시 사용되고 있는
기구이다.
① 회화로는 전기오븐장치로 건조한 재료를 규정온도
(400~600℃) 조건으로 가열하였을 때 남아있는 재에
잔류하는 물질을 시험하는 기구이다.
② 전열기는 핫플레이트라고 부르기는 하는 열을 가하는
기구이다.
④ 속실렛은 다양한 물질들을 추출하는 장치이다.

41
답 ②

아이크림은 눈 화장용이 아닌 기초화장품 제품이다.
② 니켈 : 10μg/g 이하, 눈 화장용 35μg/g 이하, 색조
화장품 30μg/g 이하

42
답 ①

바디크림의 경우 분말제품이 아니므로 납의 허용 기준치
는 20μg/g 이하이나 23μg/g이 검출되었으므로 납의 검
출량은 유통화장품 안전관리기준에 적합하지 않다. 총호
기성생균수의 경우 '/g'의 단위가 없으므로 100g 중
76,200개, 즉 g당 762개가 검출되었으므로 기준치인
1,000개/g 이하이다. 따라서 총호기성생균수의 경우 유
통화장품안전관리 기준에 적합하다.

43
답 ④

④ 기재표시사항의 단순오류는 회수대상 품목이 아니다.
① 납의 잔류는 20μg/g 이하이고, 눈 화장용 제품은
35μg/g 이하, 색조 화장용 제품은 30μg/g 이하가 합
격이다. 따라서 이 경우 기초화장용 제품류의 납 잔류
가 20μg/g 이상이므로 회수대상에 해당한다.
② 메탄올의 잔류는 0.2(v/v)% 이하, 물휴지는 0.002%
(v/v) 이하가 합격이지만 변성제로 사용된 경우 5%까
지 허용이 되고 있으며 그 외에 메탄올은 화장품에 사
용할 수 없는 원료이다.
③ 물휴지는 0.002%(v/v) 이하의 메탄올 잔류를 허용하
며, 세균 및 진균수는 각각 100개/g(mL) 이하인 경우
만 합격제품이다.
⑤ 화장품의 pH 기준은 25℃에서 3.0~9.0이지만 물이
포함되지 않은 오일류 제품이나 씻어내는 제품은 제
외된다.

44
답 ①

비중은 물이 1이며 대부분은 이를 기준으로 하여 비중기
또는 비중병을 사용하여 측량한다. 굴절률은 형상의 현탁
정도에 따라 빛의 굴절을 나타낸 것으로 진공의 굴절률
은 1이고 물은 1.333이다. 대부분 물보다 현탁이 높으므
로 굴절률은 시험기준인 물보다 높게 정해진다.

45
답 ⑤

중금속 : 20μg/g 이하, 비소 : 5μg/g 이하, 철 : 2μg/g
이하

46
답 ①

이 제품은 실온에서 사용하는 것으로서 시스테인, 시스테인염류 또는 아세틸시스테인을 주성분으로 하는 제1제 및 산화제를 함유하는 제2제로 구성된다.

47
답 ⑤

보관용 검체를 보관하는 목적은 제품의 사용 중에 발생할지도 모르는 "재검토작업"에 대비하기 위해서이며 제품을 그대로 완제품으로 보관해야 한다.

48
답 ②

중대하지 않은 일탈에 해당한다.

생산 공정상의 중대한 일탈 예
- 제품표준서, 제조작업절차서 및 포장작업절차서의 기재내용과 다른 방법으로 작업이 실시되었을 경우
- 공정관리기준에서 두드러지게 벗어나 품질 결함이 예상될 경우
- 관리 규정에 의한 관리 항목(생산 시의 관리 대상 파라미터의 설정치 등)에 있어서 두드러지게 설정치를 벗어났을 경우
- 생산 작업 중에 설비 · 기기의 고장, 정전 등의 이상이 발생하였을 경우
- 벌크제품과 제품의 이동 · 보관에 있어서 보관 상태에 이상이 발생하고 품질에 영향을 미친다고 판단될 경우

49
답 ⑤

- "제조번호" 또는 "뱃치번호"란 일정한 제조단위분에 대하여 제조관리 및 출하에 관한 모든 사항을 확인할 수 있도록 표시된 번호로서 숫자 · 문자 · 기호 또는 이들의 특정적인 조합을 말한다.
- "제조단위" 또는 "뱃치"란 하나의 공정이나 일련의 공정으로 제조되어 균질성을 갖는 화장품의 일정한 분량을 말한다.

50
답 ②

작업장의 시설 및 기구는 정기적으로 점검하고 위생적으로 유지 · 관리해야 한다.

51
답 ⑤

재평가를 하지 않은 경우에는 개봉일에 상관없이 사용기한은 2024.03.03.이며 이를 늘리기 위해서는 확립해 둔 재평가방법을 통해 재평가를 하여야 한다. 재평가는 사용기한이 지나도 사용 가능하다.

52
답 ⑤

입고된 원료와 포장재는 (검사중, 적합, 부적합)에 따라 각각의 구분된 공간에 별도로 보관되어야 한다. 필요한 경우 부적합 된 원료와 포장재를 보관하는 공간은 잠금장치를 추가하여야 한다. 다만, 자동화 창고와 같이 확실하게 구분하여 혼동을 방지할 수 있는 경우에는 해당 시스템을 통해 관리할 수 있다. 외부로부터 반입되는 모든 원료와 포장재는 관리를 위해 표시를 하여야 하며, 필요한 경우 포장외부를 깨끗이 청소한다. 한 번에 입고된 원료와 포장재는 제조 단위별로 각각 구분하여 관리하여야 한다.

일단 적합판정이 내려지면, 원료와 포장재는 생산 장소로 이송된다. 품질이 부적합되지 않도록 하기 위해 수취와 이송 중의 관리 등의 사전 관리를 해야 한다. 예를 들면 손상, 보관온도, 습도, 다른 제품과의 접근성과 공급업체 건물에서 주문 준비 시 혼동 가능성은 말할 것도 없다.

확인, 검체채취, 규정 기준에 대한 검사 및 시험 및 그에 따른 승인된 자에 의한 불출 전까지는 어떠한 물질도 사용되어서는 안 된다는 것을 명시하는 원료 수령에 대한 절차서를 수립하여야 한다.

구매요구서, 인도문서, 인도물이 서로 일치해야 한다. 원료 및 포장재 선적 용기에 대하여 확실한 표기 오류, 용기 손상, 봉인 파손, 오염 등에 대해 육안으로 검사한다. 필요하다면 운송 관련 자료에 대한 추가적인 검사를 수행하여야 한다.

53
답 ③

화장품의 용기

용기 종류	특 징
밀폐용기	• 일상의 취급 또는 보통 보존상태에서 외부로부터 고형의 이물이 들어가는 것을 방지하고 고형의 내용물이 손실되지 않도록 보호할 수 있는 용기를 말한다. • 밀폐용기로 규정되어 있는 경우에는 기밀용기도 쓸 수 있다.

기밀용기	• 일상의 취급 또는 보통 보존상태에서 액상 또는 고형의 이물 또는 수분이 침입하지 않고 내용물을 손실, 풍화, 조해 또는 증발로부터 보호할 수 있는 용기를 말한다. • 기밀용기로 규정되어 있는 경우에는 밀봉 용기도 쓸 수 있다.
밀봉용기	일상의 취급 또는 보통의 보존상태에서 기체 또는 미생물이 침입할 염려가 없는 용기를 말한다.
차광용기	광선의 투과를 방지하는 용기 또는 투과를 방지하는 포장을 한 용기를 말한다.

55 답 ②

① 소비자용으로 판매되는 제품은 맞춤형화장품으로 사용할 수 없다.
③ 기능성 심사 중인 원료는 사용이 불가능하다.
④ 맞춤형화장품조제관리사는 기능성화장품 심사를 신청할 수 없다.
⑤ 만 5세 미만의 어린이가 사용하는 제품은 안전용기 포장을 하여야 한다.

56 답 ⑤

개봉 후 사용기간이 있는 경우에는 제조일과 사용기한이 끝나는 날짜를 모두 표시한다.

57 답 ②

변경사유가 발생한 날로부터 30일(행정개편에 따른 소재지 변경의 경우 90일) 이내에 신고한다.

58 답 ④

맞춤형화장품 판매 시 다음의 사항을 소비자에게 설명한다.
• 혼합 · 소분에 사용된 내용물 · 원료의 내용 및 특성
• 맞춤형화장품 사용 시의 주의사항

59 답 ⑤

화장품의 혼합 및 소분은 맞춤형화장품조제관리사가 직접 해야 한다.
맞춤형화장품판매업자의 안전관리기준 준수사항
• 맞춤형화장품 판매장 시설 · 기구를 정기적으로 점검하여 보건위생상 위해가 없도록 관리할 것
• 다음의 혼합 · 소분 안전관리기준을 준수할 것

– 혼합 · 소분 전에 혼합 · 소분에 사용되는 내용물 또는 원료에 대한 품질성적서를 확인할 것
– 혼합 · 소분 전에 손을 소독하거나 세정할 것. 다만, 혼합 · 소분 시 일회용 장갑을 착용하는 경우에는 그렇지 않다.
– 혼합 · 소분 전에 혼합 · 소분된 제품을 담을 포장 용기의 오염 여부를 확인할 것
– 혼합 · 소분에 사용되는 장비 또는 기구 등은 사용 전에 그 위생 상태를 점검하고, 사용 후에는 오염이 없도록 세척할 것
– 혼합 · 소분의 안전을 위해 식품의약품안전처장이 정하여 고시하는 사항을 준수할 것

60 답 ①

맞춤형화장품 판매내역서(전자문서로 된 판매내역서를 포함한다) 필수 기재사항
• 제조번호
• 사용기한 또는 개봉 후 사용기간
• 판매일자 및 판매량

61 답 ②

엘라이딘은 과립층에 존재한다.

62 답 ①

㉠ 대식세포 : 면역을 담당하는 백혈구의 한 유형으로 세포 찌꺼기 및 미생물, 암세포, 비정상적인 단백질 등을 소화 · 분해하는 식작용(Phagocytosis)이 있는 세포로 진피에 존재한다.
㉡ 섬유아세포 : 타원형의 핵을 가지며 편평하고 길쭉한 모양의 세포질은 미토콘드리아 · 골지체 · 중심체 · 소지방체 등을 포함하며 진피에 존재한다.
㉢ 비만세포 : 동물 결합조직에 널리 분포하며 염증반응에 중요한 역할을 담당하는 세포로 진피에 존재한다.
㉣ 머켈세포 : 기저층(표피)에 위치하고 있으며, 신경섬유의 말단과 연결되어 피부에서 촉각을 감지하는 역할을 하여 촉각세포라고 한다.
㉤ 랑게르한스세포 : 대부분 유극층(표피)에 존재하며 피부의 면역에 관계한다. 이 세포는 외부에서 들어온 이물질인 항원을 면역 담당 세포인 림프구로 전달해주는 역할을 한다.

63   답 ①

표피 중 가장 깊은 곳에 위치하고 있는 기저층은 단층으로 진피와 접하고 있으며, 서로 물결모양의 경계를 이루고 있다. 기저층의 세포는 타원형의 살아 있는 세포로서 활발한 세포분열을 통하여 새로운 세포를 생성한다. 멜라닌형성세포에 있는 타원형의 납작한 멜라노좀(Melanosome)이라는 소기관에서 멜라닌색소가 형성되고, 피부의 색상을 결정한다. 케라틴을 만드는 각질형성세포는 기저층에서 생성되어 멜라노좀과 함께 각질층으로 이동하여 탈락된다.

64   답 ③

교원섬유, 탄력섬유를 생산하는 섬유아세포는 진피의 망상층에 존재한다.

66   답 ③

투명층은 빛을 차단하는 작고 투명한 세포로 구성되어 있다. 주로 손바닥, 발바닥의 두꺼운 각질층 바로 밑에 존재하며, 2~3층의 편평한 세포로 되어있다. 투명층에는 엘라이딘이라는 반유동성 물질이 함유되어 있어 투명하게 보이며 피부가 윤기있게 해준다.

67   답 ②

각질형성세포의 각화과정(Keratinization) 순서
기저세포의 분열 → 유극세포의 합성 → 과립세포의 자기분해 → 각질세포의 재구축 → 각질층 형성

68   답 ③

- 모발의 성장주기는 성장기, 퇴행기, 휴지기, 탈모 순이다.
- 성장기 : 모유두의 세포분열이 매우 왕성하게 진행되어 모발이 빠르게 성장하는 시기이다. 성장기의 기간은 약 3~6년이며, 전체 모발주기의 80~90%가 이 시기에 속한다. 성장기의 모발은 한 달에 약 1~1.5cm 자라지만 영양상태, 호르몬분비, 계절, 연령, 유전인자 등 개인에 따라서 달라질 수 있다.
- 퇴행기(퇴화기) : 성장기를 거친 모발이 차츰 퇴화기를 맞아 성장이 느려져 결국 더이상 모발이 자라지 않는다. 퇴행기는 약 2~3주이며 전체 모발주기의 약 1%에 해당한다. 퇴행기에는 모유두와 모구부가 분리되기 시작하고 모낭이 위축되어 모근은 위쪽으로 밀려 올라가게 되고 결국 세포분열을 멈추게 된다.
- 휴지기 : 모낭과 모유두가 완전히 분리되고 모낭도 더욱더 위축되어 모근은 위쪽으로 더 밀려 올라가 모발

이 빠지게 된다. 휴지기의 기간은 약 2~3개월이며, 이 기간 동안 모유두는 쉬게 된다. 이 휴지기에 해당하는 모발의 수는 전체 모발의 약 10%에 해당되며, 휴지기에 들어선 후 약 3~4개월은 두피에 머무르다가 차츰 자연스럽게 빠지게 된다.

- 탈모기 : 탈모는 새로 성장하는 모발의 수보다 빠지는 모발의 수가 더 많아지는 현상으로 모발의 수가 점점 줄어드는 것을 말한다. 정상적인 자연탈모의 경우 하루에 약 50~100개의 모발이 빠지지만, 그 이상의 숫자가 빠지는 경우에는 이상탈모 증상으로 보아야 한다. 이 경우 모모세포의 생장활동이 중지되고 성장기는 짧아지고 휴지기가 길어진다.

69   답 ⑤

⑤ 모수질(Medulla) : 모발 직경이 0.09mm 이상의 굵고 튼튼한 모발에서 주로 발견되며 모발 중심부에 구멍이 많은 형태의 세포가 축 방향으로 죽은 세포들이 줄지어 존재한다. 성분과 기능은 알려져 있지 않지만 연모에는 모수질이 존재하지 않는다. 일반적으로 모수질이 많은 굵은 두발은 웨이브 펌이 잘 된다고 알려져 있다.

① 외표피(Exocuticle, 엑소큐티클) : 2황화결합(−S−S−)이 많은 비결정질의 케라틴층으로 단백질 용해성의 물질에 대한 저항성은 강하지만 시스틴결합을 절단하는 물질에는 약해서 퍼머넌트 웨이브의 작용을 받기 쉽다.

② 표피(Endoicuticle, 엔도큐티클) : 모소피의 가장 안쪽에 있는 친수성의 내표피는 시스틴 함량이 적고 알칼리성에 약하다. 내표피는 접착력이 있는 세포막복합체(CMC, Cellmembrane Complex)로 인접한 모표피를 밀착시키는 기능을 한다.

③ 최외표피(Epicuticle, 에피큐티클) : 모소피의 가장 바깥층이며 두께가 약 100A 정도의 얇은 막으로, 수증기는 통과하고 물은 통과하지 못하는 크기이다. 시스틴 함량이 많은 케라틴단백질로 인해 물리적인 자극에 약해서 딱딱하고 부서지기 쉽다. 단백질 용해성의 물질에 대한 저항성이 가장 강한 성질을 나타낸다.

④ 모피질(Cortex) : 케라틴으로 된 피질세포(케라틴)와 세포간충질로 구성되어 있으며 모발의 85~90% 차지한다. 친수성의 성격이 강하며 퍼머와 염색제가 작용하는 부분이며 모발의 색상을 결정하는 멜라닌색소를 함유하고 있다. 간층질은 외부의 자극에 의해 유출되면 모발 손상이 된다.

70 답 ④

관능평가에 사용되는 표준품

- 제품 표준견본 : 완제품의 개별포장에 관한 표준(화장품의 완제품 표준)
- 벌크제품 표준견본 : 성상, 냄새, 사용감에 관한 표준
- 라벨 부착 위치견본 : 완제품의 라벨 부착 위치에 관한 표준
- 충진 위치견본 : 내용물을 제품용기에 충진할 때의 액면 위치에 관한 표준
- 색소원료 표준견본 : 색소의 색조에 관한 표준
- 원료 표준견본 : 원료의 색상, 성상, 냄새 등에 관한 표준
- 향료 표준견본 : 향, 색상, 성상 등에 관한 표준
- 용기 · 포장재 표준견본 : 용기 · 포장재의 검사에 관한 표준
- 용기 · 포장재 한도견본 : 용기 · 포장재 외관검사에 사용하는 합격품 한도를 나타내는 표준

71 답 ⑤

관능평가는 여러 가지 품질을 인간의 오감(시각, 청각, 미각, 후각, 촉각)에 의하여 평가하는 제품검사를 의미하며, 인간의 기호를 측정할 수 있다는 점이 관능검사의 중요한 특징이다.

기호성 관능평가 종류	평가방법
소비자에 의한 평가	• 맹검 사용시험(Blind use Test) : 제품의 정보를 제공하지 않는 제품 사용 시험 • 비맹검 사용시험(Concept use Test) : 제품의 정보를 제공하고 제품에 대한 인식 및 효능이 일치하는지를 조사하는 시험
전문가 패널에 의한 평가	품 평
정확한 관능기준을 가지고 교육을 받은 전문가 패널의 도움을 얻어 실시하는 평가	• 의사의 감독하에서 실시하는 시험 • 그 외 전문가(준의료진, 미용사 등) 관리하에 실시하는 평가

72 답 ⑤

제품 명칭의 일부로 사용한 경우(방향용 제품 제외), 유기농으로 광고하려는 경우 그 성분의 함량, 만 3세 이하의 영유아용 제품류 혹은 만 4세 이상부터 만 13세까지의 어린이가 사용할 수 있는 제품임을 특정하여 표시 · 광고하려는 경우 보존제의 함량을 기재하여야 한다.

73 답 ③

내용량이 15mL 이하 또는 15g 이하인 제품의 용기 또는 포장이나 견본품, 시공품 등 비매품에 대하여는 화장품바코드 표시를 생략할 수 있다. 수입화장품인 경우에는 제조국의 명칭, 제조회사명 및 그 소재지를 기재 · 표시하여야 하나 대외무역법에 따른 원산지를 표시한 경우에는 제조국의 명칭을 생략할 수 있다.

74 답 ③

인체적용시험자료 제출 시 사용 가능한 표시 · 광고 표현

- 여드름성 피부에 사용에 적합
- 항균(인체 세정용 제품에 한함)
- 피부노화완화
- 일시적 셀룰라이트 감소
- 붓기, 다크서클 완화
- 피부혈행개선
- 콜라겐 증가, 감소 또는 활성화
- 효소 증감, 감소 또는 활성화

75 답 ④

화장품의 포장에 기재 · 표시하여야 하는 기타 사항

- 식품의약품안전처장이 정하는 바코드
- 기능성화장품의 경우 심사받거나 보고한 효능 · 효과, 용법 · 용량
- 성분명을 제품 명칭의 일부로 사용한 경우 그 성분명과 함량(방향용 제품은 제외한다)
- 인체 세포 · 조직 배양액이 들어있는 경우 그 함량
- 화장품에 천연 또는 유기농으로 표시 · 광고하려는 경우에는 원료의 함량
- 수입화장품인 경우에는 제조국의 명칭, 제조회사명 및 그 소재지(대외무역법에 따른 원산지를 표시한 경우에는 제조국의 명칭을 생략할 수 있다)
- 탈모, 여드름, 피부장벽, 튼살에 해당하는 기능성화장품의 경우에는 "질병의 예방 및 치료를 위한 의약품이 아님"이라는 문구

- 다음의 어느 하나에 해당하는 경우 사용기준이 지정·고시된 원료 중 보존제의 함량
  - 영유아용 제품류인 경우
  - 화장품의 어린이용 제품(만 13세 이하의 어린이를 대상으로 생산된 제품을 말한다)임을 특정하여 표시·광고하려는 경우

76 답 ①

화장품 포장의 표시기준 및 표시방법(화장품법 시행규칙 별표4)
제조에 사용된 성분 기재·표시를 할 때에는 글자의 크기를 5포인트 이상으로 한다.

77 답 ④

③ 맞춤형화장품 판매업자는 수입한 화장품의 경우에 제조국의 명칭, 회사명, 소재지를 기재해야 한다.
⑤ 카톤 충진기는 박스에 테이프를 붙이는 테이핑기이다. 용량이 큰 샴푸, 린스 충진기는 피스톤방식 충진기이다.

78 답 ③

유화입자를 관찰할 때는 광학현미경을 사용한다.

79 답 ②

① 혼합·소분 전 사용되는 내용물 또는 원료의 품질관리가 선행되어야 하며, 책임판매업자의 품질검사성적서로 대체 가능하다.
③ 품질 및 안전성이 확보된 내용물 및 원료를 입고해야 하며, 화장품책임판매업자가 혼합 및 소분 범위를 정하고 있는 경우에는 그 범위 내에서 혼합·소분 가능
④ 소비자의 피부 유형이나 선호도 등을 확인하지 아니하고 맞춤형화장품을 미리 혼합·소분하여 보관하지 말 것
⑤ 맞춤형화장품판매업자는 맞춤형화장품 조제에 사용하는 내용물 또는 원료의 혼합·소분의 범위에 대해 사전에 검토하여 최종 제품의 품질 및 안전성을 확보할 것. 다만, 화장품책임판매업자가 혼합 또는 소분의 범위를 미리 정하고 있는 경우에는 그 범위 내에서 혼합 또는 소분할 것

80 답 ②

자외선차단제는 밑에 내용 중 그 밖에 화장품에 속한다.

제품의 종류		기 준	
단위제품	품목	포장공간 비율	포장횟수
단위제품	인체 세정용	15% 이하	2차
	두발 세정용	15% 이하	2차
	그 밖에 화장품(방향용 제품 포함, 향수 제외)	10% 이하	2차
	향 수	–	2차
종합제품	전품목	25% 이하	2차
종합제품 (완충받침대 사용)	전품목	20% 이하	2차

83 답 27

자외선차단지수(SPF)는 측정결과에 근거하여 평균값(소수점 이하 절삭)으로부터 −20% 이하 범위 내 정수이다.
33 × 20% = 6.6 소수점 절삭 후 −20% 이하 범위는 33 − 6 = 27이다. 이 중 정수만 포함하므로 문제의 자외선차단지수는 27~33 범위 내에서 표시가 가능하다. 따라서 최소 정수값은 27이다.

86 답 ㉠ 분산, ㉡ 가용화

용도에 따라 사용되는 계면활성제의 분류

용도에 따른 분류	특 징
유화제	물과 오일을 혼합하기 위한 목적으로 에멀전 제품에 사용되는 계면활성제이다.
가용화제	용매인 물에 불용성 물질인 약간의 향 등에 용해시키기 위한 목적으로, 토너에 향을 넣기 위해 일반적으로 사용하는 계면활성제로 투명한 현상을 가지게 된다.
분산제	안료를 용제에 분산을 목적으로 사용하는 계면활성제이다.
세정제	세정을 목적으로 사용하는 계면활성제이다.

대전방지제	전하를 감소시켜 정전기 발생을 막아 먼지의 흡착을 방지하는 계면활성제이다.

87
답 ㉠ 레티닐팔미테이트, ㉡ 토코페릴아세테이트

㉠ 레티놀은 항산화 효능 및 주름개선 기능성화장품 고시원료로 사용되나, 열과 공기에 매우 불안정한 특징을 가진다. 따라서, 레티놀의 안정화된 유도체인 레티닐팔미테이트, 폴리에톡실레이티드레틴아마이드 등이 개발되어 사용하고 있다. 레티닐팔미테이트(Retinyl palmitate)는 레티놀에 지방산이 붙은 에스테르 형태로, 레티놀 대비 안정성이 높으며, 인체 흡수 뒤 레티놀로 가수분해된다. 폴리에톡실레이티드레틴아마이드는 레티놀에 PEG를 결합한 형태이며, 레티놀 대비 안정성이 높다.

- 토코페롤은 비타민 E 성분으로 밀배아에서 주로 얻어지며 오일류의 변질을 막기 위한 산화방지제로 사용되는 지용성 성분이다. 화장품에는 토코페롤보다는 토코페롤의 에스터가 널리 사용되며, 이러한 에스터에는 토코페릴아세테이트(토코페롤의 아세틱애씨드에스터), 토코페릴리놀리에이트(토코페롤의 리놀레익애씨드에스터), 토코페릴리놀리에이트/올리에이트(토코페롤의 리놀레익애씨드에스터와 올레익애씨드에스터의 혼합물), 토코페릴니코티네이트(토코페롤의 니코티닉애씨드에스터) 및 토코페릴석시네이트(토코페롤의 석시닉애씨드에스터)가 있다.

88
답 ㉠ 10, ㉡ 3.5

화장품 함유 성분별 사용 시의 주의사항 표시문구

대상 제품	표시문구
알파-하이드록시애시드(α-hydroxyacid, AHA) 함유제품(0.5% 이하의 AHA가 함유된 제품은 제외한다)	• 햇빛에 대한 피부의 감수성을 증가시킬 수 있으므로 자외선차단제를 함께 사용할 것(씻어내는 제품 및 두발용 제품은 제외한다) • 일부에 시험 사용하여 피부 이상을 확인할 것 • 고농도의 AHA 성분이 들어있어 부작용이 발생할 우려가 있으므로 전문의 등에게 상담할 것(AHA 성분이 10%를 초과하여 함유되어 있거나 산도가 3.5 미만인 제품만 표시한다)

89
답 ㉠ 0.05, ㉡ 0.2

화장품 함유 성분별 사용 시의 주의사항 표시문구

대상제품	표시문구
포름알데하이드 0.05% 이상 검출된 제품	포름알데하이드 성분에 과민한 사람은 신중히 사용할 것
폴리에톡실레이티드레틴아마이드 0.2% 이상 함유 제품	폴리에톡실레이티드레틴아마이드는 「인체적용시험자료」에서 경미한 발적, 피부건조, 화끈감, 가려움, 구진이 보고된 예가 있음

91
답 피크라민산, 피로갈롤

염모제 성분은 염모제 외의 성분으로 사용 불가능하다. 피크라민산, 피로갈롤은 염모제에서 용법·용량에 따른 혼합물의 염모성분으로서 각각 0.6%, 2% 이하 사용된 염모제 외에는 사용할 수 없는 원료로 고시되어 있다. 징크피리치온, 살리실릭애씨드는 기능성 성분 외에 보존제 성분으로 사용이 가능하며 징크옥사이드는 백색제로 사용이 가능하다. 그 외 에칠아스코빌에텔, 레티닐팔미테이트, 마그네슘아스코빌포스페이트는 자료제출이 생략되는 기능성 성분으로는 등록이 되어있지만 사용한도가 있는 성분으로 등록이 되어있지 않아 일반화장품에서는 피부컨디셔닝제로 사용이 가능하다. 자외선차단 성분(옥토크릴렌, 에칠헥실트리아존, 호모살레이트)은 제품의 변색방지를 위해 사용된다.

92
답 제품표준서

제품표준서는 품목별로 다음의 사항이 포함되어야 한다.
- 제품명
- 작성연월일
- 효능·효과(기능성화장품의 경우) 및 사용상의 주의사항
- 원료명, 분량 및 제조단위당 기준량
- 공정별 상세 작업내용 및 제조공정흐름도
- 공정별 이론 생산량 및 수율관리기준
- 작업 중 주의사항
- 원자재·반제품·완제품의 기준 및 시험방법
- 제조 및 품질관리에 필요한 시설 및 기기
- 보관조건
- 사용기한 또는 개봉 후 사용기간
- 변경이력
- 제품표준서의 번호
- 제품명

- 제조번호, 제조연월일 또는 사용기한(또는 개봉 후 사용기간)
- 제조단위
- 사용된 원료명, 분량, 시험번호 및 제조단위당 실사용량
- 제조 설비명
- 공정별 상세 작업내용 및 주의사항
- 제조지시자 및 지시연월일

96 　　　답 ㉠ 유멜라닌, ㉡ 페오멜라닌

멜라닌은 멜라노좀에서 합성되어 티로신(Tyrosine)이라는 아미노산이 '티로시나아제(Tyrosinase)' 효소작용에 의해 변화하면서 '유멜라닌'과 '페오멜라닌'이 생성된다. 흑갈색을 띠는 유멜라닌(Eumelanin)과 붉은색이나 황색을 띠는 페오멜라닌(Pheomelanin)은 피부색을 결정하는 인자에 해당한다.

97 　　　답 비듬

- 비듬은 두피 표면에서 자연히 탈락되는 각질과 피지, 먼지가 묻어서 생긴 때의 일종으로 다양한 원인으로 인해 과다 발생하기도 한다. 모발 모근부(Hair Root)의 내모근초는 모발을 표피까지 운송하는 역할을 다한 후에는 비듬이 되어 두피에서 떨어진다.
- 비듬은 두피 피지선의 피지 과다 분비, 호르몬의 불균형, 두피 세포의 과다 증식, 스트레스, 다이어트, 염색약 등으로 인한 두피손상 등으로 인해 비듬 발생이 증가하거나, 말라쎄지아라는 진균류의 분비물이 표피층을 자극하여 비듬이 발생하기도 한다.
- 대부분 비듬으로 인해 가려움증이 동반되고, 증상이 심해지면 구진성 발진이나, 심한 가려움과 뽀루지를 동반하는 지루성 피부염의 증상이 발생하여 귀 주변 및 이마 주변까지 나타나기도 한다.
- 비듬으로 인해 탈모증세로 이어지는 경우가 대부분이므로 항상 두피를 청결히 하고 계면활성제, 염색약, 퍼머넌트 웨이브제와 같은 물질의 두피 자극을 줄여야 한다.

100 　　　답 포타슘소르베이트

영유아 및 어린이용 제품의 경우 보존제의 함량을 기재·표시하여야 한다. 포타슘소르베이트는 소르빅애씨드의 염류로서 유기농화장품과 천연화장품에 사용이 가능한 보존제이며 배합한도는 0.6%이다.

기출복원문제 정답 및 해설

1	2	3	4	5	6	7	8	9	10
⑤	④	③	⑤	③	②	②	③	④	③
11	12	13	14	15	16	17	18	19	20
④	⑤	①	⑤	②	③	④	①	⑤	⑤
21	22	23	24	25	26	27	28	29	30
④	⑤	③	⑤	⑤	②	④	⑤	④	④
31	32	33	34	35	36	37	38	39	40
⑤	④	②	③	④	③	②	③	⑤	⑤
41	42	43	44	45	46	47	48	49	50
①	⑤	①	②	⑤	①	④	②	⑤	⑤
51	52	53	54	55	56	57	58	59	60
④	⑤	③	③	③	③	①	②	⑤	⑤
61	62	63	64	65	66	67	68	69	70
②	③	③	④	③	②	③	⑤	①	④
71	72	73	74	75	76	77	78	79	80
⑤	⑤	④	①	④	②	①	①	③	③
81	㉠ 3, ㉡ 90				82	보존제, 자외선차단제, 색소			
83	유해사례				84	구중청량제, 치아미백제			
85	솔비탄팔미테이트, 폴리솔베이트20				86	레이크			
87	요소(우레아)				88	㉠ 탈색, ㉡ 고압가스			
89	㉠ 화장품의 명칭(제품의 명칭), ㉡ 제조번호				90	제조위생관리기준서			
91	에칠헥실메톡시신나메이트, 7.5%				92	치오글라이콜릭애씨드, 체모제거용			
93	UVA				94	필라그린			
95	디하이드로테스토스테론				96	㉠ 밀착성, ㉡ 밀폐성			
97	체취방지용 제품류				98	제조관리기준서			
99	신뢰성				100	고급알코올, 경도			

01　　답 ⑤

천연화장품 및 유기농화장품 인증 신청 시 제출해야 하는 자료
- 인증신청 대상 제품의 규격서 또는 제품표준서
- 인증신청 대상 제품의 제조 공정도
- 공정, 세척제 체크리스트
- 제품의 용기, 포장 재질 확인을 위한 자료
- 작업장 및 원료보관 사진

02　　답 ④

제조과정 중에 제거되어 최종제품에는 남아있지 않은 성분은 원료에 대한 검토자료에 작성하지 않는다.

03　　답 ③

㉠ 영유아 및 어린이도 사용할 수 있는 제품이므로 안전용기 포장 의무가 아니다.

ⓜ 안전성 자료를 작성, 보관하지 않은 1차 위반의 경우 판매 또는 해당품목 판매업무정지 1개월이다.

04 답 ⑤

품질관련 모든 문서와 절차를 검토, 승인하고 품질검사가 규정대로 진행되는지 확인하는 것은 품질보증책임자의 의무사항이다.

05 답 ③

① 메디슨, 드럭, 코스메슈티컬 등을 사용한 의약품 오인 우려 표현은 금지표현이다.
② 인체외시험자료가 아닌 시험분석자료이다.
④ 인체적용시험자료 입증 시 광고가 가능하다.
⑤ 기능성화장품 심사자료로 입증해야 한다.

06 답 ②

ⓛ · ⓒ 광고위반이 아닌 영업위반에 따른 행정처분 기준에 해당되는 경우로 광고업무 정지가 아닌 영업업무 정지의 처분을 받는다.

07 답 ②

운전면허정보는 개인정보 보호법 제23조에 해당하지 않는다. 폐업 신고, 기능성화장품 심사, 검사명령, 개수명령, 회수 폐기처분 등의 사무를 행할 때 건강에 관한 정보, 범죄경력자료, 주민등록번호, 외국인등록번호가 포함된 자료를 처리할 수 있다.

08 답 ③

100명이 아닌 1,000명이 옳은 내용이다.

09 답 ④

④ 글리세린 표면장력 : 63.4dyne/cm
① 에탄올 표면장력 : 22.3dyne/cm
② 피마자오일 표면장력 : 39dyne/cm
⑤ 올레익애씨드 표면장력 : 32.5dyne/cm

10 답 ③

물과의 수소결합에 의한 친수성을 가지며, 전하를 가지지 않는 계면활성제이다. 비이온계면활성제는 이온성에 친수기를 갖는 대신 하이드록시기(–OH)나 에틸렌옥사이드에 의한 물과의 수소결합에 의한 친수성을 가지며, 전하

를 가지지 않는 계면활성제임이다. 전하를 갖고 있지 않으므로 물의 경도로 인한 비활성화에 잘 견디며, 피부에 대하여 이온계면활성제보다 안정성이 높고 유화력이 우수하다.

11 답 ④

W/O 유화제의 HLB값은 4~6이므로 B가 더 근사값이다.
HLB값
• 소포제 : 1~3
• W/O 유화제 : 4~6
• 습윤제 : 7~9
• O/W 유화제 : 8~18
• 세정제 : 13~15
• 가용화제 : 15~18

12 답 ⑤

밀폐제 역할은 오일이며, 피부유연화제 역할을 동시에 하는 보습제이다.

13 답 ①

화학적 작용이 아닌 생물학적 작용이다.

14 답 ⑤

유연화장수가 아닌 수렴화장수가 옳다.

15 답 ②

① 수용성 유도체가 아닌 지용성 유도체가 옳다.
③ 비타민 C 성분은 열에 약하고 쉽게 산화되어 안정성이 떨어진다.
⑤ 베타-토코페롤이 아닌 알파-토코페롤이 옳다.

16 답 ③

③ 부틸메톡시디벤조일메탄은 자외선 차단 성분으로 5%, 메칠이소치아졸리논은 보존제로서 사용 후 씻어내는 제품에 0.0015%이다.
① 징크피리치온은 사용 후 씻어내는 제품에 0.5%, 나이아신아마이드는 사용 제한 원료가 아니다.
② 히드로퀴논은 사용할 수 없는 원료, 벤잘코늄클로라이드는 사용 후 씻어내는 제품에 0.1%, 기타제품에 0.05%이다.
④ 살리실릭애씨드는 보존제로서 0.5%, 기능성 성분으로 인체 세정용 2%, 사용 후 씻어내는 두발용 제품류

3%(영유아용 어린이 제품 샴푸 외 사용금지), 알부틴
은 사용 제한 원료가 아니다.
⑤ 트리클로산은 사용 후 씻어내는 인체 세정용 제품류,
데오도런트(스프레이 제품 제외), 페이스 파우더, 피부
결점을 가리기 위해 국소적으로 사용하는 파운데이션
에 0.3% 사용한도, 붕산은 사용불가 원료이다.

19
답 ⑤

ⓒ 1,2-헥산다이올 : 폴리올 성분으로 보존제의 보조역할
ⓓ 소듐하이알루로네이트 : 히알루론산의 염으로 보습제
로 사용

20
답 ⑤

원료의 품질성적서 인증 기준
• 제조업자의 자가품질검사 성적서 또는 공인검사기관
성적서
• 책임판매업자의 자가품질검사 성적서 또는 공인검사기
관 성적서
• 원료업체에서 공급하는 공인검사기관 성적서
• 원료업체의 자가품질검사 성적서(대한화장품협회의 원
료공급자의 검사결과 신뢰기준 자율규약 기준에 적합
한 것)

21
답 ④

① 스테아린산아연 함유 제품 : 사용 시 흡입되지 않도록
주의할 것
② 살리실릭애씨드 및 그 염류 함유제품(샴푸 등 사용 후
바로 씻어내는 제품 제외) : 만 3세 이하 영유아에게
는 사용하지 말 것
③ 알루미늄 및 그 염류 함유 제품(체취방지용 제품류에
한함) : 신장 질환이 있는 사람은 사용 전에 의사, 약
사, 한의사와 상의할 것
⑤ IPBC가 함유된 제품(목욕용 제품, 샴푸류 및 바디클렌
저 제외) : 만 3세 이하 영유아에게는 사용하지 말 것

22
답 ⑤

회수종료신고서에 다음의 서류를 첨부하여 지방식품의약
품안전청장에게 제출해야 한다.
• 별지 제10호의3서식의 회수확인서 사본
• 별지 제10호의5서식의 폐기확인서 사본(폐기한 경우
에만)
• 별지 제10호의7서식의 평가보고서 사본

23
답 ③

㉠ 식품으로 오용할 우려가 있는 화장품은 나등급
㉣ 안전용기 및 포장을 위반하였으므로 나등급
㉡ 위해등급에 해당하지 않음
㉢ 병원미생물이 검출되었으므로 다등급
㉤ 5mm 이하 미세플라스틱이 들어있는 세정, 각질제거
등 제품은 사용금지이며 가등급

24
답 ⑤

⑤는 나등급, 그 외에는 다등급이다.

25
답 ⑤

① 보존제 및 기능성 성분은 사용할 수 없다.
② · ③ 원료 + 원료는 제조에 해당되므로 불가능하다.
④ 의약외품은 소분할 수 없다.

26
답 ②

㉣, ㉤ 총 2개
㉣ 풍나무발삼오일 0.6%, 토코페롤 20% 사용한도가
있다.
㉤ 세균배양 30~35℃에서 48시간, 진균배양 20~25℃
조건에서 5일간 배양해서 측정하므로 검사판정일이
시험일자와 같을 수 없다.
㉠ 중금속은 납, 수은, 비소이며 그중 수은만 검출허용한
도를 초과한다.
㉡ 수은 때문에 불가하다.
㉢ 비중이 미미한 차이인 0.001이 초과된 경우 기준일탈
보고를 하고 조사한 후에 필요하면 재작업을 할 수도
있다(필수는 아님).

27
답 ④

앱솔루트, 콘크리트, 레지노이드는 천연화장품에만 허용
된다.

28
답 ⑤

• 가혹시험의 조건 : -15~45℃
• 가혹조건 사이클링
– 자연광 노출 및 인공광 노출
– 동결/해동, 물리적 시험(진동, 원심분리)

29 답 ③

일반적으로는 4급지<3급지<2급지 순으로 실압을 높이고, 외부의 먼지가 작업장으로 유입되지 않도록 설계한다. 작업실이 분진 발생, 악취 등 주변을 오염시킬 우려가 있을 경우 해당 작업실을 음압관리할 수 있으며, 이경우 적절한 오염 방지대책을 마련해야 한다.

30 답 ④

① 제조하는 화장품의 종류, 제형에 따라 적절히 구획, 구분되어 있어 교차오염 우려가 없으면 된다.
② 외부와 연결된 창문은 가능한 열리지 않도록 한다.
③ 수세실과 화장실은 접근이 쉬워야 하나 생산구역과 분리되어야 한다.
⑤ 작업소 전체에 적절한 조명을 설치해야 한다.

31 답 ⑤

• 1등급 : 낙하균 10개/hr 또는 부유균 20개/m³
• 2등급 : 낙하균 30개/hr 또는 부유균 200개/m³
• 3등급 : 갱의, 포장재의 외부 청소 후 반입

32 답 ④

골판지는 나무의 경우 벌레의 집이 될 수 있어 작업장에 방치하지 않는다.

33 답 ②

① 금속이온봉쇄제 특성 : 세정효과를 증가, 입자 오염에 효과적 / 종류 : 소듐트리포스페이트, 소듐사이트레이트, 소듐글루코네이트
③ 연마제의 특성 : 기계적 작용에 의한 세정 효과 증대 / 종류 : 칼슘카보네이트, 클레이, 석영
④ 용제의 특성 : 계면활성제의 세정효과 증대 / 종류 : 알코올, 글리콜, 벤질알코올
⑤ 계면활성제 특성 : 비이온·음이온·양성계면활성제, 세정제의 주요 성분, 다양한 세정 기작으로 이물제거 / 대표적 성분 : ABS, SAS, AOS, AS, 비누, ASB 등

34 답 ③

균에 대한 작용효과는 사용기한보다 훨씬 더 길게 작용해야 한다.

35 답 ④

화학적 소독제 중 염소계 소독제
• 소독법 : 200ppm에 30분
• 특징 : 찬물 용해, 사용 편리, 단독으로 사용, 우수한 효과
• 단점 : pH가 산성에서 알카리성으로 증가 시 효과 감소, 금속부식, 빛, 온도에 불안정, 피부보호 필요
• 종류 : 차아염소산나트륨, 차아염소산칼슘, 차아염소산리튬

37 답 ②

청정도가 높은 시설은 30분 이상 노출시킨다.

38 답 ③

품질검사 확인 후 '적합'을 표시하고 관리번호를 부여한후, 원료보관실에 입고하여 사용한다.

39 답 ⑤

① 적절한 보관온도에 보관해야 한다.
② 높은 습도의 경우 원료가 변질될 우려가 높다.
③ 냉장고에 보관하더라도 원료가 변질될 우려가 있으므로 사용기한이 지나면 재평가절차를 통해 사용 가능한지 확인해야 한다.
④ 원료의 사용기한이 지나도 재평가를 통해 더 사용할 수 있으므로 미리 정해둔 절차대로 처리하는 것이 적절하다.

40 답 ⑤

원자재, 시험 중인 제품 및 부적합품은 각각 구획된 장소에서 보관해야 한다. 다만, 서로 혼동을 일으킬 우려가 없는 시스템에 의하여 보관되는 경우에는 그러지 아니하다.

41 답 ①

포장지시서 항목
제품명, 포장 설비명, 포장재 리스트, 상세한 포장 공정 및 포장 생산 수량 등

42 답 ⑤

① 납 합량 기준은 20μg/g 이하로 부적합
② 총호기성생균수 기준은 1,000개/g(mL)

③ 비의도적으로 검출되는 경우 2,000μg/g 이하(물휴지는 20μg/g의 검출허용한도까지는 적합한 화장품으로 판정)

④ 해당 제품의 니켈 함량 기준은 10μg/g 이하

43 답 ①

- 염산, 황산, 인산, 초산, 구연산 : 무기산과 약산성 세척제
- 탄산나트륨 : 약알칼리성 세척제
- 수산화칼륨 : 부식성 강알칼리성 세척제

44 답 ②

불쾌한 냄새가 남지 않아야 한다.

45 답 ⑤

① 탱크 벽과 뚜껑을 스펀지와 세척제로 닦아 잔류하는 반제품이 없도록 제거 후 상수로 세척한다.

② 상수를 탱크의 80%까지 채우고 80℃로 가온한다.

③ 뚜껑은 70% 에탄올로 적신 스펀지로 닦아 소독한 후 자연건조하여 설비에 물이나 소독제가 잔류하지 않도록 한다.

④ 탱크의 내부 표면 전체에 70% 에탄올이 접촉되도록 뿌리고 탱크의 뚜껑을 닫고 30분간 정체해둔다. 정제수로 헹군 후 필터된 공기로 완전히 말린다.

46 답 ①

- 중성세척제 제거물질 : 기름때 작은 입자 / 종류 : 약한 계면활성제 용액
- 약알칼리성, 알칼리성 세척제 제거물질 : 기름, 지방, 입자 / 종류 : 수산화암모늄, 탄산나트륨, 인산나트륨
- 부식성 알칼리성 세척제 제거물질 : 찌든 기름 / 종류 : 수산화나트륨, 수산화칼륨, 규산나트륨
- 무기산, 약산성 세척제 제거물질 : 무기염, 수용성 금속 / 종류 : 강산(염산, 황산, 인산), 약산(초산, 구연산)

47 답 ④

① 작업모는 공기 유통이 원활하고 분진 기타 이물 등이 나오지 않도록 한다.

② 제조실 입실 전에 작업복을 착용한다.

③ 작업복은 1인 2벌을 기준으로 지급한다.

⑤ 입실자는 작업장 전용 실내화를 착용한다.

48 답 ②

사용기한 경과 후 1년간 또는 개봉 후 사용기간을 기재하는 경우 제조일로부터 3년간 보관한다.

49 답 ⑤

① 내용량의 경우 97%인 145.5g 이상이어야 한다.

② 납의 함량의 경우 20μg/g 이하이므로 유통화장품 안전관리 기준을 충족한다.

③ 세균, 진균을 포함한 총호기성생균수가 1,000개 이하이므로 미생물한도 기준에 적합한 제품이다.

④ 수은의 함량이 1μg/g 이하가 아니므로 유통화장품 안전관리 기준에 적합하지 않다.

50 답 ⑤

원료를 투입하고 완성된 화장품을 기준으로 실험을 해야 한다.

51 답 ④

① 상온 : 15~25℃

② 미온 : 30~40℃

③ 냉소 : 1~15℃ 이하의 곳

⑤ 온탕 : 60~70℃

52 답 ⑤

리본믹서, 헨셀믹서, 아토마이저, 3단롤밀 등은 파우더 혼합제품 공정용 설비이다.

54 답 ③

감사의 정의가 아닌 수탁자의 정의에 해당한다.

55 답 ③

① 원래의 용기와 동일하게 표시해야 한다.

② 설정된 보관기한이 지나면 사용의 적절성을 결정하기 위해 재평가시스템을 확립해야 하며, 동 시스템을 통해 보관기한이 경과한 경우 사용하지 않도록 규정해야 한다.

④ 선입선출이 원칙이다.

⑤ 원자재와 시험 중인 제품, 부적합품은 각각 구획된 장소에서 보관해야 한다. 서로 혼동을 일으킬 우려가 없는 시스템에 의하여 보관되는 경우에는 제외된다.

57 답 ①

②·⑤ 플라스틱에 대한 내용이다.

③·④ 유리에 대한 내용이다.

58 답 ②

인체세포 조직배양액의 안전성 확보를 위해 안전성 시험 자료를 작성, 보존해야 한다.

- 단회투여독성 시험자료
- 반복투여독성 시험자료
- 1차 피부자극 시험자료
- 안점막자극 또는 기타 점막자극 시험자료
- 피부감작성 시험자료
- 광독성 및 광감작성 시험자료
- 인체세포조직 배양액의 구성성분에 관한 자료
- 유전독성 시험자료
- 인체첩포 시험자료

59 답 ⑤

가혹시험

- 진동시험 : 분말 또는 과립 제품의 혼합상태가 깨지거 나 분리발생 여부를 판단하기 위해 수행
- 기계적 충격시험 : 운반과정에서 화장품 또는 포장이 손상될 가능성을 조사하기 위해 수행
- 온도사이클링 또는 동결해동 시험 : 현탁발생여부, 유제와 크림제의 안정성 결여, 포장문제, 알루미늄튜브 래커의 부식여부
- 광안정성 시험 : 화장품이 빛에 노출될 수 있는 상태로 포장된 화장품의 빛에 대한 안정성 여부

60 답 ⑤

책임판매업자 및 맞춤형화장품 판매업자의 결격사유

- 피성년후견인 또는 파산선고를 받고 복권되지 아니한 자
- 화장품법 또는 보건범죄 단속에 관한 특별조치법을 위 반하여 금고 이상의 형을 선고받고 그 집행이 끝나지 아니하거나 그 집행을 받지 아니하기로 확정되지 아니 한 자
- 법 제24조에 따라 영업등록이 취소되거나 영업소가 폐 쇄된 날로부터 1년이 지나지 아니한 자

61 답 ②

ⓒ 맞춤형화장품 신고서에는 맞춤형화장품조제관리사 정보 또한 기입해야 한다.

ⓔ 한시적으로 1개월 범위 내 영업을 하려는 경우에 맞 춤형화장품 판매 신고를 해야 한다.

62 답 ③

ⓒ 고객에게 받은 내용물은 사용할 수 없다.

ⓜ 고객에게 직접 조제를 시키는 건 불가능하다.

63 답 ③

퇴행기의 기간은 약 2~3주이며 전체 모발주기의 1%이다.

64 답 ④

히드로퀴논은 의약품성분으로 화장품에는 사용 불가 원료이다.

65 답 ③

① 진피는 표피의 15~40배이며 피부의 90% 이상 차지 한다.

②·④·⑤ 표피에 존재한다.

66 답 ②

입고 시 품질관리 여부를 확인한 후에 품질성적서를 구 비한다.

67 답 ③

- 콜로이드 : 용매와 용질이 완전히 혼합되어 단일상을 이루는 용액과 달리, 크기가 1~1,000nm인 불용성 물 질이 분산된 상태로 다른 물질과 혼합되어 있는 물질 이다.
- 졸 : 액체에 분산된 고체 콜로이드이다.
- 에어로졸 : 기체에 분산된 액체 또는 고체 콜로이드 이다.
- 에멀전 : 액체에 분산된 액체 콜로이드이다.
- 거품(폼) : 액체에 분산된 기체 콜로이드이다.

69 답 ①

두개피하조직은 얇고 지방층을 가지고 있지 않다.

70 답 ④

① 피부 소구 : 피부 표면의 얇은 줄 사이의 움푹한 곳

② 한공 : 피부 소릉의 땀구멍

③ 모공 : 소구의 구멍

71 답 ⑤

① 피부가 검을수록 멜라닌의 양이 많다.
② 포화지방산은 표피의 세포간지질 성분이 아니다.
③ 랑게르한스 세포는 유극층, 머켈세포는 기저층에 존재한다.
④ 멜라닌은 각질형성세포에 전달되어 표피의 상층으로 올라간다.

72 답 ⑤

표피의 기저층에서 멜라닌세포가 합성하여 멜라닌을 형성한다.

73 답 ④

①·②·③ 소비자용 화장품은 혼합 및 소분이 불가능하다.
⑤ 손소독제는 의약외품으로 소분할 수 없다.

74 답 ①

유화 공정 시 온도가 낮은 것은 영향을 미치지 않는다. 온도가 지나치게 높을 때 발생하는 경우는 ②에 해당한다.

75 답 ④

관능평가에 사용되는 표준품
• 제품 표준견본, 벌크제품 표준견본 : 완제품의 개별 포장에 관한 표준(화장품의 완제품 표준)
• 벌크제품 표준견본 : 성상, 냄새, 사용감에 관한 표준
• 라벨 부착 위치견본, 충진 위치견본 : 완제품의 라벨 부착 위치에 관한 표준
• 색소원료 표준견본 : 색소의 색조에 관한 표준
• 원료 표준견본 : 원료의 색상, 성상, 냄새 등에 관한 표준
• 향료 표준견본 : 향취, 색상, 성상 등에 관한 표준
• 용기·포장재 표준견본 : 용기 및 포장재의 검사에 관한 표준
• 용기·포장재 한도견본 : 용기 및 포장재 외관검사에 사용하는 합격품 한도를 나타내는 표준

76 답 ②

• 소분 : 냉각통, 디스펜서, 디지털발란스, 비커, 스파출라, 헤라
• 특성 분석 : pH미터, 경도계, 광학현미경, 점도계
• 혼합 : 스틱성형기, 오버헤드스터러, 온도계, 핫플레이트, 호모믹서

77 답 ①

맞춤형화장품 표시기재 사항 중 생략 가능한 내용
• 식품의약품안전처장이 정하는 바코드
• 기능성화장품의 경우 심사받거나 보고한 효능·효과, 용법·용량
• 성분명을 제품 명칭의 일부로 사용한 경우 그 성분명과 함량(방향용 제품은 제외)
• 인체세포, 조직 배양액이 들어있는 경우 그 함량
• 화장품에 천연 또는 유기농으로 표시·광고하려는 경우에는 원료의 함량
• 수입화장품인 경우에는 제조국의 명칭(대외무역법에 따른 원산지를 표시한 경우에는 제조국의 명칭을 생략할 수 있다), 제조회사명 및 그 소재지
• 제2조 제8호부터 제11호까지 해당하는 기능성화장품의 경우에는 '질병의 예방 및 치료를 위한 의약품이 아님'이라는 문구
• 다음의 어느 하나에 해당하는 경우 법 제8조 제2항에 따라 사용기준이 지정, 고시된 원료 중 보존제의 함량
 - 만 3세 이하의 영유아용 제품류인 경우
 - 만 4세 이상부터 만 13세 이하까지의 어린이가 사용할 수 있는 제품임을 특정하여 표시·광고하려는 경우

78 답 ①

② 화장품 바코드 인쇄크기와 색상은 자율적으로 정할 수 있다. 단, 배경과 바 색상에 따라 인식이 불가능한 색상이 있으므로 유의해야 한다.
③ 내용량이 15mL 이하 또는 15g 이하인 제품의 용기 또는 포장이나 견본품, 시공품 등 비매품에 대해서는 바코드 생략이 가능하다.
④ 화장품 바코드 표시는 국내에서 화장품을 유통판매하고자 하는 화장품책임판매업자가 한다.
⑤ 유통비용을 절감하고 거래의 투명성을 확보함을 목적으로 한다.

79 답 ③

6포인트가 아닌 5포인트가 옳다.

80 답 ③

㉠ 모발의 굵기에 따라 있는 것도 있고, 없는 것도 있다(모수질).
㉡ 물고기의 비늘처럼 사이사이 겹쳐 놓은 것과 같은 구조로 친유성의 성격이 강하다(모표피).

ⓒ 육각형 모양의 죽은 세포가 밀려 올라가 판상으로 둘러쌓인 형태의 세포이다(모표피).

ⓔ 모발의 85~90%를 차지한다(모피질).

ⓜ 한랭지 서식의 동물에는 털의 약 50%를 차지하여 보온의 역할을 한다(모수질).

ⓗ 친수성의 성격이 강하며 퍼머와 염색제가 작용하는 부분이다(모피질).

ⓢ 핵이 없는 편평세포로 모발 전체의 10~15%를 차지한다(모표피).

ⓞ 멜라닌 색소를 함유하고 있다(모피질).

84   답 구중청량제, 치아미백제

구중청량제와 치아미백제는 의약외품이다.

85   답 솔비탄팔미테이트, 폴리솔베이트20

대부분 기초화장품 제품류에 사용되는 성분은 비이온계 면활성제이다.

- 음이온계면활성제 : 소듐라우레스-3카복실레이트, 소듐라우릴설페이트, 암모늄라우릴설페이트
- 양이온계면활성제 : 세테아디모늄클로라이드, 베헨트라이모늄클로라이드, 다이스테아릴다이모늄클로라이드
- 양쪽성계면활성제 : 코카미도프로필베타인, 소듐코코암포아세테이트

95   답 디하이드로테스토스테론

남성호르몬인 테스토스테론은 모낭에 존재하는 5-알파 환원효소가 작용하여 디하이드로테스토스테론으로 전환된다. 남성형 탈모증인 남성호르몬인 디하이드로테스토스테론 호르몬의 영향으로 모발이 점점 얇아지면서 빠지는 대머리 증상을 말한다.

98   답 제조관리기준서

제조관리기준서에 포함되어야 하는 사항

- 제조공정관리에 관한 사항 : 작업소의 출입제한 / 공정검사의 방법 / 사용하려는 원자재의 적합판정 여부를 확인하는 방법 / 재작업방법
- 시설 및 기구 관리에 관한 사항 : 시설 및 주요설비의 정기적인 점검방법 / 작업 중인 시설 및 기기의 표시방법 / 장비의 교정 및 성능점검 방법
- 원자재 관리에 관한 사항 : 입고 시 품명, 규격, 수량 및 포장의 훼손 여부에 대한 확인방법과 훼손되었을 경우의 처리방법 / 보관장소 및 보관방법 / 시험결과

부적합품에 대한 처리방법 / 취급 시의 혼동 및 오염방지 대책 / 출고 시 선입선출 및 칭량된 용기의 표시사항 / 재고관리
- 완제품 관리에 관한 사항 : 입·출하 시 승인판정의 확인 방법 / 보관 장소 및 보관방법 / 출하 시의 선입선출 방법
- 위탁제조에 관한 사항 : 원자재의 공급, 반제품, 벌크제품 또는 완제품의 운송 및 보관 방법 / 수탁자 제조기록의 평가방법

99   답 신뢰성

화장품 표시·광고 실증을 위한 시험 결과의 공통사항 요건
- 광고 내용과 관련이 있고 과학적이고 객관적인 방법에 의한 자료로서 신뢰성과 재현성이 확보되어야 한다.
- 국내외 대학 또는 화장품 관련 전문 연구기관(제조 및 영업부서 등 다른 부서와 독립적인 업무를 수행하는 기업 부설 연구소 포함)에서 시험한 것으로서 기관의 장이 발급한 자료여야 한다.
- 기기와 설비에 대한 문서화된 유지관리 절차를 포함하여 표준화된 시험절차에 따라 시험한 자료여야 한다.
- 시험기관에서 마련한 절차에 따라 시험을 실시했다는 것을 증명하기 위해 문서화된 신뢰성 보증업무를 수행한 자료여야 한다.
- 외국의 자료는 한글요약문(주요사항 발췌) 및 원문을 제출할 수 있어야 한다.

100   답 고급알코올, 경도

- 왁스는 고급지방산에 고급알코올이 결합된 에스테르 화합물로, 고급알코올의 종류에 따라 고체와 반고체로 나뉜다.
- 크림의 사용감을 높여주거나 경도를 높이기 위해 사용되며, 친유성제품의 보조유화제, 광택제, 수분증발 억제제로 사용된다.

기출복원문제 정답 및 해설

제 7 회

1	2	3	4	5	6	7	8	9	10
④	③	⑤	①	⑤	③	⑤	①	④	①
11	12	13	14	15	16	17	18	19	20
④	③	①	②	⑤	③	③	①	②	③
21	22	23	24	25	26	27	28	29	30
③	⑤	②	①	③	③	④	④	②	④
31	32	33	34	35	36	37	38	39	40
④	⑤	②	④	④	②	④	②	①	③
41	42	43	44	45	46	47	48	49	50
①	③	②	③	④	④	⑤	③	④	②
51	52	53	54	55	56	57	58	59	60
③	②	③	⑤	②	⑤	③	②	④	③
61	62	63	64	65	66	67	68	69	70
⑤	④	④	④	①	②	④	①	③	②
71	72	73	74	75	76	77	78	79	80
①	①	①	④	④	⑤	②	①	①	①

81	㉠ 판매, ㉡ 수출	82	㉠ 합성, ㉡ 석유화학
83	㉠ 1차 포장, ㉡ 1	84	콜레스테롤
85	입술	86	㉠ 500, ㉡ 100
87	㉠ 계면장력, ㉡ 콜로이드	88	내용량, 총호기성생균수
89	㉠ 5%, ㉡ 10%	90	각질층
91	패취테스트	92	안전용기 포장
93	㉠ 리날룰, ㉡ 제품표준서	94	㉠ 직사광선, ㉡ 어린이
95	경도계	96	국제적 멸종위기종
97	㉠ 2, ㉡ 1	98	㉠ 5, ㉡ 0.5
99	㉠ 안전확보, ㉡ 책임판매관리자	100	포타슘하이드록사이드, 소듐하이드록사이드

01 답 ④

2019년 12월 1일부터 제모왁스, 화장비누, 흑채가 화장품으로 전환되었다.

02 답 ③

• 화장품제조업 : ODM, OEM, 화장품의 포장(1차만)영업
• 화장품책임판매업

－ 직접 제조하여 유통·판매
－ 제조업자에게 위탁하여 수입대행형 거래(전자상거래만 해당)를 목적으로 화장품 알선·수여
－ 수입제품 유통, 판매, 수입대행형 거래(전자상거래만 해당)를 목적으로 화장품 알선·수여
• 맞춤형화장품판매업 : 혼합·소분 화장품을 판매

03
답 ⑤

⑤ 사망한 자의 정보, 법인, 단체에 관한 정보, 개인사업자의 상호명, 사업장주소, 사업자등록번호, 납세액 등 사업체 운영과 관련한 정보, 사물에 관한 정보는 개인정보가 아니다.

① · ② 개인정보에 해당한다.

③ · ④ 가명정보이므로 개인정보이다(추가정보의 사용, 결합 없이는 특정 개인을 알아볼 수 없는 정보).

04
답 ①

① 보습 기능이 있는 신규 원료 개발의 경우 일반적인 시험이므로 동물실험이 필요 없다.

동물실험 실시 금지의 예외사항

- 보존제, 자외선차단제, 색소 등 특별히 사용상 제한이 필요한 원료 사용기준을 지정하거나 국민보건 위생상 위해 우려가 제기되는 화장품 원료등에 대한 위해평가를 위해 필요한 경우
- 동물대체시험법이 존재하지 않아 동물실험이 필요한 경우
- 다른 법령에 따라 동물실험을 실시하여 개발된 원료를 화장품에 제조 · 사용한 경우
- 수입, 수출 시 상대국 법령에 따라 동물실험이 필요한 경우
- 그밖에 동물실험을 대체할 수 있는 실험을 실시하기 곤란한 경우로서 식품의약품안전처장이 정하는 경우

05
답 ⑤

피리딘-2-올 1-옥사이드는 사용상 제한원료로 사용한도 0.5%이다.

06
답 ③

① 영구적이 아닌 일시적이 옳다.

② 여드름성 피부 완화에 도움을 주는 화장품은 인체 세정용 제품에 한한다.

④ 아토피성 피부 가려움 완화는 사용할 수 없는 표현이다. 피부장벽 기능을 회복하여 가려움 등 개선에 도움이 되는 로션으로 대체할 수 있다.

⑤ 체모 제거 기능은 기능성화장품에 속하나 물리적 체모 제거는 제외된다.

07
답 ⑤

① 백신 프로그램 이용기한을 연장 또는 갱신하여 개인정보를 보호해야 한다.

② 개인정보주체자는 개인정보처리에 관한 정보 제공받을 권리, 동의 여부, 동의 범위 선택 및 결정 권리, 개인정보 열람 요구 권리, 개인정보 처리 정지, 정정 및 삭제, 파기 요구 권리 등이 있으며 업소 운영자는 이를 거절하여서는 안 된다.

③ 정보주체에게 재화나 서비스를 홍보하거나 판매를 권유하기 위해 개인정보의 처리에 대한 동의를 받으려는 때에는 정보주체가 이를 명확하게 인지할 수 있도록 알리고 동의를 받아야 하며, 정보주체가 제3항에 따라 선택적으로 동의할 수 있는 사항을 동의하지 않거나 마케팅정보 제공 및 제3자 정보제공에 대한 동의를 하지 아니한다는 이유로 정보주체에게 재화 또는 서비스의 제공을 거부하여서는 안 된다.

④ 개인정보를 파기할 때에는 개인정보가 복구 또는 재생되지 않도록 조치해야 한다.

08
답 ①

① 1-부탄올 < 부틸렌글라이콜. 1-부탄올은 알코올 작용기(-OH)를 1개 가지고 있으며 부틸렌글라이콜은 알코올 작용기(-OH) 2개를 가지고 있어 더욱 강한 친수성을 띤다.

② 글리세린은 3개의 수산기(-OH), 1-프로판올은 1개의 수산기(-OH)이다.

③ · ④ 비타민 E와 팔미틱애씨드는 지용성이다.

⑤ 에탄올은 2개의 탄소원자와 1개의 수산기(-OH), 세틸알코올은 16개의 탄소원자와 1개의 수산기(-OH)로 에탄올이 친수성이 높다.

09
답 ④

① 다이소듐이디티에이 : 금속이온봉쇄제

② 레시틴 : 양쪽성계면활성제

③ 벤토나이트 : 흡수제, 증량제, 유화안정제, 점증제

⑤ 트라이에탄올아민 : 알칼리제

10
답 ①

0.5%가 아니라 0.2%이다.

11
답 ④

④ 발한억제제는 의약품으로, 땀 발생 억제를 통한 액취를 방지한다. 체취방지용 화장품은 데오도런트로서 향으로 악취를 덮거나 악취형성을 유도하는 땀 흡수 작용, 그리고 땀에서 생기는 박테리아 붕괴로 악취를 최소화하는 제품이다.

③ 두발용 제품류의 세부 유형 및 효과이다.

12
답 ③

① 필오프타입은 해당하지 않는다.
② 클렌저에 대한 설명이다.
④ O/W/O형이 아니라 W/O형이다.
⑤ 2개의 상보다 더 많은 상(O/W/O형)으로 구성된 크림은 안정성이 좋지 않고 제조하기 어려우며 상품성이 떨어진다.

13
답 ①

② 트로메타민 : 알카리제
③ 칼슘설페이트 : 연마제, 증량제, 벌킨제, 불투명화제
④ 페녹시에탄올 : 보존제
⑤ 구아이아줄렌 : 착색제, 착향제 / 에틸헥실글리세린 : 보존제

15
답 ⑤

② 알레르기 유발성분임을 별도로 표시하면 해당 성분만 알레르기를 유발하는 것으로 소비자가 오인할 우려가 있어 부적절하다. 또한 착향제 중에 포함된 알레르기 유발성분의 표시는 "전성분표시제"의 표시대상 범위를 확대한 것으로서, 사용 시의 주의사항에 기재될 사항은 아니다.

16
답 ③

카민 함유가 아닌 파라벤류 함유 제품이 옳다.
- 카민 함유 제품 : 카민 성분에 과민하거나 알레르기가 있는 사람은 신중히 사용할 것
- 파라벤 함유 제품(영유아 제품류 및 기초화장용 제품류 중 사용 후 씻어내지 않는 제품에 한해) 만 3세 이하 어린이의 기저귀가 닿는 부위에는 사용하지 말 것
- 실버나이트레이트 함유 제품 : 눈에 접촉을 피하고 눈에 들어갔을 때에는 즉시 씻어낼 것, 속눈썹 착색 4% 이하 그 외 사용 금지

- 폴리에톡실레이티드레틴아마이드 0.2% 이상 함유 제품 : 폴리에톡실레이티드레틴아마이드는 인체적용 시험자료에서 경미한 발적, 피부건조, 화끈감, 가려움, 구진이 보고된 예가 있음

17
답 ③

① 외음부 세정제의 주의사항
② 체모제거제의 주의사항
④ 모발용 샴푸의 주의사항
⑤ 알파하이드록시애씨드 주의사항

18
답 ①

회수의무자는 회수대상 화장품이라는 사실을 안 날로부터 5일 이내 회수계획서, 해당 품목의 제조 및 수입기록서 사본, 판매처별 판매량 및 판매일 등의 기록, 회수사유를 적은 서류를 첨부하여 지방식품의약품안전청장에게 제출해야 한다. 회수의무자는 회수계획을 통보해야 하며, 통보사실을 입증할 수 있는 자료를 회수일로부터 2년간 보관해야 한다.

19
답 ②

ⓒ 수용성 물질에 해당하는 설명이다.
ⓔ · ⓜ 실리콘에 해당하는 설명이다.

20
답 ③

㉠ 나이아신아마이드 : 2~5%
ⓒ 우레아 : 10%
ⓔ 제라니올 : 착향제 (사용상 제한원료 아님)
ⓜ 토코페롤 : 20%

21
답 ③

㉠ 원료와 원료를 혼합할 수 없음
ⓒ 수입된 향료는 원료이므로 혼합 · 소분 불가
ⓗ 홍보, 판매 용도로 미리 화장품을 소분해둔 것은 판매 불가

22
답 ⑤

ⓔ 맞춤형화장품은 미리 혼합 · 소분하면 안 된다.
ⓜ 혼합 · 소분 전에 사용기한 또는 개봉 후 사용기간을 확인하고, 이를 초과하지 않는 범위 내에서 설정해야 한다.

23 답 ②

② 디에칠렌글라이콜은 비의도적 잔류물로서 0.1% 이하인 경우를 제외하고는 사용할 수 없는 원료이므로 판매업무정지에 해당한다.

① 해당 사용법 기재사항은 표현 가능한 내용이다.

③ 알레르기 유발성분인 유제놀이 포함되어 있으나 판매 가능하다.

④ 제조번호를 통해 제조일자 확인 가능하며 판매 가능하다.

⑤ 녹색 201호는 사용 제한이 없다.

24 답 ①

에칠렌옥사이드는 사용할 수 없는 원료이다.

25 답 ③

안정성 평가항목 중
- 일반시험 : 균등성, 향취 및 색상, 사용감 및 성상, 내온성 시험
- 물리적 시험 : 비중, 융점, 경도, pH, 유화상태, 점도 등
- 화학적 시험 : 시험물 가용성 성분, 에테르 불용 및 에탄올 가용성 성분, 에테르 및 에탄올 가용성 불검화물, 증발잔류물
- 미생물학적 시험 : 정상적으로 제품 사용 시 미생물 증식을 억제하는 능력이 있음을 증명하는 시험 및 필요할 때 기타 특이적 시험을 통해 미생물에 대한 안정성을 평가
- 용기적합성 시험 : 제품과 용기 사이의 상호작용(용기의 제품 흡수, 부식, 화학적 반응 등)에 대한 적합성 평가

26 답 ③

③ 퀴닌은 알칼로이드, 말라리아 치료제 등으로 사용되며, 화장품으로 사용 시 모발이 강화되므로 샴푸 0.5%, 헤어로션 0.2% 사용상 제한원료로 사용이 가능하다. 맞춤형화장품에는 사용할 수 없는 원료이므로 위해성 가 등급이다.

① · ② · ④ · ⑤는 위해성 등급 다이다.

27 답 ④

산가 × 함량 = A(300 × 0.05) + B(250 × 0.06) + C(200 × 0.1) = 50

50 × 0.1 × 80% = 4%

28 답 ④

㉠ 작업장은 세척 이외에도 미생물의 존재를 가정하고 주기적으로 소독을 통해 제품의 오염을 예방하여야 한다. 멸균과는 관계없다.

㉢ 배수관은 냄새의 제거와 역류가 불가능하도록 설계해야 한다.

㉣ 외부와 연결된 창문은 환기를 위해 열리는 구조여서는 안 된다. 환기는 공기조화기를 통해 실시한다.

29 답 ②

① 육안판정 장소는 미리 정해놓고 판정 결과 기록서에 기재한다.

③ 계면활성제로 설비 세척 시 잔류하여 제품에 영향을 미칠 우려가 있으므로 권장하지 않는다.

④ 가급적 분해하여 세척한다.

⑤ 소독은 보통 에탄올이나 열수를 사용한다.

30 답 ④

직원의 위생관리 기준 및 절차
- 직원의 작업 시 복장
- 직원 건강상태 확인
- 직원에 의한 제품의 오염방지에 관한 사항
- 직원의 손씻는 방법
- 직원의 작업 중 주의사항
- 방문객 및 교육훈련을 받지 않은 직원의 위생관리

31 답 ④

㉠ 작업자의 손을 소독이 아닌 세정하기 위함이 옳다.

㉢ 손세정제가 아닌 손소독제가 옳다.

㉣ 소독제가 아닌 보습제가 옳다.

32 답 ⑤

① 설비 세척의 유효기간은 제조 설비 및 도구에 따라 적용한다.

② 육안으로 확인하고 무진포로 닦아낸 후에 린스정량법으로 확인하고 제거한다.

③ 열수, 스팀으로 잔여물을 제거해 세척한다.

④ 설비 장치를 부식시킬 위험이 있는 것은 염소유도체

설비 세척의 원칙

- 위험성이 없는 용제(물이 최적)로 세척
- 가능하면 세제를 사용하지 않음
- 증기세척은 좋은 방법
- 브러시 등으로 문질러 지우는 것을 고려
- 분해할 수 있는 설비는 분해해서 세척
- 세척 후에는 반드시 '판정'
- 세척의 유효기간 설정

세제 세척의 유의사항

- 세제 세척 시 세제는 설비 내벽에 남기 쉬우므로 철저하게 닦아내야 함
- 잔존한 세척제는 제품에 악영향을 미칠 수 있으므로 확인 후 제거함
- 세제가 잔존하고 있지 않는 것을 설명하기 위해 고도의 화학분석 필요함

33   답 ②

설비 및 기구의 위생기준

- 사용목적에 적합하고, 청소가 가능하며, 필요한 경우 위생, 유지관리가 가능하여야 함(자동화시스템을 도입한 경우도 동일)
- 사용하지 않는 설비기구는 건조한 상태로 유지하고 먼지, 얼룩 또는 다른 오염으로부터 보호함
- 설비는 제품의 오염을 방지하고 배수가 용이하도록 설계 및 설치
- 설비는 제품 및 청소 소독제와 화학반응을 일으키지 않을 것
- 설비 위치는 원자재나 직원의 이동으로 인하여 제품의 품질에 영향을 주지 않도록 할 것
- 설비가 오염되지 않도록 배관과 배수관을 설치하며, 배수관은 역류되지 않아야 하고, 청결 유지
- 천정 주위의 대들보, 파이프, 도관 등은 가급적 노출되지 않도록 설계, 파이프는 받침대로 고정하고 벽에 닿지 않게 하여 청소가 용이하도록 설계
- 시설 및 기구에 사용되는 소모품은 제품의 품질에 영향을 주지 않도록 할 것

34   답 ④

벌크 제품을 재사용하기 위해 꼭 차광용기를 사용할 필요는 없다.

35   답 ④

원료품질성적서 인정 기준

- 제조업자의 원료에 대한 자가품질검사 또는 공인검사 기관 성적서
- 책임판매업자의 원료에 대한 자가품질검사 또는 공인검사기관 성적서
- 원료업체의 원료에 대한 공인검사기관 성적서
- 원료업체의 원료에 대한 자가품질검사 시험성적서 중 대한화장품협회의 '원료공급자의 검사결과와 신뢰 기준 자율규약' 기준에 적합한 것

36   답 ②

원자재 용기에 제조번호가 없는 경우에는 관리번호를 부여한다.

37   답 ④

출고관리에 대한 설명이 아니라 재평가에 대한 설명이다.

38   답 ②

원료공급자가 아닌 품질관리부서가 옳다.

39   답 ①

시험기록서에 기재되어야 하는 사항

- 원자재 공급자가 정한 제품명
- 제조번호 또는 관리번호
- 원자재 공급자명
- 수령일자

40   답 ③

ⓒ 적합판정이 내려지면 포장재는 생산장소로 이송한다.

ⓒ 원료와 포장재는 화장품 제조(판매)업자가 정한 기준에 따라서 품질을 입증할 수 있는 검증자료를 공급자로부터 공급받아야 한다.

41   답 ①

② 승인된 자만이 포장재의 불출 절차를 수행할 수 있다.

③ 뱃치에서 취한 검체가 합격 기준에 부합하면 뱃치가 불출될 수 있다.

④ 포장재는 불출되기 전까지는 사용을 금지하기 위한 특별한 격리 절차가 필요하다.

⑤ 불출된 포장재만이 사용되고 있음을 확인하기 위한 적절한 시스템이 확립되어야 한다.

42 답 ③

㉠ 화장품 내용물이 노출되는 작업실은 청정도 2등급으로 관리한다.

㉤ 청정도 4등급은 환기장치를 하고 관찰 결과를 기록한다.

43 답 ②

㉢ 이상 발생 시 외부업체와 협의하여 처리할 수 있다.

㉤ 점검 항목을 추가할 수 있다.

44 답 ③

① 소독제는 병원미생물을 사멸시키기 위해 인체의 피부, 점막의 표면이나 기구, 환경의 소독을 목적으로 사용하는 화학 물질의 총칭이다.

② 알코올은 세포벽(세포포자)을 파괴하지 못하여 소독효과가 약하다.

④ 소독제를 선택할 때는 잔류성, 부식성, 사용자와 소용비용 등을 고려해야 한다.

⑤ 소독 전에 존재하던 미생물을 최소한 99.9% 이상 사멸시키는 소독제를 사용해야 한다.

45 답 ④

㉠ 80, ㉤ 80, ㉢ 70

47 답 ⑤

㉠ 탱크는 공정단계 및 완성된 포뮬레이션 과정에서 보관용 원료를 저장하기 위해 사용되는 용기로, 스테인리스 스틸 재질이 선호된다.

㉤ 탱크 재질이 세제 및 소독제와 반응할 수 있으므로 내부 표면을 마감처리하여 세척 유지관리 시 이물질이 스며들지 않도록 관리한다.

㉣ 주형물질 또는 거친 표면은 제품이 뭉치게 되어 깨끗하게 청소 어려워 추천하지 않는다.

48 답 ③

③의 개봉 후 사용기간이 2024.03.15.이므로 가장 먼저 사용해야 한다.

49 답 ④

재입고할 수 없는 제품의 폐기처리 규정을 작성하여야 하며 폐기 대상은 따로 보관하고 규정에 따라 신속 폐기해야 한다.

50 답 ②

㉤ 기준일탈 원료가 발생했을 때는 미리 정한 절차를 따라 처리하고 실시한 내용을 모두 문서에 남긴다.

㉢ 충전량이 기준에 못미치는 부적합에 대해서는 재작업 실시 가능하다.

51 답 ③

㉤ 포장재의 용기는 밀폐되고 청소와 검사가 용이하도록 충분한 간격으로 바닥과 떨어진 곳에 보관한다.

㉢ 포장재가 재포장될 경우 원래의 용기와 동일하게 표시되어야 한다.

52 답 ②

㉢ 구매요구서보다 적은 양의 원료가 입고되어 창고 내 입고 보류 보관 장소에 원료를 보관하였다. 잠시 보관은 안 된다.

㉣ 입고 진행 중인 원료보관이 아니라 임시보관 장소에 두어야 한다.

53 답 ③

• 사용할 수 없는 원료 : ① 아젤라산

• 사용상 제한이 있는 원료 : ② 로즈케톤-4(배합한도 0.02%), ④ 징크피리치온(탈모증상완화 1%, 사용 후 씻어내는 제품 및 보존제로서 0.5%), ⑤ 토코페롤(20%)

54 답 ⑤

맞춤형화장품판매업 변경 신고서는 맞춤형화장품판매업소의 소재지를 관할하는 지방식품의약품안전청장에게 제출한 후 맞춤형화장품판매업신고대상과 신고필증의 뒷면에 적어서는 안되고, 새로운 신고필증을 수령해야 한다.

55 답 ②

㉠ 15%를 혼합하였으므로 니켈이 15μg/g 함유되었고, 10μg/g을 초과했으므로 사용불가하다.

㉤ 보건조건에 광차단으로 기입되어있으므로 투명용기가 아닌 차광용기를 사용해야 한다.

㉣ 사용기한이 제조일로부터 12개월로 기입되어 있으므로 15개월간 사용하면 안 된다.

㉤ 니켈이 10μg/g이고 총호기성생균수가 60cfu/g이므로 100개 미만이므로 사용 가능하다.

56 답 ⑤

⑤ 등록이 취소되거나 영업소가 폐쇄된 날로부터 1년이 지나지 아니한 자는 신고 불가

① 피성년후견인 또는 파산선고를 받고 복권되지 아니한 자는 신고 불가

②·③ 화장품법 또는 보건범죄 단속에 관한 특별조치법을 위반하여 금고 이상의 형을 선고받고 그 집행이 끝나지 아니하거나 그 집행을 받지 아니하기로 확정되지 않은 자는 신고 불가

④ 난치병은 피성년후견인이 아니므로 신고 가능

57 답 ③

ⓛ 책임판매업자가 아닌 15일 이내 식품의약품안전처장에게 보고해야 한다.

ⓒ 원료에 대한 품질성적서를 확인한 후 맞춤형화장품 원료 목록 보고를 한다.

60 답 ③

관능평가에 사용되는 표준품

• 제품 표준견본 : 완제품의 개별포장에 관한 표준
• 벌크제품 표준견본 : 성상, 냄새, 사용감에 관한 표준
• 라벨 부착 위치견본 : 완제품의 라벨 부착위치에 관한 표준
• 충진 위치견본 : 내용물을 제품용기에 충진할 때의 액면위치에 관한 표준
• 색소원료 표준견본 : 색소의 색조에 관한 표준
• 원료 표준견본 : 원료의 색상, 성상, 냄새 등에 관한 표준
• 향료 표준견본 : 향, 색상, 성상 등에 관한 표준
• 용기·포장재 표준견본 : 용기·포장재의 검사에 관한 표준
• 용기·포장재 한도견본 : 용기·포장재 외관검사에 사용하는 합격품 한도를 나타내는 표준

61 답 ⑤

① 화장품을 혼합·소분하기 위한 설비 및 가구의 세척은 일반 주방세제(0.5%), 70% 에탄올을 사용한다.

② 설비 및 가구는 제품 변경 시 또는 작업완료 후 세척하며, 설비 미사용 72시간 경과 후, 밀폐되지 않은 상태로 방치 시, 오염 발생 또는 시스템 문제 발생 시 세척한다.

③ 사용하는 설비 및 가구마다 절차서를 작성하고 위생 상태 판정은 유지, 관리한다.

④ 자외선 살균기를 이용하여 관리할 경우 장비 및 도구가 서로 겹치지 않게 한층으로 보관한다.

62 답 ④

① 완제품은 내용물이 아니므로 판매 불가

② 견본품은 판매 불가

③ 보존제는 사용상 제한원료로, 혼합·소분이 불가(단, 원료의 안정성을 위한 미량 가능)

⑤ 기능성 고시원료를 별도로 구매할 수 없음. 책임판매업자에게 받은 내용물 혼합

63 답 ④

④를 제외한 나머지는 기능성화장품의 효능에 대한 내용이다.

64 답 ④

pH의 판정기준은 3.0~9.0이며, 물을 포함하지 않는 제품(파우더)과 사용 후 바로 씻어내는 제품은 제외한다.

65 답 ①

1차 포장 필수 기재사항
화장품의 명칭, 제조번호, 화장품의 영업자 상호 및 주소, 사용기한 또는 개봉 후 사용기간

66 답 ②

표준운영 절차서는 다음을 만족해야 한다.

• 명료하고 이해하기 쉽게 작성돼야 한다.
• 작성되고, 업데이트되고, 철회되고, 배포되고, 분류되어야 한다.
• 폐기된 문서가 사용되지 않음을 확인할 수 있는 근거가 있어야 한다.
• 유효기간이 만료된 경우, 작업 구역으로부터 회수하여 폐기되어야 한다.
• 관련 직원이 쉽게 이용할 수 있어야 한다.
• 수기로 기록하여야 하는 자료의 경우
  − 기입할 내용을 표시
  − 지워지지 않는 검정색 잉크로 읽기 쉽게 작성
  − 서명 및 년, 월, 일 순으로 날짜를 기입
  − 필요한 경우 수정. 단, 원래의 기재사항을 확인할 수 있도록 남겨두어야 하고, 가능하다면 수정의 이유를 기록해둬야 함

67 답 ④

① 화장품 원료는 바닥과 벽에 닿지 않도록 보관해야 한다.

② 원료의 보관 장소는 내용물에 따라 냉동(영하 5℃) / 3~5℃ / 상온(15~25℃) / 고온(40℃) 등으로 나누어서 보관해야 한다.

68 답 ①

㉠ 메텐아민(헥사메칠렌테트라아민) : 사용한도 0.15%

㉡ 2,4-디클로로벤질알코올 : 사용한도 0.15%

㉢ · ㉤ 스프레이 사용 금지

㉣ 사용 후 씻어내는 제품만 사용 가능

70 답 ②

① 투여 : 비경구 투여

③ 피부 : 털을 제거한 건강한 피부

④ 관찰 : 투여 후 24, 48, 72시간의 투여부위의 육안 관찰

⑤ 투여 농도 및 용량 : 단일농도 투여 시에는 0.5mL(액체) 또는 0.5g(고체)

71 답 ①

독성시험법 중 피부감작성시험

가. 일반적으로 Maximization Test를 사용하지만 적절하다고 판단되는 다른 시험법을 사용할 수 있다.

나. 시험동물 : 기니피그

다. 동물 수 : 원칙적으로 1군당 5마리 이상

마. 시험실시요령 : Adjuvant는 사용하는 시험법 및 adjuvant 사용하지 않는 시험법이 있으나 제1단계로서 Adjuvant를 사용하는 사용법 가운데 1가지를 선택해서 행하고, 만약 양성소견이 얻어진 경우에는 제2단계로서 Adjuvant를 사용하지 않는 시험방법을 추가해서 실시하는 것이 바람직하다.

바. 시험결과의 평가 : 동물의 피부반응을 시험법에 의거한 판정기준에 따라 평가한다.

사. 대표적인 시험방법은 다음과 같다.

(1) Adjuvant를 사용하는 시험법

(가) Adjuvant and Patch Test

(나) Freund's Complete Adjuvant Test

(다) Maximization Test

(라) Optimization Test

(마) Split Adjuvant Test

(2) Adjuvant를 사용하지 않는 시험법

(바) Buehler Test

(사) Draize Test

(아) Open Epicutaneous Test

72 답 ①

① 소듐벤조에이트의 한도 : 0.5%

② 만수국꽃 추출물 또는 오일은 사용 후 씻어내는 제품에 0.1%, 사용 후 씻어내지 않는 제품에 0.01% 사용한도. 원료 중 테르티에닐 함량은 0.35% 이하여야 하며 자외선 차단 제품 또는 자외선을 이용한 태닝(천연 또는 인공)을 목적으로 하는 제품은 사용금지. 만수국아재비꽃 추출물또는 오일과 혼합 사용 시 '사용 후 씻어내는 제품'에 0.1%, '사용 후 씻어내지 않는 제품'에 0.01%를 초과하지 않아야 함

③ 청색1호는 사용 제한이 없음

④ 소합향나무발삼오일 및 추출물 사용한도는 0.6%

⑤ 보존제로서 벤질알코올의 사용한도는 1.0%. 다만, 두발염색용 제품류에 용제로 사용 : 10%

73 답 ①

② 제품명은 항상 1차 포장에 기재한다.

③ 맞춤형화장품 조제일자는 1차 포장에 기재해야 한다.

④ 화장품의 명칭, 조제일, 사용기한, 그리고 영업자 상호를 추가해야 한다.

⑤ 전성분에 알로에추출물 함량을 표기해야 한다.

74 답 ④

혼합 시 제형의 안정성을 감소시키는 요인

• 원료투입순서 : 화장품 원료 및 내용물 혼합 시 투입에 대한 다음의 사항 이해해야 함

  – 원료 투입 순서가 달라지면 용해 상태 불량, 침전, 부유물 등이 발생할 수 있으며, 제품의 물성 및 안정성에 심각한 영향을 미치는 경우도 있음

  – 휘발성 원료의 경우 유화 공정 시 혼합 직전에 투입하고, 고온에서 안정성이 떨어지는 원료의 경우 냉각 공정 중에 별도 투입하여야 함(알코올, 향료, 첨가제 등)

  – W/O 형태의 유화제품 제조 시 수상의 투입 속도를 빠르게 할 경우 제품의 제조가 어렵거나 안정성이 나빠질 가능성 있음

- 가용화 공정 : 제조 온도가 설정된 온도보다 지나치게 높을 경우 가용화제의 친수성과 친유성의 정도를 나타내는 HLB가 바뀌면서 운점 이상의 온도에서는 가용화가 깨져 제품의 안정성에 문제가 생길 수 있음
- 유화공정
  - 제조온도가 설정된 온도보다 지나치게 높을 경우 유화제의 HLB가 바뀌면서 전상온도 이상의 온도에서는 상이 서로 바뀌어 유화 안정성에 문제가 생길 수 있음
  - 유화 입자의 크기가 달라지면서 외관 성상 또는 점도가 달라지거나 원표의 산패로 인해 제품의 냄새, 색상 등이 달라질 수 있음
- 회전속도
  - 믹서 회전속도가 느릴 때 원료 용해 시 용해시간이 길어지고, 폴리머분산 시 수화가 어려워져서 덩어리가 생겨 메인 믹서로 이송 시 필터를 막아 이송을 어렵게 할 수 있음
  - 유화 입자가 커지면서 외관 성상 또는 점도가 달라지거나 안정성에 영향을 미칠 수 있음
- 진공세기 : 유화제품의 제조 시에는 미세한 기포가 다량 발생하게 되는데, 이를 제거하지 않으면 제품의 점도, 비중, 안정성 등에 영향을 미칠 수 있음

75
답 ④

① 비타민 A 정량법으로는 자외흡수스펙트럼법, 정색법이 있다.
② 액상의 화장품 원료의 형광을 관찰할 때에는 검정 배경을 사용한다.
③ 냄새 시험 규정이 따로 없는 한 1g을 100mL 비이커에 취하여 시험한다.
⑤ 화장품 원료의 시험은 따로 규정이 없는 한 상온에서 실시한다.

76
답 ⑤

① 벤질알코올의 사용 한도는 1.0%
② 징크피리치온은 사용 후 씻어내는 제품에 보존제로서 0.5%, 기타제품에는 사용 금지
③ 6-히드록시인돌은 산화염모제에 0.5%, 기타제품에는 사용 금지
④ 만수국아재비꽃추출물 또는 오일은 사용 후 씻어내는 제품에 0.1%, 사용 후 씻어내지 않는 제품에 0.01%

77
답 ②

화장품 표시 및 기재사항(1차 또는 2차 포장) 중 총리령으로 정하는 사항
- 기능성화장품의 경우 심사, 보고한 효능, 효과, 용법, 용량
- 천연, 유기농화장품으로 표시, 광고하려는 경우 그 원료의 함량
- 인체세포 조직, 배양액이 들어있는 경우 그 함량
- 성분명을 제품 명칭의 일부로 사용한 경우 그 성분명과 함량(방향용 제품 제외)
- 영유아 또는 어린이 사용 화장품임을 특정하여 표시, 광고하려는 경우 보존제의 함량 기재
- "질병의 예방 및 치료를 위한 의약품이 아님"이라는 문구 기재, 표시(탈모증상 완화, 여드름성 피부 완화, 피부장벽의 기능회복, 튼살로 인한 붉은 선 옅게)
- 식품의약품안전처장이 정한 바코드
- 수입화장품인 경우 제조국 명칭 제조회사명 및 소재지

78
답 ①

① HDPE는 광택이 없고 수분투과가 적다.
② LDPE는 반투명, 광택성, 유연성 우수하며 내외부에 응력이 걸린 상태에서 알코올, 계면활성제와 접촉하면 균열이 발생할 수 있다. 주로 튜브, 마개, 패킹 등에 사용한다.
③ PP는 반투명, 광택, 내약품성, 내충격성이 우수하며 잘 부러지지 않는다. 원터치캡에 사용한다.
④ PS는 투명, 딱딱, 광택성, 성형 가공성 및 내충격성이 우수하나 내약품성은 취약하다. 주로 스틱, 팩트, 캡 등에 사용한다.
⑤ PVC는 투명, 성형가공성 우수하고 가격 저렴, 샴푸 린스 리필용기에 사용한다.

79
답 ①

ㄹ 미리 혼합·소분은 할 수 없다.
ㅁ 화장품책임판매업자에게 따로 보고할 필요 없이 작성, 보관하면 된다.

80
답 ①

② UVA 차단지수 측정은 최소지속형즉시흑화량으로 판정하며, 320nm 이하의 파장을 제거한 인공태양광조사기를 광원으로 한다.

③ 자외선차단지수의 95% 신뢰구간은 자외선차단지수 (SPF)의 ±20 이내이어야 하며, 이 조건에 적합하지 않으면 표본수를 늘리거나 시험조건을 재설정하여 다시 시험한다.

④ 자외선A 차단지수(PA)가 8 이상 16 미만인 경우 등급은 PA+++로 표시해야 한다.

⑤ 피츠패트릭 피부유형 3에 해당하는 사람의 최소홍반량은 $30{\sim}50mJ/cm^2$이다. $60{\sim}80mJ/cm^2$은 피츠패트릭 피부유형 5에 해당한다.

81 　답 ㉠ 판매, ㉡ 수출

화장품법의 입법 취지(1999년 9월 제정)
화장품의 제조, 수입, 판매, 수출 등에 관한 사항을 규정함으로써 국민 보건 향상과 화장품 산업의 발전에 기여함을 목적으로 함. 화장품법(법률), 화장품법 시행령(대통령령), 화장품법 시행규칙(총리령), 식품의약품안전처 고시

83 　답 ㉠ 1차 포장, ㉡ 1

• 화장품의 1차 포장에 사용기한을 표시하는 경우 영유아 또는 어린이가 사용할 수 있는 화장품임을 표시, 광고한 날부터 마지막으로 제조, 수입된 제품의 사용기한 만료일 이후 1년까지의 기간(이 경우 제조는 화장품의 제조번호에 따른 제조일자를 기준으로 하며, 수입은 통관일자를 기준으로 한다)

• 화장품의 1차 포장에 개봉 후 사용기간을 표시하는 경우 영유아 또는 어린이가 사용할 수 있는 화장품임을 표시, 광고한 날부터 마지막으로 제조, 수입된 제품의 사용기한 만료일 이후 3년까지의 기간(이 경우 제조는 화장품의 제조번호에 따른 제조일자를 기준으로 하며, 수입은 통관일자를 기준으로 한다)

85 　답 입술

IPBC가 사용되어서는 안 되는 화장품류에는 입술에 사용되는 제품(립글로즈, 립밤, 립스틱, 틴트 등), 에어로졸 스프레이제품, 바디로션, 바디크림, 영유아 및 어린이 사용 제품이 있다.

86 　답 ㉠ 500, ㉡ 100

총호기성생균수는 물휴지의 경우 세균, 진균 각각 100개, 영유아용 및 눈화장용에는 500개, 그 외에 화장품에는 1,000개 이하로 검출되어야 한다.

88 　답 내용량, 총호기성생균수

• 내용량은 표시량의 97%인 145.5 이상이어야 하나 143g로 기준 미달

• 총호기성생균수는 물휴지의 경우 세균, 진균 각각 100개, 영유아용 및 눈화장용에는 500개, 그 외에 화장품에는 1000개 이하로 검출되어야 함. 시험결과상으로는 1,010개이므로 기준치 초과

91 　답 패취테스트

일부 시험 후 사용해야 하는 제품 : 염모제, 퍼머넌트 웨이브 및 헤어스트레이트너, AHA 제품

93 　답 ㉠ 리날룰, ㉡ 제품표준서

• 하이드록시시트로넬올은 알레르기 유발물질이 아니다.

• 알레르기 유발물질은 씻어내지 않는 성분에 0.001% 이므로 리날룰 0.005 ÷ 0.75 × 100 = 0.006%이며, 0.001% 초과이므로 표시대상이다.

착향제 중 알레르기 유발성분
아밀신남알, 벤질알코올, 신나밀알코올, 시트랄, 유제놀, 하이드록시시트로넬알, 아이소유제놀, 아밀신나밀알코올, 아이소유제놀, 아밀신나밀알코올, 벤질살리실레이트, 신남알, 쿠마린, 제라니올, 아니스알코올, 벤질신나메이트, 파네솔, 부틸페닐메틸프로피오날, 리날룰, 벤질벤조에이트, 시트로넬올, 헥실신남알, 리모넨, 메틸2-옥티노에이트, 알파-아이소메틸아이오논, 참나무이끼추출물, 나무이끼추출물

95 　답 경도계

경도계는 액체 및 반고형 제품의 유동성을 측정할 때 사용한다.

96 　답 국제적 멸종위기종

화장품 표시·광고 시 준수사항

• 의약품으로 잘못 인식할 우려가 있는 내용, 제품의 명칭 및 효능·효과 등에 대한 표시·광고를 하지 말 것

• 기능성화장품, 천연화장품 또는 유기농화장품이 아님에도 불구하고 제품의 명칭, 제조방법, 효능·효과 등에 관하여 기능성화장품, 천연화장품 또는 유기농화장품으로 잘못 인식할 우려가 있는 표시·광고를 하지 말 것

- 의사 · 치과의사 · 한의사 · 약사 · 의료기관 또는 그 밖의 자(할랄화장품, 천연화장품 또는 유기농화장품 등을 인증 · 보증하는 기관으로서 식품의약품안전처장이 정하는 기관은 제외한다)가 이를 지정 · 공인 · 추천 · 지도 · 연구 · 개발 또는 사용하고 있다는 내용이나 이를 암시하는 등의 표시 · 광고를 하지 말 것. 다만, 인체적용시험 결과가 관련 학회 발표 등을 통하여 공인된 경우에는 그 범위에서 관련 문헌을 인용할 수 있으며, 이 경우 인용한 문헌의 본래 뜻을 정확히 전달하여야 하고, 연구자 성명 · 문헌명과 발표연월일을 분명히 밝혀야 한다.
- 외국제품을 국내제품으로 또는 국내제품을 외국제품으로 잘못 인식할 우려가 있는 표시 · 광고를 하지 말 것
- 외국과의 기술제휴를 하지 않고 외국과의 기술제휴 등을 표현하는 표시 · 광고를 하지 말 것
- 경쟁상품과 비교하는 표시 · 광고는 비교 대상 및 기준을 분명히 밝히고 객관적으로 확인될 수 있는 사항만을 표시 · 광고하여야 하며, 배타성을 띤 "최고" 또는 "최상" 등의 절대적 표현의 표시 · 광고를 하지 말 것
- 품질 · 효능 등에 관하여 객관적으로 확인될 수 없거나 확인되지 않았는데도 불구하고 이를 광고하거나 법 제2조 제1호에 따른 화장품의 범위를 벗어나는 표시 · 광고를 하지 말 것
- 저속하거나 혐오감을 주는 표현 · 도안 · 사진 등을 이용하는 표시 · 광고를 하지 말 것
- 국제적 멸종위기종의 가공품이 함유된 화장품임을 표현하거나 암시하는 표시 · 광고를 하지 말 것
- 사실 유무와 관계없이 다른 제품을 비방하거나 비방한다고 의심이 되는 표시 · 광고를 하지 말 것

98
답 ㉠ 5, ㉡ 0.5

제품의 변색방지를 목적으로 그 사용농도가 0.5% 미만인 것은 자외선 차단 제품으로 인정하지 않으며, 부틸메톡시디벤조일메탄의 사용한도는 5%이다.

100
답 포타슘하이드록사이드, 소듐하이드록사이드

포타슘하이드록사이드와 소듐하이드록사이드
- 알칼리 성분으로 산도조절제(pH 조절제), 세정제로 사용
- 지방을 가수분해해 비누를 만드는 데 주로 사용
- 천연화장품에 소량 사용되며 클렌징제품, 염색 제품, 네일, 메이크업 등 다양한 데 사용
- 농도가 지나치면 피부자극과 피부를 붓게하는 경향이 있음

제8회 기출복원문제 정답 및 해설

1	2	3	4	5	6	7	8	9	10
④	③	③	③	②	①	①	④	①	①
11	12	13	14	15	16	17	18	19	20
②	③	③	④	②	②	②	①	①	⑤
21	22	23	24	25	26	27	28	29	30
④	③	④	②	⑤	⑤	①	②	⑤	④
31	32	33	34	35	36	37	38	39	40
②	③	③	②	⑤	⑤	①	①	⑤	③
41	42	43	44	45	46	47	48	49	50
④	④	④	①	③	④	②	④	②	④
51	52	53	54	55	56	57	58	59	60
⑤	③	③	③	①	②	③	①	④	③
61	62	63	64	65	66	67	68	69	70
①	④	①	③	①	②	③	③	⑤	①
71	72	73	74	75	76	77	78	79	80
⑤	①	④	①	③	②	⑤	③	⑤	①
81	㉠ 신속, ㉡ 정기				82	14			
83	장기보존시험				84	실 증			
85	11				86	진동시험			
87	5%(허용합성원료)				88	벤질알코올			
89	토코페롤				90	3 : 1			
91	0.05				92	㉤ 멋내기 염모제, ㉦ 외음부 세정제			
93	폴리올 또는 다가알코올				94	가용화			
95	15, 7				96	노출경로			
97	작용기전				98	160			
99	분 화				100	케라틴			

01
답 ④

여드름 관련 기능성 제품은 인체세정용 제품류로 한정한다.

02
답 ③

③ 천연, 유기농화장품 인증은 화장품제조업자, 화장품 책임판매업자 또는 연구기관만이 받을 수 있다.

03
답 ③

① 영유아 목욕용 제품 : 영유아용 제품류
② 헤어 틴트 : 두발 염색용 제품류
④ 아이섀도 : 눈화장용 제품류
⑤ 메이크업 픽서티브 : 색조 화장용 제품류

04
답 ③

바디용 파운데이션이 특정 약리작용을 주장하지 않고 단순히 색상보정이나 외관 변화를 목적으로 한다면 이는 의약외품이 아닌 화장품으로 간주된다.

05
답 ②

② 변경사유가 발생한 날로부터 30일 이내에 해야 한다.

06
답 ①

- 천연화장품 : 중량 기준으로 천연 함량이 전체 제품에서 95% 이상으로 구성되어야 한다.
- 유기농화장품 : 유기농 함량이 전체 제품에서 10% 이상이어야 하며, 유기농 함량을 포함한 천연 함량이 전체 제품에서 95% 이상으로 구성되어야 한다.

07
답 ①

① 모든 제품 유형에 필수적으로 수행하는 것이 아니고 개봉할 수 없는 용기로 되어 있는 제품(스프레이 등), 일회용 제품 등은 개봉 후 안정성 시험을 수행할 필요가 없다.

08
답 ④

제조 및 판매증명서. 다만, 대외무역법 제12조 제2항에 따른 통합 공고상의 수출입 요건 확인기관에서 제조 및 판매증명서를 갖춘 화장품 책임판매업자가 수입한 화장품과 같다는 것을 확인받고, 제6조 제2항 제2호 가목, 다목, 또는 라목의 기관으로부터 화장품 책임판매업자가 정한 품질관리기준에 따른 검사를 받아 그 시험성적서를 갖추어 둔 경우에는 이를 생략할 수 있다.

09
답 ①

수입화장품 품질검사 면제에 관한 규정
제6조(경비부담)
제2조~제4조까지의 규정에 따라 수입화장품 제조업자 현지실사 및 판정 등에 필요한 제반 소요비용은 수익자 부담원칙에 따라 화장품 책임판매업자가 부담하여야 한다.

10
답 ①

② 1년 미만 → 2년 이상
③ 2년 이상 → 1년 이상

④ 약학 관련 과목을 20학점 이상 이수하고 1년 이상의 경력이 있어야 한다.
⑤ 의사 또는 약사는 책임판매관리자가 될 수 있다.

11
답 ②

② 200만 원 이하 벌금형이다.

12
답 ③

정보 주체는 개인정보처리자의 고의 또는 과실로 인해 개인정보가 분실, 도난, 유출, 위조, 변조 또는 훼손된 경우 300만 원 이하의 범위에 상당한 금액을 손해액으로 하여 배상을 청구할 수 있다. 이 경우 해당 개인정보처리자는 고의 또는 과실이 없음을 입증하지 아니하면 책임을 면할 수 없다.

13
답 ③

제15조에 의해 처리할 수 있는 업무
1) 화장품제조업 또는 화장품 책임판매업의 등록 및 변경등록에 관한 사무
2) 맞춤형화장품판매업의 신고 및 변경신고에 관한 사무
3) 맞춤형화장품조제관리사 자격시험에 관한 사무
4) 기능성화장품의 심사 등에 관한 사무
5) 폐업 등의 신고에 관한 사무
6) 보고와 검사 등에 관한 사무
7) 시정명령에 관한 사무
8) 검사명령에 관한 사무
9) 개수명령 및 시설의 전부 또는 일부의 사용금지명령에 관한 사무
10) 회수, 폐기 등의 명령과 폐기 또는 그 밖에 필요한 처분에 관한 사무
11) 등록의 취소, 영업소의 폐쇄명령, 품목의 제조, 수입 및 판매의 금지명령, 업무의 전부 또는 일부에 대한 정지명령에 관한 사무
12) 청문에 관한 사무
13) 과징금의 부과, 징수에 관한 사무
14) 등록필증 등의 재교부에 관한 사무

14
답 ④

전자 파일은 복원 불가능하도록 영구 삭제하며, 기록물, 서면 그 밖의 기록 매체는 폐쇄 또는 소각해야 한다.

15 답 ②

탄화수소 사슬이 긴 물질로, 알칼리와 비누를 형성하는 것은 고급지방산이다.

16 답 ②

① 음이온성 계면활성제
③ 양쪽성 계면활성제
④ 비이온성 계면활성제
⑤ 양쪽성 계면활성제

17 답 ②

계면활성제의 피부 자극 순서로 올바른 것은 양이온성 > 음이온성 > 양쪽성 > 비이온성이다.

18 답 ①

계면활성제가 가지고 있는 친유기와 친수기의 성질 및 사용량의 비율 등 상대적 조건에 따라 결정되는 친유성 또는 친수성 정도의 표현지수를 HLB라 한다.

19 답 ①

• 피부 미백에 도움 주는 성분 : 나이아신아마이드, 알부틴, 닥나무추출물, 아스코빌글루코사이드
• 주름 개선에 도움 주는 성분 : 아데노신, 레티놀
• 착향제 중 알레르기 유발 성분 : 리모넨, 신남알, 쿠마린, 파네솔
• 자외선으로부터 피부를 보호하는 데 도움 주는 성분 : 드로메트리졸, 징크옥사이드

20 답 ⑤

① 무기합성이 아니고 유기 합성이다.
② 희석제에 대한 설명이다. 순색소는 중간체, 희석제, 기질 등을 포함하지 아니한 순수한 색소를 말한다.
③ 레이크에 대한 설명이다. 안료는 물과 기름에 녹지 않는 불용성 색소로, 레이크보다 착색력 내광성이 높아 메이크업 제품에 널리 사용한다.
④ 기질은 레이크 제조 시 순색소를 확산시키는 목적으로 사용되는 물질로서, 알루미나, 브랭크휙스크레이, 이산화티탄산화아연, 탤크, 로진, 벤조산알루미늄, 탄산칼슘 등의 단일 또는 혼합물이다.

21 답 ④

자외선 차단 성분은 변색방지 목적으로 사용되기도 하는데, 그 사용농도가 0.5% 미만인 것은 자외선 차단 제품으로 인정하지 않는다.

22 답 ③

"우수화장품 제조 및 품질관리기준"(식품의약품안전처 고시 2024.8.22. 일부개정)에서 정하는 시험용 검체의 용기에는 명칭 또는 확인코드, 제조번호, 검체 채취일자를 기재해야 한다.

23 답 ④

완제품의 보관용 검체는 적절한 보관조건 하에 지정된 구역 내에서 제조단위별로 사용기한까지 보관하여야 한다. 다만, 개봉 후 사용기간을 기재하는 경우에는 제조일로부터 3년간 보관하여야 한다.

24 답 ②

IPBC는 사용 후 씻어내는 제품에 0.02%, 사용 후 씻어내지 않는 제품에 0.01%, 다만, 데오도런트에 배합할 경우는 0.0075% 사용한도이다. 입술에 사용되는 제품, 에어로졸(스프레이에 한함), 바디로션 및 바디크림에는 사용 금지이며 영유아용 제품류 또는 만 13세 이하 어린이가 사용할 수 있음을 특정하여 표시하는 제품에는 사용금지(목욕용 제품, 샤워젤류, 샴푸 제외)이다.

25 답 ⑤

디하이드로아세틱애씨드 : 0.6%
살리실릭애씨드 : 0.5%
벤조익애씨드 : 0.5%(씻어내는 제품에는 산으로서 2.5%)
벤질알코올 : 1.0%(두발 염모용 제품류에는 10%)
클로로부탄올 : 0.5%
소듐하이드록시메칠아미노아세테이트 : 0.5%
소르빅애씨드 : 0.6%
클로로자이레놀 : 0.5%
페녹시이소프로판올 : 1.0%
포믹애씨드 : 0.5%
프로피오닉애씨드 : 0.9%
피록톤올아민 : 씻어내는 제품에 1%, 기타 0.5%

26 답 ⑤

겨드랑이에 제모제 사용 후 땀 발생 억제제는 24시간이 지난 후 사용해야 한다. 제모제를 피부에 도포한 후 10분 이상 두게 되면 피부 자극이 되어 문제를 유발시킬 수 있다.

27 답 ①

0.5% 이상의 AHA가 함유된 제품은 햇빛에 대한 피부의 감수성을 증가시킬 수 있으므로 자외선 차단제를 함께 사용한다.

28 답 ②

㉠ 출산 후, 병 중, 병 후의 회복 중인 분, 그 밖의 신체에 이상이 있는 분
ⓒ 눈썹, 속눈썹 등은 위험하므로 사용하지 마십시오. 염모액이 눈에 들어갈 염려가 있습니다. 그 밖에 두발 이외에는 염색하지 말아 주십시오.

29 답 ⑤

화장품 사용 시 주의사항 중 공통사항
• 화장품 사용 시 또는 사용 후 직사광선에 의하여 사용 부위가 붉은 반점, 부어오름, 또는 가려움증 등의 이상 증상이나 부작용이 있는 경우 전문의 등과 상담할 것
• 상처가 있는 부위 등에는 사용을 자제할 것
• 어린이의 손이 닿지 않는 곳에 보관할 것
• 직사광선을 피해서 보관할 것

30 답 ④

④ 손바닥 크기가 아니라 동전 크기로 도포한다.

31 답 ②

① 스테아린산 함유 제품은 사용 시 흡입되지 않도록 할 것
③ 부틸파라벤, 프로필파라벤, 이소부틸파라벤, 또는 이소프로필파라벤 함유 제품(영유아용 제품류 및 기초화장용 제품류 중 사용 후 씻어 내지 않는 제품류에 한함)은 만 3세 이하 어린이의 기저귀가 닿는 부위에 사용하지 말 것
④ 살리실릭애씨드 및 염류 함유 화장품은 만 3세 이하 어린이에게는 사용하지 말 것
⑤ 포름알데하이드가 0.05% 이상 검출된 제품은 '포름알데하이드 성분에 과민한 사람은 신중히 사용할 것' 문구를 표시해야 함

32 답 ③

① 포름알데하이드는 기준치 이하이므로 문제가 없다.
② 아스코빅애씨드는 기능성 고시원료가 아니므로 혼합 가능하다.
④ 수은이 기준치 이상으로 검출되었으므로 맞춤형화장품 판매업자가 품질성적서를 사전에 확인했었어야 한다.
⑤ 10일 이내 → 15일 이내

33 답 ③

① 납은 유통화장품 안전관리에 따라 판매 적합한 양이 검출되었다.
② 페녹시에탄올은 보존제이다.
④ 아데노신 105% 함유는 이 제품에 넣었다고 기재한 아데노신의 함유량이다. 즉, 이 제품 100g 중 아데노신을 1g 넣었다고 기재했으나 품질성적을 내어보니 1.05g이 들어있을 경우 품질성적서에는 105%가 함유되었다 기재되는 것이다. 또한, 아데노신은 미백이 아닌 주름개선 기능성 고시성분이다.
⑤ 자외선 차단 성분은 존재하지 않는다.

34 답 ②

위해성 "가" 등급
화장품에 사용할 수 없는 원료를 사용한 화장품
위해성 "나" 등급
• 안전용기 포장 등을 위반한 화장품
• 유통화장품 안전관리(내용량 기준 관련은 제외)에 적합하지 아니한 화장품(기능성화장품의 기능성을 나타나게 하는 주원료 함량이 부적합한 경우는 제외한다)
위해성 "다" 등급
• 전부 또는 일부가 변패된 경우
• 병원미생물에 오염된 경우
• 이물질이 혼합되었거나 부착된 화장품 중 보건위생상 위해를 발생할 우려가 있는 화장품
• 사용기한 또는 개봉 후 사용기간을 위조, 변조한 화장품
• 영업자 스스로 국민보건에 위해를 끼칠 우려가 있어 회수가 필요하다고 판단한 화장품

35 답 ⑤

회수시작일이 아니라 회수종료일로부터 2년간 보관해야 한다.

36 답 ⑤

일반일간신문에 게재해야 하는 내용
1) 화장품을 회수한다는 내용의 표제
2) 제품명
3) 회수 대상 화장품의 제조번호
4) 사용기한 또는 개봉 후 사용기간(병행 표기된 제조연월일을 포함한다)
5) 회수사유
6) 회수방법
7) 회수하는 영업자의 명칭
8) 회수하는 영업자의 전화번호, 주소, 그밖에 회수에 필요한 사항

37 답 ①

㉠, ㉢, ㉺가 회수 대상 화장품에 속한다.

38 답 ①

제조 및 품질관리 적합성을 보증하기 위한 4대 기준서 : 제품표준서, 품질관리기준서, 제조관리기준서, 제조위생관리기준서

39 답 ⑤

① · ② · ③ · ④ 제조위생관리기준서
⑤ 제조관리기준서에 해당

40 답 ③

• 구분 : 선, 그물망, 줄 등으로 충분한 간격을 두어 착오나 혼동이 일어나지 않도록 되어 있는 상태
• 구획 : 동일 건물 내에서 벽, 칸막이, 에어커튼(Air Curtain) 등으로 교차오염 및 외부 오염물질의 혼입이 방지될 수 있도록 되어 있는 상태
• 분리 : 별개의 건물로 되어 있고 충분히 떨어져 공기의 입구와 출구가 간섭받지 아니한 상태

41 답 ④

청정도가 낮은 시설은 측정시간 단축, 청정도가 높은 시설은 30분 이상

42 답 ④

• 연마제 : 칼슘카보네이트, 클레이, 석영
• 활성 염소는 표백성분으로 살균, 색상개선 기능을 한다.

43 답 ④

㉢ 오일이 아니라 물에 대한 용해성이다.
㉺ 소독 전에 존재하던 미생물을 최소한 99.9% 이상 사멸해야 한다.

44 답 ①

㉡ 탈취 작용은 페놀의 장점이며, ㉤ 염소유도체는 세균 포자에 효과가 있다.
㉢ 양이온 계면활성제

장점	세정작용, 우수한 효과, 부식성 없음, 무향, 높은 안정성, 물에 용해되어 단독 사용 가능
단점	포자에 효과 없음, 중성/약알칼리에 가장 효과적, 경수, 음이온 세제에 의해 불활성화됨

㉤ 염소유도체

장점	우수한 효과, 사용 용이, 찬물에 용해되어 단독으로 사용 가능
단점	향, pH 증가 시 효과 감소, 금속 표면과의 반응성으로 부식됨, 빛과 온도에 예민함, 피부 보호 필요

45 답 ③

생산, 관리, 보관구역 출입 시 기록서에 기록해야 한다(성명, 입 · 퇴장 시간, 자사 동행자 기록).

46 답 ④

파이프 시스템 설계는 생성되는 최고의 압력을 고려해야 한다.

47 답 ②

㉡ 금속

48 답 ④

원료 용기 및 시험기록서에는 공급자가 정한 제품명, 원자재 공급자명, 수령일자, 공급자가 부여한 제조번호 또는 관리번호 등을 필수기재해야 한다.

49 답 ②

원자재 입고 절차 중 육안 확인 시 물품에 결함이 있을 경우, 입고를 보류하고 격리 보관 및 폐기하거나 원자재 공급업자에게 반송하여야 한다.

50
답 ④

품질에 문제가 있거나 회수·반품된 제품의 폐기 또는 재작업 여부는 품질보증책임자에 의해 승인되어야 한다.

51
답 ⑤

㉠ 기준 일탈 포장재에 부적합 라벨 부착 – ㉥ 격리 보관 – ㉢ 폐기물 수거함에 분리수거 카드 부착 – ㉣ 폐기물 보관소로 운반하여 분리수거 확인 – ㉡ 폐기물 대장 기록 – ㉤ 인계

52
답 ③

밀봉용기는 기체 또는 미생물 침투를 방지한다.

53
답 ③

① 유리병 표면 알칼리 용출량의 적용 범위 : 유리병 내부에 존재하는 알칼리를 황산과 중화반응 원리를 이용하여 측정
② 유리병의 내부압력 : 유리 소재의 화장품 용기의 내압 강도 측정
③ 감압누설 : 액상 내용물을 담는 용기의 마개, 펌프, 패킹 등의 밀폐성 측정으로 유리병 시험이 아님
④ 유리병의 열 충격 : 화장품용 유리병의 급격한 온도변화에 따른 내구력 측정
⑤ 크로스커트 : 화장품 용기 소재인 유리, 금속, 플라스틱의 유기 또는 무기 코팅막 또는 도금층의 밀착성 측정

54
답 ③

소비자가 제공한 리필 용기는 아래 내용 확인 후 사용 가능
· 잔존물 여부 및 청결 상태, 손상여부 확인, 재질 적합성 확인
· 물과 중성세제로 세척하고 소비자가 세척하였다면 재확인 필요
· 문제 발생 시 법적 책임은 소비자에게 있음을 고지할 것

55
답 ①

안전용기, 포장 대상 품목
· 아세톤을 함유한 네일 에나멜폴리시 리무버
· 어린이용 오일 등 개별포장 당 탄화수소를 10% 이상 함유하고 운동 점도가 21센티스톡스(섭씨 40도 기준) 이하인 비에멀전타입의 액체 상태의 제품

· 개별포장당 메틸살리실레이트 5% 이상 함유하는 액체 상태의 제품
예외 : 일회용 제품, 용기 입구 부분이 펌프 또는 방아쇠로 작동되는 분무용기, 압축분무용기(에어로졸)

56
답 ②

· 제품의 세균수(개/mL) : $10 \times 40 = 400$
· 제품의 진균수(개/mL) : $10 \times 35 = 350$일 때
∴ 총 호기성 생균 수 = 세균 수 + 진균 수
= 400 + 350 = 750

57
답 ③

①·②·④·⑤ 공기 중 미생물 평가 시험
③ 잔존물 유무 판정 방법

58
답 ①

나이아신아마이드는 기능성 고시 원료이다. 맞춤형화장품 조제 시 기능성화장품 고시 원료는 넣을 수 없다. 단, 화장품 책임판매업자에게 납품받은 맞춤형화장품 내용물에 기능성 고시 원료가 이미 포함되어 있는 것은 상관없다(화장품 책임판매업자가 이미 기능성화장품 심사 또는 보고를 받은 맞춤형화장품의 베이스일 경우).

59
답 ④

① 다른 업체에서 제공받은 원료를 혼합하여 조제할 수 있다.
② 내용물 B에 C를 혼합하여 조제 판매할 수 있다.
③ 원료와 원료만을 혼합하여 조제 판매할 수 없다.
⑤ 고체형태의 세안용 화장비누는 맞춤형화장품이 아니다.

60
답 ③

혼합·소분 전에 손을 소독하거나 세정한다. 다만, 일회용 장갑을 착용한 경우에는 예외이다.

61
답 ①

① 부정한 방법으로 시험에 합격하여 자격이 취소된 경우, 취소된 날로부터 3년간 응시 자격이 박탈된다.

62

답 ④

① 고형비누 소분 판매는 맞춤형판매업에 해당하지 않는다.
② 원료와 원료를 혼합하여 판매할 수 없다.
③ 완제품에 원료를 혼합하여 판매할 수 없다.
⑤ 견본품·시제품은 판매해서는 안 된다.

63

답 ①

ⓒ 맞춤형화장품조제관리사는 종사한 날로부터 6개월 이내에 교육을 받아야 한다. 단, 자격증 취득 후 1년 이내 취업한 경우는 교육을 받은 것으로 인정한다.
ⓔ 맞춤형화장품 부작용 사례는 15일 이내에 식품의약품안전처장에게 보고해야 한다.
ⓜ 품질성적서를 확인해야 한다.

64

답 ③

• 맞춤형화장품 판매관리 시에는 식별번호, 판매일자, 판매량, 사용기한 또는 개봉 후 사용기간을 포함하는 판매내역서를 작성, 보관하여야 한다.
• 혼합 또는 소분에 사용되는 내용물 및 원료와 사용 시 주의사항에 대하여 소비자에게 설명해야 한다.

65

답 ①

ⓒ 기능성 고시 성분을 내용물에 원료로 혼합할 수 없다.
ⓔ 인체 세포 조직 배양액을 혼합했을 경우에는 그 함량을 기재해야 한다.
ⓜ 만 3세 이하 영유아용 로션에는 살리실릭애씨드를 넣어서는 안 된다.

66

답 ②

② 체온조절 기능이다.

67

답 ③

① 신체 기관 중에서 큰 기관에 해당한다.
② 총면적이 성인 기준 1.5~2.0m²이다.
④ 피부 속으로 들어갈수록 pH는 알칼리에 가깝다.
⑤ 표피, 진피, 피하지방 등으로 구성되어 있다.

68

답 ③

③ 아포크린샘(대한선)에 관한 설명이다.

69

답 ⑤

⑤ 모수질이 아닌 모피질이다.

70

답 ①

보기에서 설명하는 내용이 공통적으로 설명하는 모발의 부분은 모유두이다.

71

답 ⑤

① 모수질 → 모피질
② 과산화수소 → 암모니아
③ 암모니아 → 과산화수소
④ 탈색제 → 염모제

72

답 ①

② 원료표준견본에 대한 설명
③ 향료 표준견본에 대한 설명
④ 제품 표준견본에 대한 설명
⑤ 라벨 부착 위치견본에 대한 설명

73

답 ④

1차 포장 필수 기재사항 : 화장품의 명칭, 제조번호, 화장품 영업자 상호, 사용기한 또는 개봉 후 사용기간

74

답 ①

내용량이 10~50g(mL)인 경우 생략할 수 없는 성분 : 타르색소, 샴푸와 린스에 함유된 인산염, 금박, 과일산(AHA), 식품의약품안전처 고시 배합한도성분, 기능성화장품 성분

75

답 ③

③ 사실과 다르거나 부분적으로 사실이라 하더라도 전체적으로 보아 소비자가 잘못 인식할 우려가 있는 표시, 광고 또는 소비자를 속이거나 소비자가 속을 우려가 있는 표시, 광고를 하지 말 것

76

답 ②

고온에서 안정성이 떨어지는 원료가 있을 경우는 냉각공정 중 별도 투입해야 한다.

77 답 ⑤

① 침적마스크제 : 액제, 로션제, 크림제, 겔제 등을 부직포 등의 지지체에 침적
② 액제 : 화장품에 사용되는 성분을 용제 등에 녹여서 만든 액상
③ 크림 : 유화제 등을 넣어 유성성분과 수성성분을 균질화하여 만든 반고형상
④ 겔제 : 액체를 침투시킨 분자량이 큰 유기분자로 이루어진 반고형상

78 답 ③

보기에서 설명하는 화장품 제조에 활용되는 기술은 분산이다.

79 답 ⑤

• 아지믹서, 디스퍼형, 프로펠러형 : 가용화 기기
• 아토마이저, 헨셀믹서 : 파우더 혼합제형 기기

80 답 ①

① 카톤 충진기는 박스에 붙이는 테이핑기이다.

81 답 ㉠ 신속, ㉡ 정기

안전성 정보의 신속 보고
화장품 안전성 정보를 알게 된 때에는 그 정보를 알게 된 날로부터 15일 이내에 식품의약품안전처장에게 보고하여야 한다.
안전성 정보의 정기 보고
화장품책임판매업자 및 맞춤형화장품판매업자는 보고 되지 아니한 화장품의 안전성 정보를 식품의약품안전처장에게 보고하여야 한다.

82 답 14

개인정보처리자는 만 14세 미만 아동의 개인정보를 처리하기 위하여 그 법정대리인의 동의를 받기 위해 법정대리인의 성명, 연락처를 법정대리인의 동의 없이 해당 아동으로부터 직접 수집할 수 있다.

83 답 장기보존시험

장기보존시험은 제품의 유통 조건을 고려하여 적절한 온도, 습도, 시험기간 및 측정시기를 설정하여 시험한다.

84 답 실증

식품의약품안전처장은 영업자, 판매자가 행한 광고에 실증 자료가 필요하다고 인정하는 경우, 관련 자료의 제출을 요청할 수 있다.

85 답 11

㉠ 1 + ㉡ 10 = 11

86 답 진동시험

기계 물리적 시험은 기계, 물리적 충격시험, 진동시험을 통한 분말 제품의 분리도 시험 등, 유통, 보관, 사용조건에서 제품특성상 필요한 시험을 일컫는다.

87 답 5% (허용합성원료)

천연, 유기농화장품 중 자연에서 대체하기 곤란한 원료로 보존제 및 변성제, 천연 유래와 석유화학 부분 포함 원료가 이에 해당하며, 원료조성 비율은 5% 이내여야 한다.

88 답 벤질알코올

벤질알코올은 착향제 성분 중 알레르기 유발 물질 중 하나로, 사용 제한이 있는 보존제이다.

89 답 토코페롤

토코페롤에 대한 설명이다.

90 답 3:1

메칠클로로이소치아졸리논과 메칠이소치아졸리논 혼합물(염화마그네슘과 질산마그네슘 포함)의 사용한도는 사용 후 씻어내는 제품에 0.0015%(메칠클로로이소치아졸리논 : 메칠이소치아졸리논 = 3 : 1 비율의 혼합물)

91　　　　　　　　　　　　　　　　답 0.05

- 포름알데하이드 0.05% 이상 검출된 제품
- 포름알데하이드 성분에 과민한 사람은 신중히 사용할 것

92　　　　　답 ⒜ 멋내기 염모제, ⒪ 외음부 세정제

보기에서 임산부가 사용할 수 없는 성분은 멋내기 염모제와 외음부 세정제가 해당한다.

93　　　　　　　　　　　답 폴리올 또는 다가알코올

폴리올은 분자구조 내 극성인 하이드록시기(−OH)를 2개 이상 가지고 있는 유기화합물을 총칭하며 종류로는 글리세린, 프로필렌글라이콜, 부틸렌글라이콜 등이 있다. 극성인 하이드록시기의 2개 이상 존재로 물과 결합이 가능하며 보습제로 사용된다.

94　　　　　　　　　　　　　　　　답 가용화

화장수의 제조방법은 일반적으로 가용화 기술을 이용해 제조하고 있으며, 수용성 성분들을 정제수에 용해시켜 수상을 만들고, 유연제, 방부제, 향료 등 계면활성제 가용화와 함께 용해시켜 수상에 서서히 첨가하면서 혼합교반하여 제조한다.

95　　　　　　　　　　　　　　　답 15, 7

- 퍼머넌트 웨이브 및 헤어스트레이트너 제품은 섭씨 15℃ 이하 어두운 장소 보관하며, 색이 변하거나 침전 시 사용하지 말 것
- 개봉한 제품은 7일 이내에 사용할 것(에어로졸, 공기 차단 제품은 제외)

96　　　　　　　　　　　　　　　답 노출경로

독성시험법은 독성시험 대상물질의 특성, 노출경로 등을 고려하여 독성시험 항목 및 방법 등을 선정한다.

97　　　　　　　　　　　　　　　답 작용기전

효력시험에 관한 자료

심사 대상 효능을 뒷받침하는 성분의 효력에 대한 비임상시험자료로서 효과발현의 작용기전이 포함되어야 하며 국내외 대학 또는 전문 연구기관에서 시험한 것으로 당해 기관의 장이 발급한 자료가 해당된다.

98　　　　　　　　　　　　　　　답 160

내용량의 97% 이상은 150mL×97%이므로 145.5mL이다. 여기서, 문제에서 요구하는 바는 g(그램)이므로
비중 = g(질량) / mL(부피) = 1.1 = x/145.50이다.
질량인 x는 160.05g이며, 반올림하면 160g이다.

99　　　　　　　　　　　　　　　답 분화

- 세포분화 : 어떠한 세포가 다른 특징을 갖는 세포로 변화하는 것을 말한다.
- 표피는 주요 구성세포인 각질형성세포의 분화에 따라 가장 하부인 기저층에서 유극층, 과립층, 투명층, 가장 상부인 각질층으로 구성된다.
- 각질형성세포에서의 분화 과정은 세포 분열, 유극세포에서 피부장벽 단백질의 합성과 정비, 과립세포에서의 자기분해, 각질세포에서의 재구축으로 4단계에 걸쳐서 일어난다.

100　　　　　　　　　　　　　　　답 케라틴

피부 최외각 표면을 구성하는 주요성분은 거친 섬유성 단백질인 케라틴이고, 털과 손톱에도 이 성분이 포함되어 있다. 모발의 성장기 단계는 딱딱한 케라틴이 모낭 안에서 만들어지고, 성장기의 수명은 3~6년이다. 전체 모발(10~15만 모)의 약 88%를 차지하고 한 달에 1.2~1.5cm 정도 자란다.

교육은 우리 자신의 무지를
점차 발견해 가는 과정이다.

-윌 듀란트-

좋은 책을 만드는 길, 독자님과 함께 하겠습니다.

맞춤형화장품 조제관리사 단기완성

개정5판1쇄 발행	2025년 03월 05일 (인쇄 2025년 01월 24일)
초 판 발 행	2020년 07월 06일 (인쇄 2022년 01월 13일)
발 행 인	박영일
책 임 편 집	이해욱
저 자	한국화장품전문가협회
편 집 진 행	박종옥 · 유형곤
표지디자인	박수영
편집디자인	양혜련 · 고현준
발 행 처	(주)시대고시기획
출 판 등 록	제10-1521호
주 소	서울시 마포구 큰우물로 75 [도화동 538 성지 B/D] 9F
전 화	1600-3600
팩 스	02-701-8823
홈 페 이 지	www.sdedu.co.kr

I S B N	979-11-383-8092-8 (13590)
정 가	23,000원

유선배 과외!

자격증 다 덤벼!
나랑 한판 붙자

...이개발자 (SQLD)	GTQ포토샵& GTQ일러스트 (GTQi) 1급	조경기능사	사무자동화 산업기사	사회조사분석사 2급	정보통신기사